U0176322

MACHINE LEARNING
The Road to Industrial Practice

机器学习的
产业实践之路

毕然　飞桨教材编写组　编著

机械工业出版社
CHINA MACHINE PRESS

图书在版编目（CIP）数据

机器学习的产业实践之路 / 毕然，飞桨教材编写组
编著．—北京：机械工业出版社，2023.1
ISBN 978-7-111-72615-9

Ⅰ．①机…　Ⅱ．①毕…②飞…　Ⅲ．①机器学习—研
究　Ⅳ．① TP181

中国国家版本馆 CIP 数据核字（2023）第 027996 号

机械工业出版社（北京市百万庄大街 22 号　邮政编码 100037）
策划编辑：王　颖　　　　　责任编辑：王　颖
责任校对：梁　园　张　征　责任印制：常天培
北京宝隆世纪印刷有限公司印刷
2023 年 5 月第 1 版第 1 次印刷
165mm×225mm・26 印张・565 千字
标准书号：ISBN 978-7-111-72615-9
定价：149.00 元

电话服务　　　　　　　　　网络服务
客服电话：010-88361066　　机　工　官　网：www.cmpbook.com
　　　　　010-88379833　　机　工　官　博：weibo.com/cmp1952
　　　　　010-68326294　　金　书　网：www.golden-book.com
封底无防伪标均为盗版　机工教育服务网：www.cmpedu.com

近年，随着人工智能技术的不断发展及普及，与其相关的各种观点和书籍不断涌现。作为一名多年从事人工智能研究及实践的行业工作者，我有很多朋友和客户来找我讨论，甚至争论各种问题。其中，有些人将人工智能看作解决未来一切问题的"万能钥匙"，而有些人则视人工智能为"空中楼阁"，认为它概念炒作大于实际意义。对此，我个人的看法是，人工智能确实是未来技术最重要的发展方向之一，随着其技术的不断发展与成熟，它也必将成为人类新的文明之光，深入社会、工作、生活的各个角落。但实事求是地讲，受各种客观条件制约，人工智能技术确实还有很多不尽如人意之处，其中如何与产业进行有效融合并获得预期的应用效果，已成为人工智能商业化落地的关键问题之一。目前，市面上有很多优秀的书籍针对这一问题开展了见仁见智的论述并给出了不少解决方案，我个人的研究是将其大致归为三类。

第一类是算法理论类书籍。这类书籍通常由学术巨擘执笔，专业又详尽地介绍算法原理。多数应用研发的从业者会感觉这类书阅读难度较高，且与关注的应用距离较远。

第二类是平台工具介绍类书籍。这类书籍中有大量的实践案例，甚至是源代码。这类书有"术"缺"道"，虽然可以帮助任务明确的工程师实现模型，但不能帮助他们分析业务并找到业务中的应用场景，从而准确拆解出建模问题。

第三类是产业发展综述类书籍。阅读此类书籍可以纵览大局，快速掌握人工智能在各个领域的激动人心的发展概况。然而宏观知识并不是实操的方法论，虽然能够激发读者投身人工智能浪潮的热情，但无法提供具体领域应用技术的方法论。

综上，解决人工智能的产业实践，既不缺宏观理念，也不缺实用工具和基础理论，唯独欠缺应用技术的方法论，即如何以人工智能技术为基础进行商业布局和业务创新。对于从事人工智能应用的企业，不能只有技术人员懂模型，业务人员和管理者也需要深入掌握人工智能，才能不断挖掘应用场景并高效完成实现方案。

我在工作中曾经遇到过不少这类企业案例：高管在认识到人工智能在各行业的发展前景后决定战略转型，但他们没有精力去设计业务的具体方案；一线研发工程师虽熟悉各种平台及工具，但无法设计业务的重构方案。而"承上启下"的企业中层，则承接了人工智能重构业务模式的设计重任，这包含了"从产业链的视角设计商业模式""从业务流程的视角设计系统方案"以及"从整体系统的视角拆解建模任务"三个层面的工作。但可惜的是，总结人工智能应用方法论的图书在市面上凤毛麟角。正因为切身体会到人工智能应用的方法论和深度内容缺位，所以我决定通过自己这些年在人工智能领域的一些从业经历及所感所得，写一本人工智能应用方法论的书，希望这本书能够对企业客户，特别是企业的业务和技术中层有所帮助。

本书的第一个特点是通过深入浅出的叙述与读者进行沟通。虽然本书中也不乏一些基础原理和定义的介绍，但我更希望通过轻松的语言、简洁的数学公式和有趣的哲学思考，将我对技术原理的思考及对商业应用的总结向大家娓娓道来。

请原谅我的任性。在我动笔之前，很多朋友给了许多建议：

"你要写能让读者快速上手的案例，最好把代码贴出来，讲解平台工具的使用。"

"你要多讲最新的技术进展和项目实现，让做类似项目的读者可以参考。"

"你要多做宏观市场的展望，激励各行各业的读者加入人工智能的大潮。"

如果朋友们只是期望这些，本书可能要让大家失望了。我进行创作的动力来自所思所感所得。在周末的午后，泡一杯茶，静静地想，静静地写，仿佛整个世界都慢了下来。目标回归纯粹，把一件事情想通透的愉悦感，与更多人一起分享时的满足感，让人沉迷。如果作者只为了迎合市场而不享受过程，写出的文字也难以持久。朋友们的建议很好，的确也是市场迫切需要的。如何使用工具并不重要，重要的是理解原理和本质；技术和市场判断是否最新并不重要，重要的是永不过时的思考方法；激动人心的宏观展望并不重要，重要的是能谋划业务的应用方法论。

别失望，任性并不意味着本书不能成为畅销书。本书弥补了当前人工智能图书市场的空白，我在书中对市场需求的判断与朋友们不同。近些年，虽然人工智能技术发展得很快，但其在各行业应用落地的速度还没有达到预期，阻碍推广的关键在于应用方法论的缺失。

《道德经》开篇名句"名可名，非常名"的一种解释是"我们能够定义事物，但不能用一套永恒不变的概念来定义事物"。我深以为然。不要轻易给自己和自己的作品下定义，因为人类社会需要高度的分工协作，但不同人和组织之间存在极大的信息不对称。为了高效管理，人们给出各种定义和评判标准，用于快速构建人类对彼此的认知，但如果一个人将这些定义严丝合缝地套在自己头上，不敢越雷池一步，这是极其可悲的。在职业发展初期，严格符合职业定义的人会取得更快的发展，因为他的所有努力均符合职业的评判标准。但在职业发展后期，标准化的发展反而会造成瓶颈。经济学提醒我们，标准意味着供给充足，供给充足意味着价格低廉。高阶人才之所以稀少，是因为他们是具备多种能力的复合型人才，每个人都不一样。类似地，本书可能与市场上大部分人工智能图书不同，"体态"不那么"标准"。

本书的第二个特点是以角色转换的方式写思考，以激发读者独立思考的能力。从业多年，我深刻体会到独立思考能力对企业发展的重要性，原因在于只有独立思考才能避免人云亦云，才能发现被其他人忽视或遗漏的事物，而这是企业好战略的充要条件。什么才是好战略呢？我认为，好战略不是取得所有人的认同，而是执行后取得成功或预期效果，这才能证明好战略的超前性。正确的战略可以让公司在开展业务时事半功倍，就如大家常说的"方向远比努力重要，方向错了，停止便是进步"。在本书中，我希望把自己锻炼独立思考能力的经验分享给大家。培养独立思考能力不用特殊训练，在日常学习中就可以锻炼。例如，课本和论文已经告诉我们每个知识概念的含义，每个技术的实现方案，我们也可以"重造轮子"——站在知识和技术创造者的视角思考其当初的思考流程，以及是否有更好的总结方式。本书中一些知识点的讲解也采用了这种方式，即按照自己的理解和思考重新介绍一些传统概念，所以有些读者可能开始会不太适应本书的风格。但我个人的体会是，坚持这种学习新知识的方法有利于透彻地理解知识，并可以提高独立思考的能力。

本书的第三个特点是以故事或者案例为载体传递知识内核。我经常听一些朋友说，书上内容明明都看了，但总有一些知识点理解不到位，导致实际应用中出现各种问题。我通过观察发现，这可能与知识的表述方式有关。众所周知，为了保证科学知识的严谨性与高效性，大部分科学类论文或书籍都会使用大量专业术语和表达方式，这就给一些读者带来了一定的阅读难度。特别是在当下，如果期望将科研成果转化成产业应用，则需要各类职能人员的参与，如果这些非专业读者不能理解，又如何能高效地落地呢？因此，为了让更多行业非专业人士能在阅读本书的过程中有所收获，我决定以"故事"的形式阐述对技术原理的思考，希望通过这种更轻松易懂的语言和形式，分享与普及人工智能的实践经验。

阅读本书需要两类前置知识：一类是微积分、线性代数和概率论，有助于更好地理解技术原理部分；另外一类是经济学、心理学和商业战略，有助于在阅读后半部分的应用案例和产业思考时产生更多的共鸣。

本书分为四个部分，从原理与思考、应用与方法到商业与战略，再到工具与实践，逐层放开视野。

第一部分	第1章　机器学习与大数据 第2章　机器学习框架的深入探讨 第3章　从线性函数到非线性函数， 　　　　如何构建强大的模型 第4章　机器学习的建模实践	第二部分	第5章　电商平台促销策略模型 第6章　计算机视觉及其应用产品的 　　　　构建 第7章　知识图谱和对话机器人
第三部分	第8章　认知新技术：区块链 第9章　医疗行业的技术布局和 　　　　应用思考 第10章　从技术到商业的思考	第四部分	第11章　实践课

第一部分包括第1~4章。第1章围绕"机器为何能学习"和"机器是怎样学习的"这两个基本问题展开，树立机器学习的基本观念，并概述大数据对机器学习和深度学习的价值，以及有关产业应用的思考。

第2~4章聚焦机器学习和深度学习的技术原理和实践经验，包含如下三个主题，这部分是应用技术的内核（第一层）。第2章再度展开第1章讨论的"机器为何能学习"和"机器是怎样学习的"，详述"假设＋目标＋寻解"的学习框架，揭示模型过拟合和欠拟合的两难，探讨解决过拟合的正则化与校验等方法。

第 3 章探讨如何构建强大的模型，包括非线性变换、多模型组合，以及神经网络和深度学习。第 4 章介绍机器学习的建模实践，即在基本原理之外，进行实际建模时绕不过去的外围工作，包括业务建模、样本处理、特征工程、模型评估四方面的内容。

第二部分包括第 5~7 章，借助三个业务背景完整的案例，展示从业务分析到系统建模的全过程，这部分是应用技术的项目级实践（第二层）。

第 5 章介绍电商平台促销策略中的模型，以及传统上以运营驱动的业务如何与模型深度结合来创新。建模的难度不仅体现在如何在各大比赛中实现"百尺竿头更进一步"的效果，更体现在如何在一种前所未见的业务环境下准确地挖掘和定义建模问题。第 6 章讲解计算机视觉及其应用产品的构建，澄清学术判断和工业实践的不同，展示技术选型的重要性，以及如何在不完美的技术现状下设计可用的产品。第 7 章以知识图谱和对话机器人为案例，介绍除深度学习之外的一些人工智能算法，并以时下热门的领域展示分析产业和判断趋势的方法。技术人员需要具备商业眼光和头脑，才能推动技术，改造行业。

成功的业务不仅需要模型，还需要全局思考，只有跳出技术，才能真正做好技术。

第三部分包括第 8~10 章，站在行业和商业的视角审视技术，以应用技术为出发点，构建一个成功的商业模式。这部分是应用技术的商业实践（第三层）。

人类社会前进的原始驱动力是科技进步，这也是多数商业创新的起源。第 8 章以区块链技术和应用为例，探讨认知新技术并布局业务的方法。以区块链为例，是为了让读者体会一下，对于一项尚不了解的新技术，应如何分析技术本质，乃至规划业务布局。第 9 章以医疗行业的业务逻辑和技术应用为例，探讨如何洞察行业中的应用场景，以及为技术应用找到研究商业模式的路径。第 10 章首先介绍从技术发展到商业的必备技能，包括对技术壁垒的认知和技术投资方法；最后，总结了人工智能的产业展望和技术应用方法。

第四部分包含第 11 章。机器学习是一门实践学科，为了避免"纸上得来终觉浅"，在本书最后一部分安排了 4 次实践课内容。第一次实践课以房价预测的数值预测任务为案例，使读者亲身体会模型的三要素：假设、目标和寻解。第二次实践课以手写数字识别的计算机视觉任务为案例，全面展示从一个基础版本模型，优化到理想版本模型的过程，以巩固这部分所学的理论知识。第三次实践课以语义相似度计算的自然语言处理任务为案例，认知深度学习模型的重要附属产物：向量表示。最后一次实践课会布置行业应用作业，并向读者展示许多往届学员的精彩成果，启发读者挖掘自己所处行业的应用场景。

我的第一本著作《大数据分析的道与术》出版后，一个不熟的朋友突然对我说："读了你的书，好像与你一起经历了很多事，也逐渐熟悉了你。"这让我意识到写作可以使人摆脱孤独，认识更多的朋友，真好。

本书的创作历经近 2 年，近 100 个周末，在此特别感谢我的妻子的理解和支持，并细心地帮我完成了本书的初次编辑与校对。本书也赠给我的女儿彤彤，她的出生带给我无穷的欢乐和激励。

此外，我还要特别感谢飞桨的吴甜女士、马艳军博士和于佃海架构师在本书的创作过程中给予的指导，感谢飞桨教材编写组的安梦涛、张翰迪、汪庆辉、张亚娴等为本书贡献的简洁易用的实践代码，感谢吴蕾为本书进行细致的校对和沟通工作。此外还要感谢通过微信、邮件、培训等方式与我交流过的深度学习开发者和企业伙伴，与你们的每一次沟通和讨论都让我受益匪浅，并让我更坚信，中国的 AI 未来可期。

最后要特别感谢愿意通过本书与我结缘的每一位读者，纵使你我并不相识，但通过知识和思想的分享与交流，我们突破了时空的限制，成为志同道合的朋友。

谨以此书献给我最爱的家人们。

特别感谢妻子一如既往地鼓励和支持，以及女儿彤彤的

出生给予我的巨大喜悦与快乐！

目录

前言

第一部分   原理与思考

第 1 章   机器学习与大数据   2

1.1　机器为何能学习   2
　　1.1.1　人类为何能学习   2
　　1.1.2　从个案学习到统计学习   3
　　1.1.3　统计学习是否可信   5
1.2　机器是怎样学习的   9
　　1.2.1　机器学习的框架：假设＋目标＋寻解   9
　　1.2.2　如何在机器学习场景中应用大数定律   14
　　1.2.3　大数据对机器学习的意义   17
　　1.2.4　小结   20
1.3　跨上人工智能的战车   20
　　1.3.1　大数据的概念及价值   20
　　1.3.2　企业为何要搭上人工智能的战车   24
　　1.3.3　企业如何搭上人工智能的战车   27
　　1.3.4　人工智能技术团队的建设   38

第 2 章   机器学习框架的深入探讨   40

2.1　机器为何能学习（续）：故事结束了吗？我们需要更多的
　　模型吗   40
　　2.1.1　牛顿第二定律的遗留问题   40
　　2.1.2　新的需求场景   43
　　2.1.3　不同的目标   49

　　　　2.1.4　不同的寻解　　　　　　　　　　　54
　　　　2.1.5　小结与回顾　　　　　　　　　　　60
　　2.2　重要权衡与过拟合　　　　　　　　　　　62
　　　　2.2.1　重要权衡的四张"面孔"　　　　　62
　　　　2.2.2　过拟合的成因和防控　　　　　　　68
　　　　2.2.3　小结与回顾　　　　　　　　　　　77

第3章　从线性函数到非线性函数，如何构建强大的模型　　78

　　3.1　从线性函数到非线性函数　　　　　　　　78
　　　　3.1.1　线性模型的不足　　　　　　　　　78
　　　　3.1.2　怎样扩展假设空间　　　　　　　　79
　　3.2　核函数方法　　　　　　　　　　　　　　82
　　　　3.2.1　正则化的另一种理解与 SVM 模型　82
　　　　3.2.2　核函数的思路　　　　　　　　　　86
　　3.3　多模型组合的方法　　　　　　　　　　　88
　　　　3.3.1　组合模型的两个好处　　　　　　　88
　　　　3.3.2　实现组合模型的两个步骤和方法　　89
　　　　3.3.3　装袋方式　　　　　　　　　　　　91
　　　　3.3.4　提升方式　　　　　　　　　　　　92
　　　　3.3.5　切分方式　　　　　　　　　　　　93
　　　　3.3.6　小结　　　　　　　　　　　　　　96
　　3.4　神经网络与深度学习　　　　　　　　　　97
　　　　3.4.1　神经网络和深度学习的模型思路　　97
　　　　3.4.2　组建神经网络　　　　　　　　　　98
　　　　3.4.3　神经网络模型的优化　　　　　　　99
　　　　3.4.4　非线性变换函数的选择　　　　　　102
　　　　3.4.5　神经网络结构的选择　　　　　　　104
　　　　3.4.6　深度学习得到发展的前提及其具备的优势　107
　　　　3.4.7　深度学习的重要衍生功能　　　　　111

第4章　机器学习的建模实践　　　　　　　　　　122

　　4.1　业务建模　　　　　　　　　　　　　　　122
　　　　4.1.1　如何做好业务建模　　　　　　　　122
　　　　4.1.2　案例：两个不同的排序模型　　　　124
　　4.2　特征工程　　　　　　　　　　　　　　　128

4.2.1 特征工程的定义 128

4.2.2 信息可以存储在特征中，也可以存储在模型中 129

4.2.3 特征工程案例 131

4.2.4 特征的类型和维度 135

4.2.5 特征存在缺失或错误值时怎么办 137

4.2.6 特征降维和选择 137

4.3 样本处理 140

4.3.1 训练样本的基本概念 140

4.3.2 训练样本的常见问题及其解决方案 141

4.4 模型评估 151

4.4.1 业务目标的评估 151

4.4.2 模型目标的评估 155

4.5 小结 170

第二部分 应用与方法

第5章 电商平台促销策略模型 174

5.1 业务背景 174

5.1.1 互联网的盈利模式 174

5.1.2 广告定价机制 175

5.2 传统的促销方案 176

5.2.1 问题1：如何选择促销时机 177

5.2.2 问题2：如何为店铺制定广告消费任务 179

5.2.3 问题3：如何设置优惠定价模型 182

5.3 基于竞争传播的颠覆创新 190

5.3.1 颠覆创新的思考 190

5.3.2 竞争传播模型 192

5.3.3 种子集合筛选算法 197

5.4 小结 198

第6章 计算机视觉及其应用产品的构建 199

6.1 计算机视觉产品的问题背景 199

6.2 图像的特征表示 200

6.2.1 SIFT 特征 201

6.2.2 CNN 模型与特征 205

　　　　6.2.3　实现高速计算的方法：特征降维　　　221
　　6.3　视觉产品的构建案例　　　223
　　　　6.3.1　如何在海量数据中寻找匹配的图像　　　223
　　　　6.3.2　如何识别和理解图像中的实体信息　　　223
　　　　6.3.3　其他计算机视觉领域常见任务　　　233
　　6.4　计算机视觉应用的产业分析　　　236
　　　　6.4.1　计算机视觉在互联网行业的应用　　　237
　　　　6.4.2　计算机视觉在传统行业的应用　　　243
　　6.5　小结　　　245

第7章　知识图谱和对话机器人　　　248

　　7.1　知识图谱技术　　　248
　　　　7.1.1　两类信息　　　248
　　　　7.1.2　人工智能技术的发展历程　　　248
　　　　7.1.3　什么是知识图谱　　　250
　　　　7.1.4　知识图谱的应用场景　　　251
　　7.2　基于知识的人机交互　　　253
　　　　7.2.1　基于领域知识优化人机交互策略　　　253
　　　　7.2.2　领域知识的挖掘　　　257
　　7.3　对话机器人的产业分析与技术方案　　　266
　　　　7.3.1　技术流派与实现方案　　　266
　　　　7.3.2　技术应用两大方向　　　268
　　　　7.3.3　技术实现　　　276
　　　　7.3.4　应用 MDP 和 Q-learning 算法的案例　　　283

第三部分　商业与战略

第8章　认知新技术：区块链　　　290

　　8.1　从创造者的视角理解技术　　　290
　　　　8.1.1　货币的本质是什么　　　292
　　　　8.1.2　如何记账　　　293
　　　　8.1.3　如何保证账本的真实性　　　294
　　　　8.1.4　如何保证账本的安全性　　　294
　　　　8.1.5　如何实现分布式存储的数据同步　　　295
　　　　8.1.6　如何解决记账的动力　　　297

8.2 　用抽象逻辑梳理应用场景　298

　　8.2.1 　"链圈"应用的内在逻辑　298

　　8.2.2 　区块链技术应用的案例　299

　　8.2.3 　区块链技术应用的三个阻碍　303

　　8.2.4 　"链圈"应用的总结　306

8.3 　"币圈"应用思想的精要　306

　　8.3.1 　为什么要发币　306

　　8.3.2 　为何币会值钱　307

　　8.3.3 　如何设计发币　309

8.4 　从商业本质来制定战略　310

第 9 章　医疗行业的技术布局和应用思考　314

9.1 　谋划行业中的技术应用　314

9.2 　互联网医疗平台　315

　　9.2.1 　多种医药流通业态逐渐融合　315

　　9.2.2 　互联网医疗平台与商业保险的合作模式　316

9.3 　医疗行业的技术应用分析　317

　　9.3.1 　互联网应用　318

　　9.3.2 　区块链应用　321

　　9.3.3 　IT 软件和云计算应用　326

　　9.3.4 　人工智能应用　330

　　9.3.5 　科技企业进入传统行业落地 AI 技术　336

9.4 　思考技术在行业应用的方法论　338

第 10 章　从技术到商业的思考　340

10.1 　主题回顾　340

10.2 　从技术到商业的思维模式转变　341

　　10.2.1 　战略壁垒的重要性　341

　　10.2.2 　常见的战略壁垒　342

10.3 　新型壁垒：平台模式的解析　346

　　10.3.1 　平台模式的典型案例：Steam 游戏平台　346

　　10.3.2 　互联网企业以整合 C 端平台供应链的

　　　　　　模式切入 B 端服务市场　348

　　10.3.3 　互联网企业赋能生态伙伴的方法论　352

10.4 　技术投资与采购的方法论　358

10.4.1 层面 1：梳理业务所需的技术全景   358

10.4.2 层面 2：梳理具体技术方向的内部逻辑   359

10.4.3 层面 3：分析具备能力的候选企业   361

10.4.4 案例：短视频 C 端赛道的业务   362

10.5 人工智能的产业展望   364

10.5.1 人工智能未来的发展   364

10.5.2 人工智能应用的方法论   367

10.5.3 人工智能的企业市场分析   368

10.6 企业的组织能力：《创新者的窘境》中的理论   370

10.7 人工智能应用领域的职业前景   372

第四部分　工具与实践

第 11 章　实践课　374

11.1 实践课 1：基于深度学习框架飞桨完成房价
预测任务   374

11.1.1 深度学习框架   374

11.1.2 飞桨产业级深度学习开源开放平台   375

11.1.3 使用飞桨构建波士顿房价预测模型   383

11.2 实践课 2：手写数字识别   384

11.3 实践课 3：词向量和语义相似度   388

11.4 实践课 4：毕业设计   395

11.4.1 毕业设计作业   395

11.4.2 往届学员优秀作品展示   396

第一部分

原理与思考

第1章

▼

机器学习与大数据

1.1 机器为何能学习

机器学习和大数据技术在今天有诸多应用，很多科研工作者和企业工程师都能够熟练地进行相关的研发应用，但却很少有人从根本上探讨过"机器为何能学习""机器是怎样学习的"等根本性问题。因此，本章先从人类为何能学习讲起，然后再来探究机器如何能正确地从世界中学习知识。

1.1.1 人类为何能学习

在发明、设计诸多新工具之前，人类都是先从对自然界的观察得到灵感。例如：人类从飞鸟滑翔得到启发，设计出飞机模型；通过观察人眼结构，设计出摄像机模型。

虽然最终的设计不是完全拷贝自然界，但均借鉴了大量的解决思路。设计机器学习的方法亦是如此。让我们通过以下两个案例，分析一下人类是怎样学习的。

案例 1　古人在下雨前多次观察到乌云密布、狂风大作的现象。基于这种观察，人们会根据乌云和狂风预测天气，所以有"山雨欲来风满楼"的诗句传世。虽然在进行观察和预测时，"下雨"这个现象是在不同地点发生的，但并不影响人们将这一抽象的规律"乌云＋狂风＝要下雨"转移到新的场景加以应用。

案例 2　人们在学习加法的时候，是不是对全部的加法实例死记硬背呢？显然不是的，因为含有加法的具体实例无穷无尽。人们学习加法时，首先会记住 10 以内的加法实例，再记住加法法则，其他的加法实例均可以通过这种方法计算出来，如此就基本掌握了加法的本质。但加法法则是从哪里总结出来的呢？实际上它是从大量的加法实例中抽象出来的通用规律。

```
1+1=2
9+8=17
56+32=88
```
无穷个案

总结规律：
记住10以内的
加法+加法法则
→

```
    1 2 3
+     3 8
  ———————
    1 6 1
```
任意个案

由这两个案例可见，人类的学习过程分为归纳和演绎两个步骤：

1）归纳：从大量历史数据实例中观测，总结出通用的抽象规律。

2）演绎：将这个抽象规律应用于未来的未知结果的具体场景。

也就是，观察大量已知案例→归纳→总结出通用的抽象规律→演绎→判断未知结果的新案例。看起来，用这个方法认识世界是可行的，但真的是这样吗？

1.1.2　从个案学习到统计学习

使用"归纳＋演绎"的方式认知世界真的没问题吗？我有一个朋友有吸烟的习惯，以往每次劝他戒烟的时候，他都振振有词地说："你看名人 A 吸烟喝酒却活到了 80 多岁，名人 B 不吸烟不喝酒但很早就去世了，所以寿命这东西就是命，和吸不吸烟没啥关系！"这个由归纳＋演绎得出的结论，堵得我哑口无言。

直到学习过统计学之后，我才找到有效的理论依据来反驳这个观点。如图 1-1 所示，医院收集了 3000 个过世病人的资料，包括是否吸烟和寿龄等信息。将这 3000 个病人分成吸烟和不吸烟的两组，分别画出对应寿龄的概率分布曲线，其呈现为正态分布。

从图 1-1 可见，无论一个人是否吸烟，均可能过早去世（正态分布的左侧尾巴：差尾巴），也可能活到高寿（正态分布的右侧尾巴：好尾巴），但吸烟人群的寿龄分布整体少 5 岁（两个分布曲线中线的差距）。这说明，下论断要从整体的统计结果来分析，揪住某些个案是没有太多意义的，或者说容易被引入歧途。因此，该朋友拿两个名人的例子反驳吸烟有害健康的劝说，是"基于少量个案进行的有偏归纳"。

然而在现实世界中，人大多时候是感性的，我们往往会对身边发生的、亲眼看到的个案给予更多的重视，而忽略了整体数据，如以下这些实例：

1）一位勤奋上进的学生发现混日子的同学撞大运发大财，转而对世界和人生无比失望，感叹努力无用。他却没有看到，生活中靠自己努力获得财富和幸福的人比比皆是。

2）管理者使用自己公司的某个产品时，恰巧碰见了问题，进而

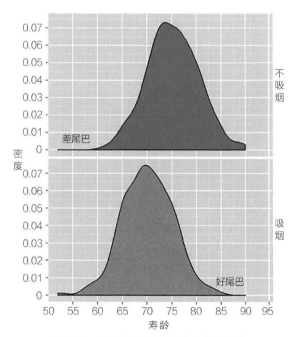

图 1-1　吸烟与不吸烟人群的寿龄分布

对整个产品全盘否定，完全不看统计评估的数据。

3）产品新功能推出后，运营不同客户的同事，一个信誓旦旦地说新功能好，一个则抱怨新功能种种不好，因为他们只是从各自的客户那里得到反馈，谁也没有了解整体数据。

上面的三个例子均是生活和工作中常见的场景，以自己的所见所闻为判断依据是人类的天性，但如果我们的所见所闻只是真实世界的一个抽样，那么需要有足够的理性跳出自己的圈子，以更加宏观、总体的统计数据来认知世界。

用统计的方法理解世界，不过分看重个例，这个貌似简单的道理隐藏着深刻的内涵。它教我们要看重过程，而不是看重单次的结果，因为再好的过程也可能会偶尔失利，但长远来看，好的过程总体上必然导致好的结果。中国人有句老话，做事情要"尽人事，听天命"就是这个道理。比如对于吸烟问题，虽然选择健康的生活方式"不吸烟"，我们会进入更好分布的寿龄曲线（中线为75岁的分布），但依旧无法知道我们的寿龄会处于该曲线的好尾巴（长寿），还是坏尾巴（夭折）。那么，既然"天命"对寿龄影响这么大，我们是否可以不注意健康呢？也不可以，如果不尽人事，我们的寿龄会跌落到更差的曲线上去（中线为70岁的分布）。"人事"决定了我们的寿龄处于哪种分布曲线，"天命"决定了我们的寿龄处于该分布曲线的哪个尾巴，这就是对"尽人事，听天命"的统计学理解。

"人事"决定寿龄处于哪种分布，而"天命"决定寿龄出现在哪种尾巴！

任何事情均是由可控的因素和不可控的因素构成的，即使把可控的因素做到最好，也只能保证我们的寿龄会进入一个比较理想的正态分布，还需要借一定的"东风"才能成事。当然，若选择不思进取，天天好吃懒做，同样也有一定概率处于差分布的好尾巴（如某天中了双色球彩票），得到较好的物质生活；但请注意，这仅仅是极小概率的事件。

近期与几位创业者聊天，发现了一个挺有趣的现象。创业成功者回忆过去的艰难岁月时说："成功不是投机！"而创业失败者回忆过去的艰难岁月时则说："看准机遇很重要！"究竟创业拼的是实力还是机遇？恐怕这个事情与寿龄一样，是人事与天命共同决定的结果，努力创业、具备实力只能保证进入一个好的正态分布，而真正创业成功的人，还需要靠运气去挤到该分布的好尾巴上。因此，这两种结论可以说都有道理，但并不全对。因为自我心理认可的需要，创业成功者倾向于夸大人事的部分，而轻天命；创业失败者倾向于夸大天命的部分，而轻人事。

由这些案例可见，从具体案例归纳出来的规律不一定是正确的。不能相信随便从个案归纳出的规律，而要以统计的方式去进行归纳。但只要使用统计的方式，我们就一定能学习到这个世界的真实规律吗？

1.1.3　统计学习是否可信

从前面两小节，已经确定了人类使用"归纳＋演绎"的方式去学习规律，而这种学习要通过统计的方式，而不是个案观察的方式进行。下面从三个案例，看看我们是否真的能够相信统计方式。

1. 案例

案例 3　抓球游戏（统计推断）。在不透明的罐子中有许多橙色球和绿色球，从罐子中随机抓出 10 个球进行观察，猜测罐子中两种颜色的球的占比。实验了 1 次，抽出的 10 个球中绿色占了 7 个，我们能判断罐子中绿色球的概率是 70% 吗？

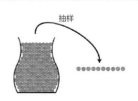

案例 4　智力测试（数据分析）。请观察下面左侧图形的规律，上面三幅是 A 类，下面三幅是 B 类，那么右侧这幅图应该属于哪一类？

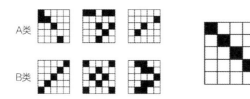

智力题
大家猜猜　A or B?

案例 5　函数猜测（数据建模）。已知 $Y \sim X$ 函数的五个随机抽样点（如右图所示），分析 $Y \sim X$ 的函数关系。

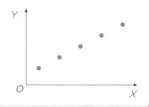

下面是从之前讲座现场收集到的一些常见反馈，这些反馈与大家的判断一致吗？
- **案例 3 的反馈：** "这样猜大概没错吧？罐子中的不同颜色小球的数量虽然不一定是 7：3 这么准确，但也会差不多。"
- **案例 4 的反馈：** "猜测是 B 类，因为 B 类中的三个图形都是对称的，而右侧的新图形也是对称的！"
- **案例 5 的反馈：** "Y 与 X 应该是线性关系，斜率大致是 1。"

2. 案例的答案

接下来向大家揭示真实答案：

- **案例 3 的答案**：抓球游戏中可能存在这样的情况——罐子里大部分是橙色球，仅是顶层漂浮着 7 个绿色球，而它们又正好被我们抽出来了，如图 1-2 所示。因此，仅依据一次抽样的统计比例，完全无法得知罐子里的不同颜色球的真实比例。

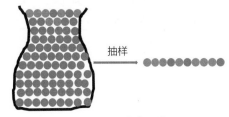

图 1-2　可能存在的情况

- **案例 4 的答案**：新图形属于 A 类，因为与 A 类的三幅图具有一致的特征"中心格子为黑色"。推测是 B 类的朋友说错了，如果有朋友补充："我的推测就是你说的答案。"不好意思，对于猜测是 A 类的朋友，我会告诉他们，真实的结果是属于 B 类，因为它们都满足"对称性"的规律。总而言之，无论大家的猜测是什么，答案都可能是另一种。因此，基于少量数据的分析，很可能"婆说婆有理，公说公有理"。

- **案例 5 的答案**：通常大家都猜测 Y 与 X 是线性关系，但实际上它们是曲线关系。如图 1-3 中的 2 号曲线所示，只是抽样出的 5 个数据点巧合地表现出了线性关系而已，朋友们又推测错了！如果有朋友补充："我猜测它们是曲线关系，如图 1-3 中的 2 号曲线所示。"不好意思，对于猜测是 2 号曲线的朋友，我会告诉你们，真实的关系是更复杂的曲线，如图 1-3 中的 3 号曲线。如果还有朋友不服气，说他猜测是 3 号曲线，那么我会告诉他 Y

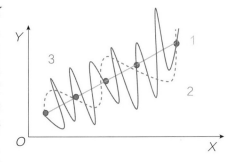

图 1-3　真实的情况究竟是直线 1、
曲线 2 还是曲线 3 呢

与 X 其实是线性关系，如图 1-3 中的 1 号直线。可见，通过有限的数据拟合 Y~X 的关系（注：数据建模中的回归问题）是不可能的。无论拟合出什么结果，真实结果都可能是另一个样子。

3. 案例的暗示和大数定律

- 案例 3 对应"统计推断"，从抽样数据的统计指标来推断整体数据的统计指标。
- 案例 4 对应"数据分析"，从观察到的数据中分析出本质规律，对新情况做出判断。
- 案例 5 对应"数据建模"，使用观测样本训练模型（拟合一条直线），对未知的样本做出预测。

这 3 个案例向我们暗示："不能相信统计结论！" 如果这个暗示是真的，那么本书后续还写什么呢？反正一切基于"有限观测"的判断和预测均可能是错误的。请大家不必如此悲观，真实情况没有这么糟糕。这 3 个案例之所以如此"恶劣"，是因为我们为了说明问题而刻意将答案复杂化，实际上在抽样统计值和真实值之间有一种函数关系，该函数关系使得统计学习在一定程度上是可行的。这就是大名鼎鼎的大数定律所尝试表达的：当试验次数足够多时，事件出现的频率无穷接近于该事件发生的概率。

从古至今，大数定律已经深入人心，大多数人在日常生活中经常使用大数定律做判断，甚至没有意识到它的存在。比如"曾参杀人"的典故。

补充阅读：曾参杀人的典故

孔子有个弟子叫曾参，为人极其贤德。某日，在他家乡有个同姓同名的人杀了人，老百姓都在谈论这件事。曾母当时正在织布，第一个人来对她说："曾参杀人了，已经畏罪潜逃。"曾母非常淡定，完全不为所动："我的儿子素来贤德，我非常了解，他不会杀人的！"继续埋头织布。过一会儿第二个人来说："曾参杀人了，官府要来拿人了。"曾母虽然不信，但心里已经在嘀咕："我儿子应该不会吧，这是造谣。"最后，第三个人来说："曾参杀了人，你怎么还在织布？"此时，曾母扔下织布机，翻墙逃走（古代有亲属连坐的法律）。子曰："三人成虎，一则无心，二则疑，三则信矣。"

为何曾母最后会相信这个消息？因为基于大数定律，如果曾参没有杀人，连续三个不认识的人说他杀人的概率太小了，所以曾参可能确实杀了人。曾母不自觉地运用了大数定律，改变了原来坚信儿子不会杀人的想法。

希望通过上面这个事例可以让大家感性认识一下大数定律，它也有很多量化表示方法。统计学家很早之前就总结出了各种不等式来量化地表示大数定律，比较著名的有切比雪夫、伯努利、马尔可夫、辛钦、霍夫丁等不等式。这些不等式的应用场景和内容不尽相同，但均满足一个规律：上限（不等式的右侧）越小的不等式，适用范围越窄，反之亦然。世界上的规律大都如此，越强大的工具，应用面往往就越窄。下面以应用场景比较宽泛的霍夫丁不等式为例，量化讲解一下大数定律。

$$P[|v-u|>\epsilon]\leq 2\exp(-2\epsilon^2 N)$$

其中，N 为观测样本量，v 是统计值，u 是真实值，ϵ 为统计值与真实值之间的差距衡量。在 ϵ 为确定值的情况下，随着样本量 N 的增大，不等式的右侧逐渐趋近于 0。那么，不等式的左侧（v 与 u 的差距超过 ϵ 的概率）也逐渐趋近于 0，即 v 几乎等于 u。这就是大数定律思想的体现：样本量越大，抽样统计值就越接近事物的真实概率。这个过程的形象表示如图 1-4 所示，抽样观测的平均值 v 呈现出以真实值 u 为中心的正态分布（观测误差的分布），随着样本量 N 的增加，平均值 v 的概率分布会变得越来越窄

$(\sigma_3 \rightarrow \sigma_2 \rightarrow \sigma_1)$。

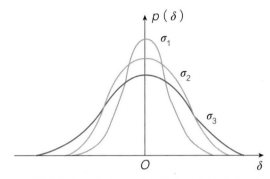

图 1-4　随着样本量 N 的增加，统计值与真实值的差距越来越小

大数定律生效的前提是：每次抽样观测均是独立同分布的。比如抛硬币的案例，每次抛硬币的结果均是一个独立的伯努利分布（Bernoulli Distribution，两个离散结果的分布），之前抛硬币的结果并不会影响本次抛硬币的结果。

霍夫丁不等式举例

从罐子中抽样 100 个球，其中，70 个为绿色，30 个为橙色，那么绿色球的比例抽样统计值 $v=70\%$，以 $\epsilon=10\%$ 为衡量标准，不等式变为

$$P[|0.7-u|>0.1] \leqslant 2\exp(-2 \times 0.01 \times 100) = 0.27$$

也就是说，真实概率落在 60% 以下或者 80% 以上的概率只有 27%；对于其余的 73% 的概率，真实统计值不会与抽样统计值相差超过 10%。

样本量 N 越大，统计值 v 与真实值 u 相近的概率（以差距 ϵ 衡量）就越高。把量化的大数定律揉进统计结论，统计结论的模式会出现翻天覆地的变化。如案例 3（抓球游戏）的例子，抽样观测绿球的出现概率是 70%，不能下结论"罐中绿球的概率是 70%"，也不能下结论"罐中绿球的概率不是 70%"，只能说"罐中绿球的概率以 90% 的可能性为 65%~75%"，这就是统计学家对统计的信任方式：基于概率的信任。运用大数定律，基于有限观测的统计学习框架也称为 PAC（Probably Approximately Correct）。其中，"Correct"对应着抽样观测的结果"绿球概率是 70%"，"Approximately Correct"对应着"罐中绿球的概率可能为 65%~75%"，"Probably"对应着真实值在上述范围内的概率是 90%。大家刚刚接触这个理念时可能会觉得怪异，统计学家既不是完全信任统计结果，也不是不信任统计结果，而是基于概率的信任！通常说某个结论是"统计置信"的，也就是指从概率上可以相信它。

有了对大数定律的理解，再回顾之前的案例 4（智力测试）和案例 5（函数猜测）。在这两个案例中大数定律并未直接体现，而是隐藏在背后。如在案例 5 中，虽然 Y~X 的关系有可能是一条曲线，只是随机抽样的 5 个点刚好在一条直线上，但发生这种情况的概率并不大。随着观测数量增加，例如随机抽样 1000 个样本点，若依然存在一条可以

穿过它们的直线，那么 Y~X 不是线性关系的可能性极小，几乎可以忽略。由此，我们可以大胆地推测 Y~X 就是线性关系！

综上，在大数定律的基础上，人类通过"归纳＋演绎"的方法可以学习到知识。那么也就意味着，这一方法同样适用于机器，本章就是以这一方法为基础来探讨这个过程的。

1.2 机器是怎样学习的

探讨完"机器为何能学习"的问题后，我们继续来分析"机器是怎样学习的"这个问题。

1.2.1 机器学习的框架：假设＋目标＋寻解

近代科学的奠基人牛顿，用力学三定律阐明了经典物理的基本理论。接下来，让我们回到几百年前的牛顿时代，看看是否能让机器和牛顿先生一样，从数据中学习到力学第二定律，复现该科学研究。

牛顿第二定律：物体加速度的大小跟作用力成正比，跟物体的质量成反比，且与物体质量的倒数成正比，加速度的方向跟作用力的方向相同。

牛顿第二定律的实验在初中物理课中已有阐述，如图 1-5 所示，有两种实验方法：倾斜滑动法和水平拉线法。原理是将物体放置在没有摩擦力的光滑平面上，给物体施加不同的作用力，观察物体所产生的加速度。因为实验中的平面是极其光滑的，所以可以忽略其摩擦力，物体的加速度只取决于施加的固定外力。

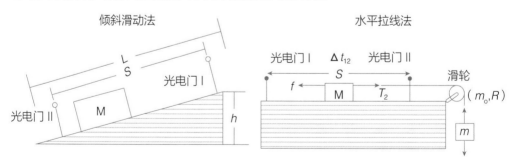

图 1-5　牛顿第二定律的实验

按照这种方式，对于某个确定的物体 M（质量为 m），施加不同的外力得到不同的加速度数据，实验共得到 5 组数据，见表 1-1。

表 1-1　实验得到的数据

实验次数	实验数据	
	作用力 F/N	加速度 a/(m/s^2)
第 1 次	10	1.0
第 2 次	20	2.9
第 3 次	30	3.1
第 4 次	40	4.2
第 5 次	50	4.8

观察这份数据，直觉上认为物体产生的加速度应该和作用在物体上的力 F 有某种关系！掌握这个关系有什么用处呢？举例来说，火箭需要一定的速度才能脱离地球引力飞到宇宙中，有了这个规律，我们可以计算出火箭需要多大的作用力，才能加速到脱离速度，进一步计算出所需燃料。因此，我们期望学习这种函数关系。

先抛开机器，如果让人类学习这个知识，我们会怎样思考呢？

思考步骤 1：对加速度 a 和作用力 F 的关系制图，观察图形，可得到一种假设猜测，a 和 F 之间应该是一种线性关系，可以用线性方程 $a=wF+b$ 来表示（w 和 b 是参数，w 表示该直线的斜率，b 表示该直线的截距），如图 1-6 所示。因为如果不给物体施加作用力，它是静止的，所以最终猜测的假设是 $a=wF$，其中的参数 w 尚不可知。

思考步骤 2：对图 1-5 做动态想象，随参数 w 的变动，a 与 F 的直线关系会绕着原点转动。最优秀的关系是最拟合（经过）所有已知观测数据的一条直线，这应该也是最贴近真实关系的。为了获得参数 w 的最优取值，首先需要设定一个优化目标，它能够评估一个函数关系拟合数据的程度（又称为 Loss 函数，拟合得越好，该值就越小），如图 1-7 所示。这样，使得优化目标达到最小值时，该直线的斜率就是最优参数。在本案例中，我们发现无论怎样调整该直线关系，均无法完全拟合所有的点，因此优化目标可设计成所有数据点的拟合误差的平方之和，使这个优化目标达到最小值的直线就是所求

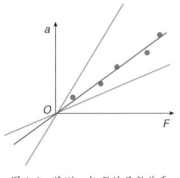

图 1-6　猜测 a 与 F 的函数关系

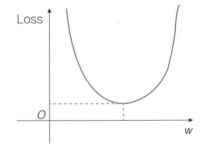

图 1-7　优化目标 Loss 函数是一个
关于参数 w 的函数

的函数关系。

　　思考步骤 3：不难发现，参数 w 变化后，所有数据点的拟合误差的累加和也会随之变化。因此，优化目标 Loss 是一个随着参数 w 变化的函数 $f(w)$。需要一种在优化目标 $f(w)$ 达到最小值时，求出参数 w 的方案。在本案例中，假设期望参数的精度为小数点后一位，可以用暴力尝试的方法。首先观察图形，确定参数的范围应该为 0.09~0.11（因为若是其他取值，根本无法拟合任何一个已知数据点）。之后，依次尝试 0.09~0.11 的所有取值（每次增加 0.001），计算 Loss。通过比较发现，当参数 w 为 0.1 时，Loss 达到最小值。基于此，可确定参数 w 的最优值是 0.1，这个寻找最优解的过程又称为优化问题。

　　人类通过上述 3 个思考步骤，学习到了知识 $a=(1/10)F$。而在本次实验中，该物体的质量是 10kg，这是不是巧合呢？通过使用不同质量的物体继续实验，发现参数的最优解均与物体质量的倒数相同。最终，确定物体的作用力和加速度的确是线性关系，体现这一关系的参数就是物体质量的倒数，这就是牛顿第二定律。牛顿演算推导出力学三定律的文献已无从考证，不过可以猜测，牛顿在这个过程中也是按照西方科学经典"假设—验证—修正"思维来操作的，也就是目前机器学习的基本模式。

　　接下来，让我们思考一下，上述人类学习的过程能否用机器自动实现。在开始探讨之前，先介绍几个机器学习领域的专业术语。

　　1）特征：输入的已知信息，比如上述实验中的作用力可称为"特征"，用 X 表示。

　　2）预测值：期望输出的预测结果，比如上述实验中的加速度可称为"预测值"，用 Y 表示。

　　3）模型：代表 Y~X 的某种函数关系，比如牛顿第二定律 $a=F/m$。

　　4）样本：收集到的记录数据称为"样本"（或训练样本），比如上述实验中的 5 个观察数据，机器要从这些已知 X 与 Y 的样本数据中学习出抽象规律来构建模型。有监督学习和无监督学习的本质区别就是，有没有监督机器进行学习的"样本"。

　　上述人类学习牛顿第二定律的过程，完全可以让机器模仿着实现。

机器的学习方案

　　1）步骤 1，确定规律关系的假设：Y 与 X 是线性关系且截距为 0，可以用 $Y=wX$ 表示。

　　2）步骤 2，设定优化目标 Loss：预测越准确，设计的 Loss 越小。最直接的设计思路是，加和每个训练样本的实际值与预测值之间的误差，将其作为 Loss，表示为 Σ|实际值－预测值$|^2$。

　　3）步骤 3，寻找参数 w 的最优解：依次尝试 0.09~0.11 的不同取值（以 0.001 为更新步长），以 5 个已知样本做测试数据，计算哪个取值会使步骤 2 的 Loss 最小，其就是最优参数。

　　这难道不是一个很有趣的方案吗？机器通过一个"机械化"的模仿过程，实现了像人类一样从数据中学到知识的目标！这个神奇的过程中隐藏着什么？下面让我们来逐步拆解分析。

第一步，机器需确定预测的基本假设，即加速度 a（即 Y）和作用力 F（即 X）之间是线性关系。预测值 Y 与特征 X 之间关系的基本假设称为"假设空间"，它圈定了预测模型能够表示的关系范围。比如，如果实际关系是非线性的（如圆的面积与半径之间的关系 $S = \pi R^2$），却让机器使用线性假设去学习，那么最优结果只能是找到一条与该非线性曲线最贴近的直线，而不能突破直线关系的表达范畴。在实践中，通常情况下，机器在学习之前，人们已经对业务问题有了较深刻的认知和理解，并不需要机器漫无边际地实验 Y 与 X 之间的关系，而是根据业务理解圈定一个更可能的关系范围，从而降低机器学习的难度，提高其学习效率。这个事先假定的关系范围就是假设空间。具体到上述场景：通过对实验数据的观测，假设加速度 a 与作用力 F 之间是线性关系。至于是怎样的线性关系，仍需要机器通过第二步、第三步去确定。

第二步，设立假设空间后，机器仍需要一个可计算的评估标准，以告诉它如何判断预测值的好和坏。一般情况下，预测值与实际值完全一样是最好的，相差不大是次好的，相差很大是不好的。因此设置最直接的评估指标"Loss"——在已知的样本集合上计算每个样本的预测值与实际值的误差，再加和全部误差得到的指标，记为 $\Sigma |$ 实际值－预测值 $|$。使用该方法的效果如图 1-8 所示。如果输入只有一个特征 X（一维特征），学习到 $Y\sim X$ 的关系为图 1-8a 中的直线。对于每个样本，误差为该样本的 $|$ 实际值－预测值 $|$，也就是图中点到直线的线段（平行于 Y 轴）。评估指标是所有线段的长度的加和。

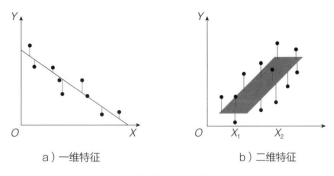

a）一维特征   b）二维特征

图 1-8　不同特征数量，Loss 计算值的形象说明

可以想象，随着拟合直线的上下移动或左右转动，Loss 的大小（所有线段的长度之和）会发生变化。如果输入有两个特征 X_1、X_2（二维特征），预测值 Y 与输入的关系则是一个平面，每一个点的预测误差为点到平面的线段（平行于 Y 轴），评估指标依然是所有线段的长度的加和，如图 1-8b 所示。同样，随着预测的 $Y\sim X$ 关系的变化（移动图 1-8a 中的直线或移动图 1-8b 中的平面），评估指标的大小也会变化。这个评估模型预测效果的指标称为"**优化目标**"，它代表了模型学习优化的方向。设定了优化目标后，最后的问题是：如何在假设空间中明确下一种关系（确定 $Y = wX$ 中的参数 w），使优化

目标达到最小。

　　第三步，在假设空间中寻找使得优化目标最小的参数取值，这称为"**寻解算法**"或"**优化过程**"。什么样的"**寻解方法**"最简单呢？从实验中可见，最容易想到的是，在所有可能的预测值中逐一尝试。在参数的取值范围 0.09~0.11 内尝试（超出这个范围显然是不合理的猜测），共尝试 20 次（每次增加 0.001），则可比较得出最优参数解。这种方法虽然容易被想到，但也比较笨拙。如果假设空间很大，要全部尝试一遍是不切实际的。因此，在实际项目中几乎没人使用这种方法，但用来演示机器学习的基本过程是足够可行的。

　　机器学习（监督模型）遵照"假设空间＋优化目标＋寻解算法"的流程，从数据中学习知识并预测未来。

　　明确了机器学习的过程后，还需要一种对学到的知识进行记录或表示的方法。如果是线性关系，可以将此关系写成线性方程，如 $a=F/m$ 可以写成

$$加速度\ a＝作用力\ F（特征）\times 1/m（参数）$$

其中，输入变量"作用力 F"为特征，而表达 $a~F$ 关系的其他变量称为参数，如 $1/m$。将特征和参数组合在一起写成方程，可以表达机器学习到的知识。

　　输出 Y 为一个实数取值的预测问题，学术上称为回归模型。由于本案例中 $Y~X$ 的关系是线性的，因此这是一个线性回归模型。

　　在实际中，一件事情往往会有更多的前提条件和影响因素。对于仅一个特征输入的情况，用方程式表达线性关系是可行的。如果再多一个特征，该如何表达呢？例如，在现实世界中往往需要考虑到物体的摩擦力，所以物体的加速度不仅仅和作用力有关，还与该物体与平面之间的摩擦力⊖有关。这时，预测方程可以写成

$$加速度\ a＝作用力\ F（特征）\times 1/m（参数）－压力\ F（特征）\times 摩擦系数\ \mu（参数）$$

　　从该模型可拓展到生活和工作中的大量场景。如投资机构预测企业的信用情况、互联网公司预测广告的点击率、电信企业定位高流失风险的客户等。这些场景相较上述案例不过是具有更多的特征、更强大的假设空间、更符合应用场景的优化目标以及更高效的寻解算法而已，机器学习的过程依然是一样的！期望通过"牛顿第二定律"案例，能让大家对机器学习框架设计有一个循序渐进的了解，并学会在实际工作中举一反三。

　　简而言之，机器学习（监督学习，包括回归、分类）就是设定一个更大的函数空间，再从该空间中找到能最好拟合已知数据的函数。

　　上述的机器学习框架中依然有一个逻辑漏洞——我们设计的优化目标是在训练样本上进行计算的，即所选择的参数以及形成的 $Y~X$ 关系在已经掌握的训练数据上会十分有效。但在现实中，我们期望模型对没有见过的未来样本做出正确预测，那么在已知训练样本上表现得有效的函数规律，在未知的样本上会依然有效吗？

　　⊖　摩擦力＝压力×摩擦系数。

在下一节中，将结合 1.1.3 节介绍的大数定律对这一问题做出解答。

1.2.2 如何在机器学习场景中应用大数定律

回顾一下大数定律的数学表达，即霍夫丁不等式 $P[|v-u|>\epsilon]\leqslant2\exp(-2\epsilon^2N)$。在机器学习场景中应用该公式时，需要对其略做改变。

首先，观测样本的统计值 v 对应到机器学习场景，是模型在训练样本上取得的效果 E_{in}（训练误差）。真实世界的统计值 u 可以认为是模型在预测样本上的表现 E_{out}（真实误差）。任何模型的训练误差和真实误差的差距均应满足霍夫丁不等式的限制：

$$P[|E_{in}-E_{out}|>\epsilon]\leqslant2\exp(-2\epsilon^2N)$$

这是因为机器学习模型并不是随意指定的函数关系，它是在 M 大小的假设空间中选择能最佳拟合训练数据的函数，如图 1-9 所示。这个选择过程（优化）会对上述不等式造成何种影响呢？

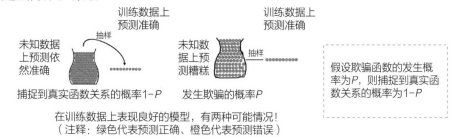

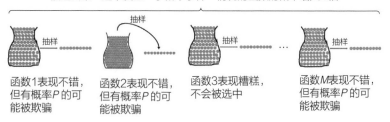

图 1-9　在 M 个函数中进行最优选择的过程，
使得 E_{in} 和 E_{out} 满足某个差距的概率增大了 M 倍

可以这样思考，在训练数据集上，E_{in} 表现得非常优秀（E_{in} 很小）的可能有两种：第一种是模型捕捉到了正确的关系函数；第二种是模型捕捉到了一个虚假的关系函数，只是该函数凑巧在收集到的有限训练样本上表现得不错，而实际并不是正确的（应用到未知样本上的预测错误很多）。一旦发生后一种情况，我们称犯了"小概率事件"错误（E_{in} 和 E_{out} 的差距很大）。假设出现这种情况的概率为 P，如果仅仅随机指定一种关系，出现"小概率事件"错误的概率是满足霍夫丁不等式的。但从 M 种关系可能中选择表现最好的，会使"小概率事件"错误的概率增大 M 倍。假设 M 个函数中有 M^- 个在训练数据上表现良好（$M^- \leq M$），因为每个关系均以 P 的概率为"小概率事件"错误，且一旦某个关系出现"小概率事件"错误，我们肯定会选择它（因为它在训练样本上表现好），所以最终结果为"小概率事件"错误的概率增大 M^- 倍。考虑到 M^- 最多可以等于 M，所以在 M 大小的假设空间中做优化学习，最多会使得 E_{in} 和 E_{out} 满足某个差距的概率增大 M 倍，即需要在上述不等式的右侧乘以 M。

$$P[|E_{in} - E_{out}| > \epsilon] \leq 2M\exp(-2\epsilon^2 N)$$

可见，模型的假设空间大小 M 极大地影响了大数定律在机器学习过程中的作用，它究竟和什么因素有关？让我们从两个实际案例来感受一下。

M 函数的两个案例

假设空间的大小 M 究竟和什么因素有关呢？对于分类问题，给定样本数量，假设空间代表存在多少种样本分布，分类函数能正确地将每个类别的样本区分开。例如，对于二分类问题，若有两个样本，则共有 4 种样本分布（正正、正负、负正、负负），如果模型能将这四种情况均正确地分类，它的假设空间大小为 4。换句话说，假设空间是一个模型的函数表示能力——能够完美地拟合多少种关系。假设空间越大，模型的表示能力越强，也就能更好地学习那些现实世界中的复杂关系。

案例6　线性二元分类

线性二元分类是使用一条直线区分两种可能或正或负的样本。形象地说，就是对散布在一张纸上的圆圈和叉叉，尝试画一条直线将两者分开。

对于 N 个样本，每个样本有正负两种分类可能，最理想的假设空间 M 有 2^N 种分布，即正确地划分每种样本分布。但线性分类模型能够达到这个极限吗？

先来看看样本数量较少的简单场景，通过观察来猜测规律。

1）1 个样本点：共有 2 种样本分布的可能（样本分布：该样本为正样本或负样本），全部可以用一条直线分割。

2）2 个样本点：共有 4 种样本分布的可能（样本分布：正正、正负、负正、负负），全部可以用一条直线分割。

3）3 个样本点：共有 8 种样本分布的可能（样本分布：在 2 个样本点的 4 种分布上，再加入一种新样本为正和一种新样本为负的情况），全部可以用一条直线分割。

4）4 个样本点：共有 16 种样本分布的可能，其中有 2 种情况无法用一条直线分割，可分割的情况有 14 种，如下图所示。

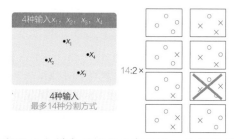

通过观察，我们发现4个样本点不能全部可分。这仅仅是故事的开始，随着样本数量越来越多，不可分割的情况也越来越多。也就是说，线性二元分类的假设空间 M 随着样本量 N 的增长是小于2的指数次幂的。

$$P[|E_{in}-E_{out}|>\epsilon] \leq 2M\exp(-2\epsilon^2 N)$$

其中，M 达不到2的指数次幂增长。

因为霍夫丁不等式右侧有一个e指数次幂，如果 M 的增长达不到2的指数次幂，随着 N 的增大，不等式右侧依然会趋近于0（只是需要的样本量 N 更多）。也就是说，线性二元分类模型是满足大数定律的。如果基于大量数据学习出一个线性二分类模型，且它在训练数据上表现良好，那么它大概率是真实的（在未知数据上也会表现良好）。

案例7 二元凸多边形的分类模型

与案例6一样，样本或为正或为负，但可用凸多边形对样本做出分类。下面在一种略极端的样本分布场景下探讨凸多边形假设空间 M 的大小。

假设有 n 个数据点，它们分布在一个圆上，每个样本点均可为正样本或负样本，共有 2^n 种可能。无论哪种可能，均可以用凸多边形将正负样本分开。如图所示，只要将所有的正样本用一个多边形连接起来，然后将该多边形略微外扩一点（从每个正样本点的位置略向外延展），它就会将所有的正样本点圈进来，而把所有的负样本点排除在外，即完美地区分开正负样本。

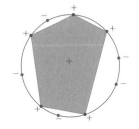

$$P[|E_{in}-E_{out}|>\epsilon] \leq 2M\exp(-2\epsilon^2 N)$$

其中，M 以2的指数次幂增长。

由此可见，凸多边形的分类模型的假设空间 M 的增长速度是 2^n。在这种情况下，大数定律的限制失效了。霍夫丁不等式的右侧并不会随着样本量 N 的增长而减少。也就是说，我们永远无法用这种假设空间学习到一种可从统计上相信的规律。无论真实的关系如何，均可以用凸多边形学习出一种将训练数据拟合得很好的关系，但它往往是虚假的。

由上述两个案例可见，假设空间的大小与两个因素相关，即假设 H 和样本量 N，可以写成两者的函数 $M(H, N)$，这称为增长函数。我们喜欢那些增长函数小于 2 的指数次幂的假设，因为在这种时候，学习才是可能的！

1.2.3 大数据对机器学习的意义

结合大数定律和机器学习框架，可推导出大数据对机器学习的价值所在，即大数据可以解决机器学习中的两难问题。

上述的推导证明，强大的模型假设不一定是好事，因为越强大的模型意味着越大的增长函数 $M(H, N)$，需要更多的数据才能满足学习的条件（大数定律生效）。机器学习的终极目标是减少 E_{out}（在未知样本上的错误），而 E_{out} 可以理解成 E_{in} 和（$E_{out}-E_{in}$）两部分。更强大的模型可以使 E_{in} 更小，但如果供给机器学习的数据不足，它往往会使（$E_{out}-E_{in}$）很大，从而达不到很好的 E_{out}。这个两难关系如表 1-2 所示。

表 1-2　两难关系说明，假设空间 M 过大或过小均会导致问题

	M 很小的时候	M 很大的时候
期望 E_{in} 很小	不满足，简单的模型可能无法拟合真实关系，比如线性方程无法拟合三角函数曲线	满足，强大的模型更有可能捕捉到真实关系
期望（$E_{out}-E_{in}$）很小	满足，简单模型拟合的结果，泛化能力更强	不满足，强大模型的拟合关系更可能是一种虚假的"好运"，并未捕捉到真实关系

E_{in} 很小意味着可得到一个更精确的统计结果，（$E_{out}-E_{in}$）很小意味着可得到一个更置信（即可信）的统计结果。实际上，这两个目标经常互相打架，即使不了解机器学习，在日常的数据分析和统计中也会经常遇到这一问题。

案例 8　抽样调查全国 3000 名客户，调查内容包括性别、年龄、居住地三项基本信息以及他们对鞋子的喜好。

姓　名	性　别	年　龄	居　住　地	喜欢的鞋子
张三	男	32	北京市朝阳区 ××××	旅游鞋
李四	女	22	上海市张江区 ××××	高跟鞋、休闲鞋
王五	男	60	吉林市昌邑区 ××××	皮鞋、布鞋
童童	女	8	北京西二旗 ××××	男性化旅游鞋
……				

分析上述数据统计结果，调研人员得出两个结论：

结论1：中国女性60%喜欢高跟鞋。

结论2：北京海淀区5~10岁的女童，100%喜欢男性化旅游鞋。

这两个结论是否存在问题？如果存在问题，分别是什么问题？

结论1的问题在于"中国女性"这个分类太宽泛了，基于过粗分类的统计结论通常没有鲜明的特点。如果将中国女性作为一个整体，会发现她们对各种商品的喜好很平均，十分没有特点。这是因为将不同喜好的群体混合，混合后的类别会把很多倾向性信息中和掉。比如，一所体育学校设有球类学院，分为足球班和篮球班。因为事先根据学生的喜好分班，所以两个班级的喜好倾向是极其鲜明的。

	喜欢足球	喜欢篮球
足球班50人	100%	0%
篮球班50人	0%	100%
球类学院汇总100人	50%	50%

如果将两个班级合并起来分析，球类学院对足球和篮球的喜好非常平均，鲜明的喜好信息被淹没在"球类学院"这个较粗的分类维度里。

综上，在结论1中，中国女性这个目标用户群过粗，这导致不同类型的女性对不同鞋子的偏好被淹没了，汇总后的喜好表现得很平均，统计结论很不精确。但只有面向喜好鲜明的细分市场，才可以有针对性地提供差异化的商品或服务，从而具备较高的商业价值。

结论2听起来很好，完全没有结论1的问题。统计分类很细，喜好非常鲜明，极具商业价值。基于该结论，在北京海淀区开一家专门向5~10岁女童销售男性旅游鞋的鞋店，相信一定会大卖。其实，这是一个错误的结论，它是基于1个样本统计得到的，存在统计不置信的问题。假设样本是我邻居家的小女孩，她生性活泼，尚没有清晰的性别认识，喜欢将自己打扮成男孩，喜欢男性化旅游鞋，但这并不代表该年龄段的所有女孩均如此。将3000个样本放在由三个维度（性别——2个分类；年龄——20个分类；居住地——50个分类）切分的数据立方体中，会发现大部分格子里只有0或1个样本数据。基于1个或少量样本的统计结论，往往是不置信的。换句话说，如果未满足大数定律的条件，即使是以高概率得到的结论也不可信！

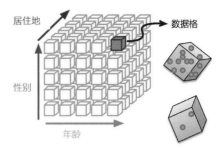

　　既然用过粗的维度观测数据会造成结论不准确、无价值，而用非常细致的维度观测数据又会造成结论不置信，那么何种解决方案是最妥当的呢？答案是：在细致与置信之间做出合理权衡。一方面分类维度要足够细致，够细致才能准确地定位细分群体，不会淹没有效的信息；另一方面要保证分类中含有足够的样本量，样本量足够才能使大数定律发挥效应，得到置信的统计结论。在实操中，通常在保证数据置信的前提下，尽量细分数据，以得到更细致、更有价值的统计结论。该过程如案例 8 中图所示，如果格子里还有大量的样本数据，说明观测维度还可以切分得更加细致。反之，如果格子中的样本数据很少，那么需要减少切分维度，将不同格子中的样本数据汇集到一起，以提高结论的置信度。这个权衡贯穿了整个统计学习，在机器学习中也称为过拟合和欠拟合（或者偏差（bias）过大和方差（variance）过大），其同样是权衡"拆得过粗得到的统计结论无法精准地描述事物规律"与"拆得过细得到的统计结论无法置信地描述事物规律"。

为何特征（切分的维度）多了，得到置信的统计结论需要更多的数据

　　我某次出于好奇，向身边的女性朋友咨询过："为何女性要买那么多包？"现实中让女性决定购包的维度有很多，比如：不同的场景（例如商务会谈、闺蜜聚会、外出游玩等）需要不同款式的包；不同的衣服需要搭配不同颜色的包，如包的颜色与衣服不能相近，风格要一致；装不同物品需要不同的包，如装化妆品的手包、装钱和卡的钱包、装平板电脑和手机的挎包、装小物件的提包；不同的季节需要不同的包，如夏季适合用帆布包，冬季适合用皮包。除此之外，还有诸多决策维度，难以逐一列举。但对于一位时尚女性来说，不仅不同维度（场景、衣服、用途、季节）组合下需要不同的包，每个维度组合下最好要有几款可作为备选的包，以便随时更换来彰显个人的品味与个性。类似地，如果一个统计模型中可用来切分数据的特征（维度）很多，为了使每个细分场景（某种特征组合）都有足够多的样本量，以便大数定律发生效用，进而得到统计置信的结论，那么总体上就需要更多的样本。特征越多，本质上，机器学习中的模型假设就越复杂。

　　在大数据时代，该均衡点变得更加优秀。由于数据量足够大，因此可以拥有更多的数据切分维度（大量特征），而不必担心置信问题。如上图所示，无论切分多少次，格子里总是存在足够多的样本量。在大量样本＋大量特征的情况下，"统计分析"或"模型学习"得到的信息可以非常细致且非常置信，从而使这种模式有着远超人工经验的巨大价值。例如北京西二旗地区知识分子家庭的 5~10 岁的女童喜欢带电光的耐克跑鞋，那么对女童和鞋子的描述都可以非常细致。如果说传统统计学更注重研究如何从抽样个体的统计指标去推测全体，那么今天的统计学则更关注如何在置信的前提下把全体数据尽量拆细，得到更细致的个体结论。这就是大数据对机器学习的价值，它释放了模型的学习能力（使用更强大假设的能力）。

　　大样本使大特征成为可能，大特征使大样本发挥价值。

——大数据时代的个人总结

1.2.4 小结

本节从人类的学习过程谈起，总结了机器学习的实现框架（假设＋目标＋寻解），并介绍了令观测数据学习成为可能的基础——大数定律。之后，通过使用大数定律的霍夫丁不等式推导了机器可以学习的前提假设：假设空间 M 随样本量 N 的增长需小于 2^N。对合理的假设来说，机器学习是可能的！同样基于此，强大的机器学习模型更需要大数据的匹配，这是大数据对于机器学习的价值，它释放了模型假设的复杂度。

我有时候在想，如果市面上的机器学习书籍多谈一些有关本质的思考和内容，而不是按部就班地逐一介绍算法，大家是否会对机器学习有更多的兴趣和更好的理解？一本好书是与人交流思想而不仅仅是知识，期望本书对"机器为何能学习"与"机器是怎样学习的"问题的探讨能对每位读者都有所启发。

1.3 跨上人工智能的战车

许多朋友被市场上充斥的"大数据概念"忽悠得迷迷糊糊，不清楚大数据的价值究竟在哪儿。很多企业高层认为人工智能技术将成为业务发展的助力，但全无实践经验，既不清楚如何构建基于人工智能的业务应用，也不知道怎样组建和发展人工智能技术团队。因此，本章在最后探讨：企业和个人如何跨上人工智能的战车？希望这些内容能对在这方面有困惑的读者带来一些帮助，起到抛砖引玉的作用。

1.3.1 大数据的概念及价值

1. 何为大数据

现今，人们都在谈"大数据"，且各有各的理解。随着 IT 技术和互联网的兴起，我们的的确确拥有越来越多的数据。基于这些数据做一些有价值的事情，已成为企业、政府甚至科研学者们的共识。但究竟"大数据"比"数据"多了什么？"大"意味着什么？如果大家去互联网上搜索"大数据"，会发现大多数结果均是各种有关数据处理和数据挖掘技术的资料，比如百度中的某种解释：

大数据（big data），或称巨量资料，指的是所涉及的资料量规模巨大到无法通过目前的主流软件工具，在合理的时间内达到撷取、管理、处理并整理成能帮助企业经营决策的更积极目的的资讯。

大数据的 3V 特点：Volume（海量）、Variety（多样）、Velocity（速度）。

1）**数据容量大（Volume）**：从 TB 级别，跃升到 PB 级别。

2）**数据类型多样（Variety）**：相对于以往便于存储的以文本为主的结构化数据，非结构化数据越来越多，包括网络日志、音频、视频、图片、地理位置信息等，这些多类型的数据对数据的处理能力提出了更高要求。

3）处理速度快（Velocity）：1 秒定律，这是大数据区别于传统数据挖掘的最显著特征。根据 IDC2012 年发布的关于"数字宇宙"的报告，截至 2020 年，全球的数据使用量达到 35.2ZB。在如此海量的数据面前，处理数据的效率就是企业的生命。

既然大数据拥有当前主流软件工具无法处理的数据量，那么大数据技术自然会围绕着可用哪些新方法来处理大数据量而展开。于是，图 1-10 所示的有关计算和存储的大量技术进入人们的视野：分布式、云平台、压缩、知识图谱、数据可视化……

然而，我个人认为，谈到"大数据"，首先应明确"大数据"带来的经济价值，而不是各种针对超大数据量的计算、存储、可视化与挖掘等技术方法。如果数据量巨大却不能带来短期或长期的经济效益，那么拥有再多再好的处理技术也不会具有实际意义。反之，如果大数据具备对社会、人类发展有意义的价值，那么自然会驱动各种配套技术的不断推陈出新，即用"数据的需求"来推动"技术的革新"。

图 1-10　各种大数据技术

注释

快速发展一个行业的最好办法，是为它找到一种高利润的商业模式。高利润比行政手段或铺天盖地的宣传更能让社会资源自愿地向该行业倾斜。比如近几年，国产电影的质量逐渐提高，这与中国电影市场规模的节节攀升是密不可分的，而这种高利润导致除传统媒体类公司外，很多互联网企业也瞄准了这个市场。

因此，谈大数据应该先谈大数据的价值，技术并不是最首要的。企业领导层认为："想让企业为大数据技术买单，没有问题！但请先回答它能为企业创造什么价值。"

矛盾的是，一方面科学研究不能完全依赖市场机制来运作，因为市场机制会偏重短期利益，而科学发展往往是由几代人共同完成的长期事业。历史上诸多伟大的科学发现与设计，在当时并没有任何应用价值，典型如计算机领域的布尔代数。在一个没有计算机的时代，这种二元运算的数学理论看起来完全是一位数学爱好者的自娱自乐，而在布尔去世 100 年后，计算机开始飞跃式发展，布尔代数成了计算机科学的理论基石。另一方面，企业如果不重视经济效益，不明确大数据技术的应用价值而只谈技术本身，是难以生存的。因此，我个人认为科学研究，尤其是偏理论的研究，还需要得到政府在政策上和财力上的支持。方能有效化解上述矛盾。

在谈大数据对企业的价值之前，先来解释一下"大"的含义，以及"大"可以带来哪些附加价值。

2. 大数据对人工智能的价值

理解大数据价值，首先要明确"大数据"中的"大"意味着什么。数据统计、数据分析、数据挖掘都是 20 世纪就存在的学科，为何到了 21 世纪，这些学科纷纷戴上"大"的帽子，就焕发出了崭新的生命力呢？大数据中的"大"有两个突出的经济价值。

第一，大数据使"精细刻画"变成可能。精细刻画指用很多特征来描述一种关系。回想之前案例 8 提到的细分人群对鞋子的喜好，如果收集到的样本量很少，就无法用较多的特征来细分样本，因为落到每个细分格子中的样本数过少会使统计结论不置信，如"北京海淀区 5~10 岁的女童，100% 喜欢男性化旅游鞋"的结论。虽然该结论存在瑕疵，但这种细致描述的方法还是很有价值的。市场细分意味着差异化需求，其中隐藏着巨大的商机。如果能够获取足够大的样本量，则可以支撑更细致的结论，而不用担心置信度低，这是大数据的第一种价值。有了大数据，一切统计模型都变得极具个性化。如在医疗领域，当医生遇到新病人时，一方面根据自己所学的理论知识进行分析，另一方面也会和以往接触过的病例进行比对。如果之前遇见过与这位病人很像的病例，且当时的治疗方案已经被印证效果良好，医生会给出相近的诊疗方案。但每个医生见过的病例是有限的，如果找不到完全一致的病例，就只能参考一些部分相似的病例，那么诊疗方案的效果大概率会打折扣。这也是老中医比年轻中医受欢迎、一线城市的知名医院比小城市的医院更受欢迎的原因之一，因为前者接触过更多的病例。大数据的价值类似于收集到足够多的病例，对于每一个病人，均可以找到数量众多的相似病例，那么对新病人的病情分析和治疗方案会更准确、更有效。

很多互联网企业都在业务中使用这样细致刻画的模型，比如互联网广告的点击率预估、电商网站的推荐系统等，这些模型将查询或推荐的场景刻画得非常细致，甚至用成千上万维度的特征来描述规律（如：买了某本书并团购了某场电影票的年轻女性大概率会购买某件商品）。这种精细的刻画没有大数据的支持几乎是不可能实现的，没有大数据，我们只能得到"女性喜欢 A，男性喜好 B"这样很粗略的统计规律。

大样本使大特征成为可能，大特征使大样本发挥价值。

第二，大数据使统计科学的重心发生了变化，使智能学习变为可能，这是大数据的第二种价值。经典统计学更注重探讨如何从个体样本推断整体数据的统计结论；而在大数据时代，讨论的主题则是：如何寻找合适的维度切分整体数据，以便更好地推断个体行为。

人类基于观测数据探索世间规律时，大致经历了四个阶段，如图 1-11 所示。

- **阶段 1** 规律＝全部领域知识（用数学公式表示），数据用于启发思路和验证假说：科学家根据观察到的现象提出假说（表达规律的数学公式），然后收集实验数据来验证假说。典型如牛顿第二定律 $F=ma$，物体的加速度与所受外力成正比，与物体质量成反比。这个规律我们在生活中经常可以感受到：推动一个物体，使用的力气越大，它加速得越快；该物体越沉重（需排除摩擦力的干扰），它加速得越慢。这个阶段，数据在人类的学习过程中，主要起"启发科学家设计假说的思路"和"验证假说有效性"的作用。

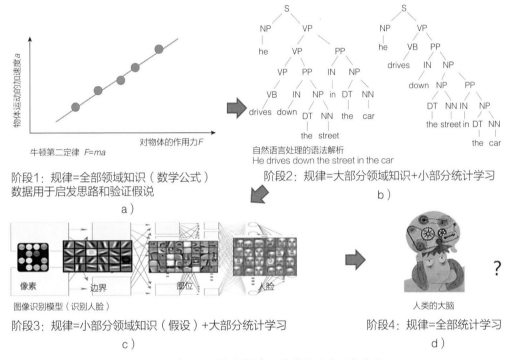

图 1-11　基于观测数据探索规律所经历的四个阶段

- **阶段 2**　规律＝大部分领域知识＋小部分统计学习：人类将某个领域的知识梳理清楚，留下小部分内容交给机器基于数据来学习。典型如自然语言处理（NLP）中的语法解析，首先由人类总结出语法规则，根据语法规则解析某句话，如"He drives down the street in the car"，这句话既可以解析成"他开车穿过街道"，也可以解析成"他穿过车里的街道"，两种方式均满足语法规则（见图 1-11b 中的两棵语法树）。但前者是人类在该语境中习惯的表达方法，后者则不是。哪个解析结果更符合语境，可以交由机器决定，它通过语料库（大量资料、文献、对话的文本记录），判断前者出现（被使用）的概率更高。最终，人类总结的语法规则和机器在语法规则上建立的统计模型一起完成了语法解析任务。

- **阶段 3**　规律＝小部分领域知识（假设）＋大部分统计学习：机器学习越来越智能，越来越多的领域知识不再需要人类来梳理和总结，而可以通过机器自动学到。典型如近些年火热的深度学习模型，它进一步减少了机器学习对领域知识的依赖。在图像处理的人脸识别问题中，通过深层次的神经网络，可以自动学习出从像素到边界、从边界到部位、再从部位到人脸的深层次图像内涵，而不用再依赖人类的梳理和总结。但网络结构的设计和非线性变换函数，依然需要人类基于图像处理领域的特点去设定，因此不能说全部脱离了领域知识。

- 阶段 4　规律＝全部统计学习。曾看过一篇科研报道，当一个人的听觉细胞全部坏死后，部分视觉细胞会开始承担听觉功能。这说明人脑细胞的学习能力并不受知识结构的领域限制。在人类的发展历史中，并没有其他生命告诉人类世间的规律和道理，但我们从零开始，一代代地探索和积累，形成了对宇宙规律的认知。如果机器有一天能够完全不带任何假设（前置的领域知识）地学习，它就真正具备人类的学习能力了。至此，机器可以自动探索世界，代替人类做科学研究。

这四个阶段的演变过程是统计学习越来越智能的过程，所需的数据量也由少变多。验证一个规律，只需要采集少量实验数据点即可，而在领域知识（假设）越来越少的情况下，统计学习则要承担更多的探索，需要的数据量也越来越多。因此，大数据带来的第二个价值是使智能学习变为可能。只有数据量足够大，机器才能减少对领域知识的依赖，更加智能地学习。

注释

机器学习领域中的专业表述是"越强大的模型，意味着越宽泛的假设空间，需要越多的数据样本，否则模型会过拟合"。

1.3.2　企业为何要搭上人工智能的战车

1. 企业拥有的数据在快速增长

数据增长的速度是非线性的。由于采集数据的软硬件设备越来越多，各行各业积累的数据量均在非线性增长。同时，各种不同类型的数据融合在一起，使得数据中的内涵信息爆炸性增长，有"1＋1≫2"的效果。举例来说，在移动互联网与可穿戴设备兴起的今天，几乎每个人的生活都会在网络上留下印记，如个人数据、信息浏览数据、消费数据、社交数据、地理位置数据，如果将这些数据整合在一起，几乎可以完整地描绘一个人的所见所想、所需所求。

案例 9　普通人的一天。早晨在一个新网站注册了个人账户，留下了很多个人信息，如性别、年龄、学历等。上午在公司的资料库中查资料，留下了工作信息。中午逛电商网站的时候，下单了几个心仪已久的小物件，留下了购物信息。顺便在门户网站看了看新闻，留下了对某类新闻特别关注的信息。下午拜访客户，用地图App 进行了导航，留下了行程信息。晚上与同学在网上聊了聊去过的饭馆和八卦，留下了社交信息。晚饭后例行带上运动装备去运动，留下了身体健康信息。回来后在视频网站上看最新出的推理动漫，留下了兴趣爱好信息。临睡前，在旅游网站预定了下个月的出行计划，留下了旅游消费信息。

仅有上述信息中的一项，对人的理解或许是片面的，但如果将上述信息整合到一起，企业就可以了解这个人的方方面面，从而向他提供个性化的产品和服务。大数据的另一个价值是不同类型数据的叠加价值呈非线性增长，即 1＋1≫2。如果大家足够细心，会觉察到这种事已经在逐渐发生，比如大家今天在某个购物 App 浏览过某件感兴趣的商品，那么再去购物 App 或新闻 App、视频 App，类似商品的广告会不断地在各个地方闪现。形成这样的数据链条，对商家来说就意味着"没有无价值的流量，只有错误的匹配"。在互联网上，用户在合适的时间和合适的位置，总会看到与他潜在的消费需求相关的商业信息。

注释

"没有无价值的流量，只有错误的匹配"，这句话道出了个性化匹配所能带来的经济价值。在不同场景下，匹配商业信息带来的经济价值也不同。比如虽用户同样需要一个产品，但在"购物 App 中搜索"与"浏览新闻或者小说 App"两个场景中，用户对该产品信息的关注程度不同。因此，与电视节目插播广告一样，在网站主体内容旁附上广告信息，即使用户感兴趣，也是一种干扰，因为他在该场景中的目标不是看商业广告。

互相关联、量级超大的数据，使得价值 1＋价值 2＋…＋价值 N 产生融合，人们可以在数据中挖掘出非常细致、非常复杂、极具价值的信息。这在小数据时代是不可能的，这是我个人理解的"大数据"中"大"的价值。如果企业能够在业务中应用这些大数据的价值，就可以获得差异化的竞争优势。

2. 数据和人工智能应用对企业的价值

数据对企业的价值可以从攻和守两方面表述，攻可促进业务发展，守则保持业务的核心竞争力。

（1）攻：促进业务发展

如果业务是基于数据和数据技术（多数指机器学习和人工智能算法）搭建的，则业务的效果和价值与数据量相关。那么，当收集到的数据量发生非线性增长时，业务的价值是否也处于这个曲线上呢？这是很多企业老板的想法。如果用古语来形容这种心情，即"大鹏一日同风起，扶摇直上九万里"。新闻资讯的个性化推荐产品就符合这个模式，随着产品的使用数据越多，商家会更好地了解哪类用户对哪类新闻更关注，产品推荐效果也会更好。

（2）守：保持业务的核心竞争力

根据市场经济的规则，商业的成功来自满足需求和控制供给。因此，创业者与投资人在进行融资谈判的时候，投资人最关心的问题只有两个：

- 第一，怎么论证创业者提出的产品不是伪需求。用户真的需要吗？有多大的市场空间？需求是否足够刚性？该需求在当前已经存在还是会在未来爆发？
- 第二，当严谨地论证了需求后，马上会开始询问供给。当该产品火了以后，面对别人抄袭怎么办？怎么应对资源更充裕的大企业做出类似的产品，并投入巨资推广？怎么保证这个世界上只有该创业者能做好这个产品？

爆发的需求和掌握在自己手里的供给，等于拿到了市场的定价权，自然可以大赚特赚。

综上，从市场角度重新理解创新，会有不一样的思考。创新就是追求抢占先机，抢占先机才能获取利润。如果产品创新程度非常高，导致市场在这个时间点（或段）上仅有这一家供给，那企业就会在该时间点（或段）获取高额利润。

技术创新只是在一个时间窗口内领先，没有永远的"黑科技"。任何"黑科技"均会随着时间的推移而扩散，最终变成多数企业均可以掌握的基础技术。因此，一家企业想持续保持技术领先是非常困难的，所面临的被抄袭或被超越的风险很高。但如果业务能够进入产品领先与数据领先的正向循环，那技术扩散的风险性就得到了有效缓解。由于现今社会的信息传播高度发达，技术和产品的壁垒期不断缩短，因此数据领先是多数企业可以轻松实现的相对安全的盈利模式。

那么，什么是产品领先和数据领先的正向循环呢？如图 1-12 所示，最开始的技术领先可以导致企业的产品领先，即技术的使用效果和产品的用户体验比其他竞品优秀。产品领先会导致更多的用户选择该产品，形成更多的使用数据，进而使企业积累的数据领先。因为技术是构建在数据的基础上，所以数据领先会进一步导致技术的使用效果领先，产品的用户体验领先。至此，就完成了产品领先和数据领先互为因果的循环。很多互联网企业已经进入这个良性循环阶段，例如读者在搜索引擎上搜索"万年小学生"，可惊奇地发现很多人不知道这是柯南的外号，但搜索引擎却可以正确地提供很多含有柯南信息的网页结果。搜索引擎是如何知道的呢？其实并不是凭借技术，而是凭借数据。大量的用户在搜索"万年小学生"时点击了有关柯南的链接，或者连续搜索"万年小学生"和"柯南"这两个不同的关键词，这些统计数据使搜索引擎捕捉到这两者的语义是高度关联的。这就是

图 1-12　产品领先和数据领先的因果循环

产品进入数据壁垒的表现。

上面提到了企业的大数据转型，讲了业务价值建立在大数据量之上的好处，但在现实中，一个企业真的很容易转型吗？我会在下一小节给大家泼点儿冷水：想构建一个人工智能应用，其构建前提和商业前提的逻辑均应无懈可击，才能真正做到落地发展。

1.3.3　企业如何搭上人工智能的战车

1. 人工智能技术的应用模式

人工智能技术的常见应用可以总结成两类：第一类是与长尾经济模式结合（互联网时代兴起的经济模式），向用户提供个性化的信息、产品、营销与服务；第二类是基于数据模型或者人工智能算法，用机器自动化的方法代替人工，提升某些业务环节的工作效率。其中，第一类往往会改变整个业务模式，实现前所未见的新模式，而第二类则以提升工作效率为主，会大幅降低企业成本。

（1）应用模式 1　与长尾经济模式结合，提供个性化产品或服务

在农耕时代，男耕女织的作坊式生产属于个体经济，以家庭为单位提供个性化的产品，生产效率很低，可总结为"以高成本提供个性化产品"。在工业时代，以蒸汽机技术为原动力，以福特流水线为生产模式的规模经济，使得生产效率极大提高，但提供的是满足热门需求的标准化产品，可总结为"以低成本提供标准化产品"。

虽然产品标准化使得人们的选择变少，却使汽车的制造成本大大降低，这让汽车变成人人都可以消费的商品。在互联网时代，长尾经济模式开始盛行。在这种背景下，一方面可向用户提供个性化的产品和服务，另一方面这种个性化服务可以通过数据技术和机器程序来实现，极大地降低了成本，可总结为"以低成本提供个性化产品"。实现这种模式的关键是数据技术＋软件程序，典型场景如下。

1）搜索引擎：信息与人的个性化匹配。每个用户输入不同的查询词，会得到个性化的内容结果。

2）电子商务：商品与人的个性化匹配。依据历史购买记录，进行个性化的商品推荐。

3）婚恋交友：人与人的个性化匹配。依据所注册的个人情况和历史交友记录，推荐满足个性化需求的婚恋对象。

4）个人信贷：资金与人的个性化匹配。根据个人的历史消费记录，给予不同的信贷额度。

5）互联网＋：服务与人的个性化匹配。传统行业与互联网结合，催生出了很多个性化场景。如出租车行业，可以基于双方的定位信息、需求偏好（注重价格或注重质量）、供给状况（紧张或充裕），提供个性化的匹配和定价。

为何该模式在互联网行业爆发性地涌现，而在传统行业则发展缓慢？为何互联网最先成为大数据技术的乐园？这是因为该模式的信息收集（相当于眼睛和耳朵）和策略执行（相当于双手和双脚）两端均实现了线上化。一方面，互联网产品、服务大都在线上进行，用户对产品的使用情况均被记录下来，省去了很多传统行业收集和录入数据的工作，系统可直接从线上获取数据，用于模型训练；另一方面，模型产出的个性化策略也通过机器在线上直接执行，既令用户享受个性化服务，同时又不增加企业的成本，可谓一举多得。例如电商平台自动收集所有用户的行为和消费日志，训练推荐模型；向用户提供的个性化导购推荐只是在服务器上增加代码，而不是由人工提供相应服务。这两个逻辑在大多数的传统行业中较难实现。例如在教育行业，若想对 50 名学生因材施教，就需要 50 名老师。如果只有 1 名老师，那么 50 名学生只能一起上课，这些学生接受的教育是标准化的。近几年，阿里集团提出了新零售概念，其核心理念就是使用摄像头等传感设备和大屏幕等交互设备，将线上平台中已经非常成熟的数据技术应用搬到线下门店，从而提升经营效率，以低成本为线下的顾客提供更个性化的购物服务。

（2）应用模式 2　代替人工（业务中的人工环节），引入智能模型，提升效率

在大数据时代来临之前，很多业务规则主要靠人的领域知识和主观判断，而今天，这些业务场景均可用数据技术来提升效率，典型场景如下。

1）预估路况来自动规划行程：根据历史上的路况数据，预计近几个小时某市的路况，通过规划算法选择从起点到终点的最佳路线。

2）模拟流行病的传播情况：依据流行病的历史传播情况和居民的居住、社交信息，模拟流行病在未来的爆发可能，并有针对性地制定防控措施。

3）挖掘潜在的流失用户：根据用户的历史通话记录，预测其在未来三个月的流失可能，制定挽回用户的运营策略。

这些任务可以由人工完成，比如一名资深的通信公司客服，可以根据用户数据和沟通情况，判断他是否有流失倾向。但用模型完成这些任务，可以极大地提升效率。

此外，人工智能还可以与摄像头、麦克风、机械设备等硬件结合，在很多机械性的服务场景替代人工，典型如进行人脸检测的安保系统、物流机器人、自动客服、无人车等。这会减少人工劳动力的使用，不失为解决老龄化社会劳动力不足的方案之一。

不过以上设想虽然很理想，但是目前的实现效果还不尽如人意。主要原因是人工智能技术目前还存在较大的局限性。说到这，很多朋友会有疑问，AlphaGo 在围棋上已经战胜了人类，人工智能还有什么做不到的呢？这种认知目前来看还过于乐观。事实上，围棋代表某一类场景的极致：死规则、单一场景和海量数据。AlphaGo 在获取海量数据上是取巧的，它可以通过机器和自己下棋来获得大量的棋谱数据，但这种方法完全无法复制到现实问题的解决中。机器擅长在单一场景，对同类型的海量数据做判断。人类擅长在复杂关联的场景，对不同类型的少量数据进行联想和抽象。如果某个问题需要人类进行 3 秒以上的思考（陷入深度思考），那么这个问题通常不太适合用现阶段的人工智能技术来解决。

需要注意，人工智能应用意味着一整套完整的解决方案，包括数据、模型、业务、需求四个部分。也就是，"什么样的数据"可以训练出"什么样的模型"，支撑"什么业务形式"，满足客户的"什么需求"。如一再提到的调研用户对鞋子的个性化喜好的案例，仅有大量的调研数据并没有经济价值，需要分析数据，建模，将模型应用于鞋厂和鞋店的具体业务中才有意义。例如针对哪些人群设计一款什么样的鞋子、在哪个地区开店、主打哪款鞋子、投放什么媒体广告，甚至在未来根据每个人的个性化需求提供定制鞋子服务等。数据、模型、业务、需求的链条搭建完整，才能产生经济价值，才能谈"大数据价值"。价值是一个经济概念，代表了市场需求。如果业务模式不能满足用户需求，则数据本身没有价值。美国的制药统计学在科学界独树一帜，有的人对此戏称："应用统计学的会议通常分两个主题，制药统计学和其他统计学。"这是因为统计学在制药产业中有非常关键的应用。美国药监局的监管非常严格，无数的制药巨头（如默克、强生等）在临床试验和验证试验效果的统计方法上都投入了大量资金。如果没有翔实的统计报告证明新药是有效且安全的，药监局不会给制药企业授权。因此，为数据技术找到应用场景，明确经济价值，往往是推动其发展的最有效途径。

2. 如何衡量一个人工智能应用的可行性

通过上述两种应用模式，读者应该已经对可以在哪些场景应用人工智能有了初步的了解，那么，究竟所设想的应用场景是否可行呢？可以从两个角度进行思考：人工智能应用的构建前提和商业前提。

（1）构建前提

目前，工业界的大部分人工智能应用是基于监督学习算法实现的，监督学习算法的本质是一套自动决策的系统。监督学习算法会根据新样本的特征 X，预测输出 Y，并据此进行后续决策。该决策系统的构成如下所示：

信息采集（数据）→人工智能的决策系统→执行或实施（自动化）

因此，人工智能模型能实现决策系统的前提是信息采集和自动化实施要完备，如图 1-13 所示。如果没有自动化的信息采集，就无法获取数据，构建人工智能算法就是巧妇难为无米之炊。如果没有执行或实施的系统，不能自动化实施或执行决策系统的结论，那么难以实现人工智能决策带来的巨大效率提升。

可以按照这个前提来思考一下当前各个行业落地人工智能应用的程度存在差异的原因。

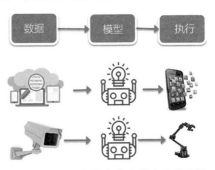

图 1-13　人工智能作为决策系统的前提

- 验证 1：为何互联网和金融是人工智能最早、最广泛落地的行业？互联网和金融行业有一个共同的特点——线上化，因此这两个行业中的数据采集非常容易实现，并且决策系统的执行也是程序自动化的。例如互联网的个性化新闻资讯 App，个性化推荐模型的数据来源于用户行为，而个性化推荐结果的组织和呈现也是程序执行的。

- 验证2：为何制造业中基于图像的应用近两年发展得很快？因为构建前提得到了满足：通过大量的摄像头采集数据，决策系统的结论通过大量的自动化机械设备（如机械臂）来执行。正是因为模型应用的上下游均成熟了，人工智能落地才会大大加速。

（2）商业前提

另外一个重要的前提是需满足商业逻辑，即人工智能解决的是企业的关键业务，并且能够使得效率提升的收益大于付出成本。

人工智能提升效率的模块是业务所急需的关键节点。

同时，技术应用提升的决策效率需要足够高，而且要表现稳定。比如在19世纪，在火车刚刚出现的时候，为了提高民众的接受度，火车和马车进行了一场比赛。结果，火车虽然在开始时快，但在半路出现了故障，最后还是马车先到达终点。这说明，如果新技术尚不成熟，不能显著又稳定地提升性能时，是难以推广的。

即使技术成熟稳定了，真正能够达到商业化的普及，还要满足提升效率的收益大于应用人工智能的成本。笔者与近些年火热的无人超市业务的负责人沟通过，其实便利店形态的无人超市在技术实现上已经可行了，但为何各家企业都将无人超市作为"实验田"来对待，因为构建和运营一家无人超市的成本要高于经营一家只需要少量驻场员工的便利店的成本，这导致可行的技术并没有得到商业化推广。

3. 企业向数据技术转型

根据上述构建前提（模型的上下游：数据和实施系统要完备）和商业前提（效率提升的收益＞付出成本）的分析，人工智能技术是一套"数据＋模型＋业务＋需求"的完整解决方案。问题的关键不在于数据技术本身，而在于能否收集到足够多的有价值的数据，以及找到适合数据技术的应用场景，即从链条的两端向中间思考。有了数据和应用，中间的技术部分可以请专业人才完成。

1）从数据出发的思考：思考企业有哪些数据积累，基于这些数据可以提供什么业务，满足什么用户需求。

2）从需求出发的思考：思考企业的目标用户群有什么需求，这些需求可以通过什么产品业务来满足，构建该业务又需要收集哪些数据。

常见的应用方式不外乎两种模式：一种是与长尾经济结合构建个性化的产品服务，另一种是用数据模型提升生产效率。下面以互联网教育为例，谈谈如何在线上教育领域应用数据技术。

线上教育与线下教育相比，更容易收集到每个学生的背景特征、知识基础、学习过程和学习效果。从需求上看，线上教育突破了线下教育的时空限制，可以随时对学生进行一对一授课（视频播放）与测试（在线答题）。线上教育产品一方面可收集每个学生的个性化学习数据，另一方面又具备对学生进行一对一教学的渠道。那么从长尾经济的角度考虑，是否可以向学生提供个性化的学习路径呢？

传统的知识学习大多只能按照课本的编写顺序逐一进行，如图 1-14 所示：连续学习 5 个知识点。

图 1-14　学习知识的顺序

实际上，许多知识点之间并不是线性关系，而是一张彼此依赖的网络，如图 1-15 所示，9 个知识点彼此依赖，想学完整个知识网络，有多条路径可选。

图 1-15　知识点背后的
依赖关系网

根据用户的个性化背景和需求，为每个用户选择一条最合适的学习路径是很有价值的。那么，如何实现这种个性化匹配模型呢？图 1-16 简单说明了这一建模过程。

其中，

1）建模过程分 6 个步骤，涉及 9 个知识点，每个知识点评分为 0~5 分。

2）步骤 2 的表格中的数字评分代表学生对知识的掌握程度。步骤 4 中三张知识网络中的节点标号的含义为（知识点编号：掌握评分），如（7：4）代表第 7 个知识点的掌握情况评分为 4 分。三张图中的评分分别代表目标分数、当前分数、需提升分数。目标分数与当前分数相减，即可得到学生的学习任务：在某个知识点上需要提高多少分。

整个建模过程如下：整理某个学科的知识点结构，确定隶属关系和依赖关系（步骤 1）。例如高中几何可分成几个大的知识点章节，而每个章节的小知识点会形成网络状的依赖关系，如在学习完直线方程后学习曲线方程。将用户的学习目标和历史评测结果进行比对（步骤 2、3），形成知识点的目标分数和当前分数，两者相减就可以确定在哪些知识点上需要加强（步骤 4）。当然，这些知识点和相关材料组合，会形成多条学习路径（步骤 5）。想针对每个学生制订个性化的学习计划，需要进行数据建模。首先，构造个性化学习路径的优化目标"学习收益 / 学习成本"。其次，基于用户的特征和历史学习记录形成训练样本，每个样本标注了学生的背景信息、所采用的学习路径以及学习效果。最后，根据这些数据训练推荐模型，为每位用户提供最佳的个性化学习路径（步骤 6）。

如上所示，通过分析业务，设计一套"貌似可行"的数据技术方案并不困难，但该方案是否能有效实施，还需要从 4 个视角进行考察。

1）**数据**：当产品从 0 到 1 时没有数据怎么办？

2）**模型**：已有候选学习路径生成方案和路径排序方案。

3）**业务**：应用需要几个前置的业务条件，如需要梳理知识结构，需要构建评测学生当前知识掌握情况的工具，这样才能完成目标拆解并推导出待提高的知识点。

4）**需求**：如果 90% 的同学的最优学习路径相同，这个产品还有必要做吗？

根据上述分析可知，有两个关键要素决定了该应用的可行性。

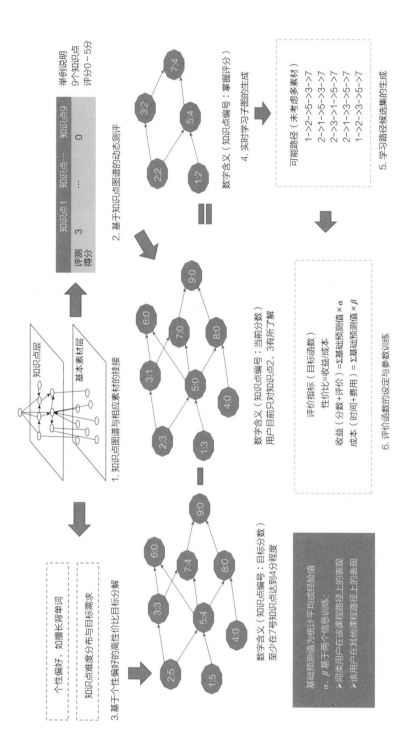

图 1-16 个性化学习路径的建模过程

第一，是否真如设想的那样，通过数据技术方案创造出足够大的附加价值。例如本案例，假如花大力气将教学材料按知识点整理成网状的依赖关系后发现，90% 以上的同学的最优学习路径依然只是其中 1 个，或者个性化学习路径并没有给学习者带来很大的体验差异，那么，数据技术的价值就不足以支撑相应的成本投入。

第二，即使数据技术方案能创造足够大的价值，还需要计算所需的数据量。在积累够数据之前，产品必须凭借其他价值来吸引学员使用。如本案例中，所需数据量可以按下述方法估算：假设有 3 个从学生背景和学习路径中抽象出来的特征，每个特征有 10 个取值，那么会形成 1000（10^3）个特征取值组合（可想象成 1000 个格子空间）。如果每个格子中至少要有 10 个样本才能得到置信的统计结论，且样本数据需要均匀分布，那么至少需要 10000 个样本（即每门课程需要被 10000 个学员学习过），才足以支撑建模。实际中，由于数据分布不均匀（在某些特征组合上比较稠密，在其他组合上比较稀疏），在特征上可以做泛化处理，建模实际需要的样本量不用这么多。但从上述估算来看，指望数据技术在产品的从 0 到 1 的阶段起关键作用，是不太现实的。

这两个因素都很重要，即使有一个"貌似可行"的数据技术应用方案，也需要仔细考量它的实施风险。

个性化学习路径实现了"长尾经济"的思路，但在现实业务中，不是所有的场景都适合应用该思路，很多时候只能用数据分析和数据建模来改善某些特定的业务环节。下面探讨更多的业务场景，再次思考其中的本质规律。

案例 10　某互联网餐饮的新兴品牌，主打高品质外卖。其经过调研，确定将数据技术更多地应用在业务改善上。因为餐饮服务有较大的线下部分，这些线下环节受制于餐饮生产的规模化因素，难以彻底实现对某个客人的低成本的个性化服务（除非用机器代替厨师）。但是我们可以基于数据技术改善、提升某些工作环节的效率，例如挖掘潜在的客户线索（微博和论坛的口碑数据源）、研发新产品（新菜品）、优化生产和运营流程（合理的送餐覆盖范围、菜品新鲜度与运输成本）、制定扩张策略（在哪里开新店、覆盖什么人群）等。

案例 11　某新型导购 App 希望满足日益富裕的中产阶级对品质生活的消费升级需求，其向这部分客户推荐有品质、个性化、新奇、具有科技元素或艺术元素、价格适中的商品。目前市场上已有的美丽说、团购网站等 App 对市场的切分是不同的，美丽说按照"白领女性"进行切分，团购网站则按照"价格敏感"进行切分，而这款新型导购 App 则按"追求品质"进行切分。后者基于用户在应用上的点击和购买数据，可以构建个性化推荐系统，将基于内容的推荐和基于数据的推荐进行有效整合，打造有质量、有效率的导购平台。

比较这两个案例不难发现：互联网线上业务往往可以基于数据技术实现个性化且低

成本的服务；而传统的线下业务则应该根据行业的实际情况，更多地考虑能否利用数据技术提升某些环节的工作效率或对原工作流程进行优化，这主要是因为线下业务通常受限于规模经济，实现个性化的成本非常高。

4. 企业对数据技术的定位

根据笔者的长期观察，应用人工智能技术的企业有四个发展阶段：恶性循环阶段、心快身慢阶段、专家驱动阶段和全员上阵阶段。所处阶段越靠后，企业应用人工智能技术的能力越强，应用效果越好。下面逐一分析每个阶段的特征，并总结提升企业人工智能技术应用水平的关键。

（1）恶性循环阶段

如果一家企业的决策层没有拥有数据技术背景的高管，企业的产品思路和战略制定通常不会涉及数据技术。这种局面就会导致企业在开展业务或生产产品的过程中没有足够的动力应用数据技术，自然也就不会吸引高质量的数据技术人才来加盟。这两个过程不断恶性循环，导致现在一些企业的产品规划中至今没有基于数据技术构建业务的战略思想。

除了像无人车和智能助理这种在人工智能技术下诞生的产品外，大部分互联网产品在生存期（即 0 到 1 阶段）并不特别需要人工智能技术，而在发展期（即 1 到无穷阶段）数据技术对产品和业务发展的作用才会逐渐凸现。究其原因，主要是在初期，产品功能和服务均单一，产品逻辑大都是产品经理根据自身的理解制定的，也没有积累够可用于模型研发的用户数据。但随着产品用户数量不断增长，有不同细分需求的用户群体也越来越多，这时逐步积累的数据更加充分和多样化，因此可以利用人工智能技术建模，向用户提供差异化的内容和体验。综上，一旦产品从生存期过渡到发展期，就应该考虑吸收数据技术人才，为产品的进一步发展打下良好的基础。如图 1-17 所示，如果不了解数据技术的发力阶段，那么会导致技术在短期内被高估而在长期内又被低估的问题。

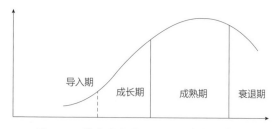

图 1-17　技术在成长期开始逐渐发挥作用

例如：某企业在创业初期引入了一位高端技术人才，但发现其作用寥寥却持有高薪和大份额的股份，这使得其他合伙人心生不满，企业找机会踢走了这位技术合伙人；然而当企业度过了初创期进入高速发展阶段时，原来一直表现很好的技术平台频频出现问题，业务发展也因为不重视数据技术而遇到瓶颈。

重视技术并不是技术唯上论，而是在短期业务突破和长期技术积累之间取得平衡。产品经理与研发人员在满足产品需求或构建技术深度上不停争论：产品经理认为技术人员每天想的都是如何实现更好的技术，而不是满足用户需求，'炫技'的产品是没有市场的；技术人员则认为产品经理每天都想着一些没有想象力的产品，没有核心技术含量的产品不可能在激烈的市场竞争中生存下来。实际上，他们的想法都没错，但不在一个维度上，真正完整的表述是：产品保证存活，没有需求就没有市场；技术提供壁垒，没有核心技术的产品大都难以长久。两者并不冲突，关于这个话题的争论其实没有意义。最好的做法是让技术人员懂业务，让业务人员懂技术，使得技术尝试与业务需要相符，业务发展充分利用技术优势。

（2）心快身慢阶段

处在心快身慢阶段的企业具有以下特点：企业的决策层充分意识到应用数据技术改造业务的重要性，但高层认可的战略，却难以落实到一线执行。这并不是因为执行团队意愿不足或不够努力，而是企业基因所导致的。在这种企业中，老板和一线负责人之间的对话往往是如下情形：

老板："我们要转型大数据和人工智能技术，改造现有的业务流程，提供更好的产品服务并降低成本。"

一线负责人："老板你就说具体要做什么吧，我保证加班完成。"

老板："……我刚才不是说了我们要做什么吗？"

从上述对话可见，企业经营者已经在思想上开始重视数据技术的应用与企业转型，但企业的执行能力未能同步。这种情形下，虽然企业对转型理念宣传得很好，但因为未落实到实际业务中并产生实际价值，很多一线负责人开始对老板的转型理念半信半疑，而如果这种情况继续恶化，就会让这些一线负责人更坚信数据技术在实际业务中没有价值。出于对自身利益和认可的需要，多数人在潜意识中不愿承认某种新的职位或技术比自己现在的职位或擅长的技术更好。

每个企业都有自己的基因，企业越成功，基因越明显。如互联网业界公认：百度具有技术基因优势，腾讯具有产品基因优势，阿里具有运营基因优势，新浪具有媒体基因优势。基因是一个企业针对某种特定业务形成的管理架构、人才储备、思想意识和文化价值观。企业的基因既为企业发展保驾护航，又可能成为企业走向衰落的"掘墓人"，关键在于市场环境的需要。当市场需求与企业基因契合的时候，基因为企业发展提供核心竞争力，有助于企业在残酷的竞争环境中脱颖而出；当市场需求和基因不契合的时候，基因会成为阻碍企业转型的关键因素。这里蕴含了一个道理：世间至强同时也是世间至弱，因为强大是在某一个环境中定义的，换一个环境，强大会变成弱小。例如考古学家曾推论，恐龙物种从三叠纪出现，到侏罗纪兴盛，在白垩纪灭绝，这段时期恐龙有一个明显的特征变化：体型。各种恐龙的体型不断变大，因为在食物充足的环境里，体型越大的恐龙就越有竞争优势，如不易被其他恐龙或其他物种吃掉，或可以轻易驱赶其他生物来占领食物领地等，所以恐龙走上了一条"拼体型"的道路。但是这种基因在气候环境变坏、食物稀少的冰川季就成了劣势，体型巨大的恐龙全部灭亡。企业的发展也遵循这个道理，已有的、为现阶段市场需求设计的优秀基因（管理架构、人才储备、思想意识和文化价值观），很可能在未来反而会拖累企业发展。

企业的基因是不断自我加强的。比如一个具备产品基因优势的团队，产品经理的能力和话语权较强，容易做出以产品为导向且成功的互联网产品，并不断吸引最优秀的产品人才，进而又加强了团队的产品基因优势。因此企业选择适合自己基因的战略很重要，如果所做的产品不太符合企业当前的基因，最好成立独立子公司，引入新的股东和团队，且不要把携带过多原公司基因的人员派驻到该子公司，因为原公司基因会扼杀不符合其特质的新思路和新产品。比如一家具有业务优势的传统企业，计划做一个技术性很强的产品，那么强势的业务人员因为能发挥的作用有限，会在潜意识里排斥该产品，降低产品的产出效率。

在市场大变革时代，这样的例子比比皆是，如胶卷时代的相机巨头富士、柯达，被数码时代的佳能、索尼弯道超车，胶片摄像技术的领先反而成为前者不能放手转型的包袱。又如在 IT 软件时代，企业的研发和测试人员的配比是 1∶1，如微软这种顶尖的软件研发公司，测试人员的技术水平甚至超过了研发人员，以此保证软件质量。但进入互联网时代，测试人员的重要性和占比每况愈下，目前不少互联网企业的研发和测试人员的配比是 10∶1，测试人员将更多的精力投放在开发支持研发人员自测的系统上，甚至小米还实践了让用户做测试的研发模式，MIUI 系统在初期 Bug 很多，却并没有招致"米粉"的不满，反而给人留下了"小米企业重视用户反馈，迅速改进"的好印象。造成这一现象的原因同样是市场环境变化了，软件时代的版本更新周期长达半年甚至更久，这就要求任何一个版本都是稳定的、高可用的，但在互联网时代，当前版本和下一个版本的间隔时间可能不到 10 分钟。如果出现问题，快速地迭代修改是第一选择，软件的稳定性让位于需求满足速度和迭代速度。在这种新的市场情况下，原来在企业中话语权较强的测试部门从心理上是不适应的，有相当多的既得利益者不愿意看到这些变化，进而演变成企业进化的阻力。微软推进改革的时候采用了很多手段来打破这种既有利益格局。比如它将多余的测试人员转职成研发人员，然后对所有的研发人员进行绩效评判。多数不能满足研发需要的人员会选择主动离职，其中转职的测试人员占较大比例。

（3）专家驱动阶段

处在专家驱动阶段的企业具有以下特点：决策层转型信心坚定，并通过外聘专家来弥补执行能力的不足。笔者与很多从互联网企业跳到传统企业的机器学习专家聊天，发现他们有一个普遍的感受是工作强度变大。在这些传统企业中，技术专家不仅要做项目，还要负责培养整个团队的专业能力，对不同职位的人进行培训。而在普遍应用数据技术的互联网企业，专家的工作则相对轻松，因为数据技术如何应用到业务中、以什么样的节奏推进、技术能实现到什么程度，以及什么产品适合加入项目，运营和研发人员很容易对此达成共识。因此在这个阶段，笔者建议传统企业可以在一些明确的、容易出效果的应用场景中，优先开展某些单点明星项目，遵循由简到繁的规律，最终逐步减少企业应用数据技术的难度。

很多人说企业发展不好是因为制定的战略不够好，我认为这种说法有些以偏概全。其实相当多的企业制定的发展战略方向是正确的，核心问题出在了战略链接（或叫作战略落实）上，即顶层战略和一线执行的链接环节。我所了解的大部分企业在战略和执行之间都存在断层，使得上层设计不能落实到一线业务。目前，能够消除这种断层的人才十分难得，主要是因为这类人才既需要有老板的全局视野和思考，又需要深刻了解一线业务的现实情况。以前，很多企业会通过找咨询公司来解决，但实践经验证明，咨询公司的人才往往只对上不对下，并不能真正帮到一线执行团队。与之相似，传统企业期望聘用数据技术专家来实现"改造业务流程"的目的，但由于磨合问题，在一段时间内，这些专家的作用并不是对实际业务进行改造，而是向工作团队不断传导基于数据技术的思维方式，从而改变组织的意识和能力。在这个过程中，数据专家需要不断学习业务，业务团队需要不断学习数据技术的原理和应用。如果一切顺利，一般经过半年以上的磨合，一支真正具备数据技术能力的团队就会初具雏形，届时才是大规模重构业务模式和流程的合适时机。不过在现实中，由于企业急功近利，专家不愿意踏实学习业务，业务人员潜在地对数据技术存在偏见等，因此很多企业轰轰烈烈地开始转型，结果不到一年又草草收尾，这反而降低了数据技术在企业应用中的公信力。综上，如果本书的某些读者决意去传统行业发展，或有将数据技术普及到各行业的宏愿，一方面要尊重并积极学习该行业的知识和业务，另一方面要选择有明确应用场景的企业，因为即使企业的老板在开始时做出各种承诺，但一年半载没有成果的探索会让所有人压力重重。对于有明确应用场景的企业，即使实现不了整个企业层面的业务流程改造，至少在单点场景上可以为企业创造价值，这也可以为数据团队争取更多的时间。

（4）全员上阵阶段

只有到了全员上阵阶段，企业才能真正高效地推动人工智能落地。因为传统意义上的技术"大牛"是指解决具体技术问题的专家，而不是精通如何开展应用的大师。智能时代的大师除了对技术有深刻理解之外，还需要对业务和战略有全面的认知。这种人才有更强的综合能力，可能是从有战略天赋的技术人员中成长起来的，也可能是从理解技术的业务人员中成长起来的。培养这种类型的人才正是本书的初衷。

（5）企业如何提升人工智能技术应用水平

根据上述四个阶段的特点，相信读者可轻松判断出自己所在企业的状态。那么，提升企业人工智能技术应用水平的关键点在哪里？如图 1-18 所示，首先是意识，意识先于能力，有意识才能有改变。其次是业务布局，布局先于实践，有了梧桐树才能引来金凤凰。如果企业没有在战略上为应用人工智能挪出空间，怎么可能吸引来高端人才呢？

更别提实践了。最后是组织能力，一定不要将用人工智能技术改造业务的工作寄希望于个别人工智能专家，只有企业全员对人工智能的原理和应用方法论有深刻认知后，才能实现战略构想。我个人相信，在未来，人工智能系统会如现在的 IT 系统一样被所有人熟悉和使用。

对于技术积累较薄弱的企业，合理的节奏是：先采集数据，构建日志系统和数据仓库，然后通过数据分析对业务做监控和改进，等员工对数据决策业务有了初步认知，再讨论机器学习和人工智能应用。一个连数据采集都没做好的企业大谈人工智能应用，注定只会是纸上谈兵，一切构想也只是空中楼阁。

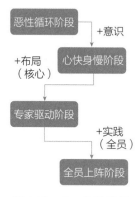

图 1-18　人工智能转型的发展路径和关键要素

1.3.4　人工智能技术团队的建设

最后，谈谈人工智能技术团队的建设和培养。

对于缺乏人工智能人才的传统企业，究竟是外部招聘，还是内部培养呢？行业需要的人才是综合型的跨界人才，一方面需深入理解行业，另一方面要掌握人工智能技术。从经济周期来看，可以认为 2020 年是产业互联网和产业人工智能的元年，因为在此之前，虽然炒作概念多年，但因为移动互联网的发展过于迅速，人工智能人才在互联网行业也是供不应求的，他们的薪水要远高于传统行业，这种虹吸效应把人才锁在了互联网行业中。同理，持有人工智能技术的互联网大企业也并不着急介入产业互联网和产业人工智能业务，因为移动互联网市场的天然红利更加诱人。这导致人工智能技术及其人才很难流入传统行业，因为传统行业的利润空间对企业和人才没有那么大的吸引力。这客观表现为少量为传统企业提供人工智能服务的创业公司，多选择金融、医疗和房地产行业来切入，因为它们是少数能与互联网拼利润的行业。对于一个低利润行业，以互联网行业的薪酬标准雇用人工智能人才，经常会遇到项目的产出价值不及团队薪酬的窘况。但从 2020 年开始，移动互联网的发展红利逐渐消失，传统的 C 端互联网企业的现存业务增长艰难，因此各个企业均在寻找新的增长点，不少人把目光投向了产业互联网和产业人工智能。同时，互联网业务对人才的需求也逐渐呈现供大于求的状态，这也是各种企业"996"工作模式负面新闻集中爆发的原因。因此，在可预见的未来，无论企业还是个人，从移动互联网向产业互联网和产业人工智能转型是大趋势。为此，BAT 等互联网巨头均在 2018 年进行了"To B"业务的组织架构调整，以迎合这种战略重心的转移。

除了招聘人才外，企业在内部培养人才也是一种选择，但这条路并不容易。多数传统企业的 IT 部门长期被边缘化，处于被动满足业务部门需求的状态，高端人才的配备比例相对较低，也没有实践数据技术或人工智能模型的经验。人工智能应用是一门实践性学科，即使学习了相关知识，也需要用合适的项目打磨，这种环境是多数企业当前不具备的。

如果企业选择从外部招聘，那么要仔细考虑招聘什么类型的人才。关于人工智能的人才有两种极端的观点：

1）观点 1：只要掌握统计理论和模型算法，就能做好应用建模，这被形象地称为"找不到龙的屠龙者"。

2）观点 2：把模型当作黑盒工具来使用就好，并不需要清楚模型的运作原理，这被形象地称为"黑盒工具的鼓吹者"。

这两种观点均犯了以偏概全的错误！笔者根据多年积累的项目经验认为，虽然学术界有很多标准的模型，但在实际应用中往往需要根据业务场景对其进行深度整合和改进，最有效的模型通常是"非标准"的模型。因此，如果不了解业务，那么很难合理地抽象出业务问题，设计出合理的模型。如果把掌握模型技术的人比作身怀屠龙之技的屠龙者，那么他最大的烦恼是不知道龙在哪里，如图 1-19 所示。而深入理解业务相当于"寻龙之技"，两者需要配合才能最终屠龙；如果不了解模型，那么很难根据应用场景需要对模型进行改造和优化。比如笔者曾负责过互联网促销策略的建模项目，通过自学微观经济学和营销心理学，有的放矢地研发了很多融合经济学理论的数据模型，尽管这些模型没有标准的算法，但经过实践检验在业务中非常有效。因此，只有对业务有"透彻"的理解以及对模型有"白盒"认知，才能在不同的应用场景中找到模型技术的用武之地。

图 1-19　屠龙者的烦恼

可以预见，在未来又懂技术又擅长应用的人才将成为就业市场的"香饽饽"。那么怎样才能成为这种人才呢？笔者将在后续章节中详细论述，希望会对本书读者有所帮助。

第2章

▼

机器学习框架的深入探讨

本章通过回顾牛顿第二定律中的遗留问题，再次加强读者对机器学习过程的认知，最后深入探讨，如何在不同的应用场景下，设计不同的"假设＋优化目标＋寻解"算法。期望通过模型设计研究，可以重温先辈们设计模型的思路，重走那些迸发思想的历程。

2.1 机器为何能学习（续）: 故事结束了吗? 我们需要更多的模型吗

2.1.1 牛顿第二定律的遗留问题

在第 1 章中笔者以牛顿第二定律为例描述了机器学习过程，探究了"机器为何能学习"的原理。机器为了完成学习任务，需要做三件事:

1) **假设空间**: 圈一个可能的假设空间，确保该假设能覆盖 $Y\sim X$ 的真实函数关系。

2) **优化目标**: 设定评估模型预测效果的目标，比如误差函数（Loss Function），为模型学习指明方向。

3) **寻解算法**: 求解假设空间中能使优化目标达到最小的参数的方法。

上述牛顿第二定律的机器学习任务是，假设空间设定为通过原点的某个线性方程（$y=wx$ 或 $a=wF$），优化目标为实际值和预测值的均方误差和（$\sum(y-wx)^2$），最后依次尝试参数 w 的不同取值，测试出使得均方误差和最小的参数。这个参数恰好是物体质量的倒数（$w=1/m$）。

由于第 1 章的篇幅有限，对于这个过程的描述其实还遗留了一些需要探讨的细节问题。①为何优化目标必须是实际值和预测值的均方误差和? 简单来说，这是因为期望模型是所有的可能拟合、观测到的数据，以误差之和为优化目标容易理解。另外，取平方主要是用依次尝试的方式求解，在现实中并不可行。②如果尝试的空间过大，甚至无限怎么办? 我们需要更巧妙的求解办法，而不是暴力尝试。

对于问题①，参考图 2-1，回顾一下以均方误差为优化目标的函数曲线。随着图 2-1 左侧图中预测模型参数的不断变化，红色线段的均方误差和也会变化，这个趋势体现在右侧图例中。可见，无论是一维特征，还是二维特征，只是空间维度增加了，对应关系不会变化。

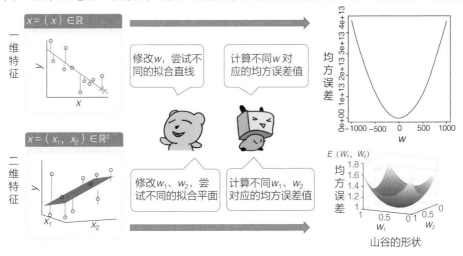

图 2-1　特征空间的拟合结果与均方误差的变化关系

详细说来，使用均方误差和作为优化目标有如下两个原因。

• 第一，我们期望所有的误差均为正值，而（实际值－预测值）有时为负，误差直接相加有相抵消的情况。对误差求平方后，可以保证都是正值相加。但如果仅为了避免负值，对误差取绝对值后再相加和是否一样可以达到目标？答案肯定是否定的，对一维特征模型分别使用两种优化目标（均方误差、绝对值误差）并将对应函数曲线画出来，如图 2-2 所示。

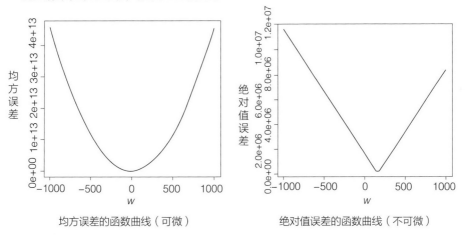

图 2-2　均方误差和绝对值误差

- 第二，均方误差的函数曲线是平滑的，所有的数据点均可求导，并且越接近最小值时，导数值逐渐变小（导数值可认为是在该数据点曲线切线的斜率）。绝对值误差的函数曲线的最低点是离散的（尖尖的角），不能求导，并且在非最低点的参数取值处，函数的导数（斜率）完全一致。换句话说，无法根据当前的导数值，判断接近极值点的程度。根据均方误差 Loss 函数的特性，模型在求解时会有很多便利。均方误差和绝对值误差这两个目标函数最低点处的参数取值通常不会相差太多，所以就选用更容易求解的均方误差和作为优化目标。如此可见，设计优化函数时，除了合理性因素，还需要考虑目标的易解性。

对于问题②，如果不能采用暴力尝试的方式，那么求解思路是什么呢？再次观察优化目标的函数曲线，求在 Loss 函数为最小值时的参数取值。请读者稍微回忆一下大学高数课程，微积分知识告诉我们，若一个函数可导，曲线达到极值时的导数为 0。形象地说，曲线上某点的导数相当于该点切线的斜率。在曲线达到极值点时，切线是一条平行于 X 轴的直线，斜率为 0。

因此，想求 $\min(\mathrm{Loss}(w))$ 中的参数 w，就相当于解方程"Loss(w) 的微分 = 0"。对于多维特征的模型，为了表达方便，将 Loss 函数用矩阵形式来表示。

将 $\min(\sum(wx - y)^2)$ 变换为矩阵形式，如图 2-3 所示，其中，N 为样本数量，d 为特征个数（可认为截距为参数 w_0，特征 $x_{i,0} = 1$）。

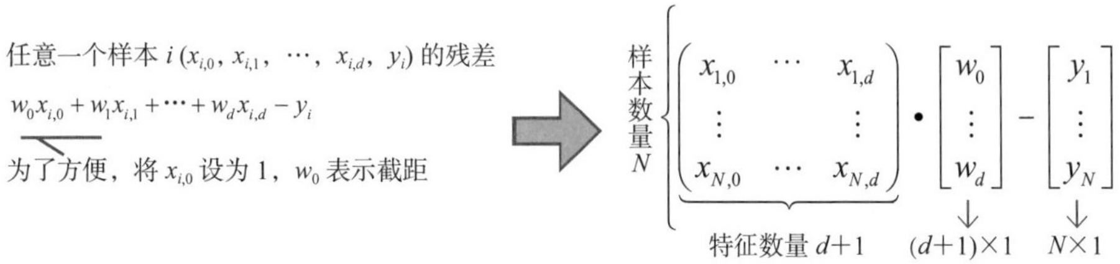

任意一个样本 i $(x_{i,0}, x_{i,1}, \cdots, x_{i,d}, y_i)$ 的残差

$w_0 x_{i,0} + w_1 x_{i,1} + \cdots + w_d x_{i,d} - y_i$

为了方便，将 $x_{i,0}$ 设为 1，w_0 表示截距

$$\begin{array}{c}\text{样}\\\text{本}\\\text{数}\\\text{量}\\N\end{array}\left[\begin{array}{ccc} x_{1,0} & \cdots & x_{1,d} \\ \vdots & & \vdots \\ x_{N,0} & \cdots & x_{N,d} \end{array}\right] \cdot \left[\begin{array}{c} w_0 \\ \vdots \\ w_d \end{array}\right] - \left[\begin{array}{c} y_1 \\ \vdots \\ y_N \end{array}\right]$$

特征数量 $d+1$　$(d+1) \times 1$　$N \times 1$

图 2-3　残差计算的矩阵形式

当 Loss 函数是连续、可求导的凸函数时，可解出 $w = (X^\mathrm{T} X)^{-1} X^\mathrm{T} Y$（矩阵的表示方式）。

在机器学习领域中，微积分和线性代数有诸多应用。可惜在大学学习时，很少从应用场景出发来阐释这些知识被发明出来的原理和思考。我个人认为，对于大部分知识来说，其历史背景比知识本身重要得多。这也是我写这本书的思路之一，多研究一些技术产生的历史背景，少谈一些具体的公式概念。

连续、可求导、凸函数的含义

连续（continuous）指函数的曲线是连续的，由相近的特征输入 X 会得到相近的输出 Y。如果规律本身是不连续的，会对机器学习造成什么影响呢？大家都知道蝴蝶效应，欧洲大陆上某只蝴蝶煽动了翅膀，导致几天后伦敦开始下暴雨。其实这个现象的本质是：天气的演变不是连续函数，所以长期预测天气不可行。相当多的模型假设类似的输入 X 应

该有类似的输出 Y，这是这一类模型有效的前提。非连续函数示意如图 2-4 所示。

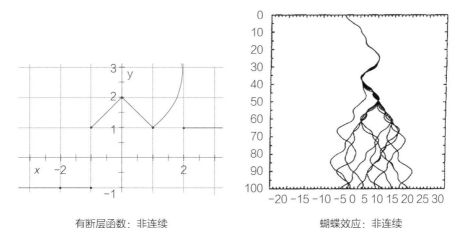

有断层函数：非连续　　　　　　　　蝴蝶效应：非连续

图 2-4　非连续函数

可求导（differentiable）：对均方误差和绝对值误差的讨论，可求导是主流求解方法的基本前提。

凸函数（convex function）：凸函数存在全局唯一的极值，保证了梯度求解法的可行性。强凸函数的斜率越大，收敛（寻解）速度就越快，如图 2-5 所示。

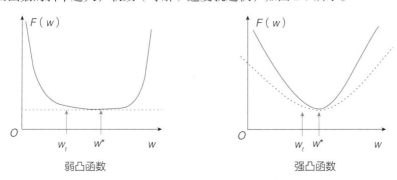

弱凸函数　　　　　　　　　　　　强凸函数

图 2-5　弱凸函数和强凸函数的情况

在研究让机器去学习牛顿第二定律的过程中，我们设计了一个模型：它使用线性假设，以均方误差为优化目标，采用导数方程的求解方式确定最优参数，该模型称为线性回归模型。既然获得了如此有效的模型，世间所有的规律是否均可用其学习？我们的故事到此结束吗？

2.1.2　新的需求场景

先别急，尝试一个新的需求场景，确认线性回归模型能否解决。

场景：为了治疗癌症，医生需要观察肿瘤照片，判断肿瘤的性质——良性或恶性，两者对应着截然不同的医疗方案。类似地，期望构建一个机器学习模型，其可根据肿瘤大小等信息预测肿瘤的性质。

观察该场景可以发现，其与2.1.1节介绍的牛顿第二定律的应用场景有所相同，也有所不同。

1）相同点：已知一些特征 X，期望预测某个输出 Y。

2）不同点：牛顿第二定律输出的加速度为实数值，而预测肿瘤类型的输出为分类标签。

这个新场景能否套用线性回归模型？

线性回归假设 Y 与 X 之间的关系是一条直线，输出 Y 为连续的实数值，但新场景的输出需要是分类标签：良性/恶性或0类/1类。为了迎合该需要，最直接的想法是在回归模型的输出（实数）后加一个阈值函数：当输出大于阈值时，输出结果为1类；当输出小于阈值时，输出结果为0类。这样可以将实数输出转化成分类输出，如图2-6所示。

这样设置就可以分类了
$$\theta = \begin{cases} w_1x_1+\cdots+w_nx_n > \alpha, & y=1 \\ w_1x_1+\cdots+w_nx_n < \alpha, & y=0 \end{cases}$$

图 2-6 以某个数值 α 作为分界，将实数输出转化成分类输出

该方法的效果可用图形表示，如图2-7所示，假设存在两个输入特征，即肿瘤的大小 x_1 和重量 x_2，每个样本均可以表示成二维坐标中的一个点。当阈值设定为 α 时，$w_1x_1+w_2x_2=\alpha$ 表示空间中的一条直线。$w_1x_1+w_2x_2>\alpha$ 表示该直线上方的区域，输出分类标号1，代表恶性；$w_1x_1+w_2x_2<\alpha$ 则表示该直线下方的区域，输出分类标号0，代表良性。由此可见，给回归模型的输出加上阈值函数后，会得到一种全新的假设。它在特征空间中对样本进行线性切割，将样本分成两类。

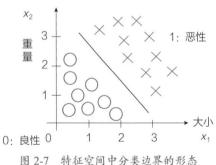

图 2-7 特征空间中分类边界的形态

这种输出分类标签的模型，与人类大脑中的神经元结构类似。神经元具有很多接收外界信号（通常从其他神经元传递过来）的树突，它处理完信号后将结果从尾端的轴突传递出去。这个过程非常像新模型对所有特征做加权和，之后再经过阈值函数的处理后输出分类标签。

其实与很多学科领域一样，机器学习和人工智能中存在大量受仿生学启发的技术，毕竟"学习"和"思考"都是人类极为擅长的事情。大自然的"设计"为人类的发明创造提供了大量可借鉴的思路。

　　基于上述考虑，改造线性回归模型得到的新假设称为感知机模型，它也是神经网络和深度学习模型（后续会说明）的基本单元。

　　再次反思一下肿瘤判断的场景，在特征极其显著时，无论是医生还是机器，均能准确判断肿瘤的性质。但多数时候，特征并不够显著，这时，仅靠大小之类的外观特征并不能确诊，最多能给出判断概率，需要进一步对肿瘤进行切片化验。因此，再次出现了一个新的需求场景：判断肿瘤的性质，不输出分类标签，而给出属于每个分类的可能概率。

　　这种输出概率的形式，使应用场景更加多样化。例如，对于肿瘤检测这样有严重后果的场景，经过低成本的初检，可以让患有肿瘤的概率大于 1% 的人进行成本更高的全面检查，以避免拖延。在另一些场景中，比如互联网社交 App 通过预测用户的兴趣，只有某广告的点击概率在 80% 以上时才对用户进行广告推送，以免打扰用户。

　　对于输出概率的新场景，能否修改一下线性回归模型的假设，然后继续使用它呢？这次没有那么直观的方案了，我们先分析一下线性回归模型的假设不适合新场景的地方，再逐一优化它。

- 问题 1：线性回归的输出是实数，但输出在小于 0 或大于 1 时没有概率意义，比如 -300% 的恶性概率是什么意思呢？
- 问题 2：即使是 0~1 之间的输出，线性回归模型也并没有拟合分类边界的概率变化。

　　问题 1 很好理解，问题 2 是怎么回事呢？如图 2-8 所示，以肿瘤大小为例，体积非常大的肿瘤被确定为恶性，体积非常小的肿瘤被确定为良性。输出概率有效的空间在于肿瘤适中的时候，良性和恶性均有可能。随着肿瘤尺寸的增加，恶性概率从 0 逐渐增长到 1，良性概率从 1 减少到

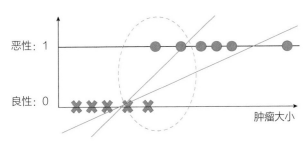

图 2-8　用线性回归模型拟合数据，得不到想要的结果

0。线性回归模型的直线会尽量拟合所有数据。如果有一个肿瘤尺寸极大的样本点，为了较好地拟合该点，直线斜率需要变小。这时，模型的 0~1 输出会覆盖较大的区域，远远超过真正模糊的分类边界区域。因此，我们期望拟合概率的时候专注考虑那些模糊的区域，而不考虑过大确定是恶性以及过小确定是良性的样本，即模型的假设对分类边界有着良好的分辨率，而线性回归模型的假设做不到这点。

模型分辨率的通俗含义

以一个生活场景做类比，洗澡时大家都会用到调节水温的转动阀门，通常阀门向一

边转为热水，向另一边转为冷水。洗澡前需要先摸索，调节到合适水温。最好的阀门设计是，从冷水到热水，温度在30℃~50℃均匀变化，这样的转动分辨率非常好，可以细致地调节温度。分辨率不好的阀门，在转动过某一点后全是冰凉的冷水，稍稍转回过这点后全是滚烫的热水，合适的水温只在一个非常微小的调节范围内，十分不便。类似地，模型输出0~1的概率，相当于调节水温的阀门，通常会以某一个概率为边界完成分类任务。因此，期望模型输出的概率尽量分布在分类边界上，可更细致地去捕捉分类边界，在调整分类阈值时也会比较方便。

如上所述，依据特征输入，输出可以分成"肯定是良性肿瘤""判断模糊，两者皆有可能""肯定是恶性肿瘤"三个区域。基于此，将线性回归模型的直线折两下，形成三折线，如图2-9所示，三折线围成的三个部分正好拟合三个区域。这样，一方面可使模型输出集中在0~1，另一方面可使具有概率"分辨率"的斜线段集中在分类边界附近。

图2-9　从线性到非线性

然而，"直棱直角"的折线无法解释为何斜率在某点出现突变，也不便于数学处理，因此，要磨掉棱角，用一条平滑的曲线完成"概率假设"，如图2-10所示，这就是Sigmoid函数（$S = 1/(1+\exp(-z))$），z为原来的线性输出，可以将一个实数域（$-\infty \sim +\infty$）的输入缩放到（$0, 1$）的概率输出。

这个函数满足我们对这个场景的如下期望：

- **期望1**：输出值域从$-\infty \sim +\infty$变换到0~1；
- **期望2**：概率为0.5左右的曲线更加陡峭，接近0或1的曲线部分则更加平缓（对分类边界附近样本的区分度更好）；
- **期望3**：连续平滑的曲线，不存在突变转折点。

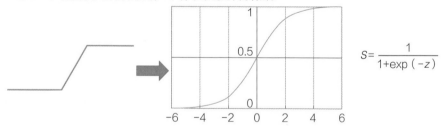

$$S = \frac{1}{1+\exp(-z)}$$

图2-10　从折线到连续平滑的曲线

随着肿瘤尺寸变大，恶性概率平滑地从0趋近于1。上述过程仅从需求视角进行分析，至于概率转换函数为何是Sigmoid，还与一些假设相关。当样本的误差分布是正态分布时，拟合分类概率使用Sigmoid函数是最合理的。

与线性回归模型不同，新模型输出的不是一个实数，而是0~1的概率，因此它被称为"逻辑回归"模型。虽然输出的是概率，但在应用中会以某个概率为阈值来进行分类，由此，逻辑回归模型是一个分类模型。

Sigmoid 函数明显是非线性的，包含非线性函数的逻辑回归模型是否具备非线性分类能力呢（在特征空间中画一个非线性的曲面，区分不同类别的样本）？如图 2-11 所示，逻辑回归模型并没有非线性分类能力。非线性函数使得输出变成概率形式，只是方便了应用来调整分类界面，而模型的分类界面依然是线性直线（多特征情况下是平面或超平面）。当应用以某个概率阈值进行分类时，逻辑回归模型等价于感知机模型。同样，因为 Sigmoid 函数是单调递增的，所以如果将模型用于排序，无论是使用原始的线性回归输出，还是使用经过 Sigmoid 函数处理的概率输出，效果是相同的。

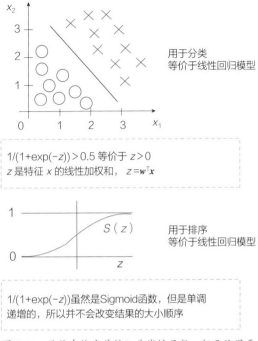

图 2-11　虽然在输出前接入非线性函数，但无论用于分类和排序仍表现为线性能力

截至目前，我们已经设计了三种模型假设，如图 2-12 所示。

1）假设 1- 线性回归：用于回归场景，输出连续实数值，Y 与 X 是线性关系。

2）假设 2- 感知机：用于分类场景，输出分类标签，分类界面为线性平面。

3）假设 3- 逻辑回归：用于分类场景，输出属于某个分类的概率。以某个概率为阈值，可完成分类任务，分类界面为线性平面。

线性回归	感知机	逻辑回归
回归场景	**分类场景**	**分类场景**
寿龄影响因素＝抽烟、酗酒	肿瘤性质＝大小、重量	肿瘤性质＝大小、重量
岁数＝0~150	**良性或恶性＝0 或 1**	**恶性概率＝0~1**

图 2-12　三种模型假设比较

为何有这么多的模型假设存在？其实在设计过程中，它们并不是凭空想象出来的，而是源于不同应用场景中的不同目标规律。预测加速度的任务要求输出实数，预测肿瘤性质的任务要求输出分类标签或属于某个分类的概率。

既然应用场景决定了模型假设，那么未来会不会有更多的模型假设？答案是肯定的，除了目前介绍过的线性回归和线性分类外，还有非线性分类的场景，如图 2-13 所示。在该场景下，不同类别的样本无法用线性平面来区分，而需要更强大的模型假设。本章后面会继续研究更强大的模型假设，几乎可以表示任何 $Y{\sim}X$ 的关系。

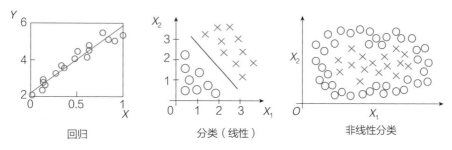

图 2-13　回归、分类和非线性分类

最后，我们将三个模型假设均用于分类，比较它们的异同，如图 2-14 所示。

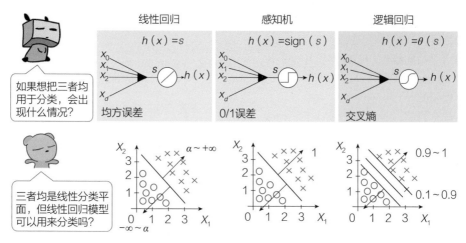

图 2-14　线性回归、感知机和逻辑回归模型比较

从图 2-14 可见，三个模型假设均对输入做线性加权和，只是采用不同的处理函数，以符合三种应用场景的输出需要。如果把这三个模型均用于分类，会有不同的效果吗？感知机和逻辑回归本就是分类模型，它们的情况容易理解。对于感知机，分类边界上方为 1 类，分类边界下方为 0 类；对于逻辑回归模型，分类边界附近有一个渐变的概率输出，远离分类边界的样本与感知机的分类情况一样，或为 1 类或为 0 类。线性回归模型并不是针对分类任务设计的，如果强制用于分类，可以在拟合出最佳平面后，以某个阈值 α 为分类边界，当输出大于 α 时为一类，反之为另一类。从表面看，它不是和感知机很类似吗？但实际上，这样做的效果通常不够理想，因为线性回归模型和感知机有着不同的优化目标，下面会继续探讨。

2.1.3　不同的目标

在对牛顿第二定律建立线性回归模型时，使用了"均方误差"作为优化目标。在判断肿瘤性质的场景中，我们发明了两种新的模型假设：感知机与逻辑回归。对于它们，什么样的优化目标合适呢？

注释

因为监督模型均期望预测值和实际值一致，所以优化目标通常是两者误差的某种函数，又称为损失函数（loss function），也称为误差（loss/err）。

对于感知机，模型的输出为分类标签：0代表良性肿瘤，1代表恶性肿瘤。但输出的预测类别可能是正确的，也可能是错误，组合起来共有四种可能：正确地判断肿瘤性质，包括把良性判断成良性，把恶性判断成恶性；错误地判断肿瘤性质，包括把良性判断成恶性，把恶性判断成良性，如表 2-1 所示。

表 2-1　感知机输出的四种预测类别

		预测的类	
		1	0
实际的类	1	1 1（TP）	1 0（FN）
	0	0 1（FP）	0 0（TN）

注：P、N（Positive、Negative）表示预测的类，T、F（True、False）表示预测是否正确

其中，

1）TP（True Positive）：正样本被正确地判断为正样本。

2）TN（True Negative）：负样本被正确地判断为负样本。

3）FP（False Positive）：负样本被错误地判断为正样本。

4）FN（False Negative）：正样本被错误地判断为负样本。

对于分类问题，模型的优化目标是判断准确，也就是犯错误的总数（FP＋FN）要最小化，用公式表示为：$\min(FP+FN)$ 或 $\min(y \neq \text{sign}(\boldsymbol{w}^{\mathrm{T}}\boldsymbol{x}_n))$，称为 0/1 误差。虽然这个目标简单直接，但它是一个离散函数，并不容易求解，3.1.4 节在设计求解算法时会给出答案。

逻辑回归模型输出属于某个分类（比如恶性）的可能概率，其是否可以沿用回归模型的均方误差或者感知机的 0/1 误差作为优化目标呢？答案是否定的，因为实际样本的 Y 值和模型输出的 Y 值的含义不同，直接相减没有意义，即实际样本的 Y 值是 0 或 1，代表肿瘤是恶性或良性的两种结果，是分类标号，而模型的输出 0~1 则是该样本属于恶性的预测概率。直接将输出概率与分类标签相减来作为优化目标，不仅道理上解释不通，"一个是分类标号，一个是概率值，直接相减的含义不明"，并且逻辑回归模型假

设中含有 Sigmoid 函数,这导致直接相减的误差不是全局可导的凸函数(存在多个极小值),不容易对其求解。

通过上述思考,我们发现设计优化目标有两个考量维度合理性和易解性。合理性是要从道理上合理,有实际的业务意义。易解性则考虑寻解算法的便利性,在满足业务需求的情况下,尽量使得优化目标(关于参数的函数)容易求解(快速定位使函数达到最小值时的参数取值)。下面就从合理性和易解性的角度,为逻辑回归模型设计一个优化目标。

首先,假设肿瘤性质和各种特征数据之间存在一个理想的概率关系,但收集到的样本数据并不是这个规律本身,而是在这个规律下抽样产生的结果,那么,正确的规律是最大概率产生观测结果的规律。举例来说,如果某天碰到一个陌生人连续干了三件坏事,我们会判断他本质上是坏人。为什么呢?因为只有他本质上是坏人,出现"刚认识就连续干了三件坏事"的概率是最高的。很难想象,一个从来不做坏事的好人,在一天做了三件坏事。这种思考模式称为"最大似然法",如图 2-15 所示,据此设计的优化目标方案称为"似然误差"。这个推导过程中有一些数学处理,不感兴趣的朋友可以略过,只要了解设计优化目标的两个角度即可。

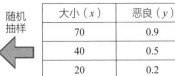

与线性回归模型的寿龄预测场景不同,直接比较概率和标号,设计不够合理!回归根本,即逆向思考这个问题

大小 (x)	恶良 (y)
70	1
40	0
20	0

随机抽样

已知:实际的数据

大小 (x)	恶良 (y)
70	0.9
40	0.5
20	0.2

未知:理想的规则

一个人连续干了三件坏事,那么最大可能他是个坏人!

什么样的规律最大可能产生这样的结果,这个规律最可能是真的!最大似然的思维方式

图 2-15 最大似然法的思考角度

补充阅读:似然误差的思考过程

依据贝叶斯原理,在特定规律(Y~X 关系)下,观测数据(n 个样本)出现的概率为样本 1 出现的概率 × 样本 2 出现的概率 ×…× 样本 n 出现的概率。

样本 i 出现的概率 = 样本 i 的特征组合 x_i 的概率 × 样本 i 的输出值 y_i 的概率

根据预测模型,有

1)样本输出 $y_i = 1$ 的出现概率为 $S(w^{\mathrm{T}}x_i)$,S 为 Sigmoid 函数。

2）样本输出 $y_i = 0$ 的出现概率为 $1-S(\boldsymbol{w}^T x_i)$。根据 Sigmoid 函数的性质 $1-S(x) = S(-x)$，此概率可写成 $S(-\boldsymbol{w}^T x_i)$。

为了书写方便，将分类标记 $y_i = [0,1]$ 修改成 $[-1,1]$，那么上述两种情况的概率可以统一表示为 $S(y_i\boldsymbol{w}^T x_i)$，$y_i = 1,-1$。

将特征为 x_i 的样本的先天出现概率用 $P(x_i)$ 表示，观测数据的整体出现概率可写成：

$$P(x_1)\times S(y_1\boldsymbol{w}^T x_1)\times P(x_2)\times S(y_2\boldsymbol{w}^T x_2)\times \cdots \times P(x_n)\times S(y_n\boldsymbol{w}^T x_n),\ y_i = 1,-1$$

其中，$P(x_1)\times S(y_1\boldsymbol{w}^T x_1)$ 为第一个样本的出现概率，$P(x_2)\times S(y_2\boldsymbol{w}^T x_2)$ 为第二个样本的出现概率……，所以整个乘积结果代表"观测样本集合"的出现整体概率。

截至目前，优化目标围绕"合理性"展开，下面接着从"易解性"的角度做一些优化。

- 优化 1：特征组合 x_n 的出现概率 $P(x_n)$ 只与训练样本集有关，与不同规律假设（$Y\sim X$）无关，可以去除。
- 优化 2：为方便计算，将乘法变为加法，对概率结果进行对数计算。对数函数具有单调性，并且不会改变优化目标函数（概率公式）的极值位置。
- 优化 3：优化目标约定俗成是求某个函数的极小值，所以对"求最大概率"进行反转，即对概率公式取倒数，变成求极小值。

经过上述优化，优化目标变成：求 $\sum \ln(1+\exp(-y_n\boldsymbol{w}^T x_n))$ 取得极小值时的参数 w。该参数代表的规律是最大概率得到观测数据（训练样本）的模型。

似然误差的计算实例（两个特征、两个样本的简单场景）

两个特征的概率假设可表示为 $y = S(w_0+w_1 x_1+w_2 x_2)$，其中，$w_0$ 为截距。为了表示方便，可设 $x_0 = 1$，将特征 $\boldsymbol{x}$ 表示成向量 $[x_0 = 1, x_1, x_2]$，参数 $\boldsymbol{w}$ 表示成向量 $[w_0, w_1, w_2]$。

假设训练数据只有两个样本，如表 2-2 所示。

表 2-2 训练数据的两个样本

x_1	x_2	y
23	32	-1
12	34	1

那么，训练样本形成的向量表示为

$$\boldsymbol{x}_1 = [1, 23, 32],\ y_1 = -1$$
$$\boldsymbol{x}_2 = [1, 12, 34],\ y_2 = 1$$

优化目标 $\sum \ln(1+\exp(-y_n\boldsymbol{w}^T x_n))$ 在这个实例中变为

$$\ln(1+\exp(\begin{bmatrix} w_0 \\ w_1 \\ w_2 \end{bmatrix} \times [1 \ 23 \ 32])) + \ln(1+\exp(-\begin{bmatrix} w_0 \\ w_1 \\ w_2 \end{bmatrix} \times [1 \ 12 \ 34]))$$

参数的最优解即为上述公式取得极小值时的 w 向量。

最后解释一下为什么有这么多的优化目标？既然每个模型的优化目标均是表示预测值与实际值的偏差程度，只用一种优化目标不行吗？

各种不同的优化目标均源于不同的模型假设，以及在这些假设下不同的合理性与易解性设计，如图 2-16 所示。以寿龄为例回归模型的输出为预测出的加速度值，从合理性的角度，"预测输出-真实寿龄"的累加和最小是合理的，但为了求解方便（容易求导），最后使用均方误差和。对于逻辑回归模型，设计似然误差的过程，同样是基于这两个因素考虑的。

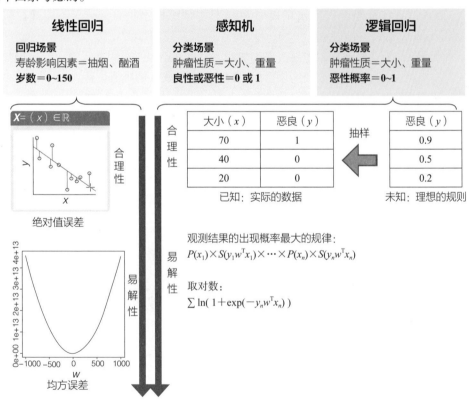

图 2-16　从合理性和易解性设计不同模型的优化目标

如果将三个模型的优化目标函数放在一起，两个类别的编号用-1,1 来表示，会发现它们均可转换成关于 ys 的一个函数，如图 2-17 所示。其中，y 是样本的真实值，s 是模型的预测输出，两者均是样本的向量化表示（如果有 10 个样本，y 和 s 则是 10 维向量）。ys 体现了两者之间的一致性（回忆一下向量乘积的物理含义），ys 越大，说明模型的预测值与实际值越一致。以 0/1 误差为例，两者一致时的乘积大，为 $1 \times 1 = 1$ 或 $(-1) \times (-1) = 1$，不一致的时的乘积小，为 $1 \times (-1) = -1$ 或者 $(-1) \times 1 = -1$。如果用于衡量分类任务的效果，ys 越大，误差函数（优化目标）应该越小。

线性回归	感知机	逻辑回归
$\mathrm{err}_{\mathrm{SQR}}(s, y)$	$\mathrm{err}_{0/1}(s, y)$	$\mathrm{err}_{\mathrm{CE}}(s, y)$
$= (s - y)^2$	$= [\![\mathrm{sign}(s) \neq y]\!]$	$= \ln(1 + \exp(-ys))$
$= (ys - 1)^2$	$= [\![\mathrm{sign}(ys) \neq 1]\!]$	

图 2-17　三个模型的损失函数比较

将三个函数画在同一个坐标轴内（以 ys 为 X 轴，以函数值为 Y 轴），如图 2-18 所示。

观察右图，有如下结论：

1）对于感知机和逻辑回归这两个分类模型，ys 越大，误差越小。其中感知机在零点存在一个阶跃，在阶跃点前后的区域，ys 的变化并不会引起误差变化。这说明对于 0/1 误差，它只判断模型的预测正确与否，至于错误的严重程度，它并不关心。逻辑回归模型则不一样，ys 变好（即变大，说明预测值和实际值更加一致）对误差的改变是持续的，它会认为错一点导致的错误，要比错得离谱的错误更好。

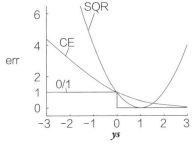

用 $\log_2$ 取代 ln，可拿逻辑回归的优化目标作为感知机目标的上界（感知机寻解算法相对复杂）

图 2-18　三个模型的优化目标与 ys 值的关系

2）对于 3.1.2 节最后提出的问题，线性回归模型为何不适合分类任务是显而易见的。虽然对于预测错误的部分（$ys < 0$，表明预测值和实际值不一致），线性回归模型的均方误差能够正确表达，但对于大部分预测正确的部分即（$ys > 1$），ys 越大，误差输出也越大。这不符合分类问题的假设，即 ys 越大，模型预测与样本的实际类别越一致，误差函数应该越小。因此，线性回归模型的误差函数（优化目标）并不适合分类任务。

3）如果将似然误差中的 ln 换成 $\log_2$，在预测错误的部分（$ys < 0$），均方误差曲线在似然误差之上，而似然误差曲线在 0/1 误差之上。这说明了均方误差是似然误差的上界，似然误差是 0/1 误差的上界。如果 0/1 误差不好优化，可以将优化目标改成似然误差，对似然误差优化后，再微调参数，即可取得 0/1 误差的最优化参数值。

补充阅读：为何线性回归的误差函数是均方误差？

选择均方误差作为线性回归模型的优化目标的思考过程如下：首先从合理性的角度出发，选择绝对值误差；再从易解性的角度出发，为了求解方便（误差函数容易求导），将优化目标修改成均方误差。但这个推理过程并不严谨，读者可能会问为了方便求导，为什么是取平方而不是四次方？或者用其他方便求导的函数？

在推导似然误差时，使用了贝叶斯定理的思维模式，同样可以用类似的视角重视均方误差的设计原理。根据贝叶斯定理，$P(h|D) \propto P(h)*P(D|h)$，其中，$D$ 为观测数据集，h 代表假设。因为我们对假设没有任何偏好，每个假设的先验概率 $P(h)$ 是相同的，最大可能产生观测数据的假设即为最优假设，问题求解转变成计算每个假设产生观测数据的概率问题。

即使模型捕捉到了真实规律，但由于观测误差等问题，观测数据与模型预测结果也会不同。模型预测不准的部分是偏离真实规律的随机误差，假设其分布满足正态分布，因此，任意点 (x_i, y_i) 出现的概率 $\propto \text{EXP}[-(\Delta Y_i)^2]$。（参考正态分布的概率密度公式。）

对于任意假设，观测数据的出现概率为

$$\text{EXP}[-(\Delta Y_1)^2]*\text{EXP}[-(\Delta Y_2)^2]*\text{EXP}[-(\Delta Y_3)^2]*\cdots=\text{EXP}\{-[(\Delta Y_1)^2 + (\Delta Y_2)^2 + (\Delta Y_3)^2 +\cdots]\}$$

由上式可见，求上述概率的最大值，与求均方误差最小值是等价的。换句话说，线性回归模型的优化目标为均方误差，实际是假设误差分布是正态分布的衍生结果。

2.1.4 不同的寻解

暴力求解回归模型并不可行，需要使用解导数方程的方案，但在项目实践中，如果特征数量和样本数量较大，那么解导数方程会涉及大矩阵计算，性能很差。另外，逻辑回归的 Loss 函数中含有相对复杂的 Sigmoid 函数，这使得它的导数方程不容易逆向求解，那么，是否可以绕过解导数方程呢？

导数方程存在一个特点，正向求解容易，而异向求解很难。具体来说，已知参数 w 的取值，求导数方程的值容易，但已知导数方程的值为 0，求参数 w 的过程较难。既然这样，不如随意初始化参数 w，通过求导获取减小 Loss 函数的参数修正方向，将参数向该方向修正一小步。反复上述过程，直到 Loss 函数的导数值接近于 0，Loss 函数也达到最小值。这种求解方法称为梯度下降法，它非常类似于盲人下山谷的过程，虽然盲人看不到谷底的位置，但能非常清楚地感受当前的坡度，按照向下的坡度一步步前行，就可到达谷底。

如果将梯度下降类比成盲人下山谷，之前求解导数方程就是超人飞跃，一下就跳到了终点，但飞行太耗时耗力了（计算超大矩阵），现实中还是盲人下山谷式的梯度下降法更加高效，如图 2-19 所示。

图 2-19　设计梯度下降法的思考过程

　　具备类似特性的函数在密码学中很常见。密码系统需要一个不可逆的函数，当给出正确的密钥（X）时，系统能很快地判断密钥的真实性（从 X 到 Y），但即使敌人获取了密码系统，也很难求解出正确的密钥（从 Y 到 X）。

　　使用梯度下降法有一个前提假设：优化目标应该是凸函数，即具有全局唯一的最低点。这比较好理解，如果是连绵不断的群山，那么会存在很多山谷，由于盲人没有全局视野，只能感受到当前脚下的坡度，因此在走入某一个不是最低的山谷时会误认为达到了最低点，因为周围的坡度方向均是向上的。

　　类似于盲人下山谷，梯度下降法有两个关键的决策要素：

　　1）**行进的方向**：处于山腰时，很多方向均有向下的坡度，选择哪个方向最好呢？向下梯度最大的方向，可以最高效地到达谷底，是最优选择。

　　2）**行进的步长**：步长的选择比较微妙，过大或过小均不是好主意，需要与坡度情况相匹配，如图 2-20 所示。下面我们先看看不匹配会有什么问题？

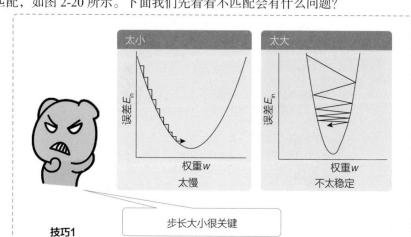

图 2-20　梯度下降的步长非常关键，过大或过小均不合适

　　如果坡度很大，步长太大会导致从左侧的山峰直接跨越到对面的山峰，从而永远无法下降到谷底，甚至会出现 Loss 值剧烈波动、越来越大的情况。反之，如果坡度比较小，步长太小会导致需要前进很多步才能达到谷底，行进（优化）效率十分低下。这两种情况均不理想，因此步长要与坡度的情况相匹配，才能达到高效的梯度下降。

　　既然步长要与坡度匹配，那么所有特征的尺度需是归一化的，因为如果未归一化，为了拟合不同尺度的特征，各个参数的尺度也会差别较大。如果两个参数的尺度差别大，如图 2-21 中的椭圆所示，会无法选择合适的步长，因为参数 w_1 需要更大的步长，参数 w_2 需要更小的步长，不存在对两个参数均合适的步长。如果两个参数的尺度一致，坡度会呈现出圆形，从而便于选择出同时适合两个参数的步长。

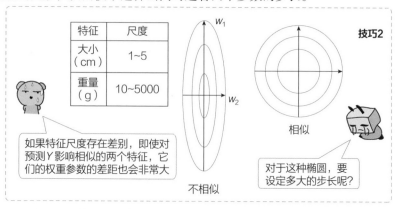

图 2-21　特征的尺度需尽量归一化，否则不容易设置出合理的步长

　　通过观察梯度下降过程，会发现：在初始离谷底较远的地方，梯度较大，可以使用更大的步长，加快行进的速度，但逐渐接近谷底时，需要小步探索，以免跨越过大而错过最低点。既然步长要与坡度匹配，所以步长可以与当前的梯度大小成正比，当梯度变缓的时候，步长相应缩短，如图 2-22 所示。

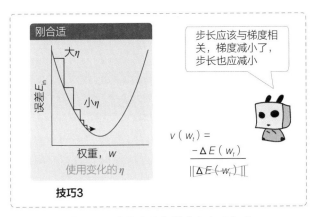

图 2-22　步长应该与梯度大小正相关

　　基于上述分析，模型参数的更新可以表达成 $w_{t+1} = w_t -$ $\eta \Delta E(w_t)$，其中 η 是步长，$\Delta E(w_t)/\| \Delta E(w_t)\|$ 是梯度最陡的方向，去除分母可以起到让步长随梯度大小变化的效果。线性回归和逻辑回归的优化目标是可求导的函数，这样的模型可以使用梯度下降法来高效地求解。实际上，梯度下降法是大多数机器学习模型的求解方法，它的设计思想是极其朴素的。

　　现在还剩一个模型没有讨论，感知机的优化目标是 0/1 误差，这种离散函数无法求导，所以无法用梯度下降法求解，但是否可以用类似的思路不断试探改进，逐渐逼近最优解呢？以最简单的情况为例，如只有两个特征、进行二分类的感知机，其相当于在平面上用一条直线将正负样本分开。如果随意画一条直线，有没有方法一步步移动或旋转这条直线，使其逐渐逼近最正确的分类平面（边界）呢？

　　想逼近最正确的分类平面，首先需要确定什么样的分类平面是好的？显而易见，能够将正负样本完全分开的分类平面是最好的。取分类平面 ($wx+b = 0$) 上的任意两个点 x_1、x_2，有 $wx_1+b = 0, wx_2+b = 0$。两者相减可得 $w(x_1-x_2) = 0$，因为 x_1、x_2 是任意分类平面上的任意两个点，所以上面公式代表"参数向量 w 与分类平面是垂直的"。当分类平面达到最好时，它的参数 w 也达到最优，且参数向量与分类平面垂直。

随机初始化参数 w，如何逐渐调整它达到最优解？

　　随机初始化参数 w，会使分类的结果有对有错。如果发现某个样本被分错了，稍微对 w 向将样本正确分类的方向做一个小幅的调整，比如加上 yx。其中 y 用 $[-1,1]$ 表示两类标签，代表调整的方向，而 x 则是分错样本的特征向量。

　　大家可能会疑惑，为何每次调整参数是加 yx？为感知机设计寻解算法的最大难题是 0/1 误差是离散函数，无法求导。但如果能把 0/1 误差转化成一个连续值，之前设计的梯度下降方法就能派上用场了。如果误差函数不是错误样本数量的统计，而是计算所有错误样本到分类平面的距离之和，后者不仅与错误样本数量存在较强的相关关系，并且是一个连续的函数，那么就可以使用梯度下降法了。

　　对修改后的优化目标，尝试梯度下降，计算每次更新的梯度值。如图 2-23 所示，

从分类平面上任意取一点 x_0，可得 $w^Tx_0+b=0$。分类平面外任意一点 x 到平面的距离为 $(w/\|w\|)^T(x-x_0)$，将 $x-x_0$ 向量在参数方向（与分类平面的方向垂直）的投影进一步带入 $w^Tx_0+b=0$，可得到 $(w^Tx+b)/\|w\|$。根据这个公式，所有的错误样本点到分类平面的距离之和是 $\sum -y_i(w^Tx+b)/\|w\|$。引入 $-y_i$ 是为了去掉负号，比如 $y_i=1$，由于它是错误样本，因此 $w^Tx+b=-1$，最终 $-y_i(w^Tx+b)$ 是正值。对该误差函数求导（针对参数 w），可得到每次参数需更新的梯度为 $-y_ix_i$。

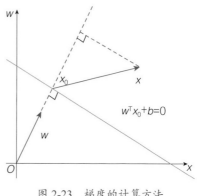

图 2-23　梯度的计算方法

扫描所有的样本，一旦发现错误样本，就进行参数调整，最后得出最优的分类平面，它能正确分类所有的正负样本。实现整个算法的伪代码如下：

```
For t= 0、1…
If sign (wₜᵀxₙ(t))≠yₙ(t) Then  wₜ+1 =wₜ+yₙ(t) xₙ(t)
Until 数据全部分类对
```

注：为了便于表达，$y_i=[0,1]$ 变为 $[-1,1]$

最后一个问题，如果样本不完全可分时，上述方法可行吗？"不完全可分"意味着永远也找不到一个理想的分类平面，能将所有样本正确区分。因此，优化目标转变成找到一个正确率最高的分类平面。想实现这个转变，只需要在上述过程中加入两点改进：

- **改进 1**：每次迭代后，更新当前的最优解记录。比较本次迭代的解与之前记录的最优解，如果当前解的准确率更高，将其记录成最优解。
- **改进 2**：由于无法完全正确区分所有的样本，因此迭代了一定次数后，当记录下来的最优解较长时间不变时，退出迭代算法。

感知机也是逐渐迭代优化的，但其每次仅根据一个错误样本修正参数，那么，逻辑回归模型每次迭代计算梯度下降的方向时，是否也不需要用所有样本？如果借鉴感知机的优化思路，每次仅根据一个样本数据来计算梯度，可以大大加快计算速度和迭代过程。但仅根据一个样本计算梯度，梯度结果不是最优化的，同时极不稳定，因为样本数据中含有大量的噪声和随机波动。这样做，虽然从长远来看，整体的大方向没有错，但具体每一步的方向杂乱无章，非常低效。因此，在实际中通常采用一小片数据（batch）来计算每次迭代的梯度，称为随机梯度下降。为了使模型的优化过程不受样本顺序的干扰，通常在训练前将所有的样本数据重新打散（shuffle），以便每次用来优化梯度的小片数据是随机的，如图 2-24 所示。但有时也将应用场景产生的样本按照时间进行排序，确保模型在优化过程的后期使用的是最新数据（模型优化后期对参数的最终取值有决定性影响），以应对应用场景本身也在变化的特点。比如，如果肿瘤判断问题涉及几十年的病例数据，就可以采用这个方法，以免疾病本身的特点在这些年发生了变化。

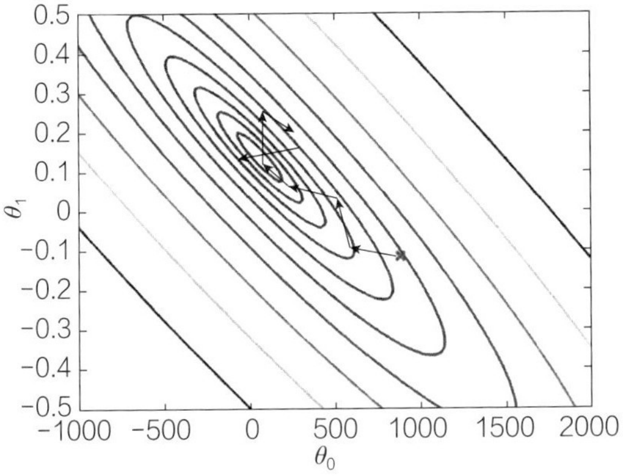

最后减小步长或求平均以得到稳定收敛值

图 2-24　最后减小步长或求平均以得到稳定收敛值

　　怎样减少每次梯度的不稳定波动呢？用小片数据计算的梯度可能并不准确，与基于所有数据计算的全局最优方向会有所偏差，但多次计算梯度的累积方向可能更接近全局最优方向。因此，需要将多次累积的方向加入每次下降的梯度中，这种方法类似于自然界物体运动的惯性。有了惯性因素后，物体就不容易抖动，会向着一个方向持续前进。每次梯度等于用当前数据片计算的梯度＋历史累积的梯度（惯性量），这种方法称为Momentum。使用这种方法，随机梯度下降的过程会更加迅速和平滑，不再有很多左冲右突的波动，甚至在遇到一些较小的局部最优点时，也可以依靠惯性的力量冲过去，而不会收敛到局部最优。

　　综上，梯度下降的优化方法和感知机的优化方法有着太多的关联与互相借鉴，我们将两者列出来详细比较一下异同。

　　1）相似性：迭代下降，均是逐渐迭代、接近最优解的过程。

　　2）差异性：两个模型的参数更新项均有三项，如图 2-25 所示，但梯度下降过程中对步长有设置，而感知机的优化过程中则没有。另外，梯度下降是针对一小片样本数据计算出的软分值（Sigmoid 函数），而感知机优化则是基于一个预测错误样本计算出的硬分值（阈值函数）。

$$w_{t+1} \leftarrow w_t + \eta \cdot \theta(-y_n w_t^{\mathrm{T}} x_n)(y_n x_n)$$

$$w_{t+1} \leftarrow w_t + 1 \cdot [\![y_n \neq \mathrm{sign}(w_t^{\mathrm{T}} x_n)]\!](y_n x_n)$$

θ 为 Sigmoid 函数，梯度可根据误差函数推导

图 2-25　迭代优化项的三个构成，异同比较

　　通过这两种优化方法的异同对比，当梯度下降步长 $\eta = 1$、$w_t^{\mathrm{T}} x_n$ 较大时（$w_t^{\mathrm{T}} x_n$ 较大会使 Sigmoid 函数的输出在样本预测正确时接近 0，而在预测错误时接近 1），两者的效

果是类似的。

最后总结一下，为何存在这么多的寻解算法？回顾本节的思考过程会发现，每个寻解算法的设计都源于对问题的具体分析。求 Loss 函数（优化目标）取得最小值时的参数解，最直接的思路是令 Loss 函数的导数为 0，然后求解该导数方程。线性回归模型可以用该方法求解，但涉及大矩阵的计算，性能上并不理想。对于逻辑回归模型，它的 Loss 函数中含有 Sigmoid 函数，其导数方程更不容易求解，但根据导数方程"正向计算容易，逆向求解难"的特点，设计了梯度下降法——类似于盲人下山谷，不需要看到远方的目标，只要根据当前的梯度方向，一步步地走到谷底（不断更新参数值）。最后，感知机的优化最难解决，因为它的 Loss 函数是离散的，无法求导。套用梯度下降中迭代优化的思想，扫描预测错误的样本，不断优化分类边界，直到达到较高的准确率。三者的详细比较，如图 2-26 所示。

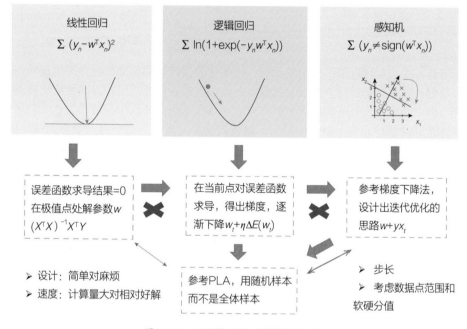

图 2-26　不同模型的不同求解方法

2.1.5　小结与回顾

本节介绍的三个模型（线性回归、感知机和逻辑回归）的假设、优化目标（Loss 函数）、寻解算法如图 2-27 所示。可见，模型的设计过程是从应用场景出发的，应用场景决定假设的形式，符合假设的合理性与函数的易解性决定了优化目标（Loss 函数）的设计，每种 Loss 函数都有合适的寻解算法。因此，算法模型并不是凭空想象的，它反映了科学家们对应用场景的透彻思考。

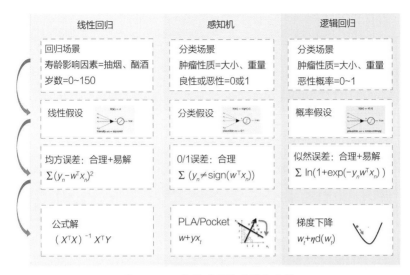

图 2-27　三个模型设计的横向比较

　　如图 2-28 所示，本章在第 1 章的基础上，再次演绎根据不同应用场景设计模型的过程，主要是假设空间、优化目标、寻解算法三个部件的设计过程，并构建出线性回归、逻辑回归、感知机三个模型。在现阶段大数据场景项目中，使用这三个基本模型的时候并不多。之所以花费如此多精力研究它们，一方面是因为这三个模型是很多更强大模型的基础，另一方面是想明确设计模型的理念：任何机器学习模型都是从应用角度出发，以朴素的思想为基础，为解决实际问题设计的。可能我们不会再有机会开创性地发明全新的模型，但对设计原理的思考，有助于根据实际应用场景的需要，对模型做出改进。

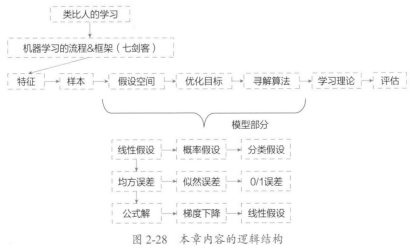

图 2-28　本章内容的逻辑结构

最后，我们再用一个类比案例，回顾一下机器学习过程。机器学习与学生为了通过考试而进行学习的过程非常类似。考题相当于输入特征 X，答案相当于预测输出 Y。学生需要运用所学知识，根据考题 X 推导出答案 Y。答题过程可以看成一个转变函数。其中，老师会在课堂上讲解考题背后的知识规律。学生学习的优化目标是

图 2-29　以学生解答考题类比机器学习的过程

正确掌握知识规律，用正确的知识规律答对所有的考题。因此，量化的优化目标是用所学知识答题的准确率得分。学习的过程就是找到最佳的知识参数，使得答题错误最少，如图 2-29 所示。

2.2　重要权衡与过拟合

2.2.1　重要权衡的四张"面孔"

在第 1 章，曾经探讨了机器为何能学习的问题，提出了一个需要权衡的两难问题：需要使模型的复杂度与样本量相匹配，否则会出现欠拟合与过拟合的问题。下面，我们不仅要从多个视角更深入地理解该问题，更要细致地讨论如何解决过拟合问题。

为了透彻地理解一个事物，往往需要从多种视角观察。在这里，我想插入黄仁宇先生《万历十五年》对明史的一些解读来作为案例。《万历十五年》与史书不同，它通过六个不同地位、不同思想、不同事迹的人物，深层次地探讨了在僵化的封建体制下，无论个人有什么样的思想和抱负，终将走向无可奈何的悲剧结局。这六个人物分别是精明又颓废的万历皇帝、杰出的改革家张居正、和事佬首辅申时行、极端的模范官僚海瑞、孤独的将领戚继光、自相冲突的哲学家李贽。书中表明，他们其实有一个共同的特点，就是都曾想改变当时的社会，做一番事业。尽管所用手段不同，但最后全部都失败了。从这六个不同的人物角度，我们更清晰地看到了封建体制存在的一些根本性问题。在本节，笔者想借鉴黄仁宇先生的这种写法，从四个不同的视角去研究机器学习中最重要的权衡问题。

1. 第一张面孔：理论推测

首先，明确以下几个概念：

- **训练误差**：模型在训练样本上的误差称为训练误差，使用 E_{in} 表示。
- **预测误差**：将训练好的模型放到应用场景中，模型在没有见过的样本上表现出的误差称为预测误差，使用 E_{out} 表示。

机器学习模型的终极目标是对未知世界做出准确预测，也就是预测误差 E_{out} 小。基

于大数定律，训练误差和预测误差之间存在下述的关系：

$$E_{out} - E_{in} \leqslant \Omega(H, N)$$

其中，H 是模型假设，N 是训练样本数量。E_{out} 是预测误差，相当于大数定律中的真实值。E_{in} 是训练误差，相当于大数定律中的统计值。$\Omega(H, N)$ 代表大数定律所限定的统计值与真实值之差，它与模型假设和样本量相关。

对上述公式进行推导，可得

$$E_{out} \leqslant E_{in} + \Omega(H, N)$$

由此可见，为了减小预测误差（终极目标），一方面需要 E_{in} 足够小；另一方面，需要 E_{in} 与 E_{out} 足够接近，即 $\Omega(H, N)$ 足够小。如果这两个期望是协调的，问题自然容易解决，但关键是这两个目标是矛盾的——为了使训练误差 E_{in} 足够小，需要使用更复杂的模型，即假设空间更大、表示能力更强的模型；为了使训练误差 E_{in} 与预测误差 E_{out} 足够接近，需要使用更简单的模型，即假设空间更小、表示能力有限的模型。

鱼和熊掌不可兼得！因此，基于数据量调整模型复杂度，占据了模型优化工作的大部分工作量，目的是在上述两个目标之间取得平衡，得到最优的预测效果（最小的预测误差）。

权衡问题的第一张面孔："减少训练误差"和"减少训练误差与预测误差的差距"之间存在矛盾。

2. 第二张面孔：直观感觉

回顾在第 1 章中有关穿鞋偏好的调研案例。

选取全中国 3000 名客户，考察他们对鞋子的喜好，并对年龄、性别、居住地进行分类统计。

- 结论 1：北京海淀区 5~10 岁女童，100% 喜欢男性旅游鞋。
- 结论 2：中国女性 50% 喜欢高跟鞋，30% 喜欢平板鞋。

结论 1 和结论 2 的问题分别是什么？当时从大数定律的视角分别指出了这两个结论的问题。结论 1 的问题在于统计过于细致，结论不置信；结论 2 的问题在于统计过于粗放，结论不精确。类似地，从这个直观的案例中，也可以看出过拟合与欠拟合的表现。

当使用较粗维度统计数据时，相当于使用简单的模型。使用较少的特征维度切分数据时，落到每个数据格子中的样本量较多，统计更加置信，预测结果和真实结果大概率比较相近，但因为切分的不够细致，所以统计结论本身不精确。在结论 2 中，不同类型的女性，例如城市的年轻女白领和乡村的中年妇女，她们对鞋子的偏好差异很大。模型没有精细刻画这种差异，但样本数据是可以支持更精细区分的。这相当于追求 "E_{in} 与 E_{out} 足够接近" 而放弃使 "E_{in} 很小" 的目标，模型处于欠拟合状态，没有充分发挥数据的价值。

当使用较细的维度做统计时，相当于使用复杂的模型。使用较多的特征维度切分数据，每个数据格子的划分条件更加细致，统计结果更加精确，在训练数据上的拟合效果更好。这种情况下，每个细分市场均被区别对待，单独得出统计结论，例如"北京海淀区 5~10 岁的女童喜欢男性旅游鞋"，但落到每个数据格子中的样本量过少，统计结论不够置信性，预测结果和真实结果大概率存在偏差。这相当于追求"E_{in} 很小"，而放弃使"E_{in} 与 E_{out} 足够接近"的目标，模型处于过拟合状态，具体应用时效果很差。

从上述案例中体味一下在两种目标之间取得平衡的微妙。数据格子中的样本量足够多时，尽量使用更多的特征来切分数据，这是最优方案，即在保证置信前提下，尽量使用更强大、更精细的模型。

权衡问题的第二张面孔：统计的"细致"和"置信"之间存在矛盾。

3. 第三张面孔：实例验证

根据上述理论分析，不难有这样的推测：随着模型的复杂度由小变大，训练误差会一直减小，而训练误差与预测误差的差距会持续增大，模型从欠拟合演变到过拟合状态。由于严重的过拟合或欠拟合均会极大影响预测误差，所以随着模型复杂度由小变大，预测误差会先减小（由训练误差减小造成的），再增大（由训练误差和预测误差的差距增大造成的），三者的曲线示意如图 2-30 所示。

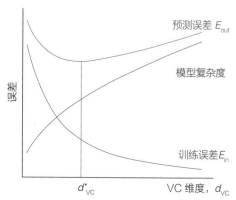

图 2-30　随着模型的复杂度增加，不同类误差的变化趋势

对于这种推测读者可能会想，"理论如此，在实际中真的就是这样吗？"下面就以一个实例来验证这个推测，得出"第三张面孔"。

案例 1

1）真实关系：$y = \sin(x)$

2）样本数据：在真实关系中加入随机分布的噪声，生成的样本数据如右图所示。

如果使用线性回归模型拟合该曲线，会有什么效果？最好的拟合是一条斜向直线，虽然它能成功拟合正弦曲线的主要趋势，但并不正确，所以，需要使用更复杂的模型。

线性回归模型可以被认为是 1 阶多项式模型，提升多项式模型复杂度（拟合能力）的方法非常简单，就是增加多项式方程的阶数。依次使用 1 阶方程（线性回归）、3 阶方程、5 阶方程、25 阶方程拟合正弦曲线的效果如下图所示。

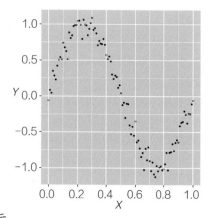

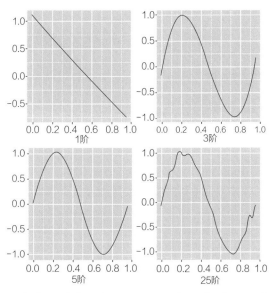

可见，随着模型复杂度（多项式方程的阶数）逐渐增大，模型的拟合能力更强了。N阶方程可以表示存在$N-1$个转折的曲线，如3阶方程可以表示存在两个转折的曲线。从拟合效果来看，3阶方程已经可以拟合正弦曲线，5阶方程的拟合效果更加准确，但25阶方程的拟合效果反而较差。这说明随着模型的能力变强，它捕捉数据中趋势的能力也在增强。当模型的能力过于强大时，它会捕捉到大量的随机噪声，而不是真实的规律。

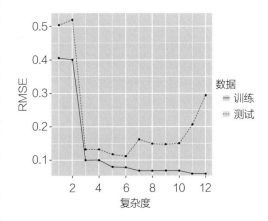

基于上述四种阶数模型的实验效果，感觉存在一个最佳的模型复杂度（多项式方程阶数）。当复杂度过小时，模型无法捕捉到真实的正弦曲线；当模型复杂度过大时，又错误地捕捉到了数据中的噪声。

在样本中预留一部分数据，将其作为测试数据，剩余样本用于训练。使用模型在测试数据上的（测试）误差代替预测误差，计算出不同阶多项式模型的训练误差和测试误差，罗列在右上图中。与理论推测一致，模型的训练误差随复杂度增加而持续下降，而预测误差（用测试误差代表）先下降后上升。预测效果最好的模型是6阶多项式模型。

权衡问题的第三张面孔：随着模型复杂度的增加，预测误差先升后降，存在最优值。

4. 第四张面孔：深入理解偏置和方差

基于上述三张面孔的分析，可以清晰地看到，导致预测误差较大的原因可能有两种：

- 可能1：训练误差太大，出现欠拟合状态。
- 可能2：预测误差和训练误差相差太多，出现过拟合状态。

两者均会导致较大的预测误差，但作用的方式有何不同？下面从实际案例来推演。

案例2 分别使用线性方程和6阶多项式方程拟合一条抛物线，从抛物线上抽样5个点作为训练样本。不难想象，使用线性方程拟合抛物线，模型的能力不足，处于欠拟合状态；使用5阶多项式方程拟合抛物线则是"大材小用"，而使用6阶多项式方程可以表示存在5个转折点的曲线，模型处于过拟合状态。

首先，观察欠拟合情况下的误差。使用直线拟合抛物线的数据点，虽然模型捕捉到了上升趋势，但抛物线的弧度则完全被忽略了。此时的预测误差是由于模型的能力有限、无法捕捉到数据中的正确关系而产生的。

其次，观察过拟合情况下的误差，使用6阶方程拟合抛物线的数据点。拟合的曲线存在5个转折，虽然捕捉到了抛物线向上的趋势和逐渐平缓的斜率，但由于模型的能力过于强大，很多非真实的关系被模型"想象"出来了。此时的预测误差是由于模型的能力过于强大、捕捉到了很多训练数据中表现出来的随机波动或者模型本身"想象"的波动而产生的。

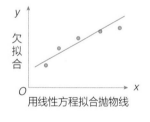

用线性方程拟合抛物线

预测误差中这两种构成又称为偏置（bias）和方差（variance）。偏置代表模型没有学到真实关系所产生的误差；方差代表模型过多地学习了训练数据中的随机波动而产生的误差。

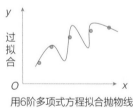

用6阶多项式方程拟合抛物线

如果一个模型最终的预测误差较大，如何推测是上述哪种误差较大导致的呢？上述两种误差的表现形式是不同的，可以通过模拟误差分布的方法来区分。

假设收集到100个样本，可通过下面三个步骤来计算模型的误差分布。

- **步骤1 分拆数据集**：需要预留一部分样本集作为测试集，相当于真实情况的标定，使用测试误差代替预测误差。从100个样本随机抽出70个用于训练，剩余30个用于测试。
- **步骤2 训练不同的模型**：每次从训练集的70个数据点中随机抽样50个，训练出模型。反复进行上述操作10次，由于每个模型使用的训练数据不同，所以可得到 10 个不同的模型 $g_1 \cdots g_{10}$。

- **步骤 3　计算测试误差的分布**：计算 10 个模型在测试集（30 个样本）上的误差。将 30 个测试样本作为目标，观察每个模型的测试误差的分布。以打靶图形为例，"测试误差 = 0"是靶心，每个模型的测试误差对应着一个射点。
- **步骤 3 的第一种情况**：10 个模型的预测结果接近，但偏离靶心。这说明 70 个训练样本和 30 个测试样本是天然有偏的，当前情况是总样本量过少导致的。即使将 100 个样本均用于训练，模型大概率仍有较大的预测误差。这时，预测误差的主要来源是偏置。

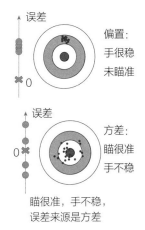

- **步骤 3 的第二种情况**：10 个模型的预测结果偏差较大，但均分布在靶心的周围。如果对 10 个模型的预测结果取平均，平均结果会更接近靶心。这说明模型大致捕捉到了正确的关系，但样本数据中的随机波动较为严重，每个模型捕捉到了不同的随机波动，导致模型之间的差异很大。这时，预测误差的主要来源是方差。

在实际项目中，模型往往同时含有这两种误差，具有下图的效果。

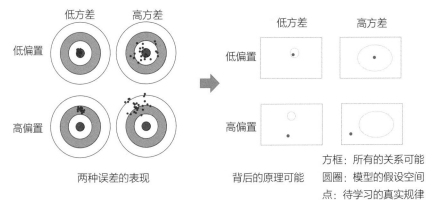

两种误差的表现　　背后的原理可能　　方框：所有的关系可能
　　　　　　　　　　　　　　　　　　　　圆圈：模型的假设空间
　　　　　　　　　　　　　　　　　　　　点：待学习的真实规律

本节从四个视角，再次阐述"欠拟合与过拟合"问题的不同表象。

1）理论推测："减少训练误差"和"减少训练误差与预测误差的差距"之间存在矛盾。

2）直观感觉：统计的"细致"和"置信"之间存在矛盾。

3）实例验证：随着模型复杂度的增加，预测误差先升后降，存在最优值。

4）深入分析：模型存在两种误差——偏置和方差。

期望通过这四张不同的面孔，读者能更深刻地理解"欠拟合与过拟合"这个问题。

现实世界中，虽然欠拟合与过拟合会影响模型的预测效果，但后者往往更难被发现和解决。如果模型的训练误差较大，训练误差和预测误差接近，表明模型处于欠拟合的状态。我们以什么标准评判误差的好坏呢？通常情况下，将人类解决该任务的水平作为评判标杆是最常见的方式。如果模型还不如人类观察数据后总结出的规律有效，那么说明模型过于简单，没有充分挖掘出数据中隐藏的信息。欠拟合不仅容易发现，也容易解决，即只需加入更多的特征，使用更强大的模型即可。过拟合的问题相对隐晦，模型在训练样本上的误差很小，经常给人一种模型表现很好的错觉，但在实际应用中，模型的预测效果很糟糕。因此下文会重点分析过拟合问题，并给出解决方案。

2.2.2 过拟合的成因和防控

怎么解决过拟合问题呢？如上文的分析，当过拟合发生时，模型或者错误地捕捉了数据中存在的随机噪声，或者模型的能力本身过于强大，进行了太多不切实际的"想象"。这里以一个实例来演绎如下这两种情况：

- 场景 1：有噪声的 10 阶多项式曲线。
- 场景 2：无噪声的 50 阶多项式曲线。

每个场景均有 10 个抽样数据点作为训练样本。

如果使用 2 阶多项式模型和 10 阶多项式模型拟合这两个场景，如图 2-31 所示，哪个模型会表现得更好？

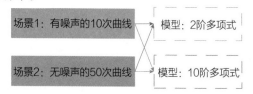

图 2-31　用两种复杂度的模型拟合这两个场景

- 场景 1 相对容易判断，2 阶多项式模型的效果更好，因为该场景中存在噪声，10 阶多项式模型过于敏感，会捕捉到很多随机波动。

- 场景 2 有些出人意料，在没有噪声的情况下，感觉功能更强大的模型的效果应该更好，但经过测试，发现依然是 2 阶多项式模型的拟合效果更好。因为 50 阶多项式曲线非常复杂，所以凭借 10 个样本数据点无法完整表示出曲线的内容。在样本量有限的情况下，对于数据中未能体现的部分，10 阶多项式模型会做更多的"想象"，而这些"想象"往往是错误的。对于无法通过已知数据推测的部分，做最简单的假设，往往误差更小，做过多的设想，反而错得更多。

这两种过拟合误差分别称为随机性噪声和确定性噪声。产生这两种误差的深层次原因如图 2-32 所示。可见的训练样本使用红色条表示，代表应用效果的未知数据如蓝色条所示。模型训练过程就是在假设空间中确定一个假设——模型在红色可见数据部分上表现优秀，那么认为它在蓝色未知数据部分依然具有良好的预测效果。

在哪些情况下，会产生找到了一个在红色可见数据上表现良好但在未知数据上表现糟糕的"骗子"假设呢？有三种可能！

- 可能 1：可见数据太少，不足以表示真实的规律。形象来说，红色条很短，蓝色条很长，那么在假设空间中很可能会找到非常多的假设，即模型均在红色条上表现好，但在蓝色条上表现得非常糟糕。这种情况对应着确定性误差。
- 可能 2：当数据中存在较多的噪声时（用绿色的条表示），那么在假设空间中很有可能找到很多假设，即模型在红色＋绿色的部分表现好，但它们只是更好地拟合了噪声，而没有学习好真实的规律。这种情况对应着随机性误差。
- 同时，还存一种附加的可能 3：如果假设空间过大，会加大前两种可能发生的概率。也就是说，模型的功能越强大，对这两种误差的适应力就越差。

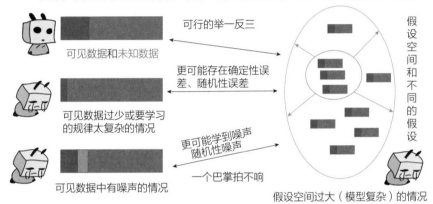

图 2-32 造成不同误差的本质原因思考

基于上述分析，在以下三种情况下容易发生过拟合：
- 情况 1：样本数量过少而需拟合的规律太复杂，两者不匹配导致的确定性误差。
- 情况 2：样本中的噪声多导致的随机性误差。
- 情况 3：模型的复杂度高，太善于"想象"。

那么，防止过拟合的方法也可以从这三方面入手：
- 针对情况 1　更多的样本：收集更多的数据或构造更多的数据。
- 针对情况 2　更准确的样本：做数据修正（更正错误样本）或数据清洗（刨除错误样本）。
- 针对情况 3　控制模型复杂度：使模型的复杂度与样本数量、任务难度相匹配。

其中，对于前两种方法容易理解，即需要更多更准确的训练样本，而第三种方法不好理解，如何有效地控制模型复杂度呢？解决方案要从目的出发，解决过拟合的问题。既然过拟合是两个优化目标"减小训练误差"和"减小训练误差和预测误差的差距"存在矛盾所造成的，是否能够找到一个新目标 E_{reg}，用它同时代表这两个优化目标呢？这个新目标是预测误差 E_{out} 更准确的代表。

怎么设计新目标 E_{reg}，以将两个优化目标综合起来呢？具体实现有两种思路。假设一个线性模型有 10 个特征，对应着 10 个参数。一种思路是减少参数的数量，比如将参数从 10 个减少到 2 个；另一种思路是将参数的取值限制在特定区间内，如图 2-33 所示。这两种思路均可以缩小假设空间，从而降低模型复杂度。

模型的复杂度低的目标等价于什么？

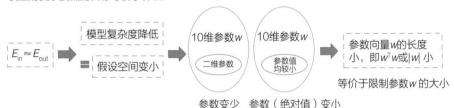

图 2-33　降低模型的复杂度等于限制参数的大小

1. 正则化

既然降低模型复杂度是通过限制假设空间的大小、对参数取值做出限制实现的，为何一定要限制参数取值变小，而不是随意指定一个范围区间？这个问题会在第 3 章 SVM 模型的原理介绍中给出解答。

将"减小训练误差"和"减小训练误差和预测误差的差距"融合在一起，有两种实现思路。一种思路是以目标 1 作为优化目标，而将目标 2 作为限制条件。在限制目标 2 的前提条件下，求目标 1 的最优化解。另一种思路是对目标 1 和目标 2 加权求和，形成一个综合的新目标。优化新目标即可达成同时优化两个目标的效果。下面分别用两种思路实现双目标优化，再对比两者的效果。

> 思路 1：限定一个目标为前提条件，求另一个目标的最优解。
>
> 实现方案：在 $w^\mathrm{T}w < C$ 条件下，求 $\min(E_{in})$ 的 w 值。同样，也可以在 $E_{in} < C$ 条件下，求 $\min(w^\mathrm{T}w)$ 的 w 值。
>
> 问题：两种模式哪个比较好？
>
> 思路 2：对两个目标加权求和形成新目标，求新目标的最优解。
>
> 实现方案：$\min(E_{in} + \lambda w^\mathrm{T}w)$，$\lambda$ 表示两个目标的权重配比。
>
> 问题：加入的参数大小的衡量为何不是 $|w|$、w^4 或者 w 的个数？

上面两个思路，哪个效果更好呢？下面先对它们的实现方案进行推导。

- **方案 1**：在 $w^\mathrm{T}w < C$ 的条件下，求 $\min(E_{in})$ 的 w 值。以图形化的方式分析求解过程（如图 2-34 所示），梯度下降的方向可以分解成两个方向：与限制参数 w 大小的圆圈相切的方向，以及与圆圈半径平行的方向。由于对参数大小的限制，与半径平行方向的梯度是没有意义的，优化参数只能向限制圆圈的切线方向移动。当

参数达到最优值时，梯度方向应该与参数方向平行，无垂直的分量。基于此，可以写出等式 $\Delta E_{in}(w) + \lambda w = 0$。

- **方案 2**：对两个目标加权求和形成新目标 $\min(E_{in} + \lambda w^{\mathrm{T}} w)$。根据微积分的原理，求一个式子的最小值（极值）相当于求解对该式求导后等于 0 的方程。对 $(E_{in} + \lambda w^{\mathrm{T}} w)$ 求导，得到 $\Delta E_{in}(w) + \lambda w$，对应的方程为 $\Delta E_{in}(w) + \lambda w = 0$。

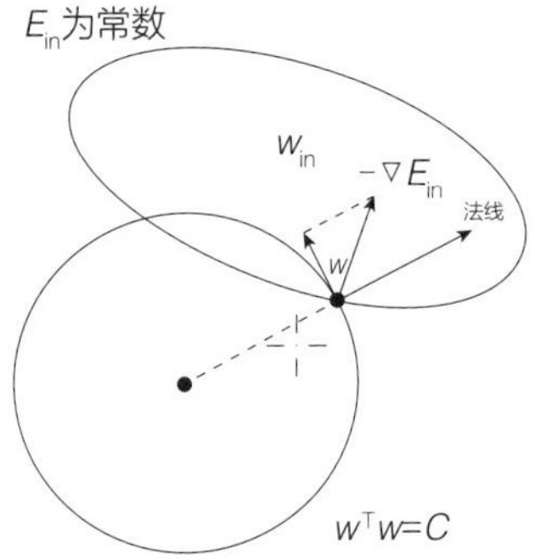

最后，我们惊奇地发现这两个方案是等价的！两个方案之间是微分和积分的关系，它们表述为同一个等式，只是方案 2 的表示更加直接。

通过融合这两个目标，找到了一个能更好代表预测误差 E_{out} 的表示 E_{reg}。这种方法被称为正则化（Regularization）方法。现在只剩一个问题了，即权衡两个目标在新目标中的比例参数 λ 应该设置成多少？

图 2-34 $\min(E_{in})$ 的 w 的求解过程

回顾使用多项式模型拟合正弦函数的案例，最终确定 6 阶多项式模型的效果最好。确定方法是事先预留一定量的样本用于测试，使用测试误差代替预测误差，决策模型复杂度的超参数取值。是否可以用这种方法来确定正则化参数 λ？

截至目前，我们遇到过两种参数。一种是模型中的参数，比如对于线性回归模型，参数就是特征前的权重系数。另外一种是模型的超参数，决定模型的结构和能力，比如使用几阶多项式模型，或者正则化权重 λ 的大小。

选择参数的过程相当于从模型的假设空间 H 中找到最好的假设 h，使用假设在训练样本集合上的误差表现作为衡量标准。选择超参数的过程相当于在几个假设空间中选择最好的一个，同样也需要根据数据上的误差来决策。两种选择的逻辑如图 2-35 所示，用圆圈表示不同的假设空间，每个节点表示一个假设。确定超参数相当于选择最好的圆圈，确定参数相当于在某个圆圈中选择最好的节点。前者基于训练样本的误差 E_{in} 来决策，后者是否也可以基于这个信息来衡量？

选择1：给定 H 集合中哪一个 h 好？
选择2：H_1、H_2、H_3 中哪一个最好？
图 2-35 两种不同的选择，需要不同的判断指标

将 E_{in} 作为超参数的选择标准可以吗？先假设参数和超参数均用 E_{in} 衡量，看看会有什么样的后果。

如果不同超参数对应的假设空间是几个互相交叠的圆圈，如图 2-35 所示，那么模型内的 h 选择和模型间的 H 选择均用 E_{in} 衡量，相当于从所有假设空间的并集中选最好的假设 h。这大幅增加了模型的复杂度，可能会带来过拟合的问题。

如果不同超参数对应的假设空间是互相嵌套的，只是表达能力不同，如图 2-36 所

示，那么模型的优化目标中加入正则化项后，通常会出现这样的效果：新模型的假设空间为原来的子集，随着正则化项权重的增加，假设空间会越来越小。在这种情况下，以 E_{in} 作为衡量标准，表达能力强的复杂模型总是表现得更好，这会导致永远无法加入正则化项。

不同的超参数相当于不同的假设空间，除了上文提到的正则化参数 λ 的设置和多项式的阶数，后文还会介绍非线性变换中如何选核（Kernel）函数、决策树算法的深度、神经网络的层数或训练迭代的次数等超参数例子。可以认为不同的超参数取值下，模型的算法各不相同。

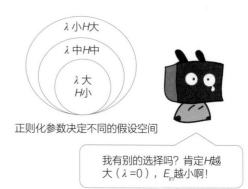

图 2-36　如果以 E_{in} 作为选择标准，模型会默认无正则化项

2. 校验

基于上面的讨论，使用 E_{in} 作为超参数是不可行的。这背后有更本质的原因：当使用一份样本数据来做参数选择的，这份数据就被污染了，既不能用于选择超参数，也不能真实反映模型的效果。一旦基于样本数据在不同模型或不同参数之间做出选择，过拟合会不受控制地在暗中发生。我们期望模型学习到事物背后的规律和本质，而不是事物表象。这种情况下有什么好的解决方案吗？笔者当时思考这个问题时，从自己大学时代的考试经历中得到了启发。

记得上大学时，有些同学平时上课不认真，每次都是在考试前临阵抱佛脚，但一学期的知识，仅靠考试前几天的死记硬背是搞不定的，因此这些同学就投机取巧地背诵之前老师讲过的例题或书上的作业题，希望在考试的时候可以生搬硬套。虽然有时候可以靠这种方式侥幸通过考试，但其实这些同学并没有真正理解题目背后隐藏的规律，失去了学习的意义。后来老师为了解决这个问题，将所有的题目分成两份，一份在授课时作为例题讲述，一份作

一旦数据被模型用过，这份数据就被"污染"了

一旦老师把题目公布，有的学生就会在考前背题

图 2-37　模型用过的数据不适合用来进行模型效果的评判

为考试题，如图 2-37 所示。如此，考试题都是学生没有见过的题目，如果没有掌握知识，就无法顺利通过考试。

回到之前讨论过的案例，如果将样本数据分成两个部分，一部分用于训练，另一部分用于测试。基于训练样本确定模型的参数，尝试捕捉数据背后的本质规律；基于模型没见过的数据样本，测试模型的效果，所得效果才是真实的。过拟合的模型，如同死记硬背的学生一样，会在测试中一败涂地，如图 2-38 所示。

在本节中，我们探讨了三种对样本的使用需求，从而将样本分成三份：

- 需求 1：训练模型的参数→训练集
- 需求 2：训练模型的超参数→验证集
- 需求 3：测试模型的真实效果→测试集

学校期望学生学习的是知识，而不是授课资料本身

悲剧了！

授课题目

考试题目

知识相同 题目不同

特别善于死记硬背的同学

这三种样本划分比例的经验值一般为 $7:2:1$。

在上述讨论中，需求 2 的解决方案表现了"校验"（Validation）的思想。我们需要基于一个目标来选择超参数，最理想的目标是使 E_{out} 最小，但因为 E_{out} 无法获得，所以自然而然会想去寻找一个类似 E_{out} 的目标。既然 E_{out} 的本质是模型在未见过的样本

图 2-38　以模型未见过的全新样本测试模型效果，以防模型死记硬背

上的表现，那么可从已知样本集中预留一部分样本，对模型不可见。模型在这些样本上的表现 E_{val} 非常贴近理想目标 E_{out}。

总结一下，校验的本质是给 E_{out} 找到一个更好（相比 E_{in}）的代表 E_{val}，并使用该值去衡量超参数的优劣。

如图 2-39 所示，加入校验的步骤后，整个模型学习流程如下。

- 第 0 步：将样本集合 D 分成三份——训练集 D_{train}、验证集 D_{val}、测试集 D_{test}。
- 第 1 步：使用 D_{train} 训练出具有不同超参数的模型的最优解 g^-，它比从完整样本集学习出的模型 g 差。
- 第 2 步：使用 D_{val} 确定具有哪个超参数的模型的 g^- 是最优的，以 E_{val} 最小作为衡量标准。
- 第 3 步：使用最好的模型、更多的数据（$D_{\text{train}}+D_{\text{val}}$）训练 g^*。通过 D_{val} 选择合适的超参数后，可以将所有可用的数据合并，训练出一个更好的模型。

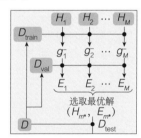

图 2-39　加入校验步骤后的学习过程

- 第 4 步：使用 D_{test} 测试模型的效果，得出结论。

校验在解决问题的同时也存在一个明显的缺点，因为预留了一部分样本，所以训练样本的数量变少了，这削弱了模型的学习效果。此外，又引入了一个悬而未决的参数：验证集的大小 K。究竟是多留一些样本给训练，还是多留一些样本给校验好呢？先来看看当 K 较大或 K 较小的时候，分别产生了什么效果。

$$E_{\text{out}}(g) \quad \approx \quad E_{\text{out}}(g^-) \quad \approx \quad E_{\text{val}}(g^-)$$
$$（小 K） \qquad\qquad （大 K）$$

当用于校验的样本较多时（K值较大），校验误差E_{val}可以更准确地代表真实误差E_{out}，模型的超参数选择会更加准确。当用于训练的样本较多时（K值较小），可学习出更好的模型g^-，即$E_{out}(g)$与$E_{out}(g^-)$更加接近。因此，确定K的大小相当于选择做好"选择假设空间H"步骤，还是做好"在空间H中选择假设h"步骤。这太麻烦了，难道不能鱼和熊掌兼得吗？截至目前，过多的选择并没有增加人的幸福感，而是让人崩溃。

未兼具上述两个好处的矛盾在于切分检验集和训练集的方案。由于一个样本不能使用两次，无论是训练还是校验，可用的数据均变少了。是否能设计一个方法，让训练和校验都使用所有的样本呢？

交叉校验（cross validation）思路

因为用于校验的样本不能用于训练，用于训练的样本也不能用于校验，但期望训练和校验均使用所有的样本信息，那么只能通过多轮的方式实现。在每一轮中，一个样本或用于训练，或用于测试，但在多轮中，一个样本可能在某些轮中用于训练，在另一些轮中用于测试，是错开（Cross）的。这样可以保证训练和校验均使用更多的样本。最后，对多轮的校验结果取平均并将其作为最终结果，这种方法也使得校验结果更加稳定。

下面用一个最简单的案例演示交叉校验的实现。每次只取一个样本做校验是最简单的方法，又被称为留一法（Leave One Out）（$K=1$）。对于N个样本的集合，每轮使用$N-1$个样本做训练，使用剩余的1个样本做校验，得到该轮的校验误差。然后不断轮换用于校验的样本，经过N轮后，可得到N个校验误差，取平均后作为该模型的校验误差。

案例3

1）两个模型：线性回归模型和均值模型。均值模型中不考虑特征的信息，对所有样本的Y值取平均，作为预测输出。均值模型非常简单，看起来都不像一个有效的模型。

2）数据：3个样本点。

校验的计算过程如下图所示。因为只有3个样本点，一共进行3轮即可得到模型的校验误差E_{val}。对于线性回归模型，每轮取两个点做出线性拟合，剩余的样本点距离拟合直线的误差是该轮的校验误差。对于均值模型，每轮取两个点求均值，剩余的样本点与均值的差异是该轮的校验误差。对3轮的校验误差求平均后，得出两个模型的校验误差。对于这个案例，我们惊奇地发现，在只有3个样本点的情况下，线性回归模型不如均值模型有效！如此少的训练样本连线性回归模型也无法有效地驱动，只能使用均值模型这样"傻瓜"的模型。

在项目实践中，每次使用1个样本做校验时，一方面计算十分耗时，对于N个样本需要计算N轮，花费N倍时间；另一方面，基于1个样本的校验误差极不稳定，参考性差。因此，每轮需采用 20% 或 10% 的样本做校验、执行 5 轮或 10 轮是更现实的方案。这样，交叉校验以 5~10 倍的计算时间为代价，兼得了鱼和熊掌。

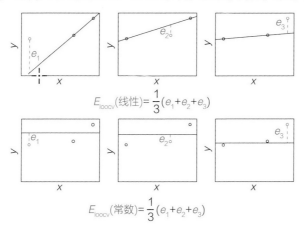

$$E_{\text{loocv}}(\text{线性}) = \frac{1}{3}(e_1 + e_2 + e_3)$$

$$E_{\text{loocv}}(\text{常数}) = \frac{1}{3}(e_1 + e_2 + e_3)$$

最后，总结一下控制模型复杂度的方法：可通过正则化来设计一个更好的优化目标 E_{reg}，同时保证"E_{in} 足够小" + "E_{in} 与 E_{out} 足够接近"，并使用校验（类似 E_{out} 的衡量标准 E_{val}）确定正则化方案中的参数。

3. 模型状态的判断

本节介绍了过拟合与欠拟合的权衡，那么在实际工作中如何判断模型现在的状态呢？如图 2-40 所示。

模型状态判断并不复杂，观察训练误差和测试误差随着样本量增大的变化曲线，即可得出结论。当样本量较小时，模型的训练误差较小，但测试误差较大，模型没有真正具备泛化能力。随着样本量的增大，模型的训练误差和测试误差变得越来越接近，直到相差无几。

基于上面的规律，模型的状态可能处于下述三种情况之一中：

- 情况 1：当训练误差很小但测试误差很大的时候，模型处于过拟合过状态。需要增加样本或者降低模型的复杂度。
- 情况 2：当训练误差和测试误差接近但均很大的时候，模型处于欠拟合状态。需要使用更复杂的模型。
- 情况 3：当训练误差和测试误差接近但均很小的时候，模型处于良好的状态。这时再增加样本量的意义不大，当前数据已足够支持效果较好的学习。

误差大小的判断以人类处理该任务的水平为标尺，通常是一个不错的选择。

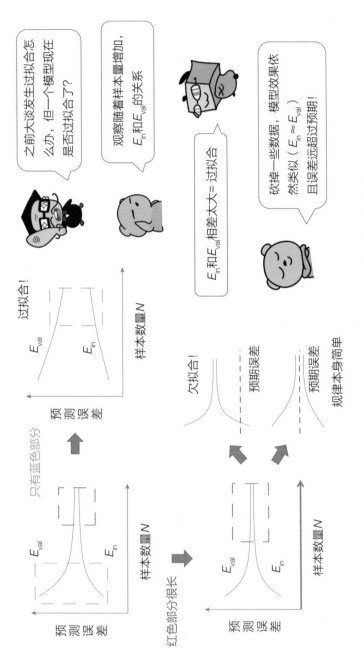

图 2-40 怎样判断当前模型所处的状态，是欠拟合还是过拟合

2.2.3　小结与回顾

最后，回顾一下本章的内容结构（见图 2-41）：首先继续围绕"机器为何能学习"的问题展开更深入的讨论，分析出，为了使大数定律和统计学习生效，需要在模型复杂度（假设空间大小）和驱动模型的样本量之间做出权衡。不合理的权衡会导致欠拟合或过拟合的问题。为了更透彻地讲解，本节从四个视角展示了过拟合的种种表现及其背后的三个成因：样本量少、噪声多、模型复杂度高。然后基于这些成因设计出了防控过拟合的方法：增加样本量、样本去噪、控制模型的复杂度。并针对"控制模型的复杂度"这一点进行了实践，通过正则化的手段控制复杂度，并使用校验来确定正则化参数，调节控制的程度。本章最后总结了在实践中如何确定模型当前的状态，以便做出优化。

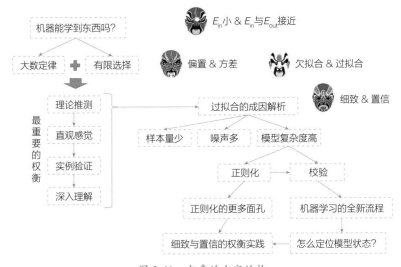

图 2-41　本章的内容结构

过拟合的问题及解决思路，体现在众多现实场景的建模工作中，比如资讯点击率预估案例。相当多的互联网产品向用户提供各种各样的短视频，这些短视频是千人千面的，为了实现个性化的短视频推荐，准确地预估用户对每条短视频的点击率是很有必要的（假设点击率高代表用户感兴趣）。如果想构建一个基于用户历史点击信息的统计模型，应该如何做呢？当在一个细分场景下累积的数据足够多时，可以使用非常细致的特征刻画该场景（如用户 ID 和短视频作者），将统计出的点击率作为预估值。当在一个细分场景下累积的数据量不足时，需要使用一些更泛化的特征（如短视频的细分主题和用户的所属类别），或者对现有特征维度进一步上卷（OLAP 技术所用词汇），以将在更粗放的维度下统计出的点击率作为预估值。在这些更泛化的特征维度下，目前积累的数据量是足够的，统计结果更加置信。高频场景使用更细致的模型，低频场景使用更泛化的模型。

第3章

从线性函数到非线性函数，
如何构建强大的模型

3.1 从线性函数到非线性函数

3.1.1 线性模型的不足

第2章设计了三个模型（线性回归、感知机、逻辑回归），分别满足回归数值、判断类别和计算类别概率这三种需求。虽然应用场景不同，但它们存在一个共性：模型输出与输入之间的关系是线性的。当然，感知机和逻辑回归模型的输出在严格意义上与输入并不是线性的关系，但它们之间的非线性变换是固定的函数，并不具备学习能力。因此，这些模型均是线性模型，只具有拟合线性关系的能力。在现实中，大部分场景需要拟合的关系是非线性的，那么应该如何应对呢？

下面从一个实例探讨：如果使用线性模型拟合非线性关系，会有怎样的后果？

预估寿龄的任务：医院收集了3000位已故病人的档案，其中记录了病人"是否吸烟""是否酗酒"和"寿龄"等信息。基于档案数据，医院期望建立一个预测寿龄的模型。当输入一个新病人在吸烟与酗酒方面的习惯时，模型输出病人最可能的"寿龄"。

与牛顿第二定律的任务类似，模型输出的寿龄是一个数值，因此可使用线性回归模型。使用线性模型等于"假设寿龄与吸烟、酗酒之间是线性关系"，可以用"线性方程"表示。在这个案例中，预测值与特征的关系并不是线性的。偶尔吸烟对身体的损害不大，但随着每日吸烟量的增加，损害程度会非线性增长。适量饮酒有活血的益处，但过量饮酒会损害健康。此外，从"使用线性方程表达线性模型"可见，线性假设还含有"独立性"的要求，即不同特征对预测值的影响是互相独立的，但如果一个人同时吸烟和酗酒，极有可能引发并发症，大幅缩短寿龄，这不符合独立性的前提。

总结一下，线性假设无法表达以下两种关系：

1）非线性关系：预测值与特征是非线性关系，比如随着吸烟量的增加，身体受损程度是加速增长的，如图3-1所示。

2）组合（非独立）关系：不同特征对预测值的影响不是独立的，而是交织在一起产生影响。比如同时吸烟和酗酒会引发并发症，对身体的损害比这两者独立造成的身体损害之和更大。

当真实的 Y~X 关系不能被模型的假设空间所覆盖时（模型的假设无法表示真实关系），模型永远无法学习到真实的关系。如图 3-2 所示，蓝色圆圈是给机器圈定的假设空间，如线性关系 $Y = ax + b$。如

如果 Y 与 X 不是线性关系，X 之间也不独立。

图 3-1　Y 与 X 是非线性关系

果真实关系在该范围之外，如平方关系 $Y = X^2$，那么机器学习无异于"缘木求鱼"，凭借顶级的寻解算法也只能找出一条与真实曲线尽量接近的直线而已。

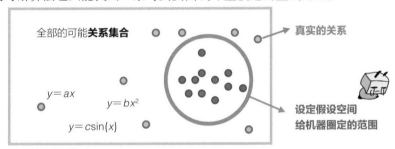

全部的可能**关系集合**

真实的关系

$y = ax$

$y = bx^2$

$y = c\sin(x)$

设定假设空间
给机器圈定的范围

图 3-2　假设空间不合理导致的问题

基于上述分析，线性模型的局限性表露无遗，这也是深度学习中非线性模型大行其道的主要原因。不过线性模型也有用武之地，主要表现为以下三点：

1）**简单的应用场景**：当样本量和特征量均有限时，由于存在过拟合问题，因此线性模型往往是最优选择。

2）**方便解释分析**：将特征归一化后，特征前的权重系数能代表该特征的重要性，可用于解释和分析业务。对于很多数据建模，不仅需要有效的模型，还需要分析特征的意义，以便改进业务。

3）**非线性关系可以转换成特征**：如果复杂的非线性关系可以表示在高级特征中，那么依然可以用线性模型整合这些高级特征。通过这种方式，线性模型也可以"表示"非线性的关系，这样，便于解释和分析。

3.1.2　怎样扩展假设空间

由于线性模型的先天不足，可应用的场景有限，因此需要通过其他手段来扩展模型的表达能力。下面以最简单的非线性关系 $Y = x_1 x_2$ 为例，介绍几种解决方案的思路。

对于非线性关系 $Y = x_1 x_2$，假设 x_1、x_2 两个特征的取值可能为 1 或 2，预测结果共有 3 种可能：1、2、4。不难发现，这两个特征对 Y 的影响是非线性且不独立的。

（1）思路 1：尝试更复杂的"数学函数"

既然线性函数不行，那么尝试一下非线性函数吧！例如多项式函数可以表达多种曲线关系。当高阶项的系数为 0 时，它等同于线性函数。对于关系"$Y = x_1 x_2$"，二次多项式假设"$Y = a + bx_1 + cx_2 + dx_1^2 + ex_1 x_2 + fx_2^2$"即可模拟，它会学习到参数"$e = 1$，其他参数为 0"的最优解。由此可见，多项式模型的假设空间覆盖了待拟合的真实关系，使用多项式模型可以成功拟合。通常，将一些适合扩展模型假设空间的非线性函数称为"核函数"。它们需要满足一些性质，使模型容易求解。支持向量机（SVM）是在这个思路下设计出来的模型，广受欢迎。

$$Y = a + bx_1 + cx_2 + dx_1^2 + ex_1 x_2 + fx_2^2$$

多项式函数，其中 a、b、c、d、e、f 为拟合参数

（2）思路 2：实现"条件组合"

在日常生活中遇见复杂关系时，人们习惯用"条件组合"的方法表达。例如"在 X 情况下，执行 A 方案；在 Y 情况下，执行 B 方案"。无论一件事情的前因后果多么复杂，均可以使用条件组合来细分场景，在每一个细分场景中得出相对明确的结论。虽然这种方法不便写成简洁的数学公式，但它是非常强大的表示方法。因为可形象将其画成分叉

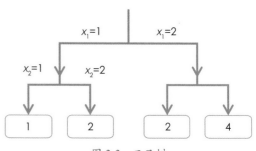

图 3-3　二叉树

树的形态，所以被称为"树形模型"，其中包括大名鼎鼎的决策树算法。如图 3-3 所示的二叉树完美地展示了"$Y = x_1 x_2$"关系。这个二叉树有两个层次和四个叶子节点，完整地展示了每个特征各种取值的组合可能。每个叶子节点代表该特征组合条件下，模型输出的预测值。例如"当 $x_1 = 1$，$x_2 = 1$ 时，输出 1"。如果把每个叶子节点看成一个小模型，树形模型则完成了一个更通用的任务：如果获取到了一些有一定预测能力的小模型，可通过树形模型将它们组合在一起，形成一个效果更好的大模型。

（3）思路 3：模拟"人脑结构"

科学研究发现，人脑可以处理非常复杂的信息，比如将视觉信号（一个个的像素组合）里隐含在图像中的高层次语义（朋友、危险、食物等）抽取出来。如果人脑不能表示和处理纷繁复杂的信息，那么人类就不能形成文化、艺术、科技、历史等的深厚积累，人类文明也就无从谈起了。既然人脑如此强大，那么是否可以让机器模拟人脑结构，构造表示能力强大的假设空间呢？如图 3-4 左侧所示，人脑是由很多神经元前后相连形成神经网络。神经元由三部分构成：第一部分是接收生物电信号的树突，相当于输入；第二部分是神经元的细胞体，用于对多个树突接收到的生物电信号做某种处理；第

三部分是末端类似尾巴一样的输出结构——神经末梢，它释放出生物电信号，连接到其他神经元的树突。基于人脑结构的启发，模型假设也可以采用类似的设计，由输入、处理节点和输出三部分构成。其中，处理节点对输入特征进行权重求和，再利用一个非线性激活函数（主要是让整个神经网络有非线性学习能力，否则经过再多层次的线性求和，结果依然是线性关系）进行处理，然后从该神经元输出。如图 3-4 右侧所示，仅用一个神经元即可表示 "$Y = x_1 x_2$" 关系。将两个特征输入的权重设置为 1，之后求加权和，然后再经过一个类似指数方程的激活函数（输入 2、3、4，对应输出 1、2、4）处理。当将这样的神经元层层连接组成类似人脑的神经网络时，可表达的关系非常广泛。神经网络（neural network）和衍生的深度神经网络（deep neural network）是时下最热的机器学习算法。

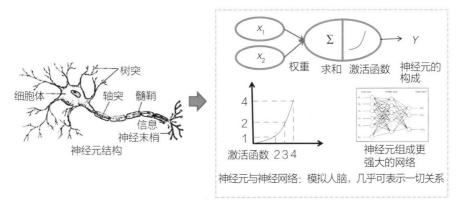

图 3-4　神经网络的设计思路

上述几种扩展假设空间、提高模型表示能力的思路均足够强大，尤其是神经网络，在网络层数和节点足够多的情况下，几乎可以模拟任何 $Y \sim X$ 关系。在后续讨论过拟合问题的章节中，我们会发现：模型的复杂度犹如潘多拉魔盒，不加约束地令模型的学习能力变强并不是好事！对于统计学习，要基于大量的样本进行统计，大数定律才能发挥作用，得到置信的结论，模型在更大的假设空间内寻找最优拟合时，需要用到更大规模的样本量，否则机器只会学到一些假象和噪声。

（4）案例说明

本章会逐一探讨这三种扩展假设空间的思路。虽然深度学习兴起后，SVM 模型和树形模型（GBDT 和随机森林）的使用场景大多数被替代，但可通过 SVM 模型重新理解正则化，通过核函数理解特征变换，通过树形模型理解多模型组合策略，这些思想和策略还是相当有用的。比如在各类大赛中，排名靠前的模型大都使用了多模型组合策略。因此本章虽然以神经网络和深度学习模型的内容为主，篇幅占比最多，但是对于前两个思路，笔者仍会穿插介绍一些心得，帮助大家更好地理解。

在开始之前，读者需要理解一个基本概念：同样的信息可以存储在特征中，也可以存储在模型中。从而导致了两种不同的技术流派："复杂模型＋原始特征"和"简单模型＋高级特征"，但实现效果是异曲同工的。这个概念可以通过下述三个案例予以说明。

案例 1　以简单的非线性关系 $y=x^2$ 为例，第一种方案是使用强大的模型，如多项式模型 $y=ax^2+bx+c$，这相当于把信息存储在模型中。第二种方案是构造一个新的特征 z，它与原始特征 x 的关系为 $z=x^2$。新特征 z 与 y 的关系可以使用简单的线性模型 $y=az+b$ 进行拟合，这相当于把信息存储在特征中。若将信息存储到模型中，要求使用更强大模型，也需要更多的训练样本。若将信息存储到特征中，要求建模人员对业务有深刻理解，并能将这些理解转变成有效的特征设计。

案例 1 仅供理论说明，实际应用情况如以下两个案例所示。

案例 2　电信运营商期望从通话记录中挖掘出客户流失前的行为模式，以便及时维护，减少客户流失。为该任务构建的流失预警模型有两种实现方案：第一种是将通话记录的原始数据和各种统计值构造成特征，并使用复杂模型来处理；第二种是基于业务理解和分析设计高层特征，使用简单模型来处理。比如分析流失客户的数据发现，很多客户在流失前均有一个显著的行为模式"只有拨入电话，没有拨出电话"，这说明这个客户已经有了新的号码，且处于换号状态，保留老号码只是担心没有将新号码通知到全部朋友。如果将这种行为模式设计成一个高层特征，那么即使使用简单的模型也能达到很好的效果。

案例 3　在 2012 年深度学习方法兴起后，有关计算机视觉的技术思路也发生了显著变化。第一种方案是：在 2012 年之前，人们使用人工设计的图像特征与浅层模型完成任务。其效果主要取决于特征设计的优劣，这相当于把信息存储在特征中。一个出色的图像特征设计往往需要计算机视觉专家数年甚至数十年的努力。第二种方案是深度学习，人们直接将原始像素输入复杂模型卷积神经网络（CNN）。该模型把特征提取过程自动化了，这相当于把信息存储在模型中。从这点看，深度学习与接下来介绍的核函数方法有一定相似性，它们均期望变换原始特征到一个更高层的特征，再基于高层次特征完成任务。

3.2　核函数方法

3.2.1　正则化的另一种理解与 SVM 模型

谈起核函数，不得不先介绍一款著名的分类器：支持向量机（Support Vector

Machine，SVM）。该分类器的误差函数（模型的优化目标）Hinge Loss（铰链损失）出现在大量分类任务中，与之前逻辑回归模型的误差函数 Log Loss 各有千秋。

Hinge Loss 的设计体现了人们对分类任务的深入思考。如图 3-5 所示是一个最简单的分类任务：在由两个特征构成的空间中存在着两种类别的样本（圆圈和方块），线性模型需要找到一条直线（分类边界）来将两类样本正确分开。

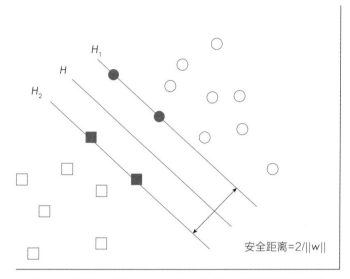

图 3-5　线性可分情况下，边界距离最大的分界线是最优的

第一种衡量模型误差的方法是统计分类错误的样本个数，感知机模型采用了这个方法。第二种衡量模型误差的方法是基于"最大似然估计"的思想，以找到"最有可能产生训练样本分布的模型假设"为目标，设计出 Log Loss 函数，逻辑回归模型采用了该方法。下面介绍的第三种方法来源于观察特征空间的样本分布图，思考什么样的边界是最理想的。

观察图 3-5，存在多条可以将所有的样本正确分开的边界。如果以"分类错误的样本个数"作为模型的效果评价，所有能正确分类的模型都是同等优秀的，但它们的优良程度真的一样吗？

显然不是！由于样本数据中常常存在噪声，训练样本的分布会因噪声发生小范围的波动，但有些边界依然能全部正确分类，而其他边界则会出现错误。其中，鲁棒性（抗噪性）最好的是那些距离两类样本点均较远的分类边界。如果一个边界与距离它最近的样本相距较远，相当于设置了一段安全距离（Margin），当样本数据存在一定的噪声波动时（可认为在一个小范围半径内随机抖动），该分类边界也不会受影响。那么，在将所有的样本正确分类的基础上，模型又多了一个优化目标——分类边界的安全距离最大，如图 3-6 所示。

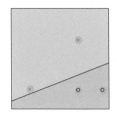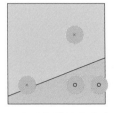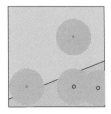

图 3-6　分类边界的安全距离最大

　　如何求解安全距离最大时的参数取值呢？我们发现参数向量 w 与分类边界（两个特征的向量空间对应的是平面）是垂直的，所以，取分类平面上任意的两个样本点 x' 和 x''，可得函数关系 $w^{\mathrm{T}}(x''-x')=0$。假设距离分类边界最近的样本点为 x，它与分类边界的距离是向量 $x-x'$ 在垂直于分类平面方向（参数 w 方向）上的投影，如图 3-7 中的公式所示。

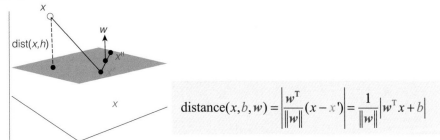

$$distance(x,b,w)=\left\|\frac{w^{\mathrm{T}}}{\|w\|}(x-x')\right\|=\frac{1}{\|w\|}|w^{\mathrm{T}}x+b|$$

图 3-7　计算安全距离最大时的参数取值

　　其中，$|w^{\mathrm{T}}x+b|$ 项中的 x 是距离分类边界最近的样本点，通过调整参数 w 和 b 可以使该值为 1。因此，增大安全距离的关键在于最大化 $1/\|w\|$ 项。为了优化方便，该目标可以变换成最小化 w^2。

　　这个目标是不是很眼熟？这不就是之前设计的正则化项吗？在优化目标中加入正则化项来限制模型参数的复杂程度，以避免过拟合。从这个视角，以最大化安全距离为目标的 SVM 模型等同于在优化目标中加入了正则化项的感知机模型（见图 3-8）。SVM 模型是在误差为 0（Err = 0）的前提下，最小化参数值 $w^{\mathrm{T}}w$；加入了正则化项的感知机模型则在将参数值 $w^{\mathrm{T}}w$ 限制在较小范围内的情况下，最小化误差（Err = 0）。

	最小化	约束
正则化	E_{in}	$w^{\mathrm{T}}w \leqslant C$
SVM	$w^{\mathrm{T}}w$	$E_{in}=0$ 或更多约束

图 3-8　SVM 模型的优化目标与正则化目标异曲同工

这里加深了对正则化的讲解。限制参数的正则化,相当于增加分类边界的安全距离,使得模型对噪声波动更具鲁棒性,同时减少过拟合的可能。可见,很多机器学习设计是殊途同归的。

如果样本数据天然不可分(不存在一条能够将样本全部正确分类的直线),优化目标应如何修改呢?在设计感知机模型的时候,就遇到过同样的问题。解决方案是将错误样本与分类边界的距离作为惩罚项加入优化目标中,同时训练一定轮数,待 Loss 较小后停止。如图 3-9 所示,SVM 模型除了要优化样本的分类误差,还需要优化分类边界的安全距离,使其最大。因此 SVM 模型的优化目标是 $\min(\frac{1}{2}w^2 + \xi)$。

- 违反越界的程度记录为 ξ_n
- 在优化目标中加入越界程度的惩罚项

$$\min_{b,\boldsymbol{w},\xi} \quad \frac{1}{2}\boldsymbol{w}^{\mathrm{T}}\boldsymbol{w} + C \cdot \sum_{n=1}^{N} \xi_n$$

$$\text{s.t.} \quad y_n(\boldsymbol{w}^{\mathrm{T}}\boldsymbol{z}_n + b) \geq 1 - \xi_n \text{和} \xi_n \geq 0, \text{ 对于所有的} n$$

图 3-9 SVM 模型的优化目标

这样处理后,SVM 模型的优化目标俨然是一种带正则项的误差衡量,称为 Hinge Loss。由于该目标只考虑了发生分类错误或处于边界附近的样本,而正确分类且距离边界较远的样本并不纳入计算,因此被选中的少量决定模型参数的样本称为支持向量(support vector)。模型的分类边界不由所有的训练样本而是一些关键的训练样本所决定。这在多数分类场景下是合理的设计,因为边界细节的准确刻画往往依赖于那些边界附近的样本,远离边界的大量样本则无甚贡献。当然,Log Loss 亦有这方面的考虑,只是使用了一种比较柔和的方式设定权重(参考 Sigmoid 函数的形状,边界附近的权重大,远离边界的权重小)。

Hinge Loss 是二次函数,而约束条件是线性的,这是一个凸二次规划(quadratic programming)问题,数学上存在成熟的求解方案。但求解过程涉及一个计算预测样本向量和实际样本向量内积的操作。在大样本和大特征场景下,求解效率会是一个问题。

最后比较一下 SVM 模型和另一个类似的分类模型——最近邻模型。最近邻模型也是基于样本在特征空间中的距离进行分类的,它的实现思路:对于每个待预测的新样本,找出特征空间中距离新样本最近的 N 个样本,以这 N 个样本中比例最高的类别作为新样本的预测类别。

与 SVM 基于边界附近的样本来刻画分类边界不同,最近邻模型是根据所有样本来刻画分类边界的(见图 3-10)。形象地说,SVM 模型像法德的成文法(大陆法系),根据各种罪案总结出法律法规,再根据法律法规判断新案件。而最近邻模型像英美的判例法（海洋法系），没有明确的法律规则，对于每个新案件，均要寻找历史上类似的案件，然后依据历史案例的判决做出类似处理。可以设想，发明这两种法系的学者们采用SVM模型和最近邻模型的两种思路并无高下之分。两个模型的优缺点也正如两个法系的优缺点：判例法的更新速度更快，更能与时俱进，但可能因为参照个案而造成争议较大的判决，正如最近邻模型在样本稀疏的空间上准确率低一样；成文法则更加成熟，因为经过大量论证才能出台一个新的法规，争议会小于判例法，缺点是更新不够及时，正如要想更新SVM模型，需要重新训练，成本较高。

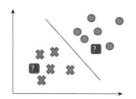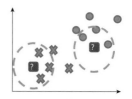

SVM模型：通过样本，学习出规则边界　　最近邻模型：通过与新样本最近的
已有样本的分类投票决策

图3-10　SVM模型和最近邻模型解决分类问题的不同模式

这两种模型在实践中均有应用，最近邻模型相当于使用检索的方式完成分类，对检索性能有较高的要求，在分类性能上弱于SVM模型。因为SVM模型在训练上耗时较多，而最近邻模型在预测上耗时较多，所以对预测时延有要求的应用更多采用前者。

从上述示例看，当分类边界不规则时，最近邻模型的效果更好。这是因为最近邻模型具备非线性分类的能力，可以刻画不规则的分类边界。那么，怎样优化SVM模型，才能使其具备非线性的分类能力呢？

3.2.2　核函数的思路

核函数（kernel）可以使一个线性分离器（如SVM）具备非线性分类的能力。它的设计思想非常朴素，如果训练样本在当前的特征空间中无法用线性平面分开，那么可将特征变换成高维度特征，因为样本可能在高维空间中被线性平面分开。这个思想与人工构造特征近似，例如拟合非线性关系 $y = x^2$ 的案例：将特征空间从 x 转变到 z，其中 z 是 x 的高维变换（$z = x^2$），在新的特征空间 z 中，关系 $y = z$ 可以用线性模型拟合。对于分类问题，处理流程如图3-11所示。

1）寻找合适的特征转换函数，即核函数，如 $z_1 = x_1^2$，$z_2 = x_2^2$。

2）在转换后的特征空间内进行线性分类，如得到的分类边界 $y = z_1 + z_2$。

3）还原到原特征空间中，会得到一个非线性的分类边界，如 $y = x_1^2 + x_2^2$。

理想的分类边界在原特征空间（x_1, x_2）中是一个圆，转换到新的特征空间后（$z_1 = x_1^2$, $z_2 = x_2^2$），变成一条直线。

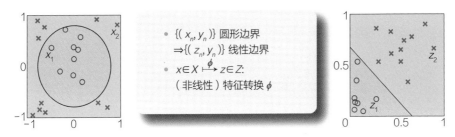

图 3-11　从原特征空间的线性不可分到新特征空间的线性可分

在核变换的过程中，变换后的线性分类器已有诸多种类，剩下的问题只有一个：如何设计合理的核函数？

核函数是不是一些相对复杂的函数，如多项式函数？选择更复杂、表达能力更强的函数关系的思考方向是正确的，但为了便于求解，并不是任何形式的非线性函数均适合作为核函数。

假设核函数为 $\phi(x)$，让我们定位一下求解过程中的难点。拟合的假设为

$$f(x) = \sum_{i=1}^{N} w_i \phi_i(x) + b , \phi : X \to F$$ 是从输入空间到某个特征空间的映射。通过一些数学推导，

拟合的假设可以转变成一些支持向量（处于分类边界附近的样本）的预测值和实际值的

内积 $f(x) = \sum_{i=1}^{l} a_i y_i \langle \phi(x_i) \cdot \phi(x) \rangle + b$，如图 3-12 所示。

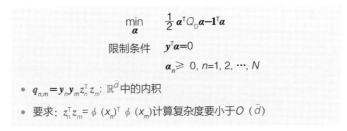

图 3-12　使得求解算法的复杂度与支持向量的个数相关，而与维度不相关

转换后的过于复杂的高维特征空间会导致内积计算的效率很低。设计核函数时，对于高维特征空间内的内积计算，需要能够在原特征空间中找到一个等价的计算方案。正常的计算过程是先进行非线性变换，再进行内积计算。通过合理的核函数，可以在原特征空间内直接计算等价的内积结果，绕过大部分计算过程。可以说，借助核函数的能力，不用担心在维度过多的高维特征空间中计算内积的效率问题。

综上，总结一下核函数的本质：将高维特征空间的内积运算转变到现有特征空间内的计算方案，是一个求向量距离的函数。满足一定条件的核函数是某种相似性的衡量函数。除了介绍过的多项式函数，高斯函数也经常被用作核函数。对于高斯核对塑造分类

边界的影响，特征空间中有多个支持向量的样本点，每个样本点对分类边界的影响是基于位置距离决定的。

3.3 多模型组合的方法

换个视角，多模型组合的方法相当于设定诸多条件分支，在每个分支下采用不同的小模型进行预测。最简单的小模型是均值模型，即在该条件下对样本取均值并将结果作为预测值输出。由此来看，条件组合方法在本质上是探讨如何构建一些不同的小模型，再将它们有效地组合起来，以得到更准确的预测效果。

有的朋友可能会质疑，为何不直接构建一个复杂又强大的模型，使用多个小模型组合的方式有什么好处呢？这是因为组合模型可以减少预测的两种误差，一种是由于模型能力不够强大导致的偏置（bias），另一种是由于数据量不足或模型过于复杂导致的方差（variance）。

3.3.1 组合模型的两个好处

1. 效果 1：更强大的表示，更小的偏置

基于两个特征的二分类问题的样本分布如图 3-13 所示，圆圈和叉叉分别为正负样本。不难发现，无论用什么样的线性边界，均无法完全将两类样本分开，但分类边界如果可以弯折（折线），那么能相对轻松地分类样本。怎样才能实现折线的分类边界呢？首先可以确定三条部分有效的线性边界（图中的灰线），其中两条基于特征 X_1 分类，一条基于特征 X_2 分类，它们均只能正确地划分部分样本。之后，将它们的分类结果以少数服从多数的方式投票组合，由投票结果形成的分类边界是图中的黑色实线。最终，一些曾被部分模型划分错的样本点均凭借"2 比 1"的投票结果得到了正确分类。这说明，组合多个模型可以加强模型的表达能力，从而能拟合更复杂的关系。如在本案例中，将三个线性分类器组合后，实现了非线性分类的能力。

2. 效果 2：更稳健的结果，更小的方差

另一个基于两个特征的二分类任务如图 3-14 所示。与上一个案例不同，在这个任务中可用线性边界将正负样本分开，并且可达到完美分类效果的线性边界有很多。在这个时候，应该如何选择线性边界呢？之前的 SVM 模型做过一种选择，距离与边界相距最近的样本较远的分类边界具有更好的鲁棒性，是最好的分类界面。此外，构建多个具有不同方差的模型，将它们组合后会得出一个位置更中间、距离边界附近样本较远的分类边界。这和 SVM 模型的选择有异曲同工之处。组合具有不同方差倾向（有的偏左，有的偏右）的小模型，会"中和"不同方差对预测结果的影响，从而得到一个更稳健的预测结果。

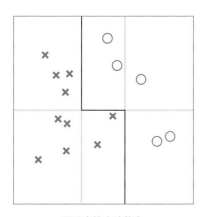

更强大的表达能力

图 3-13　多模型组合，可以实现更
强大的表达能力

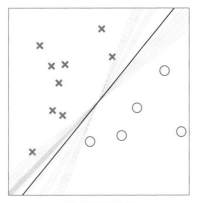

更稳健的分类结果

图 3-14　多模型组合，可以得到更
稳健的分类结果

3.3.2　实现组合模型的两个步骤和方法

既然组合模型有这么显著的好处，那么如何构造组合模型呢？具体可以由以下两个步骤实现。

- **步骤 1　拆分**：生成多个不同的模型。
- **步骤 2　组合**：将这些模型组合起来。

如图 3-15 所示。

接下来，我们逐一探讨这两个步骤的实现过程。

在开始研究之前，让我们思考清楚，什么样的模型组合在一起最有效？

这里以公司董事会的决策机制模拟一下这个问题。一家企业有 4 名董事会成员，某次董事会需要投票决策 4 个议题，并遵从少数服从多数的原则。假设事后可以判断决策是否正确，

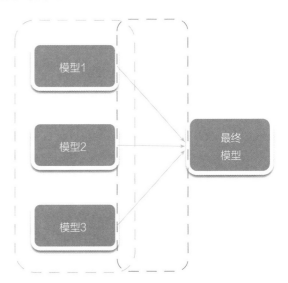

如何生成多个不同的小模型？如何将这些模型组合起来？

图 3-15　两个核心问题：如何生成多个不同的小模型？以及如何将这些模型组合起来？

将正确的决策以蓝色表示，错误的决策以红色表示。如果每个议题均有 3 个董事正确判断，一个董事错误判断，同时，他们判断错误的议题并不重合，那么投票结果如图 3-16

所示，所有的议题均被正确决策。

从这个案例中，可得出两点经验：

- 第一，每个董事越能准确判断越好，正确率高的人组合投票，决策结果也更准确。反之，如果一群错误率为50%或以上的人参与投票，投票结果往往比单独决策更糟糕。这个观点在《乌合之众》这本书中得到了很好的体现，书中用大量篇幅和案例证明了"群众的眼睛是雪亮的"这句话是错误的。由于民众容易受到情绪煽动或惰性跟风，少有理性、深入和独立的思考，因此普通民众作为一个整体，决策的准确率是较低

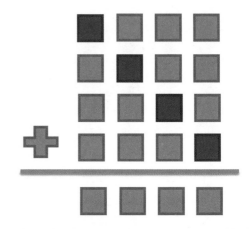

如果每个分类器都正确分类了大部分，且犯错误的数据点不重合，那么会形成非常好的互补！——合伙人原则

图 3-16 合伙人能力互补才能形成合力

的。如果基于民众投票来决策组织的战略，从长远的发展角度看，结果往往并不理想，真理往往掌握在少数深入思考的人手中。

- 第二，董事之间的差异性越大越好，如果各董事的错误分布在不同的议题上，组合投票后，所有的议题均会被正确决策。若不同的董事在同样的问题上犯错，那么组合投票也无法带来更优质的决策结果。因此在现实中，无论是选举公司董事会、选拔篮球队队友抑或是组建项目团队，建议大家都尽量选择互补的人，团队的差异性越显著，团队的整体优势就越均衡和强大。

上述分析确定了董事会投票机制有效的前提：

1）每个董事均要有较高的正确率，单体优秀。

2）每个董事的决策尽量不同，具备较强的互补性。

相应地，由此可推论出组合模型（分类器）有效的前提：

1）每个分类器的错误率小于50%。其实，我们最不喜欢的是错误率约为50%的分类器。如果一个分类器的错误率是90%，那么完全可以把它颠倒过来用。类似于电影《蜘蛛侠：平行宇宙》中的情节，当老师发现主人公把所有的判断题全部做错时，心里就明白他只是不想成绩太好而被换到其他学校，实际上已经掌握了知识。当模型的输出是正时，我们将其判断为负，反之亦然，这样就可以得到90%准确率的模型。

2）每个分类器尽量不同，差异性大的分类器更互补，组合后会得到更强大的分类能力和更稳定的方差。

明确了对小模型的期望后，再来看看有哪些生成不同小模型的方法。

模型的训练过程决定了一个模型，可以分成三个步骤：首先，根据任务需求选择模

型；其次，设计模型的特征；最后，准备训练样本作为驱动模型的数据。

依据这三个步骤，产生不同模型的途径如图 3-17 所示。

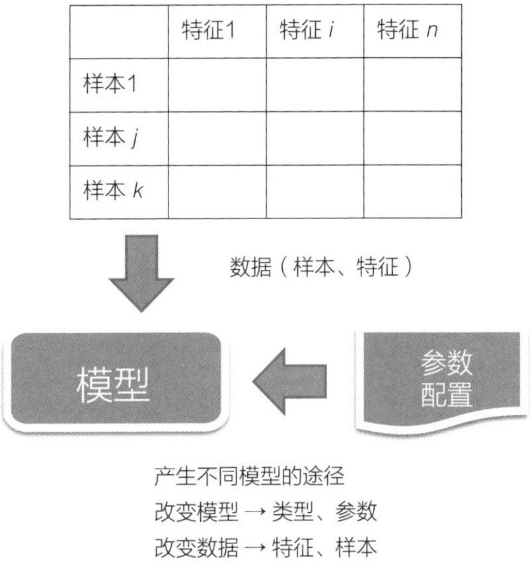

首先，即使是同样的任务，如分类问题，如果使用不同的算法也会形成不同的模型。例如感知机、逻辑回归模型、支持向量机和后续介绍的神经网络均可以用于构建分类模型，但它们是不同的模型，针对具体样本的输出也不尽相同。此外即使使用相同的算法，但如果选择不同的超参数，比如正则化参数不同，也会构建出不同的模型。正则化程度较小的模型能更好地拟合训练数据，但未必在测试数据上更有效。

其次，对于相同的算法，若选用不同的特征，也会构建出不同的模

	特征 1	特征 i	特征 n
样本 1			
样本 j			
样本 k			

数据（样本、特征）

模型 ← 参数配置

产生不同模型的途径
改变模型 → 类型、参数
改变数据 → 特征、样本

图 3-17　产生不同模型的途径

型。例如对于一个存在 10 个有效特征的任务，模型 1 选择了前 7 个特征，模型 2 选择了后 7 个特征，重合的特征有 5 个，不重合的有 2 个，所以这两个模型的预测能力是不同的。

最后，即使所用算法和特征均相同，还可能因为使用的样本集不同，训练出了不同的模型，具体实现方式有三种：装袋（bagging）、提升（boosting）和切分（splitting），下面逐一分析。

3.3.3　装袋方式

想构造不同样本集，可以使用有放回抽样的思路。如果将所有 N 个样本等分成 M 份，每个模型使用一份样本做训练，的确可以得到 M 个不同的小模型。但这样构造的各小模型使用的样本量减少到了 N/M，削减它们的预测效果。因此我们可以采取有放回的抽样方式，即从 N 个样本集中每次抽取 1 个样本，抽取 N 次，共抽出 N 个样本，每次抽样结束后均将样本放回

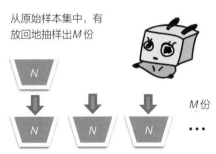

从原始样本集中，有放回地抽样出 M 份

N

M 份

N　N　N　···

图 3-18　由装袋方式生成不同样本集的方法

到原始集合中，所以同一个样本可能被多次抽出。将这个过程进行 M 次，形成 M 个大小为 N 的样本集，如图 3-18 所示，这样既保证每个样本集是不同的，又没有减少样本数量。

虽然每个抽样出的数据集均有 N 个样本，但它们并没有覆盖原始样本集的全部数据，因为有放回的抽样使得部分样本被重复抽样。那么，每个样本集通常包含多少个原始样本呢？在原始样本集中，1 个样本一次未被选中的概率是（$1-1/N$），那么 N 次未被选中的概率是（$1-1/N$）^{N}。当 N 趋向于无穷大时，该概率趋近于 1/3，即约有三分之一的样本没有被抽样过。当样本量足够大时，有放回抽样产生的样本集约含有原始样本集 2/3 的样本。

使用不同样本集训练小模型，再将多个小模型的输出整合（分类问题取投票类别最多的类，回归问题取各个输出的平均值）为最终输出，这种方法称为装袋。这个名称形象地说明了将样本集重抽样成多份，分别训练模型，再整合的过程。

3.3.4 提升方式

使用装袋的方法虽然生成了很多不同的小模型，但没有刻意使每个模型的预测能力尽量差异化。基于之前的分析，小模型之间的差异尽量大、预测能力互补是最好的。那么，如何刻意地构造预测能力差异最大化的多个模型呢（见图 3-19）？

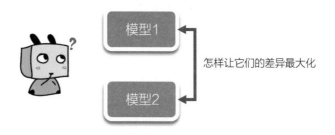

图 3-19　怎么使模型之间的差异最大化

对于一个收集到 4 个训练样本的机器学习任务，假设已构造了一个模型 A，它可以正确预测 3 个样本，错误预测 1 个样本，如何构建一个新模型 B，使其与模型 A 的预测能力差异最大化？

可以如此设想，将模型 A 预测错误的那 1 个样本复制 3 份，再与其他 3 个被正确预测的样本合并在一起，形成有 6 个样本的新集合，如图 3-20 所示。模型 A 在新集合上的准确率为 50%，没有任何预测能力。注意没有预测能力，并不是指 100% 预测错误，因为将错误率为 100% 的模型反过来使用即可得到

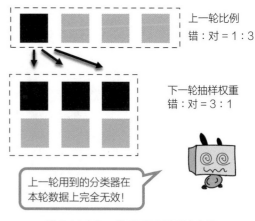

图 3-20　上一轮用到的模型在本轮
训练样本上完全无效

100% 正确的预测，正确率和错误率各 50% 的模型，才没有预测能力。如果训练出了一个模型 B，它在新样本集上具有良好的预测能力，那么，模型 B 和模型 A 的差异是最大的。

　　这个寻找具有最大差异的模型的思路非常巧妙，关键点在于构造一个使现有模型的预测效果糟糕的样本集。

- 基础 1：现有分类器在新样本集上完全无效。
- 基础 2：基于新样本集训练新的分类器，新分类器很有效。
- 结论：两个分类器的差异最大。

　　上述方法中对错误样本的"过采样"（将错误的样本复制 3 份），也可以通过改变样本的权重来实现。样本权重指在计算模型的优化目标（Loss 误差函数）时，每个训练样本的误差对总误差的贡献权重。比如该样本的预测误差是 2，而它的权重为 3，那么所贡献的误差为 6。样本权重为 3 相当于将该样本多复制了两份加入到训练数据中。如果现有分类器的错误率为 e，将正确样本权重乘以 e，错误样本权重乘以（$1-e$），两者权重相差（$1-e$）$/e$，那么现有模型在新样本集合上刚好是 50% 的准确率。

　　使用该方法构造一系列不同小模型：首先基于原始的样本集合训练出一个模型 A，再根据模型 A 的误差情况构造新样本集，训练出模型 B，再根据模型 B 的误差情况构造新样本集，训练出模型 C……，直到生成 N 个模型。

　　这种生成模型的方式是串行的，每一轮生成的模型均与前一轮生成的模型差异最大化，但需要将上一轮预测错误的样本正确分类，因为每轮使用的训练样本集变化剧烈，各轮模型的预测效果良莠不齐。在整合众多模型的时候，应更多信任准确率高的模型。因此，将每个小模型针对原始样本集的预测准确率作为加权系数，求所有模型预测输出的加权和，并作为最终输出。这种方法称为提升，该名字非常形象地点出了内涵：每个新模型均聚焦上轮模型预测错误的样本，争取正确预测它们的分类，类似每一轮模型都努力攀登一个更高的台阶，所以也被称为"提升"。

3.3.5　切分方式

　　提升通过重构样本集的方式生成了多个差异较大的模型。除了重构样本集外，对样本集根据特征取值进行细分，在不同的细分样本集上训练模型，亦可以得到多个差异较大的模型。因为每组细分样本数据都不同，适用的特征取值条件也不同，导致训练出来的小模型也不同，互补性很强。例如，生活在环境好的城乡、工作压力小、作息规律的人群的寿命通常较长；生活在大城市、工作压力大、经常熬夜加班的人群的平均寿命较短。分别对这两组样本训练两个不同的模型，并将它们组合在一起使用（根据人群特点，判断使用哪个模型去做预测），预测的准确度会极大提高。

　　由于对样本数据进行细分后，每组样本是相对同质的，如上述某类型人群，因此可以使用简单模型训练每组样本。对于回归问题，可以使用均值模型，即输出该组样本输出 Y 的均值,如小城市人群的平均寿命 75 岁。对于分类问题,可以输出该组样本中占比最高的类别标签,如在训练样本中,该分组下的正样本占比达 90%,那么模型输出正类别。根据特征取值分组样本、对每个分组使用简单模型拟合的方法,称为**决策树模型**。形象地说,它是一棵由决策条件构成的树,每个叶子节点代表一个样本分组。从根节点到叶子节点的路径代表该分组模型的使用条件,其由各种特征的取值条件构成。在叶子节点内,使用简单的均值或高比例类别作为该分组的预测。当收到一个未知的新样本时,只要按照分支条件,计算出它属于哪个叶子节点即可完成预测。当然,叶子节点的预测模型也可以是更复杂的模型。

切分样本集的目的是,使不同的小模型(在叶子节点上训练的模型)的能力差别尽量大,如图 3-21 所示。首先,在每个叶子节点上训练的模型都是以"不同的特征取值组合条件"为基础的,所以它们的天然适用场景不同;其次,如果期望在叶子节点上使用简单模型达成效果,那么切分后的样本集(叶子节点)的纯度(样本的一致性)越高越好。对于回归问题,切分后的样本集 Y 的方差越小越

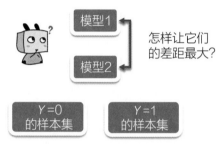

图 3-21 模型之间的差距尽量大

好。对于分类问题,切分后的样本集应尽量全部属于同一类别。高纯度的叶子节点使预测更加准确,也使得每个叶子节点更不相同,所以决策树模型的关键在于通过决策条件的设置(树的分支)完成样本分组和提纯工作。

对于设置决策树分支条件的方法,有两个基本问题需要回答:

1)如何衡量样本集的纯度?

2)如何基于特征取值来切分样本集,才能最大程度上提高切分后的子集的纯度?

只要能回答这两个问题,遵照答案即可实现决策树模型。

(1)问题 1:如何衡量样本集的纯度?

对于回归问题,样本纯度可用方差衡量,该样本集的 Y 值分布得越分散,方差越大,纯度就越低。反之,方差小,则纯度高。

对于分类问题,样本纯度可用样本集中占比最高类别的比例来衡量,比例越高,说明纯度越高。但是这个指标也存在缺欠,就是没有考虑剩余比例中的类别散度。比如,以 ABCD 四个类别的分类问题为例,两个样本集中占比最高的类别的比例一致,如 A 类占 50%。但剩余占比 50% 的类别分布不同,一个是 B 类 20%+C 类 20%+D 类 10% 的分布,另一个是 B 类 45%+C 类 5%+D 类 0% 的分布。显然,后一个样本集的纯度应该比前一个的纯度更高。为了综合考虑所有类别的比例,可以使用基尼系数来计算分类问题的纯度。当各类别的占比分散时,基尼系数的取值较高,样本集纯度则较低,反之,样本集纯度则较高。

回归问题，采用回归误差：

$$纯度(D) = \frac{1}{N}\sum_{n=1}^{N}(y_n - \bar{y})^2$$

其中，$\bar{y} = \{y_n\}$ 的均值

分类问题，采用基尼系数：

$$1 - \sum_{k=1}^{K}\left(\frac{\sum_{n=1}^{N}[\![y_n = k]\!]}{N}\right)^2$$

——K 包含所有类别，k 代表具体类别

（2）问题 2：如何切分样本？

切分样本的目标是增加样本集的纯度，即切分后小集合的纯度之和相比切分前原集合的纯度最大幅度地增加。假设使用二叉树作为条件分支的分裂方式，每次依据某个特征的取值，将样本集切成两份。比如特征 $A \geq 0$ 的样本为子集 1，特征 $A < 0$ 的样本为子集 2。最笨的方法是尝试所有可能，看看以哪个特征的取值作为下一步分裂的标准，可以使纯度衡量指标下降最多。比如，当前存在 5 个特征，每个特征有 10 个取值，那么需要尝试 50 次才能得出结论。由此可见，决策树选择切分样本的特征值时，会使用局部贪婪方法，只关心当前集合如何切分更纯粹，但从更长远的角度，如将连续几次的切分选择放在一起考虑，可能会得到不一样的方案。

回答了这两个问题，决策树模型的基本框架就完整了。

决策树不仅可以用来建模，还可以用来分析和解读数据。通常，使用机器学习模型可以使业务效率优化到极致，但并不会改革业务的模式，而使用模型做数据分析，利用人对业务的深刻理解和思考来变革业务模型，但这方面的探讨资料很少，有兴趣的读者可以关注我的另一部著作《大数据分析的道与术》。

（3）如何组合决策树模型

明确了生成小模型的过程，但如何将这些模型组合起来呢？在生成各个模型的过程中，也同时确定了这些模型的使用条件，使用某些条件下的样本训练出的模型，也只能在同样的条件下使用。决策树生成小模型的方式和组合小模型的方式是一样的，使用一棵决策树对样本做出分组，针对每个分组样本训练模型并使用它做出预测。

基本结构清晰后，决策树的生成过程以迭代递归的方式进行。

1）分裂目标。最大幅度地提高分裂后样本集的纯度，亦称信息增益最大。

2）如何分裂？以"二叉树"的方式分裂，即每次以某个特征取值为分支条件，分成两个分支。

3）叶子节点使用什么模型？对于回归问题，可使用均值模型，即该叶子节点训练样本的平均输出。对于分类问题，可使用该叶子节点训练样本中比例最高的类别标签作为预测输出。当然，也可以使用更复杂的模型，例如针对叶子节点训练一个回归模型，使用回归模型的输出作为预测值。

4）什么时候停止迭代？理想的情况是每个叶子节点的纯度均为 100%，没有进一步

切分的必要；或者所有的特征取值均已经被使用过，没有进一步切分所需的特征取值。当然，实际的终止条件往往不是这两种情况，而是基于统计置信的考虑。当叶子节点中的样本量比较少或切分的层数过多时，停止进一步切分。

3.3.6　小结

最后，回顾一下装袋、提升和切分的组合玩法。基于有放回抽样生成多个样本集，训练不同的模型，并将这些模型的平均输出作为预测结果，这方法称为装袋。改变每次训练模型的样本的权重分布，使新一轮生成的模型尽量与上一轮生成的模型的差异最大化，再以每个模型的预测准确率为权重并将加权和作为预测结果，这一方法称为提升。使用特征对样本集分组，不断提高每个分组的样本集纯度，最后基于叶子节点训练出不同的模型，再使用同样的分支将这些小模型组合起来完成预测，这一方法称为切分。这三个方法形成的算法名称如图 3-22 所示。

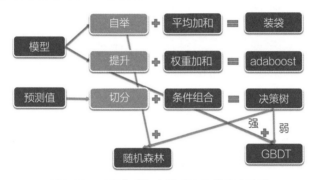

图 3-22　不同类型组合模型的设计方法总结

基于这三种方法，还可以组合出更多新玩法。比如决策树的拟合能力很强，对训练样本中的噪声敏感，模型误差的方差通常较高。基于此，选用决策树作为小模型，使用装袋的方式组合模型，可以降低决策树本身的高方差问题。因为这种方法相当于产生了很多棵决策树，所以被形象地称为"随机森林"。类似地，以决策树作为小模型，使用提升的方式构造出多棵决策树并将它们整合起来，这称为 GBDT（Gradient Boosting Decision Tree）。这两种模型是树形模型的集大成者，在深度学习未兴起之前，常用于解决一些相对复杂的任务，但在深度学习模型兴起后，人们有了一种表达能力更强的模型，其逐渐替代了部分树形模型的使用场景。接下来会专注探讨当前最热也是最实用的机器学习模型：神经网络和深度学习。

注释

需要注意，随机森林和 GBDT 均以决策树作为小模型，但由于它们的组合方式不同，对小模型的复杂度要求也不尽相同。对于 GBDT，因为每轮构建新模型时要放大错误样本的权重，如果在该轮生成的小模型的准确率极高，会导致新一轮使用的样本集是基于极少量样本构建的，进而导致新一轮模型的效果不稳定。因此，如果使用提升的方法来组合模型，那么没有必要使用过于复杂的小模型。

3.4　神经网络与深度学习

3.4.1　神经网络和深度学习的模型思路

可以预测到在未来很长一段时期内，人脑还将是世界上最厉害的计算器。人脑的厉害之处并不在于计算速度，而是具备处理非线性和复杂信息的能力。例如，人类能够轻松地从一张图像中理解出高级语义（如情绪等）。早期的计算机虽然可以对高速运算得心应手，但对处理复杂问题却束手无措，距离人脑的思维能力可以说是差了十万八千里。近些年，科学家为了提升计算机处理复杂问题的能力一直在不懈努力着。

我们都知道历史上很多人类发明都是从模仿生物特征开始的。为了使机器学习模型具备更强大的拟合能力和处理能力，科学家们自然把眼光转向了最佳的模仿对象——人脑。众所周知，大脑是由大量神经元细胞构成的，神经元是构成神经系统结构的基本单位，它由细胞体和细胞突起构成。细胞轴突形成了长长的触角，其外套有一层髓鞘，组成了神经纤维，它末端的细小分支叫作神经末梢。细胞体位于脑、脊髓和神经节中，细胞突起可延伸至全身各器官和组织中。细胞体是细胞核的部分，其形状大小有很大差别，直径为 4~120μm。核大而圆，位于细胞中央，染色质少，核仁明显。细胞质内有斑块状的核外染色质（旧称尼尔小体），还有许多神经元纤维。细胞突起是由细胞体延伸出来的细长部分，又可分为树突和轴突。每个神经元可以有一个或多个树突，可以接受刺激并将兴奋传入细胞体。每个神经元只有一个轴突，可以把兴奋从胞体传送到另一个神经元或其他组织，如肌肉或腺体。

从处理信息的角度讲，神经元细胞的三个部分承担不同的功能："接收外部信号的是树突"，"计算和处理信号的是细胞体"，以及"输出处理结果的是轴突"。接收信号的树突有多个，形状像树枝一样。输出处理结果的轴突只有一个，又粗又长。大量的神经元细胞交织在一起组成庞大的神经网络，从而可以实现各种复杂的功能。例如将原始的光学信号转变成人类能理解的语义信息，比方说判断手中的物体是什么，对围棋局势的直觉判断，捕捉他人细微的表情等。

以神经元细胞为模板，人们设计出了机器的神经元，它也由多个输入、处理单元、单一输出三部分构成，如图 3-23 所示。

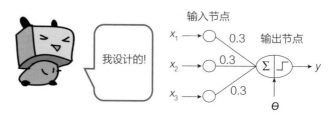

图 3-23 机器的神经元

其中，处理单元涉及两种运算：

1）**线性加权和**：对多个输入加权求和。

2）**非线性变换**：对加和结果进行非线性变换。

对多个输入进行加权求和的做法容易理解，因为需要将多个输入整合成单一输出，但为何要加入非线性变换运算？

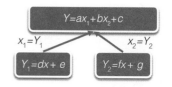

图 3-24 线性表达叠加再多层也仍然是线性表达

如图 3-24 所示，假如没有加入非线性变换，那么神经元在组合后仍旧是线性的，即无论叠加多少层，最终的输出只是原始输入的线性加和。多层次叠加只是表面的繁复，神经网络中大量参数冗余，模型的实际表达能力并没有增强。

3.4.2 组建神经网络

不难发现，神经元本身也是一种模型，那么，将神经元层层累积形成神经网络，是为了达成什么目标呢？多层的组织结构是为了追求更强大的表达能力。例如逻辑异或关系，两个特征 X_1、X_2 对应的输入组合如图 3-25 左侧所示，异或关系是无法使用线性平面分割的，而用两层的神经元网络可以很完美地表达出来。第一层神经元实现并（or）操作，可以把 00 情况识别出来（只有对 0 和 0 取并后，结果为 0），第二层实现交（and）操作，可以把 11 情况识别出来（只有对 1 和 1 取交后，结果为 1），从而实现了异或函数。

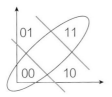
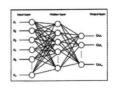

异或问题无法解决　　　多层的神经网络才能解决异或问题

图 3-25　一层神经网络无法解决异或问题

可以设想，经过层层累积，神经网络模型的假设可覆盖任意函数关系，例如将图像像素映射到夕阳风景的语义中。如果我们把多层神经网络写成"公式"的形态，那其形式就是一个层层嵌套的表达式。

3.4.3　神经网络模型的优化

神经网络模型的计算过程是从前到后依次进行的，被称为"前向计算"。第一层的输入是特征，在这一层，首先计算各个特征的加权和，再对加权和结果进行非线性变换，然后输出最终结果。第一层的输出也是第二层的输入，每一层反复上述计算过程，直到得出整个网络最后一层的输出并将其作为预测值。比较训练样本的 Y 值与模型输出，以某种误差衡量来计算误差。具体使用哪种误差衡量，与模型需要完成的任务相关。

当模型的参数确定后（每一层加权和的权重），从特征输入到模型输出的计算并不难。图 3-26 中上半部分的公式是从网络前一层的加权输出经过非线性变换到本层的输入，本层输入再经过线性加权得到本层输出的过程。这个过程会从最开始的特征输入一直计算到误差。

$$s_j^{(\ell)} \overset{\tanh}{\Rightarrow} x_j^{(\ell)} \overset{w_{jk}^{(\ell+1)}}{\Rightarrow} \begin{pmatrix} s_1^{(\ell+1)} \\ \vdots \\ s_k^{(\ell+1)} \\ \vdots \end{pmatrix} \Rightarrow \cdots \Rightarrow e_n$$

$$\delta_j^{(\ell)} = \frac{\partial e_n}{\partial s_j^{(\ell)}} = \sum_{k=1}^{d^{(\ell+1)}} \frac{\partial e_n}{\partial s_k^{(\ell+1)}} \frac{\partial s_k^{(\ell+1)}}{\partial x_j^{(\ell)}} \frac{\partial x_k^{(\ell)}}{\partial s_j^{(\ell)}}$$

$$= \sum_k \left(\delta_k^{(\ell+1)} \right) \left(w_{jk}^{(\ell+1)} \right) \left(\tanh'\left(s_j^{(\ell)} \right) \right)$$

图 3-26　前向计算和后向求导的过程

但模型的参数是如何确定的呢？即怎样优化参数的取值，以使得模型的预测结果最准确？

提到求解算法，老朋友"梯度下降"再次出场。只要构成模型的函数可求导，就可以利用梯度下降法求最优参数解。梯度下降法的关键在于计算每个参数的梯度，即令误差下降最快的方向。神经网络中的参数众多，计算梯度的过程是从最后一层到第一层进行的，所以被称为"后向学习"。整个过程如图 3-26 中的下半部分公式所示，每一轮的梯度计算要依赖网络后一层的梯度计算结果。这个过程的基本前提是最后一层参数的梯度可直接计算。如果将模型中倒数第二层神经元的输入看成特征的话，最后一层只是一个简单的模型，求梯度的方法并没有什么特别之处。例如最后一层神经元具有逻辑回归模型的功能，输出该样本属于各个类别的概率，那么求该神经元参数梯度的计算方式与逻辑回归模型所用的求解方法并没有本质差别。

但如果要求非最后一层神经元的参数梯度，那么就要利用导数的链式法则了，公式表达如下：

$$(f(g(x)))' = f'(g(x))g'(x) \quad 或 \quad \frac{dy}{dx} = \frac{dy}{dz} \cdot \frac{dz}{dx}$$

神经网络模型中每一层神经元参数的计算顺序为本层输入（上一层输出）→加权求和→非线性变换→本层输出（下一层的输入）。这个计算过程反映了神经网络本质上是一个由基本函数层层嵌套形成的"大公式"，所以，基于导数的链式法则，对任何一层神经元参数的求导均可拆解成三项：对"加权和"的求导、对"非线性函数"的求导以及对"本层输出"的求导。由此可以求得任何一层参数和输入值对模型输出的导数，甚至也可以求出原始特征的导数。原始特征的导数体现了当前状态下的模型对特征输入的一种期望。

基于上述分析，可以递归地计算所有参数的梯度。因为计算顺序是从后向前的，所以神经网络的梯度下降算法被称为"后向学习"。

下面以一个简单实例展示前向计算和后向学习的整个过程。

案例 4　函数 $f(x, y, z) = (x+y) z$，当 $x = -2, y = 5, z = -4$ 时，求解 f 对 x, y, z 的梯度。

解：设 $q = x+y$，可得

$$f = qz$$

前向计算的过程很简单，即

$$q = x+y = (-2)+5 = 3, f = qz = 3 \times (-4) = -12$$

这个过程的计算结果如下图中的带框数字所示，在已知 x, y, z 的情况下，从左到右计算。

求梯度则是从后向前计算的。这个过程的计算结果如下图中的不带框数字所示，首先计算 f 对自身的梯度，为 1 （$\frac{\partial f}{\partial f} = 1$），之后从右到左计算。

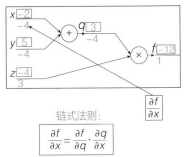

链式法则：

$$\frac{\partial f}{\partial x} = \frac{\partial f}{\partial q} \cdot \frac{\partial q}{\partial x}$$

对单个函数进行求导时，计算过程如下所示：

$$q = x + y \qquad \frac{\partial q}{\partial x} = 1, \frac{\partial q}{\partial y} = 1$$

$$f = qz \qquad \frac{\partial f}{\partial q} = z, \frac{\partial f}{\partial z} = q$$

首先计算倒数第二层，可得

$$\frac{\partial f}{\partial q} = z = -4 \qquad \frac{\partial f}{\partial z} = q = 3$$

再计算倒数第三层，可得

$$\frac{\partial f}{\partial x} = \frac{\partial q}{\partial x} \times \frac{\partial f}{\partial q} = 1 \times (-4) = -4$$

$$\frac{\partial f}{\partial y} = \frac{\partial q}{\partial y} \times \frac{\partial f}{\partial q} = 1 \times (-4) = -4$$

从后到前层层计算，可得

$$\frac{\partial f}{\partial x} = -4, \qquad \frac{\partial f}{\partial y} = -4, \qquad \frac{\partial f}{\partial z} = 3$$

无论案例多么复杂，计算过程都是一样的。如果对上述计算意犹未尽，可以再看一个更现实的案例：逻辑回归函数 $f(w, x) = 1/(1 + e^{-x})$ 的梯度计算。

这里省略具体的计算过程，相关计算结果如图 3-27 的上部所示。解决思路也是先根据已知的输入参数 ($w_0 = 2$，$w_1 = -3$，$w_2 = -3$) 和特征 （$x_0 = -1$，$x_1 = -2$），从前到后地计算出最终输出结果。接着根据图 3-27 下部的导数公式和链式法则，从后到前地计算每个环节的梯度（结果如不带框数字所示）。

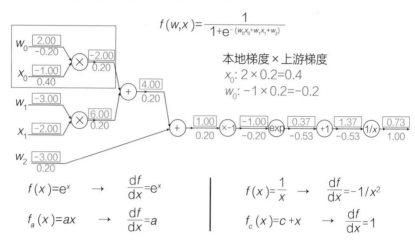

$$f(w,x) = \frac{1}{1 + e^{-(w_0 x_0 + w_1 x_1 + w_2)}}$$

本地梯度×上游梯度
x_0: $2 \times 0.2 = 0.4$
w_0: $-1 \times 0.2 = -0.2$

$$f(x) = e^x \quad \rightarrow \quad \frac{df}{dx} = e^x$$

$$f_a(x) = ax \quad \rightarrow \quad \frac{df}{dx} = a$$

$$f(x) = \frac{1}{x} \quad \rightarrow \quad \frac{df}{dx} = -1/x^2$$

$$f_c(x) = c + x \quad \rightarrow \quad \frac{df}{dx} = 1$$

图 3-27 对 Sigmoid 函数的前向计算和后向求导过程

综上，细心的朋友可能会有两个疑问：

1）怎么初始化模型的参数，模型在开始训练前，其参数是随机值吗？参数的初始化往往与选择的非线性函数有关，因此需要基于加快收敛的目标来设置。

2）在什么时候停止参数优化？具体做法是利用多轮迭代，当误差收敛到一个相对可接受的范围时停止。如果经过很多轮迭代后，误差依然很大，并且没有下降的趋势，那么通常需要检查模型的设计和实现是否存在问题。此外，为了防止模型过拟合，也可以提前停止训练。这样做可以避免模型过多拟合训练样本中的数据细节，可以看作一种正则化调控。

在了解了神经网络的基本结构和优化方法后，可以开始讨论以下两个更深入的问题。

- 问题 1：如何选择非线性变换函数？
- 问题 2：什么样的网络结构更好，更宽（每层更多神经元）或更深（更多层网络）？

3.4.4 非线性变换函数的选择

如前文所述，未加入非线性变换函数的神经网络依然是线性表达，多层网络只是一个"伪装"，那么加入什么样的非线性函数比较好呢？下面逐一分析常见的函数选择。

（1）阶跃函数：难以优化

分类模型通常在输出前加入一个"阶跃函数"，以根据该函数设定的阈值将数值输出转变成分类标签。使用逻辑回归模型进行肿瘤分类时，阶跃函数凭借"小于 0.5 为良性，大于 0.5 为恶性"这一阈值，将 0~1 的概率值转变成良性或恶性标签。使用阶跃函数的问题在于它是一个无法求导的离散函数，无法使用梯度下降优化算法。

（2）Sigmoid 和 Tanh：梯度弥散

逻辑回归模型中含有一个性能良好的非线性函数 Sigmoid，它可以求导、可以代替阶跃函数承担非线性变换的功能。当 Sigmoid 函数的输入值在 0 附近时，它的变化最快、梯度最大。从优化性能的角度考虑，每一层网络的输入范围的均值应为 0，这样可使得 Sigmoid 函数处于梯度较大的状态。但 Sigmoid 函数的输出范围的均值是 0.5（非 0），这意味着下一层网络的输入范围的均值非 0。因此，从优化性能的角度看，我们期望找到与 Sigmoid 函数的形状类似但输出范围均值是 0 的函数。基于此，如图 3-28 所示，可对 Sigmoid 函数做线性缩放和平移，得出 Tanh 函数：$Tanh(x) = 2Sigmoid(2x) - 1$。

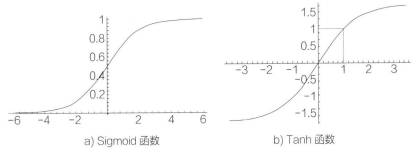

a) Sigmoid 函数　　　　　b) Tanh 函数

图 3-28　从 Sigmoid 函数变换到 Tanh 函数

（3）ReLu：深度学习模型的标配

在深度学习兴起之前，神经网络模型的层数并不多，使用 Tanh 函数做非线性变换无大问题。但在深度学习兴起后，动则几十层甚至上百层的模型使用 Tanh 函数会遇到梯度弥散的问题。

梯度弥散是指在网络层数较多时，最终输出的误差梯度很难传递到网络的前半部分，导致参数迭代低效，模型迟迟不能完成训练。造成梯度弥散的原因有两个：

- 原因 1：Tanh 函数在输入值大于 3 或小于 −3 时，梯度极小。一旦某个神经元的参数的绝对值较大，容易使得 Tanh 函数的输入绝对值较大，从而导致该神经元的梯度非常小，需要迭代多轮才能略有变化。因此，在开始训练模型前随机初始化参数时，通常会将参数值设置成 0 附近的随机值。
- 原因 2：如果对 Tanh 函数求导，导数的峰值是 1/2。根据链式法则，梯度会从后到前地传递，前面的参数梯度计算涉及后面参数梯度项，如图 3-29 所示。即使使用 Tanh 函数的峰值来计算，每经过一层神经元，梯度至少会缩小一半。如果网络层数特别多，梯度传到网络前部时几乎消失，这会导致参数更新缓慢。

这两个原因交织在一起，加重了梯度弥散现象，使得深度网络的优化十分困难。因此，为了解决梯度弥散这个困扰，新的非线性函数 ReLu 出场了。

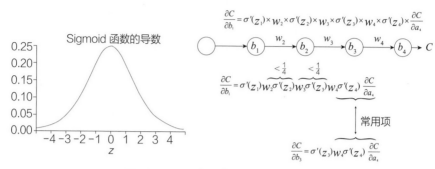

图 3-29　网络过深导致的梯度弥散问题

ReLu 的函数形式和导数值如下所示。可见，ReLu 函数的梯度非常简单，当 x 小于 0 时为 0，当 x 大于或等于 0 时为 1。这样的设计一举解决了梯度弥散和计算耗时的问题：求梯度时不需要计算，直接查表即可。同时，梯度不随着输入变化而减小，恒为 1 使得梯度多层传递也不会衰减。

$$f(x)=\begin{cases}0, & x<0 \\ x, & x\geq 0\end{cases} \qquad f'(x)=\begin{cases}0, & x<0 \\ 1, & x\geq 0\end{cases}$$

虽然具备上述好处，ReLu 函数也存在一定的问题。当参数初始化不合理或训练步长过大时，部分网络很容易陷入"失效"状态：该部分网络的梯度一直为 0，参数不会随着优化迭代而改变。这是因为在输入小于 0 的情况下，ReLu 函数的梯度为 0。在梯度后向传播的过程中，当某个神经元的梯度为 0 时，继续向前计算的神经元梯度也均为 0。同时，该神经元的梯度为 0 又导致了它难以改变参数的状态。这种神经元处于"死亡"状态，不会给网络贡献任何拟合能力。因此，人们提出了 ReLu 函数的很多变型函数来解决这个问题，由于篇幅有限，这里不再详细讨论，感兴趣的朋友可以自行查阅相关论文。

3.4.5　神经网络结构的选择

为了增强神经网络的表达能力，需要将更多的神经元组合在一起形成更强大的网络。但增加网络规模的方向有两个：让网络变得更深（更多的层），或让网络变得更宽（每层更多的神经元）。究竟采用哪个方向会更有效地提升模型能力？从之前解决异或问题的案例可见，增加网络的层数对提升模型能力更有效。通俗来讲，不同层神经元的组合关系是乘法，而同层神经元的组合关系是加法，乘法的表达能力相比加法强很多，它们是非线性和线性的区别。由于深度更大的网络表达能力更强，所以在今天大行其道的是"深度学习"，而不是"宽度学习"。

怎么理解深层次的网络结构？深度学习意味着深度神经网络模型，但深度网络完全是一个"黑盒"，虽然它可以解决任务，但完全不知道它是怎样做到的。复杂的结构和众多的参数无序地缠绕在一起，观察模型如同雾里看花，总觉得自己缺少一双慧眼。但这种无序其实也不难理解，经过分析，深度网络拥有两种职能：特征提取和解决任务。那么这两个职能具体是怎么发挥作用的呢？下面以图像领域的深度学习模型为例来说明。

1）**特征提取**：位于前段的大部分网络承担特征提取的职能。如图 3-30 所示，如果可视化处理人脸图像的深度学习网络每一层的输出，会发现随着网络由浅入深，模型会先提取出基础线条特征，再逐渐提取出部位特征，最后提取出人脸全局特征，这暗合人类处理视觉信号的过程。

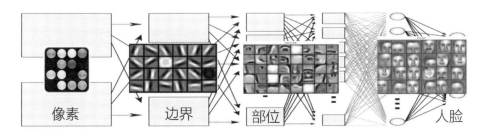

图 3-30　在计算机视觉领域，深度学习模型一统天下

2）**解决任务**：根据所提取的高层语义特征解决具体任务需求。比如与人脸图像有关的各种任务：基于人脸识别的安保产品、基于面部肤质提供保养方案的产品等。通常，网络最后的 1~2 层承担使用高层特征解决具体任务的职能。

综上，深度网络的结构由多层特征提取网络＋1~2 层解决任务的网络组成。

神经网络的很多特性和脑细胞很类似。人脑使用不同的区域来处理不同的信息，每个区域会根据自身承担的任务进化出合适的细胞形态和组织结构。因此，处理不同任务的神经网络模型也有不同的神经元和不同的连接方式。应用最广泛的 CNN（卷积神经网络）和 RNN（循环神经网络），分别适合处理计算机视觉任务和自然语言处理任务（序列化输入）。其中，卷积神经网络的设计契合视觉任务的"局部视野"的需要：只根据图片局部的内容即可判断出物体的语义信息。比如一张图片的 1/4 区域出现了一只小猫的部分形象，图片其余 3/4 被遮挡，人类依然可以判断出这是一只猫。关于卷积神经网络会在第 6 章详细介绍，下面以几种不同的 RNN（基础 RNN 和长短时记忆（LSTM）网络）展示科学家设计神经网络的思路。

科学家不断探索 RNN 模型，是因为有些任务的输入是序列化的，神经网络需要有"记忆"才能很好地解决问题，典型如自然语言处理任务（NLP），一段文字中某个词汇的语义可能与前一条句子的语义相关，只有记住了上下文的神经网络模型才能很好地识别。例如对于"我一边吃着苹果，一边玩着我的苹果手机"这句话，只有记住了两个"苹果"的上下文"吃着"和"玩着……手机"，才能正确识别两个"苹果"的语义：水果和手机品牌。如果模型没有记忆功能，两个"苹果"会被归结到出现频率更高的那个语义上（即水果），这显然是不合理的。

    RNN 相当于将神经网络单元进行了横向链接，如图 3-31 所示。处理前一部分输入的 RNN 单元不仅有正常的模型输出，还会输出"记忆"并将其传递到下一个 RNN 单元。而处于后面部分的 RNN 单元不仅接收来自任务的数据输入，同时接收从前一个 RNN 单元传递过来的记忆输入。这样就使得整个神经网络有了"记忆"能力，模型处理当前输入文本的时候，会同时接收到处理之前文本时所记录的一些信息。

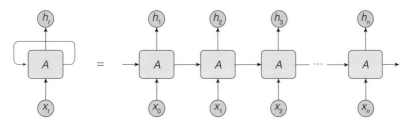

图 3-31　RNN 的示意图

    但基础 RNN 网络只是初步实现了"记忆"的功能，在此基础上，科学家们又发明了一些变体来加强记忆功能。当模型处理的序列数据过长时，基础 RNN 累积的内部信息会越来越复杂，直到超过网络的承载能力。

    针对这样的问题，科学家巧妙地设计出了一种记忆单元——长短时记忆（Long Short-Term Memory，LSTM）网络，即在每个处理单元内部，加入输入门、输出门和遗忘门，如图 3-32 所示。其中，输入门控制有多少输入信号会被融合，遗忘门控制有多少过去的记忆会被遗忘，输出门控制最终输出多少记忆。三者的作用类似于人类的记忆：

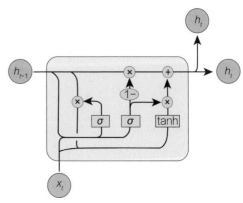

图 3-32　LSTM 的示意图

    1）与当前处理和任务无关的信息可以直接过滤掉（基于输入门控制），比如多数人在开车时，几乎不注意沿途的风景。

    2）过去记录的事情不一定都要永远记住（基于遗忘门控制），比如人们总是逐渐淡忘不重要的事。

    3）根据记忆和当前观察来做决策（基于输出门控制），比如根据记忆中的路线和当前的路标，决定转弯或继续直行。

    由于这样的设计更加符合现实任务的需要，因此 LSTM 会取得比基础 RNN 更好的模型效果。但因为除了处理输入特征，还要控制输入门、输出门、遗忘门，总参数量是基础 RNN 网络的四倍。LSTM 也有很多变种的网络形态，最出名的是 2014 年出现的 GRU，它简化了 LSTM 的运算，把遗忘门和输入门合成了一个更新门。

3.4.6　深度学习得到发展的前提及其具备的优势

近些年，炙手可热的深度学习几乎占据了各类机器学习的头条位置，但其实神经网络模型早在 20 世纪 80 年代就已经被提出了，当时就有不少学者尝试用其解决各种问题，并且备受行业关注。但为何这股热潮在当时没有持续下去，反而沉寂了好多年呢？深度学习有三个优势和两个前提。虽然人们喜爱它的三个优势，但当时的条件并没有很好地解决两个前提的问题，所以深度学习也就难堪大用，变得有点"跛脚"。现在之所以深度学习又一次重回大家视野，也是因为现有的技术和知识很好地突破了两个前提的限制。那么这两个前提究竟是什么呢？为什么它在深度学习中会产生这么大的影响？

- 前提 1：大数据。深度学习是非常强大的模型，很容易产生过拟合。在今天，在工业实践中使用人工特征依然是很有效的方案，原因就在于很多场景下没有足够的标记数据来支撑深度学习这样强大的模型。近些年，各种应用的数据量都在爆发式增长，如果这种情况持续下去，是不是有一天人们就再也不用担心数据不足的问题了呢？答案是否定的，因为模型总是可以变得更加强大和复杂，并且大部分数据是幂分布的。这意味着永远存在长尾的细分场景，其中的样本量是不足的。
- 前提 2：算法的优化和硬件的成熟。现阶段依靠如 AutoEncoder、GPU 和并行计算，深度网络在训练中面临的困难已经被逐渐克服。尽管目前训练一个深度学习模型的时间和资源消耗，均比传统机器学习模型多，但已处于可接受的范围内。举个例子，早在 1998 年，科学家就已经使用神经网络模型识别手写字母图像了，但深度学习在计算机视觉应用中的兴起，还是在 2012 年 ImageNet 比赛后，具体是使用 AlexNet 做图像分类。如果比较 1998 年和 2012 年的深度学习模型，会发现两者在网络结构上非常类似，仅 2012 年的模型在一些细节上有所优化，这主要得益于这 14 年间计算性能的大幅提升和数据量的爆发式增长，模型完成了从"简单的字母识别"到"复杂的图像分类"的跨越。

在满足了发展前提后，深度学习以三方面的优势，取得众多应用场景研发人员的认可。

- 优势 1：表示能力强。深度学习是一种几乎可以拟合任何关系的假设，也是目前常用模型中表达能力最强的，它甚至可以拟合难以直观想象的关系，比如从图像像素到高级语义的映射。传统上，如果要将一堆像素数字转变成"夕阳夕照"这样的语义信息，那么所用函数的复杂度将会令人咋舌。
- 优势 2：端到端的解决方案。深度学习技术降低了模型对领域知识的依赖程度，并且减少了人工设计特征的工作量。传统的机器学习模型的效果大量依赖人工设计的精妙特征，而这要求设计特征的专家掌握大量的领域知识。例如在商品营销领域，构建"推送个性化信息"的模型时，针对原始的用户属性（年龄、性别等）设计的个性化营销模型，肯定没有设计精妙的营销心理特征有效。例如成绩普通的学生拥有强烈的自我证明诉求，应给他们推送一些彰显自我的产品，构建一个"自我证明心态"的特征会比原始的用户属性特征有效得多。但如果拥有充足的数据量，这些精妙的特征可以被深度学习模型自动提取出来，而不需要营销大师参与设计。

- **优势3**：深度学习模型提取出的高层特征往往更有价值。从一个任务中提取的高层特征可以应用于其他任务，这个特征提取过程也被称为"表示学习"。比如语言模型（判断一句话是否通顺）中的文本向量表示，可用来判断两个词的语义相似度。"表示学习"是深度学习的一个重要衍生功能。近年来，在各种机器学习学术会议上，围绕万事万物表示（embedding everything）课题的学术论文占比越来越高。

补充阅读：无心插柳的 NVIDIA 公司

在21世纪的前十年里，NVIDIA 和 AMD 等公司投入数十亿美元来开发快速的大规模并行芯片（图形处理器，GPU），以便为越来越逼真的视频游戏提供图形显示支持。这些芯片是廉价的、单一用途的超级计算机，用于在屏幕上实时渲染复杂的3D场景。2007年，NVIDIA 推出了 CUDA，作为其 GPU 系列的编程接口。少量 GPU 开始在各种高度并行化的应用中替代大量 CPU 集群，并且最早应用于物理建模。深度神经网络主要由许多小矩阵乘法组成，它也是高度并行化的。2011年前后，一些研究人员开始编写神经网络的 CUDA 实现。

回顾 NVIDIA 研发 GPU 的历史，可见它非常幸运，完全是一个无心插柳的典型案例。最初没有人会想到2010年后深度学习技术会实现突破，提高工业界对 GPU 服务器的市场需求。NVIDIA 瞄准的是个人计算机的显卡，因为个人计算机市场在2005年后逐渐走向饱和，显卡的市场并不诱人，导致想与 NVIDIA 竞争的厂商不多，但谁能想到"天上掉馅饼"，深度学习的计算逻辑与显卡的计算逻辑极其相似，即都会使用"大规模的矩阵乘法"，这使得 NVIDIA 在显卡上的巨大投入，并没有随着个人计算机市场的饱和而浪费，它几乎毫不费力地抢占了 GPU 服务器市场，其他厂商无法在短期研发出一款能与其抗衡的产品，NVIDIA 的销售业绩也随着深度学习应用需求的增加连年翻倍。

补充阅读：深度学习发展简史

模拟神经网络思想的文章最早发表于1943年，由神经学专家 S. McCulloch 和数学家 W. Pitts 所著，由此可见这种思想还真的需要跨学科的知识和想象力才行。他们用类似于神经元的方式来表示计算，并称这种计算公式为电子大脑

（electronic brain）。模型中的权重是可以调整的，用于拟合不同的函数关系，但他们并没有提出基于数据学习的概念。另外，这两位科学家的关系也颇具传奇性，Pitts 是一个爱读书的穷孩子，而 McCulloch 则比他大了一辈，在学校充当 Pitts "养父"的角色。据说电影《心灵捕手》（*Good Will Hunting*）中的故事原型就是他们。

神经网络最初的模型框架中的参数并不是可学习的，1957 年康奈尔大学的实验心理学家 Frank Rosenblatt 在一台 IBM -704 计算机上模拟实现了一种叫作"感知机"的神经网络模型。Rosenblatt 在理论上证明了单层神经网络在处理线性可分的模式识别问题上是可以收敛的，并以此为基础做了若干模型有学习能力的实验。1960 年，B. Windrow 和 M. Hoff 也提出了较完善的神经网络学习算法：自适应线性元（Adaptive Linear Element，ADALINE）结构和著名的 Windrow-Hoff 训练算法，其使用我们今天非常熟悉的一种优化目标：最小均方（least mean square）误差。此时，感知机已经具备了标准机器学习算法的全套配置，因为在一些任务上取得了初步成果并且有与"人脑"近似的宣传噱头，一度被人们寄予厚望，吸引了大量研究人员以及资金赞助，甚至来自美国国防部和海军的大笔经费。人工智能由此进入一个短暂的黄金时期。

但好景不长，在 1969 年，M. Minsky 和 S. Papert 两位教授发表了一部影响力巨大的著作《感知机：计算几何学》，书中证明了感知机模型居然解决不了一个简单的"异或逻辑"问题。这使得人们对感知机极度失望，连带着对人工智能的期望也幻灭了。虽然在 1974 年，哈佛大学的一篇博士论文提出了训练多层感知机的反向传播（back propagation）算法，并说明了多层感知机可以解决异或问题，但因为整个"寒冷"的大环境未得到人们的重视。

直到 1986 年，几位有代表性的科学家（Rumelhart、Hinton 和 Williams）再次独立发现多层神经网络和反向传播算法，并提出了"组合的网络层次越多，能拟合的关系就越复杂"的基本规律，神经网络算法终于从"冷宫"再次进入人们的视线，但由于在 20 世纪 90 年代兴起的典型如 SVM、决策树等机器算法，在理论上更加完备，并在实际应用中效果突出，性能更好，导致神经网络模型虽然出了"冷宫"，但也有点"泯然众人"，只作为机器学习众多模型中的普通一员存在。

在 2000 年后，随着互联网的兴起和各行业 IT 化的深入，庞大的数据量和硬件的发展使得适应"大数据"的"大模型"再次成为研究的核心。得益于神经网络先驱 Hinton 的坚持和推广（他一辈子都在研究神经网络，并几次救神经网络于水火之中），2012 年前后，超多层神经网络模型被验证在解决语音、视觉等问题上有无可比拟的优势。近几年，深度学习有"一统天下"的趋势，尤其是 Transformer 模型和 BERT 模型的出现，推动人工智能进入了大模型时代，并带动了整个人工智能进入了新的研究和应用热潮。

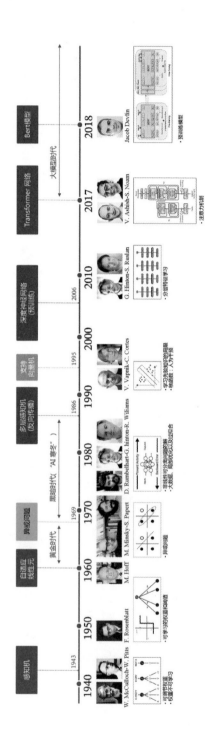

3.4.7 深度学习的重要衍生功能

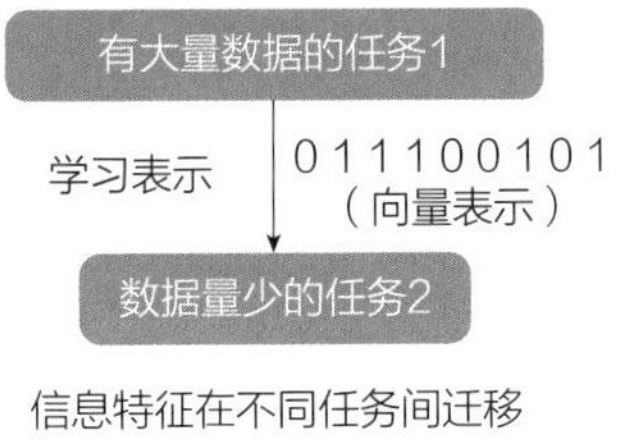

如前文所述，深度学习网络由两个职能部分构成：提取特征和解决任务。深度学习模型除了解决任务需求之外，还有一个重要的衍生功能——提取特征，或称为表示学习。深度学习模型最后一层的输出是为了解决具体任务而设计的，而其中间的任意一层的输出均可认为是对原始特征的高层抽象。常见的一种做法是选取特征网络部分的最后一层输出作为特征表示，因为这一层的抽象层次是最高的。常见的另一种做法是将模型输入层也加入训练，因为进行梯度下降优化时会改变原始特征向量的取值，所以通过模型训练，就可以把输入的向量表示（见图 3-33）根据训练样本的分布，转变成一个更合理的向量表示。

图 3-33 信息特征可以在不同的任务之间迁移

当人们意识到这种衍生功能的价值后，近些年发表的学术论文基本上把世界的万事万物都表示学习了一遍。具体价值体现为两点：

- 价值1：特征工程的重大突破，避免了人绞尽脑汁地设计特征，深度学习模型会自动提取"可有效解决任务"的特征表示。
- 价值2：如果不同任务之间存在一定的共性，表示学习的信息特征往往可以在不同任务之间迁移，如图 3-33 所示。这种方法有价值的前提在于，人们经常面临一个任务的训练数据充裕而另一个任务的训练数据稀缺的状况。从样本数据充足的任务学习出特征表示，再将其直接应用到样本稀缺的任务中，表示学习让信息在不同的任务之间高效、灵活地迁移。

纯概念的说明过于晦涩，下面以自然语言处理中的经典问题"语义表示"为例，探讨如何从不同场景的数据中学习出词语的语义表示，以及这些表示适用的应用场景。下面首先说明在自然语言处理领域中，语义表示的定义和价值，再介绍提取语义特征的三种方法：主题模型（topic model）、Word2Vector 和 DSSM。

1. 语义表示的源起和定义

想将自然语言理解转变成机器学习任务，首先要找到一种方法把词语向量化，便于计算机处理。最直观的表示方法是独热表示（one-hot representation），即将每个词用一个超长的向量来表示，向量的维度是词表大小。向量中只有某一个维度的值为 1，其余为 0。

举例来说，每个词都是茫茫"0"海中的一个"1"：

- "话筒"表示为 [0 0 0 1 0 0 0 0 0 0 0 0 0 0 0…]；
- "麦克风"表示为 [0 0 0 0 0 0 0 0 1 0 0 0 0 0 0 0…]。

独热表示相当于为每个词分配一个数字 ID，1 的位置标识了词语的语义。如上例中，话筒记为 3，麦克风记为 8。如果编程实现，可以使用哈希表给每个词分配一个编号。这种简洁的表示方法配合各种算法可以初步完成自然语言处理的各种任务，但是这种表示方法存在一个重大的缺欠——词汇鸿沟。也就是，任意两个词之间是孤立的，无法从它们的表示向量中看出词汇的语义关系。例如对于"话筒、麦克风、泰迪狗"三个词语，前两者的关系更近一些，是同义词，而"泰迪狗"和它们的语义关系很远。

由于词汇鸿沟的存在，项目实践中很少直接使用独热表示方法，而是使用一种称为分布式表示（distributed representation）的方法表示词语。该方法的表示向量呈现出这样的形态：[0.12, −2.59, −0.95, 4.30, −1.67, …]。通常，表示向量的维度不会很高，以 50 维和 100 维较常见。因为这种方法是基于各个向量维度上的数值分布来表示词语语义的，所以以分布命名。

分布表示方法使语义相关或者相似的词，在向量的空间距离上更加接近。向量的距离可以用欧氏距离的方案计算，也可以用余弦夹角的方案计算。使用这种方法表示词语语义，"麦克风"和"话筒"之间的距离会远远小于"麦克风"和"泰迪狗"之间的距离。将每个词表示成低维度的向量，并且向量之间的关系可以表示词语之间的语义关系，这种分布表示是较理想的方案。

那么，如何将词语从独热表示的高维向量，转变成能够表达语义的低维向量呢？从本质上讲，有语义表示能力的向量不能凭空产生，一定是从蕴含语义关系的样本数据中提取出来的。根据样本数据源的不同，存在三种方法：

- **方法 1**：基于词语在文档中的共现信息提取语义表示，典型实现是主题模型。
- **方法 2**：基于词语的上下文信息提取语义表示，典型实现是 Word2Vector 模型。
- **方法 3**：基于用户在搜索引擎中的搜索和点击数据提取语义表示，典型实现是 DSSM 模型。

下面逐一介绍这三种方法的原理和应用场景，并通过案例来加深对深度学习衍生功能表示学习的认知。

2. 方法 1：主题模型

主题模型有诸多应用场景，仅以互联网产品中的两个典型为例，解析主题模型的构思过程。一个是商品推荐，基于用户的历史购买信息和对这些商品的评分，向其推荐可能感兴趣的新产品。另一个是主题分类，根据大量语料，即文档（doc）及其构成词语（term），训练出主题分类模型，以判断一篇文章或一个词语的主题类别，这一模型常出现在新闻分类 / 推荐产品中。

无论是哪个应用场景，主题模型是利用共现关系构建的。在商品推荐中使用的是用户和商品的共现关系（用户 M 喜欢产品 N），在新闻分类中使用的是文档和词语的共现关系（文档 M 包含词语 N）。这种共现关系可以用一个矩阵 A 来表示，如 100 万篇文档和 60 万个词语的语料可表示成 100 万 ×60 万的共现关系矩阵。当一篇文档含有某个词语时，将其在矩阵 A 中对应的位置写为 1，否则写为 0。由此可见，矩阵 A 虽然十分庞大，但也是一个相对稀疏的矩阵。将共现关系矩阵化表示后，主题模型的建模过程可以使用矩阵分解运算来实现。

如图 3-34 所示，构建主题模型相当于将矩阵 A 奇异值分解成两个矩阵的乘积，即 $A = X*Y$。其中，矩阵 X 和 Y 是有确切含义的。矩阵 X 表示每个词语与主题关联的紧密程度，矩阵 Y 表示每篇文档与主题关联的紧密程度。分解出的矩阵可以从正反两个角度解读：从词语的角度解读，相当于使用主题分布来表示一个词语，主题分布的相似性就代表词语语义的相关性；反之，从主题的角度解读，相当于使用词语分布来表示一个主题，可以计算主题之间的关联程度。同理，矩阵 Y 也是一样，是主题和文档之间的互相表示，表示主题和文档之间的关联程度。

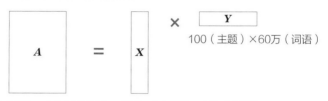

图 3-34　矩阵分解的示意图

另外，主题模型还可以从神经网络模型的角度理解，如图 3-35 所示。如果网络的输入是词语的独热向量表示，而输出是所有文档包含这个词语的可能概率，那么矩阵分解也是一个没有非线性变换的、只含有一个隐含层的神经网络模型。

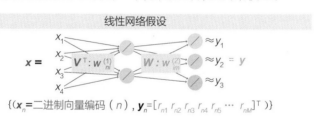

图 3-35　从神经网络模型的角度理解主题模型

注释：两个全连接层的参数分别用矩阵 V 和 W 来表示。

该神经网络模型可以写成 $y = W^{\mathrm{T}}Vx$。考虑到输入向量 x 是只有某一位（第 N 位）为 1、其余位为 0 的独热向量，$W^{\mathrm{T}}Vx$ 相当于取两个矩阵相乘（$W^{\mathrm{T}}V$）后的第 N 列的内容。这种简化的神经网络等价于将从输入到输出的计算过程拆解成两个参数矩阵来相乘。这两个参数矩阵对应着矩阵分解后的两个矩阵，使用梯度下降法求解该神经网络模型的参数，等价于计算矩阵分解后两个矩阵的乘积。

训练好主题模型后，可以在各种应用场景中使用一个词语或一篇文档的主题向量，如计算两篇文档的相关性。

3. 方法 2：Word2Vector 模型

判断一句话是否通顺、是否符合人类语言习惯的模型称为语言模型。语言模型的应用范围很广，比如在机器翻译和语音识别领域。在翻译模型或识别模型得出若干候选结果时，可基于语言模型选出一个最通顺的结果。Word2Vector 是训练语言模型的副产物，它也能表示词语之间的语义相似度。

　　语言模型：给定一句话，它属于自然语言的概率是 $P(w_1, w_2, \cdots, w_t)$，其中 $w_1, w_2, \cdots, w_t$ 依次表示这句话中的各个词（共 t 项）。展开这个概率公式，可得

$$P(w_1, w_2, \cdots, w_t) = P(w_1) \times P(w_2|w_1) \times P(w_3|w_1, w_2) \times \cdots \times P(w_t|w_1, w_2, \cdots, w_{t-1})$$

基于马尔可夫假设和计算成本，对于语言模型，通常只求 $P(w_t|w_1, w_2, \cdots, w_{t-1})$ 的近似，而不将所有项作为前置条件。所以，n 元（n-gram）模型是只用该词语前置 n 个（$n \ll t$）词语作为前置条件，计算 $P(w_t|w_{t-n+1}, \cdots, w_{t-1})$ 来近似完整概率。语言模型以前置的 n 个词作为输入，预测下一个词语是什么，这更符合人类用语的习惯。

　　训练语言模型的经典之作，要数 Bengio 等人在 2003 年发表在 NIPS 上的文章"A Neural Probabilistic Language Model"。在这篇文章中，Bengio 使用了一个三层神经网络来构建 n 元语言模型，如图 3-36 所示。

　　图 3-36 中最下方的 $w_{t-n+1}, \cdots, w_{t-2}, w_{t-1}$ 是预测输出词语之前的 $n-1$ 个词，模型根据这 $n-1$ 个词预测下一个词 w_t 出现的概率。$C(w)$ 表示词语 w 所对应的词向量，这套词向量的映射方法存储在矩阵 C（$|V| \times m$ 矩阵）中。其中，$|V|$ 表示词表的大小（语料中不重复的词语数量），m 表示词向量的维度。根据矩阵查表，可得到词语 w 到词向量 $C(w)$ 的转化。

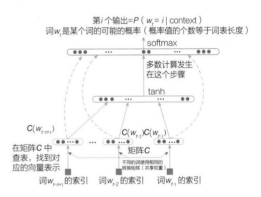

图 3-36　Bengio 等人在 2003 年的论文中提到的 Word2Vector 模型

- 网络的第一层是输入层，将 $C(w_{t-n+1}), \cdots, C(w_{t-2}), C(w_{t-1})$ 这 $n-1$ 个词向量首尾相接拼起来，形成一个 $(n-1) \times m$ 维的向量，记为 $\boldsymbol{x}$。
- 网络的第二层是隐含层，与普通的神经网络一样，直接使用加权和（$\boldsymbol{Hx} + \boldsymbol{d}$，$\boldsymbol{H}$ 为参数矩阵，$\boldsymbol{d}$ 为偏置）进行计算，之后使用 tanh 作为激活函数。
- 网络的第三层是输出层，使用 Softmax 函数实现概率输出。词表有多大，输出节点就有多少个。每个节点的输出 y_i 表示下一个词为 i 的未归一化的概率，最后 Softmax 激活函数将所有输出值归一化成概率。

　　如果将上述三层网络用一个公式来表示，可以写成 $\boldsymbol{y} = \boldsymbol{b} + \boldsymbol{Wx} + \boldsymbol{U}\tanh(\boldsymbol{d} + \boldsymbol{Hx})$。其中，$\boldsymbol{U}$（$|V| \times h$ 矩阵）是隐含层到输出层的参数，整个模型的大多数计算为隐含层到输出层的计算。$\boldsymbol{W}$［$|V| \times (n-1)m$ 的矩阵］是输入层到输出层的直连边的参数。直连边是从输入层直接到输出层的一个线性变换。Bengio 实验发现，使用直连边虽然不能提升模

型的效果，但可以将迭代次数减少一半，缩短训练时间。如果不在意训练时间，可将参数 W 均设置成 **0**，略过这个结构。

　　整个模型是一个非常简单、标准的神经网络模型。模型的训练数据十分容易获取，大量的语料（如新闻内容、书籍和文献等）均可作为这个模型的训练样本。当然，如果期望获得某个专业领域的词向量，最好的方法还是使用该领域的语料，因为样本分布更加贴合应用场景会使模型的预测效果更好。传统的神经网络模型并不开放对输入值的训练，这个模型的特点是对输入值（即词向量）也开放训练，即将词向量表示也作为一种参数来参与梯度下降的优化过程，对于词向量的初始值，可以采用随机初始化的方式。当模型优化结束后，不仅可得到语言模型，还可以将最终的词向量表示作为一种语义向量来使用。

4. 方法 3：DSSM

　　语言是人类表达思想的工具，对语义最好的理解其实是保存在人脑中的。用户使用某个 App 中的搜索功能时，会自然运用语义相关性判断哪个结果更匹配搜索词，而这种判断往往超越了简单的字面匹配。例如用户在搜索功课习题的时候，从短语字面来看，很多题目均与用户的搜索词相近，但有时候它们是语义相关的，有时候它们是语义无关的，如图 3-37 所示。通过点击行为，用户会表达对诸多检索结果的语义相关性判断。

部分表述差异，但语义相同

象限角平分线的特点　　vs　　一三象限和二四象限角平分线的特点

部分表述差异，但语义不同

高氯酸和硫酸谁的酸性强　　vs　　王酸和高氯酸哪个酸性更强

图 3-37　文本字面的相关性不等于语义的相关性

　　如果想挖掘深层次的语义关系，可以从用户搜索和点击行为数据中学习。由于有高点击率的结果未必是有高相关性的结果（用户可能因为猎奇心理，点击一些不相关但吸引人的结果），更合理的方案是通过点击数据学到一个相关性特征，再将该特征放到更高层的相关性模型中。更高层的相关性模型可以包含一些字面匹配的特征，并使用人工标注（纯粹从相关性出发）的样本进行训练。因为人工标注的数据更加准确，这样的方法可以纠偏基于点击数据训练出来的相关性特征。这个方案的相关示意图如图 3-38 所示。

　　与 Word2Vector 一样，表示学习仅是监督学习任务的副产物。在 Word2Vector 中，监督学习任务是语言模型，而在 DSSM（Deep Structured Semantic Model）中，监督学习任务是排序模型，即对根据用

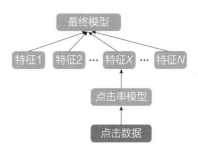

图 3-38　基于点击数据训练出来的
模型作为特征融入上层模型中

户的搜索词搜出的内容进行排序。

（1）有关内容搜索排序问题的建模方式

对于使用机器学习方法解决内容搜索的排序问题，有三种建模方式：

1）逐点排序（pointwise ranking）：将搜索词与内容之间的相关度作为预测值，使用回归模型。这个模型会在应用时出现问题，有的检索结果之间的相关度分布是均匀的，比如从 1 分到 5 分，使用回归模型的效果很好；但有的检索结果之间的相关度分布紧密，比如均集中在 4 分左右，使用回归模型排序的区分性会比较差。排序任务需要的并不是相关度的绝对衡量（定距），而是对候选结果有效定序，所以这种建模方法与应用场景不完全吻合。

2）逐对排序（pairwise ranking）：这种建模方式的主要思想是，将排序问题转化为二元分类问题。排序所有的候选结果时，可以先对每两个结果排序，再整体排序。对两个结果排序，可转化成一个分类任务：当 A>B 时为 0 类，B>A 时为 1 类。可见，该模型追求的是定序而不是定距，与应用场景更加贴合。

3）逐表排序（listwise ranking）：逐表方法相比于前两种方法，不再将排序转化成一个分类或者回归问题，而是直接对应用场景的"整体排序"需求建模。由于逐对建模方式将两个结果从整个队列中抽离出来单独比较，没有考虑完整展现队列的环境，所以逐表建模方式才是最贴近应用场景的方式。但由于训练一个有效的逐表模型需要过于庞大的样本量，同时考虑整个队列环境对排序效果的提升作用并不大，因此在实际中较少使用这一模型。

逐对建模方式是目前的主流。接下来，我们一起看看如何用业界流行的 DSSM 实现逐对排序，并生成语义向量表示的副产物。

DSSM 是在 2013 年 ACM 国际会议上被提出的一种模型结构，原论文见"Learning deep structured semantic models for web search using clickthrough data"。它的原理非常简单，通过搜索引擎里搜索词（Query）和内容标题（Doc）的海量点击曝光日志，用 DNN 把搜索词和内容标题表达为低纬语义向量，并通过余弦距离来计算两个语义向量的距离，最终训练出语义相似度模型。该模型既可以用来预测两个句子的语义相似度，又可以获得某句子的低纬语义向量表达。DSSM 从下往上可以分为三层：输入层、表示层和匹配层，如图 3-39 所示。

（2）构建和训练 DSSM

下面笔者以自己的理解，讲述一下 DSSM 的构成以及它是怎样利用点击数据进行训练的。

构建模型之前，先确认样本的形式。用户使用搜索引擎发起搜索后，会根据相关度和吸引力点击一些内容。设想这样的场景：当用户浏览了搜索结果，直接点击了排名第三的内容，因为多数用户通常会顺序阅读内容，所以可以认为他感觉排名第三的内容比前两位好。如此可生成两个样本：Score（Query 和 Doc3）> Score（Query 和 Doc1）、

Score（Query 和 Doc3）＞Score（Query 和 Doc2）。Score 是待学习的相似度函数。从样本的形式可见，逐对排序模型的优化目标是，使得两个 Score 样本的分值差尽量大。基于这个优化目标，所设计的模型结构如图 3-40 所示。

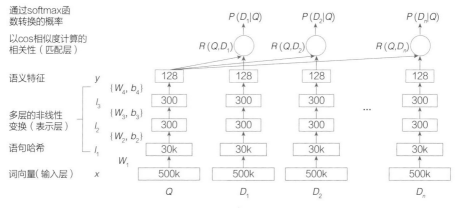

图 3-39　DSSM 结构

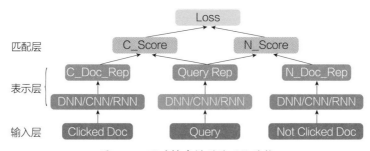

图 3-40　逐对排序模型的网络结构

其中，

Query：搜索词。

Doc：内容标题，被点击的标题是 Clicked Doc，未被点击的标题则为 Not Clicked Doc。

Query Rep：经过深度网络转化后的搜索词的新表示。

Doc Rep：内容标题经过深度网络转化后的新表示，被点击的标题表示为 C_Doc_Rep，未被点击的标题表示为 N_Doc_Rep。

Score：向量相似度的得分，如空间距离和余弦夹角。

Loss：分类误差的计算函数，如 SVM 模型使用的 Hinge Loss 函数。

从图 3-40 中可看出，模型主要按照四个逻辑层次来构建：

1）搜索词和内容标题的向量表示（输入）：对搜索词和内容标题分词（解构出独立的单词）。通过查找词语的向量表，得到每个词语的向量表示，再组合构成搜索词和标题的诸多词向量，如简单地按位加和，可生成它们的向量表示。

2）深度学习网络（学习抽象）：搜索词和内容标题的原始表示经过神经网络的层层处理，可映射到一个可比较的空间中。对于神经网络可以选用 DNN，也可以选用更适合处理文本的 CNN 和 RNN，因为文本是具备局域语义和序列信息的。至于怎样定义可比较的空间以及转换过程的具体参数，完全由数据驱动。

3）相似度计算：计算搜索词和内容标题的两个新向量表示之间的相似度，可采用余弦夹角相似度来计算。

4）计算分类误差：针对正负例样本各实现一次步骤 1）~3），可得到两个相关性输出 C_Score 和 N_Score。接着，可采用 Hinge Loss 函数，根据这两个得分计算模型的分类误差。

模型的同一个逻辑层大多具有同样的表达，只有 Query 向量的转换网络和 Doc 向量的转换网络不同。这是因为在设计模型时，基于对问题的思考，加入了一些先验假设。

1）假设 1：因为绝大部分词语在不同的搜索词和内容标题中有相同的语义，所以搜索词和内容标题共享一套词语向量表示。

2）假设 2：因为搜索词是短文本，内容标题是长文本，两者在语义表示上不尽相同，所以搜索词和内容标题使用的转换网络不同，两者互相独立。

在训练阶段，优化目标是使尽量多的训练数据被正确分类（如 S1＞S2）。在预测阶段，直接使用计算搜索词和内容标题的相似度输出 Score 作为排序的依据。这是非常便捷的，模型在进行预测时使用的结构只是在训练时使用的结构的一部分，如图 3-41 所示。

上述分析揭示了 DSSM 的设计思想和构成框架，下面以一个最为简单的实现说明网络

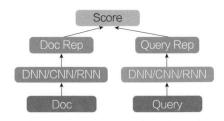

图 3-41　预测时只使用部分网络结构

结构细节。在如图 3-42 所示的简单设计中，多层的表示变换使用的是最基本的 DNN，如果读者对于使用 CNN 或 RNN 感兴趣，可以参看论文 "A latent semantic model with convolutional-pooling structure for information retrieval" 和 "Semantic modelling with long-short-term memory for information retrieval"。

1）输入层：将搜索词和内容标题转变成向量表示。

①对原始文本进行分词，将其拆解成一系列单词。

②查表取得每个词语的向量表示，通常只选高频词，比如频度排名前 100 万的词构成词典，使用 100 维向量表示词典中的每个词语（显然不是独热表示方法）。词向量可以随机初始化，并在训练过程中优化。在实际中，为了利用 GPU 的计算优势（擅长做向量计算），查表功能是将独热向量与表示矩阵进行矩阵乘法实现的。

③将构成原始文本的每个词语的向量表示按位相加，得到原始文本的向量表示（100 维）。

无论一个词语是在搜索词中还是在内容标题中，均共享一套相同的向量表示，这样

更贴合现实场景（多数情况下，不同句子中的相同词语的含义一致）。

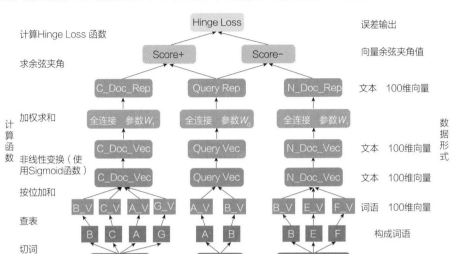

图 3-42　DSSM 的简单实现方案

2）网络层：将搜索词向量和内容标题向量转变到一个可比较的空间中。

①对文本向量的每一位元素求 softsign 值，形成文本的第一层表示 x_1。

②对第一层表示 x_1 进行线性变换（全连接层），得到第二层表示 x_2。这两层表示的关系为 $x_2 = Wx_1 + b$，W 是全连接层的参数矩阵。

全连接层的线性加权和非线性变换是神经网络采用的标准做法，它们将搜索词和内容标题的向量表示，从原始空间变换到更适合计算相关性的空间中。

此外，处理两个内容标题（正负样本）的网络共享一套参数（如图中的 W_1）。处理搜索词和内容标题的网络参数不同的原因是，前者是短文本，后者是长文本。处理不同的内容标题使用同一套方案，会使得该转换网络具备更强的泛化性，这相当于对模型做了合理的正则化（减少了参数规模）。

3）输出层：计算经转换后两个向量的余弦相似度，得到相似度得分。预测过程到输出得分就结束了，训练过程还要进行误差的计算。分类模型有两种常用的误差计算函数：Log Loss（逻辑回归模型）和 Hinge Loss（SVM 模型）。其中，Log Loss 函数的优势在于输出结果不仅可以用于分类，也可以表示结果属于某个类别的概率；Hinge Loss 函数的优势在于聚焦精确的分类边界，更细致地考虑处于分类边界的样本。因为我们只关心排序分类的准确率，所以这里采用 Hinge Loss 函数，公式如下：

$$L = -\frac{1}{n}\sum_{i=1}^{n}\left[y_i\log(\hat{y_i}) + (1-y_i)\log(1-\hat{y_i})\right]$$

$$\ell(y) = \max(0, 1 - t \cdot y)$$

DSSM 的结构设计至此全部讲完，下面是一些模型训练技巧：

1）训练数据量通常是参数的 10 倍以上，不过由于互联网产品的用户数据比较丰富，因此在获取大规模样本上不存在障碍。但为了追求准确性，测试样本一般是人工标注的样本。使用逐点方式进行人工标注更加高效，经人工标注的样本可转变成逐对形式用于测试。例如标注是针对搜索词 C 给两个文档（A 和 B）进行打分。A 为 3 分，B 为 5 分（5 分为相关性最高分），那么 A＜B 就形成一个逐对形式的标注数据。

2）对于使用随机梯度下降法的优化方案，每个训练数据片中的样本差异越大，学习效率越高。因为由一条用户行为日志往往可构造出多个样本（用户点击搜索出的 10 条结果中的一个，可生成 9 个比较对样本），而这些样本比较相近，所以随机打乱训练样本顺序（shuffle the sample），模型会有更快的收敛速度。

3）前文讲过，当输入特征的各个维度的尺度不同时，会影响模型的学习效率。同时，因为非线性变换 Sigmoid 函数在输入为 0 附近的梯度最大，所以当输入特征的各维度不在 0 附近时，也会影响模型的学习效率。基于这两点考虑，全连接层的参数初始化为"均值是 0、方差是 1 的正态分布"下的随机值，如图 3-43 所示。

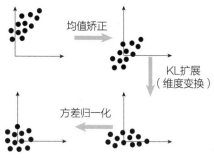

图 3-43　初始化参数的最佳分布

注意到在该网络结构中，两种参数共同决定了模型的处理逻辑：全连接层的参数 W 和词语的向量表示 E。如果放开对词语向量表示（词表）的学习，即训练过程的梯度优化也会改变词语的向量表示，那么在训练结束后就可以得到词向量这种有价值的副产物。

5. 三种语义表示方法的比较

截至目前，我们展示了三种表达语义向量的方法，既然最终结果都是获得一种有语义表达能力的词向量，是不是随便选用一种就可以了，它们之间是否存在差异呢？

答案是肯定的！由于训练这些词向量的驱动数据不同，因此尽管它们均能表达语义，但计算语义相关性的效果"感觉"是不同的！

- **主题模型的词向量**：主题模型使用的是文档和词语的共现信息，但并没有详细考察词语在文档中出现的环境和规律，因此，如果两个由主题模型训练出来的词向量相近，只能说明它们属于同一个主题，并不一定具有同义或近义关系，比如"特朗普"和"美国"，"科比"和"十佳球"等，均是主题相关的词语。
- **Word2Vector 的词向量**：语言模型是基于词语上下文顺序信息训练的，因此两个相近的词向量并不是"同义词"，而是在同样的语境下出现的"同位词"。例如"北京是中国的首都"和"华盛顿是美国的首都"在很多文章中出现过，由于"X

是 Y 的首都"是一个高频语境模式，"北京"和"华盛顿"的词向量会比较接近，"中国"和"美国"的词向量也会比较接近，但它们显然不是同义词。再例如，某产品有大量的"A 产品特别好""B 产品特别差"的评论，如果使用这种语料训练词向量，"好"与"差"的词向量也会非常接近，因为它们的语境类似，但它们的语义是相反的。

- DSSM 的词向量：DSSM 使用的数据是用户通过搜索和点击行为标记出来的，这是挖掘语义相关性的最佳数据。用户在搜索和点击行为中，不经意地将他们对语义相关性的认识也一同表达了出来。比如搜索"拧螺丝费劲怎么办"的用户，其内在需求是"电动螺丝刀"，因此这些人会点击一些含有电动螺丝刀的内容结果。基于这个场景数据训练的词向量相对准确地刻画了相关性。甚至是对于深层次的语义相关性，所挖掘出来的相近表达可能在文本字面上完全不同。

综上，虽然这三种词向量都是词语向量化的表达，但由于驱动场景数据不同，计算"相关性"的感觉也不尽相同。虽然第三种模型的词向量在表达相关性上最为准确，但获取搜索数据的难度也是最高的。而前两种模型则相对容易，因为互联网上有大量的文档语料可供抓取和使用。使用哪种词向量，还应根据应用场景和数据条件来综合决定，但无论是哪种词向量，都是提取人类表达的信息加工结果所得。

之所以使用如此多的篇幅介绍词向量，一方面是因为表示学习这种深度学习的衍生物的应用范围很广，十分有用；另一方面是希望以此激发读者更加深入和独立地思考，避免在工作中照抄论文和书籍中的模型。笔者认为只有对"模型从数据中提取信息"这个问题有了更深入本质的思考，才能在实际工作中举一反三，灵活地运用模型处理所遇到的问题。

第4章

▼

机器学习的建模实践

前面的章节系统地介绍了关于机器模型的一些基础知识，并提出一个好的机器模型一定是建立在实际业务基础上的，只有充分利用实践经验，才能设计出真正有用的模型。为了让读者更深刻地理解这一观点，本章会介绍一些实践经验。

一般而言，在掌握了模型的基础知识之后，模型设计师还要具备四项实践经验：业务建模、特征工程、样本处理和模型评估。尽管本书介绍这部分内容所用的篇幅并不多，但在实际工作中工程师在这四方面投入的精力，往往会占全部工作量的 70% 以上。不过，因为现阶段常用的机器学习模型已经被 AutoML 工具或者开源代码库覆盖了，很多情况下，设计人员直接使用现有模型即可，所以这部分高精力投入被节省了。业务建模、特征工程、样本处理和模型评估属于定制化工作，更多依靠设计师"艺术化"的处理方式，辅助工具很少能帮上忙。笔者希望本章能起到抛砖引玉的效果，读者阅读本章并结合自身的实践，可收获自己的方法论。

4.1 业务建模

4.1.1 如何做好业务建模

教科书讲述的建模案例，往往与考试题形式类似，机械地列出前提条件，请学生写出求解过程并计算答案。但实际工作并不是学校考试，"回答考题"这样理想的工作状态并不常见，多数时候，我们连题目也没真正弄明白。因此，在实践中决不能照本宣科，只有能够真正地发现题目和定义题目，才有可能成功完成建模。

如何做好业务建模呢？一言以蔽之——只有跳出技术，才能做好技术。在项目启动时，过早地思考细节会失去对业务全局的把控。没有人是为了建模而建模，建模的目的是解决业务需求。因此正确的步骤应该是：先分析业务场景，再基于对业务模式的深刻理解设计出系统方案，最后分解出需要模型解决的任务，如图 4-1 所示。由此可见，业务建模可以拆分为三个层次来实现，具体是理解业务模式、设计系统方案和实现建模任务，笔者称其为"三层思考法"。

之所以使用"三层思考法"完成业务建模，是因为针对不同的业务场景和目标，需要使用完全不同的模型方案。举例来说，某个 App 针对一批文章和视频内容，由于构想的产品需求不同，因此所面临的机器学习任务不同，建模方案也会不尽相同。

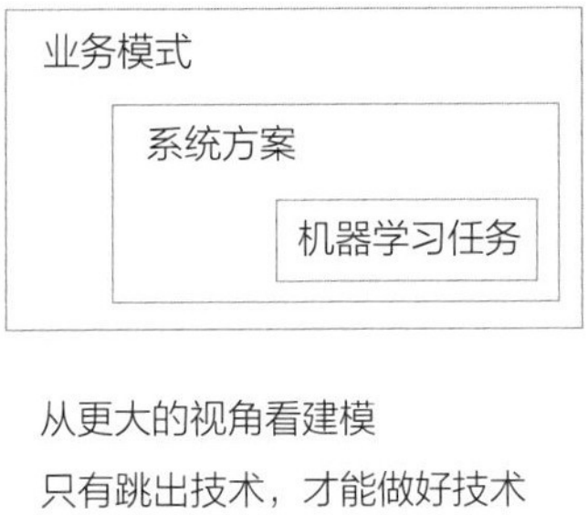

图 4-1　只有跳出技术，才能做好技术

- 需求场景 1：判断内容是否有价值，有价值的留下，没价值的丢掉。这是分类任务。
- 需求场景 2：预估内容在明日的浏览量，决定是否将其推上热门榜单。这是回归任务。
- 需求场景 3：基于用户输入的搜索词，展现相关内容列表。这是排序任务。
- 需求场景 4：基于用户的浏览历史，展现推荐内容列表。这是推荐任务。

由此可见，业务需求决定模型类型，适用一切场景的、"万能型"的机器模型是不存在的。举例来说，电商平台掌握了很多店铺的销售数据，这使其可以用较低的成本来评估中小企业的经营状况（与银行的重投入调研相比），并据此开展信贷业务。为了实现这个目标，需要研发一个有效的企业信用模型来控制信贷风险。对于企业信用模型，输出 Y 的含义应该是什么呢？笔者曾与很多资深的电商从业人员讨论，很多人想当然地认为："店铺流水量大的企业应该是高信用客户，因为它们的业务比较稳固，不容易出问题。"也有不少人认为："从事彩票、成人用品等高风险行业的企业应该是低信用客户，因为这些客户的业务处于法律边缘，容易受到政策调控的影响。"其实，这些判断并不准确，他们的思维模式更多是"什么样的特征 X 可能会导致信用 Y 变化"，而不是"信用 Y 是什么"。实际上，需要根据应用场景对模型的需求来确定信用的含义，即在信贷业务中"信用评分"起到的作用。业务人员给高信用客户发放贷款，而拒绝低信用客户的贷款申请，信用的本质（模型预测结果 Y）是对客户违约（延期还款或不还款）概率的衡量，它的定义与客户所在行业、店铺流水和国家政策等均无关。

题外话：不忘初心，方得始终，初心易得，始终难守

"不忘初心，方得始终"这句话大家都听过，如果说得通俗一些，所谓初心，就是在人生的起点许下的梦想，是一生渴望抵达的目标。不忘初心，才会找对人生方向，才会坚定我们的追求，抵达自己的初衷。不过大家可能还不知道，这句话后面还有"初心易得，始终难守"，它很现实地揭露了在现实生活中，坚持初心不易。

故事1：有个老人习惯每天在公园的角落静静地享受静谧时光，突然某天公园里来了一群孩子，非常吵闹，老人感觉自己的生活被严重打扰了，于是想了一个办法。第一天，他和孩子们说："看你们欢乐地玩耍，我感觉非常舒心，以后你们每天都来玩吧，我给你们10美元一天。"孩子们乐坏了，很高兴地答应了。到了第二周，老人又说："我最近手头有点拮据，只能每天给5美元了。"孩子们想了想，也可以接受，依然每天来玩耍。到了第三周，老人把金额降到了2美元，再到第四周，老人和孩子们说："我的经济条件其实不太好，以后能不能就不给大家钱了，让我免费看大家玩耍呢？"孩子们纷纷大怒："我们这么用心、这么累地玩耍，容易吗？！"之后再也不来公园这边玩了。老人最终获得了自己想要的清净。

故事1里的这些孩子受到金钱的诱惑，忘记了自己来公园玩耍的初衷。

故事2：一位刚毕业参加工作的工程师，非常喜欢编程实现产品的过程，他探索了多种方法，并进行了长时间的思考，最后采用很巧妙的架构设计实现了产品更好的响应速度，超额完成工作。在这个过程中，他沉浸在工作的"心流"状态中，感受到了充实与快乐。半年后，由于他出色的表现，团队领导主动给他升职、加薪，并委以重任，工程师受到这种意外的奖励非常开心，更全身心地投入后续工作中。不过，久而久之，这位工程师忘记了探索本身的乐趣，他工作的目标开始仅局限于升职、加薪。

这两个故事都在告诉我们"不忘初心，方得始终"，但可能大家对故事2会有更多的共鸣。其实我们每个人的内心都没有自己想象的那么强大，我们最初追求的目标往往会随着时间的流逝渐渐被喧嚣社会中的各种价值观淹没，不知不觉中改变了自己的目标和初心。或者我们从来就没有真正思索过自己到底想要什么。能够坚守自己的价值观和人生目标，不受社会影响的人，往往可以"以更低成本"收获真正的幸福，因为绝大部分人都在追求社会给他们定的人生目标，使得这条道路上的竞争异常惨烈，而真正通向自我幸福的道路则人迹罕至。笔者认为，无论是模型还是人生，反复思考目标是成功的保障，因为错误的目标会浪费大量时间。

4.1.2 案例：两个不同的排序模型

大量的互联网 App 中不仅有内容供给者提供的资讯，还含有大量可带来商业收入的商品和服务，例如抖音、淘宝、美团均是如此。当用户打开 App 时，App 会根据用户的个性化信息召回内容队列，那么召回资讯队列的排序模型和召回商品/服务队列的排序模型是否一样？下面就以"三层思考法"进行分析和设计，我们会发现这两个看似相近的排序问题会有完全不同的解决方案。

- 层次 1 - 业务模式：第一种场景，App 免费向用户提供资讯，并根据用户的个性化信息向其展现可能最感兴趣、最优质的内容，吸引用户更多地使用 App。第二种场景，App 提供商品和服务时，会根据用户的消费情况对商家抽成，因此希望顾客更多地下单消费。
- 层次 2 - 系统设计：为了实现个性化推荐，需要搭建资讯的检索系统和商品 / 服务的检索系统，且每个系统均涉及线下建库和线上检索两个模块。
- 层次 3 - 建模任务：在以上两个检索系统中，有一个模块的任务是对召回的内容进行排序。从表面看，这两个系统的排序需求是类似的（只不过排序的内容分别是资讯和商品 / 服务），那么它们是否可以使用相同的模型呢？

下面展开更多的细节分析，探讨"表面类似"的需求能否用相同的模型来满足。在此之前，先概要介绍一下检索系统的实现原理。

内容检索本质上可分为离线建库过程和在线查询过程，如图 4-2 所示。首先我们解析一下离线建库的三个步骤：

- 步骤 1：请内容供给者按照规定的模板提供内容。
- 步骤 2：审核内容是否合规。
- 步骤 3：基于内容建立可索引的标签（比如内容主题、作者，甚至更细节的描述等），然后建立从标签到内容的倒排索引。

建立索引是为了后续可通过标签提取出含有该标签的候选内容。整个过程类似于图书馆的建立过程，首先通过各种方式获取海量图书，然后根据每本书的类目和书名的字母排序建立索引，将其插入对应的书架上。这样在查找图书时，可以根据索引逻辑，快速定位放置该书的书架和位置。

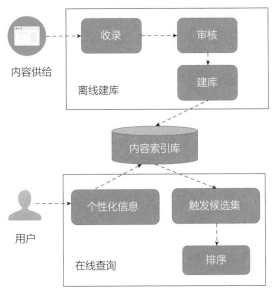

图 4-2　检索系统的实现过程

不难发现，建立索引的过程很麻烦、很耗时，但基于索引查找图书的过程很便捷、很迅速，我们建立的内容库索引亦是如此。假设一个必要的计算可安排在线上（用户使用时发生），也可以安排在线下（在用户使用前预备好），那么该计算通常会被放在线下进行以获得更高性能。同时为了实现"建库慢但查询快，将更多计算时间消耗在线下"的目标，往往会采用"倒排索引"的方式。所谓倒排索引就是记录每个标签可匹配哪些内容，而不是记录一份内容有哪些标签。

完成内容库的建设后，在线查询过程也分为三个步骤。首先，根据用户 ID 调取用户的个性化信息。通常，除了性别、年龄等固定信息外，还涉及可变信息，比如当前的时间或用户所在的地理位置等。接着，将用户的个性化信息转换成大量可供检索的内容标签后，根据每个标签的倒排索引可得到多个候选内容集（由一个标签提取出一个候选集合），再使用多路归并方法将这些候选集内容合并。最后，依据用户和内容的匹配度以及内容本身的质量进行更精细化的排序。

以上就是构建一个检索系统的基本流程。内容检索系统与商品 / 服务检索系统的区别仅在于索引库的内容不同，一个存放的是内容供给者提供的资讯，另一个存放的是商品或服务，其他的构建步骤是非常相似的。

如此相似的两个检索系统，排序召回结果时能否使用同一模型呢？回答这个问题时需要分析实现的目标是什么。两个"貌似"相同的任务，它们的优化目标实际上有着天壤之别，见表 4-1。

表 4-1　资讯检索系统和商品 / 服务检索系统所用的排序模型对比

	检索资讯的排序任务	检索商品 / 服务的排序任务
业务目标	展现能最好满足用户需求的内容	收入＝成单率 × 抽成费
决策信息	目标：模糊（相关性？内容质量？…），定序（直接用于排序） 场景：资讯候选集庞大，历史点击数据相对长尾	目标：清晰（预估成单率），定距（用于计算收入，根据收入再排序） 场景：商品 / 服务候选集有限，历史消费数据相对集中
模型方案	■　双层模型 ①上层：赋权模型（少量高层特征）→目标不明确＋强泛化性＋高性能＋白盒模型（便于分析案例） ②下层：以用户历史点击数据训练模型的输出，并将该输出作为上层模型的特征输入 ■　数据 ①标注数据→用于最终排序 ②用户点击数据→仅用于学习泛化特征 ■　排序问题：回归问题变型	■　预估商品 / 服务的成单率，使用回归模型 ■　数据：用户的历史浏览数据和消费数据 ■　根据场景的数据量细分 ①数据充分：精细刻画，统计历史成单率，追求过拟合 ②数据不充分：聚合场景，充分泛化 ■　黑盒模型：预估精度最重要，并不需要解释结果

资讯排序模型的优化目标是尽量满足用户的个性化需求，但用户究竟需要什么呢？这其实很难有一个明确的量化指标，但还是可以用几个维度进行定性描述。第一，用户往往期望展现的结果与他的个性化需求尽量相关，比如用户关心"进出口贸易"，那么可给他展现"进出口政策解读视频"。第二，用户期望展现的内容是有趣的、优质的，那么可展现给用户关于"九寨沟旅游"的内容，或者是携程、国旅等高品质旅游团的服

务，或者是马蜂窝上的精彩游记，而不是一些虚假的广告宣传。但在实际工作中将这些描述性的衡量标准转化成量化指标是很困难的，而且我们也发现，在应用场景中不需要对每篇内容都进行量化评估，只要得到它们的优劣顺序即可（即互相比较优劣的结果），因此，针对这样的优化目标，一般的解决方案是由大量标注人员模拟实际用户需求，对同一个候选集的内容进行两两比较，标注优劣顺序。使用标注数据表征模型的训练目标时，模型预测结果越接近标注结果越好。因为模型要学习的是"用户满意"这个目标，所以需要大量的用户标注数据作为训练数据，这些训练数据中蕴含着用户满意和不满意的真实信息。如果模型能够很好地拟合这份数据，就说明其已实现期望的优化目标："内容排序满足用户的需求"。

商品 / 服务排序模型的优化目标有两个：一是向用户提供相关且更优质的商品 / 服务；二是使平台获取更可观的抽成收入。许多提供商品 / 服务的互联网平台采用按照销售量抽成的计费模式，因此平台的收入＝成单率 × 商品 / 服务的价格。商品 / 服务的抽成费是商家设定的确定值，所以平台为了让收入最大化，需要使商品 / 服务的成单率达到最大化。多数时候，成单率较高能间接证明商品 / 服务是比较能满足用户需要的。但针对一些特殊领域，则需要通过审核机制排除一些虚假宣传的商品 / 服务，保证用户体验。对于排序任务，模型的主要目标是准确预测成单率，这是一个非常明确的量化指标。

以上两个模型除了目标不同之外，用于训练模型的样本数据也不同。众所周知，用户使用 App 时会产生大量的点击或消费行为（无论是点击资讯还是点击商品 / 服务），所以基于用户行为数据构造训练样本是很自然的选择。在多数情况下，App 中资讯的数量远远大于商品和服务的数量。在同等量级的用户曝光和点击 / 消费前提下，商品 / 服务样本的数据分布相对集中，即每个商品 / 服务的平均消费量远超每个资讯内容的点击量。也就是说，资讯的点击样本数据比商品 / 服务的消费样本数据更加长尾，这会极大影响设计模型特征的思路。资讯排序模型需要使用更加泛化的特征设计，而商品 / 服务的成单率预估模型则需要使用更精细的特征设计。

综上，两者在优化目标和训练数据上的不同，导致了完全不同的模型设计方案。

对于资讯排序模型，由于不能以点击率作为评估标准，因此需要依赖人工标注的数据来训练。因为人工标注的数据与用户点击数据相比，量级较小，所以只能支持少量特征＋相对简单模型的训练。这就要求把模型设计成双层，上层模型只处理少量的强泛化的特征，使用标注数据训练。采用大量用户点击数据训练的模型处于下层，下层模型的输出作为上层模型的特征输入。一方面，这样的设计保证了模型的泛化性，以应对有限的标注数据；另一方面，少量的高层特征有助于更方便地定位问题样本（即没有解决的问题，Bad Case）。当然，海量的用户点击数据也不能浪费，虽然点击率无法代表理想的用户需求，但也是重要的参考信息，因此，将用户的点击数据转化成有两两比较顺序的内容对（用户跳过内容 A，点击内容 B，说明他认为 B 比 A 更有吸引力），构建一个逐对排序（Pairwise Ranking）的底层模型（详见第 3 章），并将其输出作为上层模型的特征输入。双层设计兼顾了用户点击行为中蕴含的信息价值，但又不会完全依赖用户行为（容易被带偏）。

商品/服务排序模型在整体设计上不需要考虑这么多，因为优化目标非常清晰：更准确地预估商品/服务的成单率。所以该排序任务可以直接由一个模型完成。由于可以直接使用海量的用户消费数据作为训练样本，所以模型采用深度学习技术，并大量使用细粒度特征。

学完本推荐系统案例，再体味一下这句话：即使是"外表"类似的目标，也可能需要完全不同的模型，只有跳出技术，才能做好技术。

4.2 特征工程

4.2.1 特征工程的定义

被模型用来认知和表征任务的特定信息，称为特征。通俗地说，特征就是可以用来预测 Y 值的因子 X。本质上看，特征是针对和描述待解决的任务的最佳角度。人类也是通过特征来认知生活中的各种物品的（比如"巨大的""黑色的"和"高质量的"等描述性词语就是特征），再根据这些特征来决策物品的使用场景，甚至人类会基于一堆"头衔"和"标签"特征（大脑中的逻辑概念）认知自己，决策自己应该怎样行动。当这些标签被剥夺了后，人往往会失去认知感。

同理，机器学习与人类的认知过程是一样的，也是根据特征来认知样本，进而完成对输出结果的预测。

对于不同的事务，有的特征有效，有的特征无效，甚至与预测结果是正交的。例如判断能否把一头大象放进冰箱，那么大象的体积特征和冰箱的尺寸特征较为关键，大象是什么颜色、冰箱是哪个品牌则无关紧要。机器学习领域中有句谚语：特征决定了模型的上限，模型决定了接近该上限的程度。最强力的模型也只能百分之百地刻画特征与模型输出之间的关系，因此如果没有更本质特征的支持，模型的预测效果并不乐观。综上，找到最有效的描述特征是构建模型的重点，这一寻找过程称为特征工程。

特征工程有一个正式的定义："By feature engineering, I mean using domain specific knowledge or automatic methods for generating, extracting, removing or altering features in the data set"[一]。这句话隐含了两个重点：一是特征工程涉及两种技术路线，即人工设计特征和机器自动学习特征；二是特征工程不仅是构建特征，还涉及特征的变换、优化和删除。

一 特征工程是指依靠领域知识或者自动化的方法产生、提取和优化数据集中的特征。

4.2.2　信息可以存储在特征中，也可以存储在模型中

在开展更深入的讨论之前，我们先来思考模型是如何使用特征的。

模型使用特征的方法有两种，一种用于切分场景，另一种用于生成结果。

1）用于切分场景：以逻辑模型为典型，例如决策树模型，当 $x>a$ 时，$y=0$，而当 $x \leq a$ 时，$y=1$。也就是，根据特征的不同取值，有不同的预测分支。

2）用于生成结果：以几何模型为典型，例如线性回归模型 $y=ax+b$，特征是预测值的一部分。

当然，在更多的时候，可以两种用法兼具，比如当 $x>0$，$y=x$，当 $x<0$，$y=-x$。

基于上述分析，机器学习模型的输出是由特征构成的（或者说影响的）。除此以外，模型的输出还与哪些因素有关呢？一般来说，模型的输出（即所表达的完整信息）=假设 + 特征 + 参数，只有在等式右边的三个变量完全确定后，模型才会有确定的输出。

- **构成 1- 特征**：究竟哪些 X 与 Y 的产生有关？
- **构成 2- 假设**：Y 与 X 是哪种类型的关系？
- **构成 3- 参数**：在特定假设下，关系的具体表现形式（如数学表达式等）是什么？

既然三者兼并才构成模型的完整信息，那么在设计模型时就拥有了一定的灵活性。同样的信息既可以放在模型的假设中，也可以放在模型的特征中。例如，假设真实的关系是 $y=x^2$，首先采用"假设"表达方案，使用多项式假设 $y=wx^n$（如 $y=w_1x^3+w_2x^2+w_3x+w_4$），经过训练，x^2 项的系数为 1，其余阶数项的系数为 0。不难发现，此时信息更多是在模型假设中表达的。再尝试一下"特征"表达方案，"领域专家经过深思"，构造出一个新的特征 $z=x^2$，预测值 y 与新特征 z 的关系可以用简单的线性模型来进行拟合 $y=z$，此时信息更多是在特征中表达的。

再举一个更复杂的案例，即以之前提到过的寿龄预测案例来说明。吸烟和酗酒均会影响寿龄，假设两者的平均影响分别是减少 5 岁和减少 1 岁，而两者并存可能引发某种并发症，大幅减少寿龄 10 岁。这是一种非线性关系，既可以存储在模型假设中，也可以存储在模型特征中。如图 4-3 的左侧所示，直接使用决策树模型可以很好地拟合这种非线性关系，此时信息存储在模型假设中。如图 4-3 的右侧所示，将吸烟和酗酒这两个原始特征的四种组合变换成四种新特征，然后使用线性假设拟合新特征，此时信息存储在特征中。

因为信息的表达存在较高的灵活性，所以依据把信息更多地放在模型的假设中还是放在特征中，衍生出了两种不同的技术路线。

将信息更多地放在特征中，就形成了"特征工程＋简单假设"的技术路线。这种技术路线的特点是，投入大量的人力做特征设计，但使用相对简单的模型假设实现预测。其优势是成本低、见效快、性能高、易解释，所以在建模的初期通常采用这种模式构建一个基础版本（baseline）版本，再逐步优化。

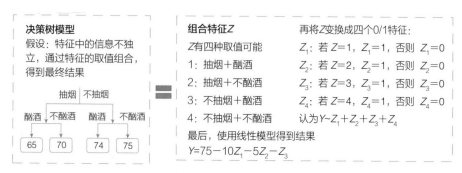

图 4-3 将信息存储在假设中和将信息存储在特征中是等价的

将信息更多地放在模型假设中，就形成了"原始特征＋复杂假设"的技术路线。这种技术路线的特点是，投入大量的人力做模型假设，尽管模型仅接入原始特征，但凭借强大的假设关系可以将更深层次的关联信息挖掘出来，也称为"特征自动学习"。其缺点是要由大数据驱动，需要应用场景产生或人工标注海量的样本，优点是节省了大量领域专家的精力投入，由非领域专家也能构建出效果不错的模型。这条技术路线的典型代表就是"深度学习"。

实际上，虽然这两种方案看上去天差地别，但其实并不冲突。在样本量较少时，人工设计的特征往往有更好的泛化性和预测效果，因为其中蕴含了一些从数据中无法学习到的、人类对事物的深层次理解的信息。不过，这种有效性会随着数据量的逐渐增多而减弱，被大量从数据中自动学习到的特征所替代。但是从另一个角度看，即使是一个非常有效的深度学习模型，使用一些人工特征往往也会带来一定的正向效果。因此，实际上，往往是交替持续使用模型假设优化和特征优化，而不是在一条路上跑到黑。

了解特征工程的基本概念后，可进入特征设计环节。从信息抽象层次来看，特征可分为原始特征和人为加工的高级特征，后者非常依赖领域知识。例如在计算机视觉领域，图像原始像素的 RGB 向量是原始特征，而使用人工设计的特征提取方法（SIFT 或者深度学习模型）获得的表示向量是高级特征。假设我们有一张波斯猫图像，想在图片库中检索其他猫类动物图像，如果是基于原始特征来比较两张图像，只有当图像中的两只猫像素级相同时才会匹配，但显然这样的匹配度过低，不能满足现实需求。因此我们应该采取具有更强语义泛化性的高级特征来进行比较，这样就可以找到其他猫类图像（例如毛色或大小不同的猫咪）。再如电信行业中挽回流失客户的案例，电信运营商期望对有流失倾向的客户做出预警，客服可以提前与客户沟通，给予关怀，减少客户流失率。基于客户历史通话的各种统计特征（通话频度、累积通话时长等），可认为是一种原始特征。但通过对电信业务的观察与分析，多数客户在流失前存在一个有趣的行为规律：虽然客户已经使用了其他运营商的号码，但他并不会马上停止使用当前的手机号，以防止一些没有通知到的朋友联系不上，但旧的号码只用来接电话和接短信，并告知打电话过来的朋友现在用的新号码。这种"只有呼入，没有呼出"的通话模式是一种更高级的特征，对预测客户流失相当有效。

以此可见，设计一个有效的高级特征需要深刻理解该领域的业务。在训练样本量匮乏时，高级特征可以发挥巨大的作用。因为匮乏的样本量无法支撑复杂模型的训练，可用的特征数量有限，所以这个时候就需要每个特征均有很强的泛化能力。行业领域专家设计的高级特征通常是非线性的、含有深层次因果信息的，具有很强的泛化能力。反过来说，如果期望使用模型代替专家来提取特征，就必须满足拥有"超大的样本量集合"这样的前提条件。否则就难以实现。

笔者之前曾与一位著名的营销专家讨论过关于机器学习技术发展的问题，当时他心怀忐忑地表达："大数据时代，营销专家是不是都要被机器学习模型替代了？对用户行为的心理学理解还有没有用武之地？"相信基于刚才的分析，大家心里会有清晰的答案。现阶段多数互联网媒体平台都是使用个性化广告模式来盈利，该模式的核心是，如何基于用户个性化信息来预测其感兴趣的广告。谈起用户个性化信息，很容易想到用户在注册时提交的信息，比如年龄、性别等。其次，还可以基于用户的历史行为数据构造特征，比如其在网站上关注的内容类别，经常点击的广告等。但也可以请营销专家根据用户属性和行为设计出一套心理学特征，比如用户 A 喜欢彰显自己的个性，用户 B 是一个价格敏感者，等等。这些心理学特征是由基础特征推导出的，与预测目标具有更强的关联性且具有更好的泛化性。当用户的历史行为数据（如广告点击量）有限时，使用这些心理学高级特征会取得更好的模型效果。当然，如果存在海量训练数据，使用原始特征（用户基本信息、历史浏览内容和消费记录等）加强模型（如深度学习模型）的组合，亦可达到良好的预测效果。如果解析这种模型的内部结构会发现，很多中间层的输出往往与心理学专家设计的特征有异曲同工之妙。

高级特征可以由专家设计，也可以通过深度学习方式自动提取，但上述两种方式各有利弊，不存在高低之分。有些情况下专家设计的特征更加有效，但另一些情况下由深度学习提取的特征更加有效，很多时候两者并不冲突，因此在深度学习大行其道的今天，读者们也千万不要忽视领域专家及其设计特征的作用。

4.2.3　特征工程案例

前面讲了很多理论内容，多少有点纸上谈兵的意思，下面通过一个实际案例来具体探讨，在不同场景下应该如何思考特征设计。该案例包括四个计算两个内容相关性的场景，它们的目标是一致的：设计"衡量两个内容的相关性"的特征，但每个场景在内容形态和范围上均存在差异，这样更有助于我们反思特征设计的思考过程。衡量两个内容的相关性在很多互联网应用中很常见，例如当用户浏览过某一项内容后，向其推荐相关的其他内容的场景。

- 场景 1：计算两段文本内容的相关性，这是最基础的相关性计算问题。
- 场景 2：聚焦在某领域，计算两段文本内容的相关性，可以基于领域知识优化计算。

- 场景 3：计算两段商业文本内容的相关性，例如商品、服务或广告，这会面临不同的训练数据分布和模型优化目标。
- 场景 4：计算图像内容和文本内容的相关性，需要解决如何计算两种异质内容的问题。

接下来，我们详细讨论每个细分场景的需求差异及其对特征设计造成的影响。

1. 场景 1：两段文本内容的相关性

两段文本内容的相关性是许多应用排序推荐结果的基础特征，而建立相关性模型的核心在于设计出能够高效表示两者相关程度的特征。因为待计算的两者均是文本，最容易想到的相关性指标是两者的重合度。如果两者有大段文本是相同的，那么它们的语义往往是相关的。基于此，可以设计出如下两个基础特征：

- **基础特征 1**：重合词语在文本 1 中的比例。
- **基础特征 2**：重合词语在文本 2 中的比例。

但是大多数情况下，不同词语在文本中的重要性是不同的，例如文本"原子能的资料"，这里面"资料"的重要性远远弱于"原子能"的重要性，而其中的"的"则更是没有任何实际价值。因此，我们需要在"基础特征"之上加入衡量词语重要性的指标（称为改进 1），最简单的改进方式是使用 TF/IDF。

除此以外，一些语义相似的概念未必有完全一致的文本表达，比如"话筒"和"麦克风"，"中国首都"和"北京"。另外许多不同词语之间还存在语义关联，有正向的也有负向的，例如"玫瑰花"和"兰花"是正相关的，而"线性代数"和"玫瑰花"则是负相关的（两者通常不会一起出现）。对于正相关的词语，有的相关程度高，有的相关程度低，比如"玫瑰花"和"情人节"，要比"玫瑰花"和"菊花茶"的相关度高。因此，如果只根据词语所含的文本信息匹配程度，来判断语义是否存在一致性，会出现"以偏概全"的问题，所以我们要让模型具备一种更"柔性"的语义相关性衡量指标（称为改进 2）。

如何获得这种"柔性"的语义相关性衡量指标呢？在 3.4.7 节，曾经介绍过语义向量的计算方法，通过主题模型、Word2Vector 模型或者逐对排序模型等，均可得到词语的向量表示，进一步计算两个词语向量的余弦相似度即可衡量它们的相关性。这里需要特别注意，基于不同场景的向量计算出的词语相关性是不同的，我们需要根据实际情况选择最适合的语义表示（向量）。

在开展上述改进工作后，在现实情况中仍然会遇到一些无法正确表示相关性的案例，比如"三亚到吉林的飞机"和"吉林到三亚的飞机"，其词语语义的匹配度很高，但由于顺序不同，这两句话具有完全不同的含义，因此我们还需要考虑匹配词语在两段文本中出现的位置关系，如间隔和顺序等（称为改进 3）。

在特征设计过程中，需要多思考如何基于用户的产品使用行为数据来构造特征，因为这可以使业务进入"产品体验领先→用户变多→积累的数据和特征领先→模型效果领先→产品体验领先"的正向循环，从而不依赖技术领先来保持市场领先地位，没有任何技术会永远立于不败之地，持续保持技术领先是很难做到的。例如，对于搜索产品，用户的很多行为会暴露语义信息——当用户将一个词语独立作为搜索词时，它的语义信息大概率是相对完整的；针对搜索序列（对同一个商品或服务的多次搜索），用户逐渐抛弃的修饰性表达，显然不如留下的修饰性表达重要等。

从上述设计流程可见，特征设计以最简单的解决方案为起点，逐步挖掘现方案中没有解决的问题（bad case），总结可改进的规律。因此，特征设计过程也是不断深入认识问题的过程，分析实际案例的方法非常有效。

2. 场景 2：聚焦在某个领域，两段文本内容的相关性

当文本被限制在某个领域内时，与通用场景的区别在于，可使用领域的特殊性和领域知识来优化特征设计。下面以"题目"领域的文本相关性计算为例来说明。

1）基于领域特殊性设计特征：首先分析求两段文本相关性的应用场景，例如用户在题库中搜索某个题目的答案（计算搜索的题目文本和题库中的题目文本的相关性）时，他查询的是题目的原始表述（使用复制和粘贴，往往一个字不改变）。他需要的并不是找到一些文本或语义相似的题目，而是原题（100% 相同），这样才能查看到正确答案。为了达成该目标，可为相关性模型设计一个"最长匹配文本片段"的特征，这对判断检索结果是否是原题非常有效。这种特征由于是基于领域问题特性专门设计的，因此难以扩展到通用场景中使用。

2）领域知识的运用：基于领域知识构建特征，如知识中的同义表达、知识点之间的关系等，可以得出非文本匹配所能表达的相关关系，这广泛出现在题目推荐等场景中。例如，知识点"极值"与"求导"高度相关，因此可以将一道"求极值"的题目和导数知识点关联起来。

3. 场景 3：商业文本内容的相关性

无论是通用场景还是垂直领域，在不涉及商业利益，仅为了提供推荐或搜索功能而计算文本相关性时，任务的目标是相似的，但如果两段文本含有商业信息，比如商品信息、服务信息或广告信息等，任务目标会完全不同。如之前的分析，这种商业任务更关注"预测用户对内容的点击率或成单率"而不是"相关性"。同时，由于商业物料数量通常远少于非商业的内容，因此在商业场景中积累的训练数据（用户的历史行为）也更加稠密。换一种说法，大部分商业内容中均积累有足够多的展现、点击和消费等数据，可以用于模型训练。

这两方面的不同导致了不同的特征设计。

1）相关性特征的重要性下降：对于非商业内容的推荐，对推荐内容和当前用户浏览内容的相关性要求更高，更重视用户体验。而对于商业内容的推荐，只要用户足够感兴趣，会点击商业内容并产生消费行为，那么相关性就不那么关键了。

2）特殊离散化设计：由于商业内容的样本数据更加集中（累积充足数据的细分

场景更多），因此在特征设计时要更加离散化，以便更精细地刻画场景。例如在场景1中提到的两段文本的重合词语比例的特征，对它们的刻画是不够精细的，但由于足够泛化，因此可应对数据不够充分的细分场景。但商业内容通常会使用"哪些词语匹配""哪些词语不匹配"作为特征，刻画出的特征更加精细，更加充分地利用了数据。如匹配两段文本"北京北苑鲜花速递"和"北京情人节鲜花"，精细刻画的特征是"'北京'词语匹配""'鲜花'词语匹配"，而强泛化（应对数据不足）的特征是"重合词语所占比例为 1/2"。

4. 场景 4：图像内容和文本内容的相关性

最后，我们探讨一种完全不同的场景：现今互联网内容中含有大量的图片，那么如果比较两个内容的相关性，是否可以把图片信息一并纳入考虑？比如一篇内容中的图片和另一篇内容中文本的相关性？即怎么设计衡量图像内容和文本内容相关性的特征呢？

计算图像和文本的相关性，与之前计算文本和文本的相关性不同。两段文本在相同的表示空间中，故而可以通过计算两者的文本或语义重合比例来计算相关性。但如果需比较相关性的是两种异构内容，一种是图像，另一种是文本，两者不在同一个表示空间内，那么就无法直接构造出相关性特征。因此，应该如何设计两种异构内容的相关性特征呢？

这时应该想到，既然两者不能直接比较，那么就需要找到一些它们之间的关联数据，从这些数据中挖掘出它们的深层次联系。但是问题又来了，哪些数据中蕴含着图像和文本的相关信息呢？一般情况下，典型来源有两种：

- 第一种是来自内容的创作者。作者在创作内容时，一般都会根据自己的理解来为文章配图，或者在图片下方写注释。无论是一篇新闻资讯，或商品说明，或广告文稿，其中的图文是存在逻辑性和关联的，可以用于挖掘图文相关性。
- 第二种是用户在使用互联网产品时，其行为数据暴露出的图文关系。例如用户搜索"刘德华的图片"时，在展现出的候选图片集中点了其中的一张或几张，这种行为表示他认可这几张是刘德华的图片。

分析上述两种来源可见，标注图文的数据本质上都是人类行为的贡献。

有了海量的图文标注数据，我们面临的下一个问题就是，如何构建一种更泛化的图文相关性模型呢？图和文不能比较的核心在于表示空间不同，所以我们完全可以基于关联数据，将它们折射到同一个表示空间，这样就很好地解决了这个难题。对于这种变换，我们可以使用 DMSM（Deep Multimodal Similarity Model）来完成，第 6 章有对DMSM 的详细介绍。使用这个模型，可以得到一种用于计算图文相关性的特征向量。

5. 特征设计要点

最后，从上述四个计算内容相关性的特征设计案例中，可以发现特征设计有四个要点：

1）对业务开展系统化的理解和思考是设计有效特征的前提。前面的案例说明，如果我们对业务没有系统化的深刻理解，很难有的放矢地设计出有效的模型特征，并极容易忽略一些重要的信息。在深度学习的时代，人工设计的特征也是模型抽取的特征的有效补充。因此，笔者认为在设计模型的时候，需要清楚了解每个特征都有什么含义、代表什么、对输出 Y 的贡献体现在哪里。

2）没有解决的问题是设计有效特征的重要来源。笔者在多年工作中发现，应观察和分析没有解决的问题含有哪些共性模式，然后通过这些共性模式来设计新特征，这样能很有针对性地提升模型的效果。

3）具体问题具体分析。上面的四个案例都是"计算两个内容的相关性"，以便将设计出的特征用于内容推荐等场景，但根据细分应用场景的不同（通用、领域、商业和图文），特征的设计方案也完全不同。这告诉我们，需要根据应用场景的业务目标、样本数据和领域知识等来设计模型，切不可用"以不变应万变"这种思维来解决问题。

4）注意挖掘用户的产品使用行为数据。一般情况下，大部分的技术领先仅仅只是暂时抢占了一个时间窗口，企业需要尽快有效地利用用户的产品使用数据来设计特征，这样才可以使产品快速进入"产品领先→数据领先→模型效果领先→产品领先"的正向发展循环。一旦进入该循环，企业在模型技术上的竞争力可转变成累积数据上的竞争力，发展会更加稳固（一直保持技术领先是很累的）。

4.2.4　特征的类型和维度

一般而言，会从两个维度来区分特征的类型：一是连续值或离散值，二是有序的还是无序的。这四种结果组合后可给出四种类型。

1）**数量特征**：连续＋有序，例如人的身高、商品的数量等。

2）**有序特征**：离散＋有序，例如学生的年级，虽然是离散的，但是有序的。

3）**属性特征**：离散＋无序，例如物体的颜色、电视的频道等。

4）**布尔特征**：二元属性特征，又被称为 0/1 值打散。例如对于有三个取值可能的属性特征，将其转变成三个二元特征，1 代表该样本是该取值，0 代表不是。这样做的原因是，不恰当的编码会误导模型，比如使用 0、1、2 三个数字代表蓝色、黄色和绿色是不合适的，0 相距 2 更远，但蓝色和绿色显然没有这种关系。

针对以上不同类型的特征，模型往往有着不同的处理方式。大部分情况下，为了最大化发挥模型的特征效用，经常会令特征在不同类型之间转换。下面介绍几种最常用的转换方式，并分析为何这样转换能够提升模型的效果。

1. 常用转换 1：特征泛化

大家都知道同一个特征往往会有不同的泛化层次，以"地域"特征为例，最细致的可以到"某城市的某个行政区域，如吉林市的昌邑区"，粒度粗一点则可以泛化到"城市"，如"吉林市"，如果再向上泛化一级，则可以到"省份"，如"吉林省"，当然最后还可以泛化到"国家"层面，如"中国"。因此在将新特征加入模型之前，我们最好先统计并了解它的泛化程度。一般而言，越细致的特征，泛化性越差，即该特征每个取值所覆盖的样本量越少。特征的泛化程度可以根据样本数量和模型复杂度来进行调整。笔者发现，泛化性好的特征通常不需要过多的样本数量就可以适应模型。不过，如果在实际操作中发现可供训练的样本量不足，那么就需要去掉泛化性不够的特征，或将其汇总到更高层的维度（如地域特征，泛化到更高的一级）。当一个特征在某取值上汇集了足够多的样本时，就可以得到置信度更高的统计结果。通常情况下，高级特征的泛化性更好，原始特征的泛化性会差一些。

2. 常用转换 2：归一化

将特征加入模型之前，如果出现以下三种情况，就需要进行归一化处理。

- **情况 1**：当多个特征的尺度近似时，模型的优化效率（如梯度下降）提高。
- **情况 2**：部分模型更善于处理某种分布的特征，如 LR 模型善于处理正态分布的特征。
- **情况 3**：模型权重有实际含义。在特征归一化处理后，线性模型的权重可代表该特征的重要性，供用户分析解读。

具体的归一化方案通常是使用某种函数映射，将特征的输出范围投影为 0~1。其中最简单的方案是，将特征的最大值和最小值之差作为分母，令特征的每个输出值除以这个分母，就可投影为 0~1 了。

$$x^* = \frac{x - \min}{\max - \min}$$

其中，x 是原始输入，x^* 是归一化后的输出。

3. 常用转换 3：函数变换

在实际应用中，我们要明确对特征做函数变换的目标是，让特征输出更适合模型的假设，比如以下几个案例。

案例 1　如果 Y 与特征 X 的关系是非线性的，但性能要求只能使用线性模型建模，那么怎样才能确保模型的效果呢？笔者的做法是，将具有非线性关系的特征切段，保证被切后的每一段都变成短小的线性关系（特征的权重，即斜率不同），即将一个非线性特征拆解成多个线性特征，如右图所示。这样，线性模型就可以拟合这些具有线性关系的特征，从而间接实现非线性拟合的效果。

本质：使得 $Y \sim f(X)$ 的关系更符合模型假设

案例 2　如果待拟合的关系 $Y \sim X$ 是等比分布的，但性能要求只能使用线性模型建模，如何才能做好模型效果？其实这个也不难，大家只需要增加一个函数 $\log(X)$ 来处理特征 X，那么模型拟合关系就变成了 $Y \sim \log(X)$，成了一个等差分布，从而线性模型就完全可以胜任。

案例 3 考虑将上述两个实例中的情况结合起来，即 Y 在 X 某个取值的两侧分别是线性和指数增长，如案例 1 中图的右侧所示。同样只能使用线性模型，该如何构造呢？万变不离其宗，我们可以观察 $Y\sim X$ 图形来设计处理函数，将该特征拆解成两个特征（线性的部分和指数的部分），然后对指数增长部分采取对数函数。

基于上述案例，如果再深入思考可以发现，特征处理过程本质上就是在模型中引入"人工知识"，来降低模型学习能力的难度。不过，如果我们有充足的数据，同时兼用有强大表示能力的模型，那么这项工作的效果就没有那么突出了。因此是否要在模型中进行"转换"，还要结合每个案例的实际情况来具体分析和设计。

4.2.5 特征存在缺失或错误值时怎么办

理想的建模过程是比较简单的，主要环节就是收集样本、训练模型、将模型应用到线上业务直至最后的效果评估。但是在实际中，我们会发现通常不会那么顺利，比如在实际工作中我们经常会发现部分训练样本的部分特征值是缺失的，如果不加处理，直接将其用于模型训练就会造成灾难性后果。很多情况下，造成特征缺失的原因未必是系统错误，而是限于现实情况采集不到数据。例如，很多嫌麻烦的用户在网站注册时，会略过部分选填项。又例如基于老用户行为设计的特征，对于新客户样本来说往往是缺失的。面对这种情况，我们可以设定一个默认值来填充缺失部分，或者通过其他特征对缺失值进行补充。例如当人的体重特征缺失时，可使用性别、年龄、身高、地域等特征圈定出一批相似的用户，再使用体重平均值来填充这些客户的缺失体重信息。

此外，笔者曾经遇到过一种更隐蔽但结果更严重的情况：线下训练所用的特征是完整的，但进行线上预测时部分特征统计不到（例如部分特征由于统计时延过长被线上系统抛弃）。一旦训练数据和预测数据分布不同，就会导致模型的预测效果下降。一般情况下，越复杂的模型对这种情况就越敏感。以神经网络模型为例，因为每个特征均会经过很复杂的处理，才能贡献到输出结果上（但从输入到输出经历了什么，很难说得清楚），所以如果线上特征出现缺失，就会造成不可预知的后果。另一方面，由于这种问题通常极其隐蔽（模型并不会完全丧失预测能力），因此模型运行几个月后，业务人员才发现它存在缺陷，定位到问题（查线上特征日志），但这个时候一般已经造成了巨大的业务损失。

4.2.6 特征降维和选择

1. 特征降维

有些朋友可能会觉得奇怪，在实际建模中为何要选择特征并降低维度？通常情况下，特征越丰富（相当于输入到模型中的信息越多），模型的效果不应该越好吗？不过，笔者基于多年的实际工作发现，如果遇到以下四种情况，还是要尽量控制特征的数量。

1）无用特征：与现实世界中，垃圾不是越多越好的情况类似，很多特征对于模型来说都是冗余和不相关的，这些特征对模型其实是"负贡献"。也许有的读者会反驳："向模型中加入无效特征应该是没影响的，模型会自动忽略它。"但在实际工作中，加入过多的无效特征，会让模型面对"维度爆炸"的问题，即少量有效维度被淹没在大量无效维度中。如图4-4所示，使用3个有效的特征维度，就可以完成对样本的聚类或分类（部分样本距离较近，与其他样本又距离较远，这样会形成分簇的空间结构），但如果再加入997个无效的特征，所有样本之间的距离均变得很类似（由997个无效特征导致），真正有效的3个特征被淹没在这些无效信息中，模型反而无法发挥作用。

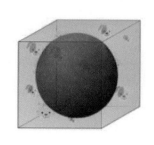

图4-4　维度爆炸是指在少量维度下，样本容易聚集形成不同的簇，
在超高维度下，所有的样本均离得很远

2）泛化增强：特征的数量通常要与样本数量匹配。如果样本的数量有限，那么就不能无限制地加入特征，否则很可能造成模型过拟合的问题。即便不考虑模型过拟合问题，选择更有效的少量特征或者进行降维处理，也会提高特征的泛化性，进而提升模型的效果。

3）优化计算性能：一般情况下，特征的数量越少，模型的训练速度和在应用场景中的计算速度就会越快，因此，如果应用场景要求实时响应，那么我们就要考虑特征数量对计算速度的影响。

4）问题定位：我们都知道，特征越多，遇到问题时溯源就越复杂，因此很多时候为了快速摸清模型出现没有解决的问题的原因，我们可以减少模型中的特征数量。

2. 特征选择

（1）很多模型本身会挑选特征，如线性回归模型和决策树模型

在线性回归模型中，如果特征已经归一化，那么可以用特征的权重系数来衡量该特征对输出的贡献度，并以此来进行第一轮筛选，再使用权重的置信性（代表该特征贡献的可信度）进行第二轮筛选。最终，只留下权重较大且置信度较高的特征。

在决策树模型中，以信息增益最大为标准来筛选特征，进行树的分叉。这种选择特征的方法，同时是衡量特征重要性的方法。如果限制决策树的深度，使其远小于特征的数量，那么用于分叉的特征（数量为决策树的深度）就是最有效的特征。

（2）模型之外的筛选方法：Filter（过滤）、Wrapper（包装）和 Embedded（向量化）

除模型之外常用的筛选方法有三种，它们的算法思想和适用场景如表 4-2 所示。根据笔者的经验，在项目实践中一般首先使用 Filter 方法对训练样本进行初筛，使用这种方法时可以通过观察特征和输出的相关性图表来获取感性认知，剔除无关的特征。然后可以使用 Wrapper 方法进行复筛选，为了快速测试特征的效果（注意不是为了训练出效果完美的模型），一般只使用 5% 或 10% 的样本量进行训练。最后就可以使用经前两步筛选得到的特征来建模，并利用 Embedded 来正则化的处理方法，进一步筛选有效的特征，这时我们还可以通过调节正则化系数，来控制模型剔除低效特征的力度。

表 4-2　几种评估特征的策略方法

算法类别	算法思想	适用的数据规模以及效果
Filter	利用一些度量指标评估特征标签的相关性（或观察图形），然后对特征进行排序	计算量最小，适合大规模特征选择，但是不能保证效果，一般作为预处理步骤，需要结合模型做二次验证
Wrapper	前向或者后向地逐一测试每个特征，每次基于已有特征训练模型，然后用模型的性能（AUC 或 acc）来评估新特征的作用	需要进行多次模型训练，计算量很大，适合规模很小的数据（通常对训练集抽样），效果最好
Embedded	在分类或回归模型中加入正则项（L0/L1），使得求解得到稀疏的模型，达到特征选择的效果	只需要进行一次模型训练，但是缺乏对单独特征的深入理解，而且训练过程使用的是数据全集，存在计算浪费

在上述过程中，读者可能会发现 Filter 方法（计算两个指标的相关性）比 Wrapper 方法（训练多个使用不同特征组合的模型）更加简易、便捷，那么这里为什么还要讲 Wrapper 方法呢？是笔者画蛇添足了吗？其实这是因为笔者发现，在实践工作中，很多单独看起来很有用的特征加入模型其实可能很没用，原因是，这个特征与其他特征组合后是冗余的，而一些单独看起来很没用的特征加入模型反而可能是有用的，因为它与其他特征组合能发挥出很大的作用。综上，笔者认为单独评估某个特征对模型的贡献度并不公平，一定要为模型寻找最优的特征组合，而 Wrapper 方法恰恰可以合适地完成这一任务，所以这里才进行了保留和讲解。

4.3 样本处理

4.3.1 训练样本的基本概念

1. 训练样本是什么

在机器学习中（特指监督学习），我们设定模型的目标是通过特征 X 的值来预测未知的输出 Y 值。为了完成这个任务，我们需要让模型来学习一些已知 X 和 Y 值的实例，以便据此抽象出两者之间的关系，这些实例就是训练样本。通常情况下，训练样本需要达到一定数量才能充分表达两者的关系本质，以供模型学习。同时要明确不同的机器学习任务，如分类、回归、排序等，其匹配的训练样本形式也不同。

既然训练样本对模型如此重要，那么从哪里可以得到数量大、质量高的训练样本呢？

2. 样本的来源

训练样本通常有两个来源：一是人工标注，二是业务场景。

1）人工标注：既然机器学习模型是模仿人类学习过程并替代人类完成任务，那么采用人工标注样本（人类完成的任务案例）作为训练样本就是一种很自然的选择。人工标注的优点是准确率较高，但缺点也很明显，那就是高额的标注成本，从而导致难以大量获取样本。为了解决这一问题，大多数著名的标注数据集，如图像处理领域的 ImageNet，均是通过众包模式完成的。

2）业务场景：随着新业务的不断发展，会逐渐积累大量的用户使用数据。例如某个用户使用一款资讯新闻软件时，对于所推荐的多条内容，他只点击了其中一条进行详细阅读，这其实就是一种标注，表示该名用户认为被点击的内容更吸引人、更优质。又例如很多金融机构向中小企业或个人提供贷款服务，随着放贷量的增加，不可避免地会遇到坏账问题，金融机构会将这些失信信息记入征信机构，这也是对企业或个人还款能力的一种标注。

3. 收集训练样本

通过上文的描述，我们发现人工标注的样本更准确，但因为标注成本比较高，所以样本数量有限。因此我们需要充分利用这些人工标注的训练样本，把好钢用在刀刃上。在实际工作中，我们一般不会随机对训练样本进行人工标注，只有是那些对模型非常关键的训练样本，我们才会发起人工标注，这个"关键"包含两种情况：

1）具有代表性的训练样本：为模型提供训练样本，与做产品调研是一样的。在进行产品调研时，为了使调研对象能够完整覆盖产品的所有目标人群，产品经理往往会针对每种类型选取一个典型用户，而不是针对一个类型选十几个用户。同样，在某个特征下，具有代表性的训练样本也会给模型贡献更多的新信息。在特征表现类似的训练样本簇中，如果一个训练样本（作为代表）已经成为模型的训练数据，并且数量很充分，那么其他样本能为模型贡献的信息量就下降了。

2）分类边界或复杂区域：当使用分类算法 SVM（支持向量机）时，会更重视刻画出正确的分类边界。在这个目标下，真正起作用的是那些处于分类边界上的关键训练样本，而不是远离分类边界的训练样本，特别是当分类边界很复杂时，为了更精细化地刻画出它，我们就需要更多的细节训练样本。

4.3.2 训练样本的常见问题及其解决方案

上面简单介绍了机器学习训练样本的一些基本概念，下面会以企业信用评级模型（金融机构基于该模型决策是否为中小企业发放贷款）的样本处理为例，介绍模型构建过程中样本的四种常见问题和解决方案。不过在实际项目中，我们通常只会遇到其中的一种或几种，不是每个实际项目都会如此极端。

1.训练样本的常见问题及其简单解决方案

（1）问题 1：冷启动

问题场景：初次构建模型时并没有历史数据积累（训练样本），因此无法供机器学习，只能先研发一版专家规则模型来支持放贷，逐渐积累样本。我们将这个过程称为模型的"冷启动"。

解决方案：专家规则模型。根据行业专家的经验设计规则模型辅助业务开展。随着业务的进展不断积累业务数据，再用其训练机器学习模型。

（2）问题 2：训练与应用的数据环境不同

问题场景：收集到的训练样本分布和应用场景的真实样本分布不同。当利用专家规则模型解决了问题 1 后，我们选择了一批优质企业（因为刚开始没信心，所以只选择高质量客户）开展信贷业务，并以此得到了首批训练样本（发放了贷款的企业是否正常还款）。接下来，基于这些样本训练模型，以便使模型能判断更大范围内客户的信用情况，进而扩大信贷业务的放款规模。但是这样做又引发了一个新的问题，那就是之前获取的样本仅仅来自优质企业，而不是应用场景（所有潜在客户）中所有企业的随机抽样，简而言之，就是"由专家规则模型得到的高质量客户训练样本的分布与后续应用场景的样本分布"不一致。如果在实际应用中，我们无视了这个问题，就会导致模型效果显著下降。

解决方案：调整训练样本的分布，保证训练样本中含有一定数量的中低质量客户数据，以供实验测试，保证样本集合中数据的多样性。

（3）问题 3：小样本和不平衡问题

问题场景："不违约"的正样本和"违约"的负样本数量不平衡。假设利用上述模型进行一段时间的业务运营后，发现"在正常的信贷业务中，违约往往是小概率事件"。这对模型来说意味着什么呢？那就是模型的训练样本中，负样本的数量很少（只有极少客户会违约），这称为"小样本"问题。同时，正、负样本的数量差距非常大，这称为"样本不平衡"问题。这会造成什么样的后果呢？其实样本不平衡本身并不会带来什么严重问题，不过考虑到信贷业务的核心要求是，模型必须可以正确识别少量的负样本！那么不平衡的样本分布就会让模型更关注正确识别大量的正样本（因为这样整体的准确率更高）。也就是，如果正样本的数量远远多于负样本的数量，模型更倾向于把不容易判断的样本归类到正样本（不违约，正常放贷），从信贷业务来看，"拒绝了其实不会违约客户"和"向违约客户发放贷款"这两种错误所付出的代价是完全不同的：前者只是少赚了利息，后者则亏了本金，而亏本金是任何放贷机构都不愿意看到的。因此，如果我们忽略这两种错误的差异，那么模型就会等同处理这两种错误，很明显，这并不是业务想要的。

解决方案：小样本扩充和代价敏感学习。针对这个问题，我们可以通过重采样的方式扩充小样本，或者调整优化函数中不同类错误的权重，比如 1 个"将正样本识别成负样本"的错误等于 10 个"将负样本识别成正样本"的错误。

（4）问题 4：业务变化快

问题场景：业务场景频繁发生变化。解决了样本不平衡问题之后，在业务中使用机器学习模型也很难一劳永逸，这是为什么呢？我们知道中国的金融市场是一个强监管市场，业务受到很多政策约束，所以一旦国家的金融政策发生调整，信贷业务也必须随之改变，新环境下的业务数据也自然会出现新变化，这时，基于老政策的信用模型，就很难继续适用于新的市场形势，预测效果自然也会大打折扣。

解决方案：针对这种外部突发情况，一方面可以加大近期新样本（政策调整后产生的新样本）在训练中的权重，另一方面也可以采用在线学习模型，令最近产生的样本可以实时参与模型训练，使模型有更好的适应力。

上面只是很粗略地讲解了每种问题的简单解决思路，下面，笔者会结合自身的工作经验和现实案例，逐一跟大家探讨上述四个问题的详细解决方案，我们会发现实践经验往往是提高模型效果的关键环节。

2. 训练样本的常见问题及其详细解决方案

（1）"冷启动"问题

前面提到，许多项目（特别是创新业务）在启动时并没有原始数据，例如某款影评社区 App，主要作用是向用户推荐新电影，但是这款 App 在上线之初并没有任何用户浏览、评论、点赞和购票数据。这就是一个典型的"冷启动"问题。这时，为了构建模型，App 设计者只能先请该领域专家基于知识和经验总结出一套业务规则，并据此完成初版模型。App 上线运行后，随着时间的推移，用户数量和用户数据逐渐积累到一定程度，到了这个阶段，App 就可以升级到基于数据训练机器学习模型。

其实"冷启动"这个问题在生活中也有很多实例。比如，最常见的就是抛硬币案例中计算硬币正反面落地概率的问题，在没做任何实验之前，我们会根据在现实生活中观察到的现象，判断硬币正反面落地概率应该各为 50% 左右，这就是一开始的"业务规则"。在上面影评社区 App 案例中，即使没有该领域专家，产品经理也可以根据自己的生活经验和平日观察，得出一些显而易见的规律，比如"给女生推送爱情片""给高级知识分子推送文艺片""给小孩子推送动画片"等。由此可见，很多项目虽然一开始并没有原始数据积累，但凭借领域专家多年的行业观察，或一些显而易见的社会经验，我们依然可以根据"经验知识"来构建"专家规则模型"。

对于前面提到的信贷业务场景案例，在构建模型之前，多数业务员均能提出自己的观点："流水多的大客户应该是高信用客户，因为流水多代表业务稳固，不容易出问题""从事彩票、成人用品等高风险行业的客户应该是低信用客户，因为他们的业务处于政策边缘，容易受到国家政策调控的影响""店铺流水不断上涨的客户应该是高信用客户，因为他们的业务处于上升期""与电商平台多年合作的客户应该是高信用客户，一方面是因为多年合作使得电商平台对其信息更加了解，另一方面则说明其很依赖电商平台的流量，不敢对平台随便违约"。将这些领域知识通过"专家评分法"转换成量化规则，即可构建出第一版模型。具体过程如表 4-3 所示，请专家对各个特征权重评分，具体分数代表该特征对信用评分（客户违约概率）的影响程度。

表 4-3　基于专家意见总结的特征和权重

特　征	权　重
月销售总额	A%
近半年销售额变化趋势	B%
是否为知名品牌	C%
加入平台电商年限	D%
是否为高风险行业	E%
……	……

使用专家评分法要注意以下几个要点：

1）**隔离与匿名**。专家在打分过程中最好采用隔离或者匿名方法，如果不采用这样的方法，专家们往往会受到"首先发表意见者"或"领域权威"的影响，或碍于情面而无法客观打分。

2）**多轮反馈**。不能只凭借一轮评分下决定，笔者建议至少要进行三轮。第一轮向所有专家收集可能会影响违约概率的因素；第二轮将收集到的因素全部列出，让每位专家根据自己的经验给出影响权重；第三轮先给出第二轮所有专家的平均评分结果，经深入讨论后，每个人再修正自己的意见并给出最终权重。最后对每位专家给出的最终权重取平均值，并将结果作为专家规则模型的参数。

3）**稳健的统计平均**。为了得到更稳健的平均权重，每轮都去除最高评分值和最低评分值。

得到以专家评分为基础的第一版专家规则模型后，可对全部特征取值进行归一化，再将结果乘以该特征的评分权重，最后加和得到预测结果。实际上，第一版模型往往没必要将输出转换成0~1的违约概率，我们更关心的是输出结果（客户信用）的排序。根据这个排序，以少量的、最优质的客户集合作为首期实验名单，以减少风险。

专家规则模型上线后，随着信贷业务的不断发展，积累的训练样本也逐渐增多。这使得我们可以在合适的时间点把"专家规则模型"替换成"机器学习模型"，以增强模型的效果。不过需要注意的是，这种替换应该是随着数据量的增加而渐变的过程，而不是在某天之前只使用专家规则模型，在某天之后完全切换到机器学习模型。正确的流程应该是，机器学习模型可在积累了部分数据后启动，然后将专家规则模型和机器学习模型组合起来使用。较简单的组合方法是，使用线性权重组合，例如在数据量较少的前期，专家规则模型可能更加准确，那么可使用"0.9×专家规则模型＋0.1×机器学习模型＝最终评分"计算公式；在数据量较多的中后期，则可转为使用"0.1×专家规则模型＋0.9×机器学习模型＝最终评分"计算公式，直到数据量多到可以完全切换到机器学习模型。

在这个过程中，专家规则也并非一成不变，可以根据数据反馈对规则做出调整。比如在开展业务之前，多数领域专家可能均认为被重点监管的行业的客户属于高风险客户，但经过一段时间的样本积累后，可能发现该行业的违约案例极少，根据这一反馈信息，专家可以修正自己的先验判断，即该行业的政策风险并没有对企业经营产生实质的影响。需要特别注意的是，如果数据量积累不足，那么就不要轻易通过观察数据而改变先验判断，例如只观测到几个高危行业的客户无违约表现，就去修改之前的业务规模，这种做法不符合置信的统计结论。

从专家规则模型到机器学习模型的过程如图4-5所示，所涉及的三个阶段是平滑切换的。

图4-5 "冷启动"问题的解决方案

综上，读者可以发现采用专家规则模型来筛选首批客户并发放贷款，虽然可以由此开始积累训练样本，但这种"冷启动"方案会导致收集到的训练样本不够全面，因为这些客户都是预先筛选出的优质客户，而我们未来的应用任务是期望对所有的客户做出信贷判断，显然由这些优质客户产生的数据不能代表全体客户的表现。这种情况，笔者称之为"收集到的训练样本和应用场景的样本分布不同"，一旦出现这种情况，模型会因为"训练与应用的数据环境不同"而发生学习效果变差。

（2）"训练与应用的数据环境不同"问题

继续讨论问题 1 中的案例，由于信贷业务在初始阶段没有历史样本积累，因此只能优先使用专家评分法构建专家规则模型。之后按照专家规则模型的信用评分向优质客户发放贷款，并逐步积累数据样本（收到贷款的客户是否按期正常还款）。经过一段时间的积累，获取到相当数量的训练样本后，是否可以基于这些数据构建机器学习模型呢？这种想法没错，一般情况下，基于大量数据的机器学习模型通常会比专家规则模型的效果好很多，但细心的读者可能发现了，按照这个流程收集的样本集是存在问题的：由于前期在开展业务时，为了避免风险，因此只选择对优质的客户提供信贷服务，这就必然导致收集到的训练样本并不是全体客户的随机抽样。但随着信贷业务扩大，机器学习模型必然需要对所有的客户开展信用评级，这就造成了训练样本和模型应用场景样本的分布不同，简称为"训练与应用的数据环境不同"。其实在互联网行业中也经常发生类似的情况，目前大部分互联网企业在开展业务时，通常都是先在线下训练模型，再将其应用到线上系统，这时会发生称为"线下与线上的数据分布不一致"的问题，其本质也是训练和应用场景数据分布不一致。举个例子，我们研发了一个从多种水果中识别苹果的模型。在线下训练模型时使用的是"苹果和香蕉"这两种水果数据，模型经过训练后可以根据一些特征（如形状）将苹果识别出来，但将模型应用到线上时，它会接触到大量除苹果、香蕉外的其他水果信息，比如橙子，由于模型在线下依靠有效的特征（比如形状）可以完美地完成任务（苹果和香蕉的混杂环境），但将模型部署到线上应用环境后，打破了原特征的有效性（橙子和苹果的外形很相似），因此模型会陷入"迷茫"状态，自然不能输出我们想要的结果，如图 4-6 所示。

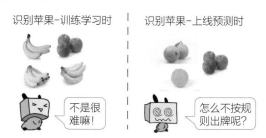

图 4-6　训练和应用的数据环境不同，导致机器无所适从

综上，使"训练和应用的样本分布一致"是处理训练样本的关键点。不过很可惜，笔者根据多年的工作经验发现，这个问题在很多项目中都非常隐蔽，很多时候，想让设计人员意识到这个问题要比解决这个问题更难。下面是笔者总结出的最容易出现这个问题的四种情况，并以六个案例进行说明。

- **情况 1**：没想清楚产品需要什么，如下文案例 4 中科学家研发的花卉识别模型。
- **情况 2**：非全体样本抽样，导致训练样本有偏，如下文案例 5 中的社交媒体营销模型。
- **情况 3**：不小心使用了未来的数据预测现在，如下文案例 6 中的客户消费预测模型。
- **情况 4**：系统累积的数据是天然有偏的，这被称为幸存者偏差（survival bias），如下文案例 7 中的美军防护飞机、案例 8 中的商品成单率预估模型和案例 9 中的信贷模型。

案例 4　某大学的科研人员研发出了一个效果很好的图像识别模型，为了证明其价值，科研人员基于模型推出了一款拍照识别花卉的 App。为了使识别效果更好，他们收集了约 10000 种花卉图片，每种花卉都有几十张标注样本。这个模型识别 10000 种花卉的准确率可以达到 80%，这是非常令人自豪的成绩，毕竟要准确识别出 10000 种花并不容易，这个结果已经比多数花卉专家的准确率要高了。但令人诧异的是，将该"强大"的模型应用到拍照识别花卉的 App 后，大量用户反馈识别效果很差，统计模型对于花卉照片样本集的准确率只有 30%！为何强大的模型在实际应用场景中的效果变差了呢？经过科研人员的仔细观察，用户使用 App 拍照得到的花卉样本分布，并不是模型使用的训练样本的分布，因为大部分用户是普通人，拍摄的也都是普通花，而且很多时候都是在路边随手拍到的常见花卉，如桃花、牵牛花、月季等，对于 1 万种花卉中大多数稀有种类，基本没有用户拍到。这为什么会造成模型效果变差呢？主要原因是，训练样本在 1 万种花卉之间平均分布，所以当一张难分辨的花卉图像 50% 像某种稀有花卉，40% 像某种常见花卉时，为了追求在平均分布集合上的准确率最高，模型会判断它是稀有花卉，而在应用场景中，模型应该判断这张花卉图像是常见花卉，因为稀有花卉在实际样本中很少出现。训练样本分布相当于提供给模型先验概率，如果该分布与真实情况不符，该错误信号会导致模型效果变差。

案例 5　某款社交 App 想要一个模型，其可根据"用户发布的微博"判断该用户的商业价值（近期的消费需求强弱，如购房、购车、购物等）。技术团队抓取并收集了某社交媒体在某天下午的日志做模型训练，但是模型上线后效果却不理想（抓取 24 小时内的用户微博，并对其进行广告推荐）。如果深入分析，我们可以发现模型的训练样本是有偏的，一般情况下，用户在一周七天内以及每天的不同时段发布的微博内容都是不一样的。例如，早上，用户往往会发布有关重点新闻的感想，工作时间，发布的基本是与工作相关的宣传等，晚上，用户发布的微博更多与娱乐有关，周末由于消费行为多，所发布的微博多会围绕这些内容展开。因此，如果建模时仅仅根据某个时段的微博数据来训练模型，就无法应对全时段更复杂的数据分布。这点不仅在建模时会遇到，进行传统的数据统计分析时也常遇到。例如 20 世

纪 60 年代的美国总统选举调查案，报社通过电话访谈，抽样调查民众对总统选举的倾向，最后发现调研结果与实际选举结果完全相悖。这是因为在 20 世纪 60 年代，美国有电话的家庭大都是富人家庭，而少数富人和广大穷人的政治倾向通常是相反的，报社调研时将对富人的统计结果当成了全体选民的统计结果。

案例 6　某制造业公司为了规划原材料的进货，需要根据商品过去 6 个月（如 1~6 月）的销售情况预测其未来一个月的销量（如 7 月）。因为历史样本数据较少（只有 6 个月），借鉴交叉验证学习的思想，研发人员想出了一个特别"聪明"的方法来增加训练样本：在线下训练模型时，从 6 个月数据中随机抽取 5 个月来做训练，剩下的 1 个月的数据用来做测试，这样可以把训练样本集扩大 6 倍（而不是固定用前 5 个月的数据预测第 6 个月的数据）。但是这种聪明的方法会导致一个问题，即在模型训练时，如果使用 1、2、4、5、6 月的数据来预测 3 月的数据，那就相当于用未来的数据预测过去的数据，效果自然很好。例如 1~4 月，该企业的产品销量一直保持平稳，但在 5 月出现了一个较明显的下滑，一直持续到 6 月。这时使用 6 月的数据预测 5 月的产品销量可以捕捉到下滑趋势，但在实际中是不可能发生的。在现实应用中，我们只能用历史数据对未来数据做预测，所以该模型的预测效果会急剧变差。

案例 7　在二战时，美军为了改善飞机的防护性能，提升飞行员的生存率，计划在未来给战斗机安装更多的防护甲，但这么做会令飞机的重量增加、灵活性降低，同时还会耗费更多的燃油，更重要的是，如果防护过度，因重量等因素，飞机的性能会严重下降，这反而降低了飞行员的生存率。权衡之下，军方希望仅在飞机的关键部位装上防护甲，这样既能提升防护性，同时又不增加过多的飞机负担。但想实施这个方案，就要判断出飞机的什么关键部位是最易受到攻击。针对这个问题，军方对机库中曾受到过攻击的飞机，做了弹孔分布统计，如下所示：

飞机部位	每平方英尺（ft²）的平均弹孔数
引擎	1.11
机身	1.73
油料系统	1.55
其余部位	1.80

　　根据统计出的弹孔密度，可以推测出机身中弹最多，那么是不是可以得出结论：机身是最易受攻击的核心位置，因此这个部分是最应该优先安装防护甲的。在

⊖　1ft² = 0.0929m²

当时，大多数人得到的都是上面这个结论，但幸亏研究组中的统计学家瓦尔德没有犯糊涂，他的论断是，给弹孔密度最低的引擎部分安装防护甲，原因是从统计学角度讲，飞机各个部位的弹孔密度应该是相同的，之所以引擎上的弹孔密度低于其他部分，并不是因为这个位置不容易被击中，而是因为被命中引擎的飞机大多数都坠毁了，没有飞回机库，从而也就没有被统计到上表的数据集中。这就是生存偏差的由来，使用由业务产生的数据训练模型时，容易遇到这样的问题：业务产生的历史数据（被击中但依然飞回机库的飞机）和未来真正想面对的应用场景（飞机究竟哪些部位容易受到攻击）存在偏差。

案例8　有些读者可能会觉得案例7太过陈旧，那么，下面列举一个电商平台排序商品并进行推荐的案例。因为电商平台追求销售分成收入最大化，所以会基于用户的历史消费数据，研发成单率预估模型。一方面，模型的训练数据一般是用户有关展现过的商品的消费数据，没展现过的商品自然就缺少数据积累；另一方面，我们又期望模型可以预测所有商品的成单率，而不是仅仅局限于展现过的老商品（一个新商品从没被展现过，不代表它在未来不会被用户关注）。这两方面的因素导致了，如果仅以积累的历史消费数据作为训练集是有偏的。为了更好地支持业务场景，我们需要对所有的商品（包括未展现过的新商品）随机抽样进行展现，由此收集到的消费数据会更贴近应用场景。

案例9　回到构建企业信用模型的场景。该信用模型的问题与案例7、案例8的问题类似，在业务开展之初，通过"冷启动"只给部分高质量客户发放贷款，积累一定量的数据后再训练出机器学习模型，以对所有客户做出信贷风险判断。由于在业务开展初期积累的都是优质客户，因此依然会出现有偏的训练数据集，一旦出现这个问题，就会降低模型的效果！解决该问题的方法并不难，但有一定的成本代价，即随机抽样少量客户并将其加入放贷名单，这些客户是少量但无偏的训练样本（接近应用场景的分布），之后在训练集中多次复制这部分无偏样本，尽量使训练环境与应用环境的样本分布更加接近，改善模型的效果，而付出的成本是一部分客户还款违约。

　　从上述六个案例可见，业务产生的样本数据虽然非常好用，又可以形成企业的核心竞争力，但在使用的时候，必须要小心可能存在的"数据和应用场景的样本分布偏差"陷阱，不经过处理就直接用此类样本数据训练模型，往往会适得其反。

（3）小样本和不平衡问题

　　这里接着以企业信贷模型为例继续分析，当我们积累了足够的"原始样本"并保证"训练与应用环境的样本分布一致"后，信贷模型是不是就大功告成了呢？很遗憾，答案是否定的，我们会发现这个过程中还存在小样本和不平衡问题，即负样本（违约）很少，且远远少于正样本（正常还款）。了解金融业务的读者都知道，一般情况下，大多数银行的信贷违约率控制在 1% 左右，一旦超过 3% 会严重影响信贷业务的正常运转，并给金融机构带来经营风险。举例来说，假设银行以年化 5% 的利率来吸纳存款，再按年化 10% 的利率对外放贷，那么中间就会有 5% 的毛利润。这其中又有 2% 的利润要用于支付企业日常运营成本，如购买硬件服务器和软件系统、支付员工薪资、租赁办公场所等，这时我们可以看到放贷业务本身的净利润也就在 3% 左右。如果坏账率超过 3%，那么就会使整个信贷业务发生亏损。综上，金融机构一定会严格控制违约数量，这就导致违约的客户数量一定远远小于正常还款的客户数量，即模型的正样本天然远多于负样本，这称之为"样本不平衡"问题。样本不平衡会造成模型天然更重视如何正确分类"样本量较多的类别"，这与信贷业务场景的需求正好相反。对于信贷业务，正确识别"可能违约的客户"，要比误判"不会违约的客户"重要得多。从本质来看，导致这个问题不是因为某类样本的占比过小，而是因为小比例数据误导了模型的注意力，让模型的实际效果不能与目标任务相匹配。在信贷业务场景中，假设一个借贷 100 元的客户不违约，那么金融企业将赚 10 元的利润；如果违约，那么该企业会损失 100 元本金。由此可以计算得到："将 10 个不会违约的客户判断成违约"的代价与"将 1 个会违约的客户判断成不违约"的代价是相同的，因此我们更期望模型能够正确判断出违约样本（少量的负样本），那怕是可能拒绝了一些本来可以放款的客户。此外，当出现正负样本的比例不平衡且某一分类的绝对样本量也很少（即同时具备"小样本"特性）的情况时，还将导致模型对噪声敏感、分类边界模糊等问题。打个比喻，一个不平衡的样本集包含 99 个苹果和 1 个香蕉，如果模型将所有的样本均判断成苹果，那么可以达到 99% 的准确率，但实际上，该模型是一个没有任何区分能力的"傻瓜"模型。抛开区分能力表象，更本质的问题在于：很多场景下，正确识别唯一的那根香蕉的重要性，要远高于正确识别一个苹果的重要性。我们希望得到的是一个"只有 90% 的准确率但把香蕉正确识别出来"的模型，而不是"准确率为 99% 但把香蕉识别错误"的模型。不过，如果我们换个角度，假设两种错误（将 1 个苹果错判为香蕉和将 1 个香蕉错判为苹果）的重要性相同，那么上述"傻瓜"模型其实很不错（准确率可达 99%）。

综上所述，我们期望输入给模型的正负样本是平衡的，让模型专注打磨它的区分能力，而不是"钻样本分布的空子"，那么如何平衡样本呢？有两种等价的方式：第一种方法称为"小样本扩充"，对于识别苹果和香蕉的例子，将香蕉复制 N 份再加入训练样本，那么原来模型把香蕉识别成苹果，只犯了 1 个错误，但在新的训练样本中会犯 N 个错误，相当于把香蕉样本的重要性加大了 N 倍；第二种方法是，修改优化目标的代价矩阵，让"把香蕉错分为苹果的错误数 $\times N$"作为优化目标损失，这称为"代价敏感学习"。这两种方法的效果是等价的，均可以使模型更加重视小样本。

综合上述三个样本问题的解决方案，如图 4-7 所示，有关样本处理的完整流程如下。

1）**步骤 1**：用专家规则模型进行信贷实验，完成初期样本积累。

2）**步骤 2**：随机抽样一部分客户加入信贷实验，使训练样本的偏差不那么严重，

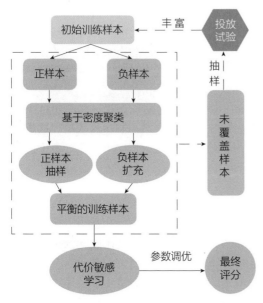

图 4-7　不平衡小样本问题的解决方案

解决分布不一致问题。通常，更高效的做法是，从当前信贷模型未推荐的群体中抽样部分客户投入实验。

3）**步骤 3**：用小样本扩充和代价敏感学习方式解决正负样本不平衡问题。先拆开原始正负样本，再根据密度相关的识别算法，构造更多的负样本，并适当删去一些信息冗余的正样本，使得正负样本比例不那么悬殊，最后用扩充后的样本集来支持代价敏感学习。

（4）业务变化太快的问题

即使成功解决了上述三个关于样本的问题，构建了有效的模型，将其投入运营后依然可能出现问题。众所周知，金融行业长期受国家整体环境及政策影响。一方面国家的信贷政策时有调整，可开展信贷业务的企业范围波动很大。另一方面，宏观经济的变化又会极大地影响多数客户企业的经营，进而影响它们的还款能力。这就导致有效的模型只是在构建初时有效，这种有效性会随着市场环境的快速变化而减弱，甚至失效。

那么，如何让模型的更新速度跟得上业务场景的变化呢？有两种解决思路。

- **思路 1**：加速模型的更新频率，适应外界变化。在现实情况中由于模型训练既耗时又耗资源，因此通常在业务累积了一定量的样本后再重训模型参数。这个时间间隔短则几小时，长则数月。可以试想，对于变化迅速的业务，间隔几天后的业务场景和历史数据情况就可能完全不同了，更别说数月才更新一次模型。综上，为了适应这些特殊业务的发展，我们就需要加速模型的更新频率，极致的方法是实时更新，即在线学习（online learning）。将业务实时产生的样本，第一时间作为训练数据让模型重训参数，使得模型的训练样本分布和当前实际业务场景的样本分布无限接近。因为这个重训过程是实时的，而不是将样本积攒到一定量再训练，所以又称为**流式学习**。流式学习还有一个好处，那就是训练后期所用的样本都是最新的数据样本，因此模型的最终参数是根据近期样本调整的，相当于对近期样本有更高的重视程度。

- **思路 2**：流式学习仅仅解决了如何将最新的样本及时反馈给模型训练的问题，但如果模型训练中，积累的老样本过多，新样本较少，那么很明显，模型训练的结果依然由前者决定。为了让模型抛下历史包袱，更重视近期产生的新样本，可以采用类似代价敏感学习的方法，为不同的样本设置不同的权重，改变模型学习的方向。这样就实现了让样本随时间线调节权重，即采用"近大远小"的权重设计方式。这种方式可以很好地解决"新样本和老样本数量不平衡，以致让海量历史数据产生顽固参数"的问题。

将两条思路巧妙结合，就能得到在线学习的最终方案（见图 4-8）：对模型进行流式训练，将业务产生的最新样本实时作为训练样本以更新模型参数，同时使模型按照时间线排序来训练样本，并放大近期样本的权重。

图 4-8　在线学习，其本质在于流式训练，实时更新模型

思考：机器学习能应对黑天鹅吗？

很多时候，在业务发展过程中，都会出现一些始料未及的变化，这种突发、不可预知的变称为"黑天鹅"事件。对于这种情况，机器学习模型能够预测到吗？很遗憾地告诉大家，现阶段还不行。这是因为机器学习模型的预测能力是抽象出来的，即只能从大量的历史数据中抽象出已经存在的、本质的规律。机器学习模型还不具备人类大脑的"创新"和"想象"能力。也就是说，对于历史上从来没有发生过的事情，机器学习模型本身是无法想象到的。因此，"黑天鹅"事件是机器学习模型没办法学习和预测的。如果"黑天鹅"事件的规律在历史数据中有迹可循，那么也就不能称为"黑天鹅"了。综上，大家一定要清楚"抽象"和"想象"的区别，不要希望模型能够"想象"，至少在弱人工智能模型大行其道的今天是不可能的。

机器学习是通过历史预测未来
"黑天鹅"是历史规律未包含的
"黑天鹅"是不可预测的

"泛化"能力为何解决不了"黑天鹅"事件？
泛化是对本质规律的"抽象"，而不是"想象"

4.4　模型评估

4.4.1　业务目标的评估

众所周知，如果想在一件事情上取得成功，那么首先要搞清楚"成功"的标准是什么？这样才能明确我们的优化目标。对于建模，如果选错了模型的评估目标，即使取得了良好的模型结果，也很难取得良好的业务或商业价值。

题外话：正确选择目标的重要性和困难

一个企业采用什么样的 KPI，往往决定了它未来的命运。例如在 PC 互联网时代，衡量网站发展规模的指标是流量，而在移动互联网时代，衡量网站发展规模的指标是 DAU 和时长，采取不同指标的原因在于，移动互联网时代的 App 具有更强的用户运营能力。如果一个 App 还延续 PC 互联网时代的 KPI 指标，那么注定了它会被移动互联网时代淘汰。因为对于手机 App 而言，即使短期内拥有很高的流量，但如果不继续围绕用户做留存和运营活动，流量很难转化为商业价值，所以一个错误的 KPI 可以轻易毁掉一家成功的公司。

随着经济的全球化发展，人类正在创造一些史无前例的巨型企业，但这些企业的发展并不是一帆风顺的，在主营业务增长到顶峰时，只有极少的企业能够成功开辟第二战场，实现企业的二次增长。绝大部分企业都会随着主营业务的成熟而陷入增长乏力的困境，极端情况下，甚至来不及转型就已经消失了。

经过思考，笔者觉得这是因为一家在某个领域已经很成功的企业，如果进军新的发展领域，就会面临一个两难困境。之前为了将现有业务做到极致，已经围绕它形成了一整套成熟的制度，包括组织结构、人才配备和企业文化等。这套成熟的体制最大程度地满足了市场需求，为企业获取到了最多的利润。但同时这个促使企业成功的因素，也往往是企业转型的最大阻碍。要想转型新业务或者抓住新机遇，往往需要新能力，新能力和企业配置现状错位是转型失败的主要原因之一。柯达公司的衰落就证明了这一点，柯达在胶卷市场上的垄断地位和超高利润，使它很难适应并真正接受"数码相机时代来临"，即便它是最早研发数码相机技术的企业，企业的高管们总是一味沉浸在"胶圈千秋万代、一统江湖"的美梦中，公司上下对于数码相机的创新和应用有着本能的抵触。

《创新者的窘境》中提到的硬盘行业的发展路程，也展示了同样的问题。在短短的几十年内，硬盘经历了 11 寸、8 寸、5 寸到 3 寸的尺寸减小过程。但不符合常识的是，每次硬盘尺寸发生变化，都会催生出一些新的硬盘企业，而不是老牌硬盘企业更新自己的产品。为何在技术和市场上都已经领先的老牌硬盘企业无法抓住新的市场呢？这是因为随着硬盘尺寸的减小，会出现一些不同于老市场的新机会，当这些新机会刚出现时，因为规模较小，所以很难引起传统的优势企业的重视，它们更专注于在现有的市场中获取高额利润，这就给新企业的发展提供了机会。比如，11 寸和 8 寸的硬盘分别为企业的大型机和小型机使用，该市场在一段时间内是整个硬盘市场的主流。当人们创造出供个人使用的 PC 时，自然产生了一种"更小尺寸，但可接受有更小存储空间的硬盘"的新需求，但因为初期

PC 的市场太小，传统的硬盘公司没有给予足够的重视，更愿意为当前的企业客户服务，所以它们继续研发 8 寸但存储空间更大的硬盘技术，期望继续获取更高的市场利润。历史证明这一期望最终落空了。

最后，我们再回到互联网行业。影响互联网产品成功的多项因素在不同时期有着不同的重要性。在互联网刚兴起的时候，内容分发产品最吃香，只要做出一款具有创新性的分发类产品，在当前用户群体内获得认可和口碑，就很容易占领市场。但随着互联网产品理念和技术的普及，多数分发类产品都不具备核心竞争力了，只有社交类的规模效应型产品以及搜索类的技术依赖型产品能够生存，但它们的核心竞争力也在削弱。在这种情况下，互联网企业或者要抢占渠道的控制权，或者要抢占内容的控制权，才能更好地维持分发平台的稳固地位。比如腾讯选择的就是整合内容，在泛娱乐领域（小说、音乐、影视）进行广泛投资，并成立阅文集团等。其做分发平台的逻辑是"因为分发的内容都是我的，所以分发平台也应该由我来做"。谷歌则选择在渠道上发力，从承载互联网内容的浏览器 Chrome，到移动手机的操作系统 Android，再到手机硬件和其他智能硬件等。因为搜索本身是一个强有力的内容分发和变现产品，所以只要渠道掌握在手，就可以通过部署搜索产品来获取利润。由此可见，一个企业想在某个阶段制定出成功的业务目标并不容易。如果没有清晰地认知业务目标，那么能实现业务目标的机器学习建模更无从谈起了。

以上案例说明了，及时调整发展战略对企业的生存有至关重要的作用。如果企业害怕利润下滑，或者缺少开发新市场的勇气，从而错失转型的机会，那么终将会失去未来，被历史所抛弃。制定新的企业发展战略来实现转型，对任何一个企业来说都是困难的，可以想象，一个是现在可获得高利润的市场，并且已经非常熟悉，另一个是发展前景不清晰，也无法马上盈利的市场，但是只有具备壮士断腕气魄的企业才能最终成为少数有远见的幸运儿。

除了企业战略，人生目标也并不容易搞清楚，正如约翰·列侬所说："五岁时，妈妈告诉我，人生的关键在于快乐。上学后，人们问我长大了要做什么，我写下'快乐'。他们告诉我，我理解错了题目，我告诉他们，他们理解错了人生。"

人生目标是一个更复杂且要每个人独立探索的问题，很难有一个能让所有人信服的标准答案。

由于模型对应的业务目标直接影响着对模型的评估标准，因此在建模之初，我们就需要审慎地思考这个问题，如果只是全身心地研究建模细节，很容易出现南辕北辙或闭门造车的情况——构建了一个看起来成功的模型，但没有很好地解决业务问题。下面以一家手机厂商提供的应用商店为例（目前市场上主流的应用商店均是手机厂商预装的自家产品，如苹果手机的 App Store），介绍当对业务目标的认知发生变化时，模型及对应的解决方案也会完全不同。

在应用商店中，用户获取 App 的方式有两种：搜索和推荐。

首先，实现搜索功能时有下述优化目标和建模方案的选择。

1）**业务需求**：获取匹配搜索词的候选应用集合，如 Top 50。

　　模型方案：检索召回（关键词的倒排索引）＋截断（排序后取 Top 50），截断使用分类模型实现。

2）**业务需求**：按相关度和质量排序候选集。

　　模型方案：采用逐对排序模型，它是一个定序的回归模型。

3）**业务需求**：考虑商业推广的收入排序候选集，推广收入＝ App 下载率 × 推广价格。

　　模型方案：预估 App 下载率，采用定距的回归模型。

其次，实现推荐功能时有下述优化目标和建模方案的选择。

1）**业务需求**：判断 App 是否会被下载。

　　模型方案：分类模型。

2）**业务需求**：依据推荐 App 下载量排序。

　　模型方案：预估每个用户针对每一款 App 的个性化下载率，采用回归模型。

①考虑长期因素 1- 多样性：需要长期保持用户的新鲜感，而不是固定推荐某些 App，因此在排序目标中加入了多样性目标。

②考虑长期因素 2- 覆盖性：保持 App 商店的生态持久性和健康性，避免被超级 App 或有敌意的 App 替代，因此加入合作友善度和垄断系数等指标，优先推荐有合作的 App，尽量避免超级 App 出现，推荐小而美的 App。

综上，针对不同的业务目标，对应的建模方案也不同。App 商店的业务目标多元化是导致建模方案多样化的根本原因。

1）**目标 1- 满足用户需求**：用户觉得 App 商店推荐的 App 好，才能更愿意使用 App 商店，而不是跑到竞争对手那里。

2）**目标 2- 赚到钱**：仅仅是用户体验好还不够，App 商店还需要有足够的利润来支持企业运营和发展的需要，同时也要给投资人满意的回报。

3）**目标 3- 业务模式的长久性**：为了让 App 商店的业务模式具备长期竞争力，仅仅令用户满意并赚取足够的商业收入是不够的，假设通过自己的 App 商店向用户推荐了太多的超级 App，那么这些超级 App 就会很容易形成新的分发入口，如微信就一直鼓励很多 App 开发者在微信中开公众号或使用小程序来代替原来的 App 应用，但这势必会降低 App 商店的分发量和上架 App 数量。因此从维护自身利益的角度出发，App 商店为了维持业务的长久发展，就需要减少超级 App 的出现。

至此，其实还是体现了笔者在书中常提到的那句话：仅以技术视角考虑问题是无法做好技术的，要想做好技术，首先必须跳出技术！

4.4.2　模型目标的评估

在明确了模型目标之后，也不要先着急动手建模，这中间还需要设计好模型的评估方案，以便保证模型的每次迭代均走在正确的方向上。一般来说，评估模型效果的方式有线下评估和线上评估两种，前者的优势是不影响业务运行、评估代价较低，缺点是未必能代表模型真实上线后的效果；后者的优势是更准确地代表了模型上线后的效果，但缺点也很明显，也就是会影响业务运行且评估代价较高。因此，为了平衡这两种方式的优缺点，在实际工作中往往先使用线下评估作为初筛，再对线下评估收益明显的模型发起线上评估。需要特别注意的是，模型的线下评估效果好，并不代表它在实际业务场景中会有同样好的效果，线上实验才是模型真正有效的最好保障。

对于线下评估方案，其核心在于评估指标的设计。下文以分类模型的评估指标为例，谈谈怎样为分类模型设计合理的评估指标。对于线上评估方案，则通常采用小流量实验，对比实验组和对照组得出评估结论。下文以对优惠促销活动的效果评估为例，说明在构造实验组过程中常见的两个问题及其解决方案。

1. 线下模型评估：准确率与召回率

这里以分类模型的评估指标"准确率"和"召回率"为例，具体分析设计评估指标的"思考过程"。通常情况下，不同的模型往往对应着不同的评估指标，设计的关键是，结合业务的实际需要，思考怎样设计才是最合理的。尽管目前市面上存在几套流行的评估指标（针对特定场景是最合理的设计），但是我们也需要从底层搞清楚这些指标的设计原理，查看它们跟真实的业务场景是不是吻合。

在实际工作中，每项建模任务均包含评估效果的步骤，如评估二分类模型效果的案例有营销活动的客户选取（选或不选）、银行做企业信贷的风控（批或不批）、诊断病人患有癌症的系统（恶性或良性）等。我们只有准确、清晰地了解和掌握了模型效果，才能明确判断哪个应用场景应该使用哪个模型，以及模型能带来的业务影响。那么，对于一个二分类模型，怎样看待预测结果与真实结果的差异，进而评估预测效果的好坏呢？与其他事物的发展过程类似，先从最简单的思路出发，逐渐探索和解决其中的问题，最后通过不断迭代来确定最优方案。

（1）准确率和召回率的思考过程

需求：评估二分类模型的预测效果。

1）步骤 1：最简单直接的思路是，使用几个模型对已知样本做出预测，哪个模型预测错误的样本的数量最少，哪个模型就是最好的。也就是，最简单的评估方案是"预测错误的样本总数"。

2）步骤 2：将预测错误的样本再细分为两种情况：把正样本误判为负样本和把负样本误判为正样本。如图 4-9 所示，用 Positive（P）和 Negative（N）来表示样本类别为正或负，用 True（T）和 False（F）来表示模型是否判断正确，那么，有两种判断正确的情况和两种判断错误的情况。

		预测的类	
		正	负
实际的类	正	正正（TP）	正负（FN）
	负	负正（FP）	负负（TN）

图 4-9　二分类模型预测结果的四种可能

① TP（True Positive）：正样本被正确地判断为正样本。

② TN（True Negative）：负样本被正确地判断为负样本。

③ FP（False Positive）：负样本被错误地判断为正样本。

④ FN（False Negative）：正样本被错误地判断为负样本。

步骤 1 中的方案（预测错误的样本总数）可表示为 FP＋FN，也就是，有两个预测错误的样本。

3）步骤 3：预测错误中包含两种错误。结合各种生活场景，发现这两种错误对人们的重要性是不同的。下面以医疗、安保、法律、金融的场景来举例。

① 医疗：医生通过问诊发现病人有某种癌症的早期症状，但判断完全准确的概率只有 10%，这个时候医生应不应该告诉病人，让他去医院做全面检查？

② 安保：机密实验室计划安装具有指纹识别功能的门禁系统，召集了 100 名实验室员工和 100 名外部人员来测试门禁系统。供应商 A 的系统比较严格，正确拒绝了全部的外部人员，但有 5 个实验室员工没有被正确识别；供应商 B 的系统比较宽松，正确识别了全部的实验室人员，但有 1 个外部人员被错误地识别。从错误率看，供应商 B 的系统比较优秀，只有 0.5% 的错误率（系统 A 的错误率为 5/200；系统 B 的错误率为 1/200），实验室是否应该采购供应商 B 的门禁系统呢？

③ 法律：法庭上，不少证据证明一位疑犯有罪，但证据的完整程度相比法律规定还差一点点，疑犯最后被当庭释放，典型如美国的辛普森杀妻案。大家会不会产生这样的疑问："为什么给一个人定罪，需要这么完整、全面且严谨的证据？这样会不会放过很多罪犯？"

④ 金融：一位金融信贷员审核企业的贷款申请时，按照现有资料判断，某家企业有 90% 的可能正常还款，他应该批准贷款还是拒绝呢？在实际中，信贷员对正常还款概率的判断是以评分模型来体现的（评分模型对应着正常还款概率），但为了更直接地表达含义，这里直接以概率代替。

仔细思考医疗、安保、金融中的决策场景，可以很明显地看出两种错误所付出的代价并不一样。

① 医疗：假设医生将癌症诊断结果告诉了病人，病人跑去医院检查，如果检查结果证明医生只是误诊，那么病人最多就是虚惊一场和损失少量金钱，但如果医生没有将这 10% 的患病可能告诉病人，一旦后面证明这 10% 的可能是正确的，那么病人和他的亲

友将会抱憾终生。

② 安保：相信跟大家的判断一样，实验室负责人最终会选择供应商 A 的系统，因为宁可让部分实验室人员麻烦一点，比如进行人工检查，也不能漏放任何一个外部人员进入实验室。

③ 法律：法律界有一个不成文的规矩，就是判别遵循"疑罪从无"的原则。因为一个有罪的人被无罪释放和一个无罪的人被误判入狱，这两个错误让疑犯付出的代价是完全不同的，对一个自然人而言，第二个错误明显要严重更多，特别是一些刑事案件，关乎人命，更要慎之又慎。因此陪审团在裁决一个嫌犯无罪时，不一定非要确信被告是清白无辜的，只要检方呈庭的证据破绽较多，超出了"合理怀疑"的严格标准，或者说，没能证明这个嫌犯一定有罪，法院仍然可以判决被告无罪。

题外话：辛普森杀妻案

在美国的司法体制中，仅仅依赖间接证据就对被告定罪判刑绝非易事。这是因为，仅凭个别的间接证据通常不能准确无误地推断出被告人有罪，必须有一系列间接证据相互证明，构成严密的逻辑体系，排除被告不可能涉嫌犯罪的一切可能，才能准确地证实案情。此外，间接证据的搜集以及间接证据和案情事实之间的关系应当合情合理、协调一致，如果出现矛盾或漏洞，则表明间接证据不够可靠，不能作为定罪的确凿根据。比如，在辛普森案中，检方呈庭的间接证据之一是在杀人现场发现了被告人的血迹，可是，由于温纳特警长身携辛普森的血样在凶杀案现场溜达了三个小时之久，致使这一间接证据的可信度大打折扣。

在辛普森案中，由于检方呈庭的证据全都是间接证据，因此，辩方律师对这些"旁证"进行了严格的鉴别和审核，这是这场官司中极为重要的一环。令人失望的是，检方呈庭的证据破绽百出，难以自圆其说，促使辩方能够以比较充足的证据向陪审团证明辛普森未必就是杀人凶手。

---

④ 金融：信贷员的选择是不给企业放贷。假设企业可以到期偿还贷款但没有获得贷款，那么对于信贷员来说只是少赚了一笔利息，但如果企业确实还不上贷款却获得了贷款，那么对信贷员来说损失的就是所有本金了，90% 正常还贷的概率不足以支持放贷给该企业的决定。

通过上述分析，只符合步骤 1 所列条件的方案是难以满足现实需求的，因为现实世界中人们通常会更重视某一特定类错误，整体错误率的高低并不能正确评估分类模型的效果。

4）步骤 4：既然在众多的现实问题中，我们更关注两类事务中的某一类是否被正确判断，那么是不是可以专门针对"重要类别"设计指标呢？答案当然是肯定的。一般来说，关注某一类别（以正样本为例）的"分类质量"，在实际操作中可以分成两个维度：一是质，二是量。

① 质的标准：如何衡量分类为正样本的"质"，即所有判别为正样本的实例中有多少是正确的（实际也是正样本），用公式表示为 TP/(TP+FP)，对应于图 4-10 中竖向的椭圆，称为准确率。

② 量的标准：如何衡量分类为正样本的"量"，即所有真实的正样本中有多少被模型准确识别出来了（判别为正样本），用公式表示为 TP/（TP+FN），对应于图 4-10 中横向的椭圆，称为召回率。

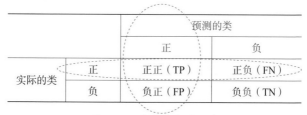

图 4-10 准确率和召回率

确定了准确率和召回率的计算方案，下面以一个实际案例来展现这两个指标的妙用。某周末，公司组织大家到"农家乐"体验生活，店家的池塘中有鱼 60 条、虾 20 只、蟹 20 只，商量后发现大家只想吃鱼，但店家只有一张渔网，没法把鱼一条条地捞上来，如果强行用一张渔网捞，那么很可能让渔网误捞上来的虾、蟹受伤，导致大家被动地为这些虾、蟹买单。最后实在没有好的解决办法，有位同事自告奋勇地捞了一网，结果捞上来了 20 条鱼、10 只蟹、10 只虾。那么问题来了，我们该怎么评价这次的打捞成果呢？

首先，我们可以发现这次捞鱼的准确率并不高，为什么这么说呢？因为根据质的计算公式可得 20/(20+10+10)=50%，准确率只有 50%。其次，我们认为捞出的鱼的量也不多，根据召回率的公式可得 20/60=33.3%，只捞出了 1/3 的鱼。如果从准确率和召回率来评估，可以说这一网捞得不太成功。

补充阅读：召回率的重要性

第一次接触"准确率"和"召回率"的朋友，通常会觉得"准确率"很好理解，但对"召回率"就有些一知半解了，也很难马上体会到它的重要性。实际上，很多场景下两者同等重要。比如美国法律中证人的宣誓："Tell the truth, the whole truth, and nothing but the truth." 其中同时强调了证词的准确率（nothing but the truth）和召回率（the whole truth）。做伪证（证词的准确率低）的场景屡见不鲜，但只说部分证词（召回率低）来误导法官的场景其实也很多，而且更具迷惑性。比如证人可以证明妻子拿花瓶打了丈夫的头部，致其死亡的事实，却隐瞒丈夫之前大声威胁着要杀死妻子的事实。但是我们会发现这条信息，也是影响法官如何审判这起案件的关键因素之一。

5）步骤 5：由于二分类问题中某一个分类对我们更加重要，因此为了衡量它的质与量，设计出了准确率和召回率。但一旦在实际中使用这两个指标，又会发现一个新的问题：如果只是单方面地追求准确率或召回率中的一个，通常很容易做到。比如上面捕鱼的例子，如果把渔网换成一个小的网兜，只瞄准一条大鱼进行打捞，那么很容易直接捞出一条大鱼且不带出任何虾、蟹。这种情况下，准确率就有 100%（1/1），但反过来召回率就会惨不忍睹（1/60）。如果把渔网换成一张超级大网，从池塘某侧下网，全覆盖地扫荡到另一侧，那么所有的鱼、虾、蟹会被一个不剩地打捞上来（池塘被清空了）。这时捞鱼的召回率就达到了 100%（60/60），但准确率却又低至 60%（60/100）。由此可见，准确率和召回率就像哈利·波特和伏地魔这对竞争对手一样，此消彼长。那么，究竟怎样才能兼顾准确率和召回率的值，让它们组合形成最好的结果呢？

以肿瘤诊断为例，医生在进行手术取样并检验之前，往往可以根据肿瘤的大小来初步判断肿瘤是恶性的还是良性的，给病人一个初步的患癌可行性结果。如图 4-11 所示，横轴 x 为肿瘤大小，上侧图为良性肿瘤（负样本）的概率分布，下侧图为恶性肿瘤（正样本）的概率分布。假设某天医生不想基于概率给病人一个诊断结论，而是采取"一刀切"的判断阈值方案给出诊断结果，即将小于阈值的肿瘤全部判断为良性，将大于阈值的肿瘤全部判断为恶性，会产生什么效果呢？

如图 4-11 所示，横轴为肿瘤大小，三个阈值依次为 A、B、C。

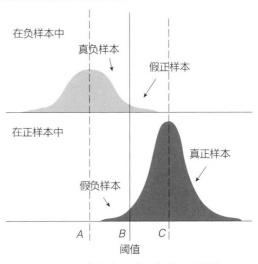

图 4-11　准确率和召回率的不同阈值

① 如果 $x>A$，很容易判断其为正样本（恶性肿瘤）。

② 如果 $x<C$，很容易判断其为负样本（良性肿瘤）。

③ 如果 $C<x<A$，比如处于 B 点，那么就不容易判断，只能说，随着判断阈值，从 A 到 B 到 C 的过程是正样本（恶性肿瘤）概率逐渐减小、负样本（良性肿瘤）概率逐渐增大的过程。

综上，从实际数据来看，不能说超过一定值的肿瘤肯定是恶性，小于一定值的肿瘤肯定是良性。科学的说法是，随着肿瘤体积的逐渐增大，其被诊断为恶性的概率也会增大。因此医生采用"一刀切"的判断模型来对病人给出一个初诊结论，肯定不可能全部

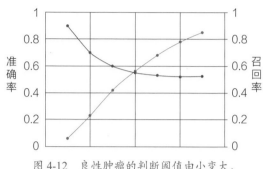

图 4-12　良性肿瘤的判断阈值由小变大，
良性肿瘤判断的准确率减少，召回率上升

正确。如果我们移动"一刀切"的分类边界（图 4-12 中纵线为判断阈值），就会发现模型判断恶性肿瘤的准确率和召回率呈现出相反的变化趋势。

如果把图 4-11 中的阈值从右侧移动到左侧，肿瘤被判断是良性的数量越来越多，那么准确率逐渐降低、召回率逐渐升高，呈现出如图 4-12 所示的趋势。

既然准确率和召回率常常是相互矛盾的，那么面对某个应用场景时，究竟是应该追求准确率还是召回率呢？其实还是那句话"具体问题具体分析"。退一步讲，即使采取的是"一刀切"的分类方式，切分阈值的选择也要根据实际的业务需求来进行具体分析，在准确率和召回率之间取得一个平衡。还是上文的捞鱼实例，如果参与周末活动的人只有 10 个且又都比较挑剔，那么最好选择一个高准确、低召回的方案，如在池塘中鱼类聚集的地方捞一小网；但如果公司的 100 个同事全到场，那么就只能选择高召回率的方案，即捞上来更多的东西，牺牲掉准确率，因为得优先让大家都吃饱。

（2）准确率和召回率的思考过程总结

最后，再回顾一下步骤 1~5 的思考过程：

①步骤 1：最简单的方案，将衡量指标设计为预测错误的样本数。

②步骤 2：细致分析错误类型，发现存在两种细分情况：一是正样本被误判为负样本，二是负样本被误判为正样本。

③步骤 3：回溯步骤 1 方案中存在的问题，会发现错误类型中的两种细分情况在诸多现实场景（战争、安保）中的重要性不同，混在一起无法准确评估。

④步骤 4：如果分类中某一类错误的判别结果相比其他分类，对模型效果更加重要，那么就需要为此设计一些专门的指标，例如准确率和召回率。其中准确率可以用来判别"关注类"中的"质"，召回率可以用来衡量"关注类"中的"量"。

⑤步骤 5：如果发现在某个项目中，准确率和召回率通常存在冲突，那么就要根据业务需求来判断准确率和召回率的优先程度哪个更高。

以上就是笔者总结出的针对分类模型如何设计评估指标（准确率和召回率）的思考过程。当然，在实际工作中关于模型的评估指标还有很多，但古语说"授人以鱼不如授人以渔"，因为围绕设计过程进行的思考要远比评估指标本身重要，所以笔者才愿意耗费更多的笔墨来展示这个思考过程，而不只是把所有的评估指标都简单地罗列出来。

然而，在很多情况下，模型的评估结果并不能代表其在应用场景中真实的业务效果，两者只是存在一种正相关关系，因此为了清晰地了解模型在业务场景下的实际效果，我们还需要设计出新的评估方案：线上模型评估。

2. 线上模型评估：平行世界与同质对照组

严谨地讲，即使线下模型的准确率和召回率都有所提高（相较之前的模型），也不能说明或保证将该模型应用到实际业务中，会对业务产生积极的效果。在工作中，如果想要确认后者，最保险的方案就是做线上的小流量实验。与模型评估指标一样，对设计过程的思考同样比设计方案结果更重要，因此下面就分析小流量实验的核心"同质对照组"的设计过程。

以一个职场人都关心的话题——绩效评估为例：辛苦了一年，员工们都期望自己的工作能得到上级的认可。相对地，企业管理者也都期望对不同员工的业绩贡献做出公正的评价，并据此安排如何发放年终奖和优化明年的工作部署。通常情况下，团队或员工的自我评价都是偏高的，都认为自己为公司带来了更多的业绩，比其他团队或同事更优秀，但这种自评会遭遇两种质疑，如图 4-13 所示。

图 4-13　业绩出色时经常会遇到两种质疑

（1）质疑 1：怎么确认不是其他因素促使公司业绩提升？

例如，市场部张经理带领团队设计了一套新的营销模式，并对大部分客户进行了营销推广。到了年底，公司的全年收入提升了 30%。张经理兴冲冲地去老板办公室汇报，推开门却碰到了产品总监正在讲今年产品团队做了多少卓有成效的工作，使得产品对客户的吸引力增强了，进而提升了客户的购买和消费意愿，最终提升了公司业绩。张经理心里犯嘀咕了："公司收入涨了 30%，究竟是因为产品优化，还是因为销售人员的努力呢？"还没等他想出结果，就突然听到老板问："是不是今年年景好，行业整体发展好，客户对我们产品的需求才持续增长，从而提高了公司的收入？"这时产品总监和张经理都哑口无言了。

如果我们发现最终指标可能是很多因素共同作用的结果，那么就需要将某一个因素对指标的影响剥离出来，以对其进行准确评估。

（2）质疑 2：怎么知道工作业绩中不存在着抽样偏差？

例如，运营部门的小王负责 20 个客户的关系维护，今年这些客户均对小王的服务非常满意，并且续签了明年的单子，继续购买公司的产品。年底总结工作时，小王很骄傲，因为整个部门里客户续签与流失的平均比例为 5 : 5。但她的领导泼了冷水："怎么知道你不是正好碰到了 20 个本来就好维护、持续信赖公司产品的客户？"小王负责的客户满意度高，究竟是因为小王努力，还是他的运气好呢？

如何确保基于抽样产生的统计指标反映的是真实情况，而不是因为有偏抽样导致的有偏结果呢？

要解决这两个质疑并得到准确的评估结论，可以尝试用"平行世界"的思维模式来分析处理。平行世界这个概念因为近年来大量出现在科幻小说和电影中而被大家所熟知，其实这个理论最早见于关于量子力学的研究文献，物理学家们在 20 世纪通过大量实验逐渐发现量子本身有很高的不确定性，因此推测出由量子组成的现实世界也可能不是唯一的，而是存在多个类似的宇宙空间。曾有科学家形象地比喻，平行世界可能处于同一空间体系，但时间体系不同，就好像同在一条铁路线上疾驰的先后两列火车；平行世界也有可能处于同一时间体系，但空间体系不同，就好像同时行驶在立交桥上下两层道路中的小汽车。

例如在电影《蝴蝶效应》中，主人公发现自己可以穿越回自己小时候的一些时间点，随着在这些时间点做出不同的选择，自己长大后的生活也会发生翻天覆地的变化（如变成残疾人、成为百万富豪、出车祸死掉、挚爱的妻子和好友走到了一起等）。按照平行世界理论，主人公的这些完全不同的人生经历都是真实的，只不过是处于同一时间体系的不同空间。

那么，现在把这种思维模式放到上面的例子中，想判断公司的业绩好坏跟某一个人或团队的工作到底有没有联系，可以尝试假设一个没有这个人或团队的平行案例，然后对比两个案例的发展差异。

虽然"平行世界"对我们普通人来说还只是一个梦想，但我们却可以借鉴"平行世界理论"思路，设计出一个可行的现实方案——同质对照组，即发现或者设计一个与实验组足够"同质"的对照组，以起到与"平行世界"类似的对比作用（实验组和对照组的构成以及它们所处的环境完全一致），这种方法又称为"A/B 测试"。由于实验组和对照组完全一致，因此只要我们对实验组实施策略，而不对对照组做任何事情，那么最后实验组和对照组的差异就应该是针对策略效果的评估结论。

为了保证实验组和对照组完全一致，在构造对照组时需遵守两个原则：
- 原则 1：通过分层抽样，保证对照组的样本构成与实验组非常相似。例如需要评估一种新营销方案的效果，实验组选择了 1000 名客户，涉及 10 个行业，从每个行业抽取 100 名客户，那么构造对照组时，应该首先以"行业"为考察维度，并且组中的 1000 名客户也是同样的构成，即也来自与实验组相同的 10 个行业，每个行业 100 名客户。接着再以"历史增长比例"为考察维度，保证对照组在过去 6 个月的产品消费增幅与实验组一致（差别不超过 1%），以避免大家对其后续增长的差异性产生质疑。
- 原则 2：选择样本数量足够大的实验组和对照组，降低抽样偏差发生的概率。这里提到的抽样偏差是指实验组和对照组其实并不是完全同质的，只是恰好在考察到的维度上类似，例如最近 6 个月的相关指标变化一致，但是这种一致，由于样本数量过少（只有 6 个月），因此很难说这种相似性是完全置信的。

实际工作中，A/B 测试的标准做法是，先简单随机抽样，以保证抽样后的实验组／对照组均与总体样本保持一致。如果样本量足够大，可以保证评估方案的效果，那么就可以省略分层抽样的操作。一般情况下，只要保证抽样是完全随机的且样本量足够大，那么都会满足第一个原则。只有样本量较小且凭简单随机抽样无法保证实验组 / 对照组与总体样本的同质性时，才需要尝试分层抽样。保证实验组 / 对照组与总体样本分布一致，是为了验证策略在总体样本上是有效的，毕竟实验的最终目的还是推广。

既然第二个原则容易实施（简单地增加样本量即可），且当随机抽样的数据量足够大时，可以保证第一个原则被满足，那么是否可以推导出这样的结论：如果不断扩大抽样数量，就一定能保证评估方案的有效性。这个问题的关键在于是否可以保证抽样过程完全随机。从大量的实验结果看，即使抽样结果占总体样本的 90% 但如果存在偏差，那么其效果还不如只占总体 10% 但无偏差的样本集合好，使用后者反而有更大可能取得正确的统计结论。

题外话：有偏的大调查不如无偏的小抽样

1936 年，艾尔弗雷德·兰登（Alfred Landon）与美国时任总统富兰克林·罗斯福（Franklin Roosevelt）共同参与竞选下一届总统。《文学文摘》承担了预测竞选结果的任务，它发起了大规模的民意调查。当时大家都相信，数据量越大，预测结果越准确，于是《文学文摘》寄出 1000 万份调查问卷，这个数量覆盖了当时四分之一的选民。杂志社在后续两个多月内陆续收到了 240 万份回执。在统计完成以后，《文学文摘》宣布，兰登将会以 55% 比 41% 的优势击败罗斯福，赢得大选，另外 4% 的选民会零散地投给第三候选人。

然而真实的选举结果却与《文学文摘》的预测大相径庭：罗斯福以 61 比 37 的压倒性优势获胜。更让《文学文摘》感到有失颜面的是，新的民意调查开创者乔治·盖洛普（George Gallup）公司仅仅通过一场规模小得多的问卷（3000 人的问卷调查），便得出了准确的预测结果：罗斯福将稳操胜券。盖洛普的 3000 人"小"抽样，居然推翻了《文学文摘》240 万的"大"调查，这在当时让很多专家学者和民众都跌破了眼镜。

如果用统计学的理论看，《文学文摘》的失败在于其取样存在严重的偏差。它的调查对象主要锁定为它自己的订阅用户。虽然它的调查问卷数量不少，但它的订阅用户多集中在中上阶层，样本从一开始就是有偏差的（sample bias），因此，预测结果不准就不足为奇了。再加上兰登的支持者似乎更乐于寄回问卷结果，这就使得调查结果更加有误。这两种偏差结合在一起，注定了《文学文摘》调查失败。而盖洛普使用的样本虽然量小，但选取的原则更加科学，尽量与美国选民的整体分布一致，自然取得了更准确的预测效果。

——摘自《来自大数据的反思：需要你读懂的 10 个小故事》○

○ 见https://blog.csdn.net/lively1982/article/details/47100507。

不过如果实验组和对照组的抽样方案先天存在偏差，那么即使提高了抽样的数量，也无法解决方案本身存在的偏差问题，加大样本量也只是让这种偏差变得更加稳定而已，而不能消去。在实际工作中，由于这个错误具有很强的隐蔽性，因此在抽样过程中，需要仔细审视可能存在的偏差。比如，在统计数据时，可能要面对从多种来源取得的数据样本，为了提升有效性，往往倾向于混合不同来源的数据样本后再进行统计。这个时候就需要非常小心了，因为从不同来源得到的数据样本，它们的分布很可能是不同的。

题外话：不同来源的样本一样吗？

某电视节目中，主持人拿出三个不透明的盒子，但只有一个盒子里面有奖品（主持人知晓盒子里面的情况）。主持人请嘉宾随意选择一个盒子拿走，然后他打开剩余两个盒子中的一个，发现是空的，接着问嘉宾是否要用自己之前选的盒子和剩下的盒子进行交换？假设嘉宾的目标是获得奖品，那么他是否应该选择交换呢？

表面上看，嘉宾手里的盒子与主持人手里的盒子是一样的，都是未知的样本，但实际上中奖的概率是不同的。可以这样思考，嘉宾手里的盒子相当于是从最开始的三个盒子中随机选择的一个，嘉宾中奖的概率为1/3，而主持人手里的盒子相当于从三个盒子中随机选择的两个（嘉宾挑剩下的两个），主持人中奖的概率为2/3。主持人利用他所知的信息帮我们去掉了一个空盒子，所以2/3的中奖概率就全部集中在他手中剩余的盒子上。这时，如果嘉宾交换盒子，那么获奖的概率明显会变大。

实际工作中也是这样，从不同来源得到的样本，虽然数据格式和内容看起来没差别，但其实它们在很多特征取值上的分布是不同的，如果只是简单地混合数据，那么会给统计分析带来不可控的影响。因此假如抽样样本是来自多个数据源的，那么一定要保证混合后样本的统计分布尽量与总体样本分布（应用场景的样本分布）保持一致。

通过构造实验组和对照组的两个原则，期望两者在不做任何策略时的表现是一致的。在这个基础上，如果只对实验组实施策略或运营活动，那么两者产生的差异即为策略或运营活动的真实效果。但如果仔细思考，就会发现这两个原则并没有完全解决问题，只是最大程度地降低了实验组和对照组的不同。比如对于第一个原则来说，需要在多少个特征上表现一致，对照组才能算足够同质呢？毕竟世界上连两个一模一样的人或物都很难发现，何况是那么多样本呢？对于第二个原则，实验组和对照组各自需要多少样本量才能避免"抽样偏差"呢？如果用上全部样本也不够，该怎么办？

回顾一下统计学家是如何看待统计结论的："基于概率的信任"。在统计学的世界里，没有完全正确或完全错误，只有多大概率的正确和多大概率的错误。这里所讲的抽样评估方法也是这样，不能完全解决问题是正常的。不过，只要按照所介绍的两个原则，不断优化同质对照组，把评估方案的准确率优化到一个让人满意的范围就可以了。对于不同的应用场景，所需要的最低有效样本量一般都可以通过实验得到（最后会展示一个案例），但我们必须认识到无论如何优化，实验组和对照组都只是真实世界的一个抽样，基于抽样计算出的指标也只能是一个围绕真实值波动的正态分布，永远不会完全准确。

如图 4-14 所示，上侧为对照组增长指标的抽样分布，下侧为实验组增长指标的抽样分布。可以发现，即使实验策略有小幅正向的效果（实验组的分布中线"真实值"要高于对照组的中线），使用抽样评估方法也未必能得到准确结论。

1）第 1 次抽样，如左侧的两幅图所示，当实验组在偏右的尾巴处抽样，对照组在偏左的尾巴处抽样，评估结论是大幅正向的。

2）第 2 次抽样，如右侧的两幅图所示，当实验组在偏左的尾巴处抽样，对照组在偏右的尾巴处抽样，评估结论是小幅负向的。

综上，在实际应用中没必要追求完美。只要对照组与实验组能够达到一个比较高的同质程度且样本数量足够，就可以使抽样分布变窄，甚至窄到像一根尖锐的针。用这种方案进行评估所得的结论大概率不会有很大偏差。但我们需要记住，持续优化只能使抽样分布不断变窄，但它永远不会消失！

此外，"通过分层抽样来保证同质性"和"增加样本来避免抽样偏差"这两个原则也存在一定的矛盾，在实际应用中需要综合考虑。例如对客户营销活动收益进行量化评估，首先需要确定与评估指标（产品销售额）相关的特征，如客户所在行业、客户的企业规模、历史消费信息等，然后通过分层抽样（从具有不同特征值的样本子集中按比例抽取），使实验组和对照组的客户群在不同行业、不同企业规模、不同消费幅度上的比例均类似。在这个过程中，分层抽样选取的特征越多，对样本的刻画就越精细，同质效果也就越好，但如果特征过多、过细，就会造成分组内的样本量不足，比如同时满足"家电行业""企业规模超大""历史投入较高"三个特征的客户可能只有 1 个样本，那么无论将它放在实验组还是对照组都无法实现平衡。不过，如果抛掉这些的样本，又无法说明实验策略会对所有的客户群体有效，因此，在实际应用中往往要对这两个原则做出合理的权衡。

最后，展示一个针对营销活动效果进行评估的实验。通过这个实验，我们会发现，对于一份完善的评估报告，不仅要给出评估结论，还要对评估方法的置信性进行充分说明。

（3）评估方案的置信性实验

场景：有 10 万个客户样本及这些客户在过去 4 个月的消费数据，现在公司希望针对某部分客户推出营销活动，并最终量化评估营销活动带来的消费增长。

根据前面提出的两个原则，为实验组构造同质的对照组：

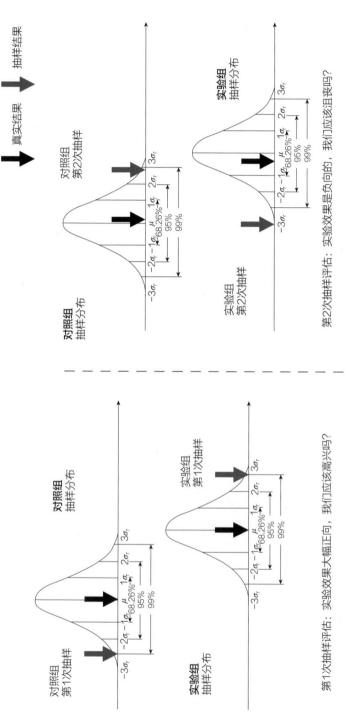

图 4-14 同一种情况下，不同的抽样，评估结论的差距很大

1）同质方面：考量两个特征，确保实验组和对照组在历史收入增幅和行业分布上一致。

①在前 3 个月（用第 4 个月的数据做验证），对照组与实验组每月的环比增长差距小于 1%。

②实验组和对照组采用随机抽样或按照行业分层抽样（选择 1）。

2）数量方面：实验组与对照组有 1000 个样本或 6000 个样本（选择 2）。

根据抽样方法（选择 1）和抽样数量（选择 2）的不同组合，会生成四种评估方案，但是究竟哪种评估方案更好呢？首先要明确判断同质对照组是否优秀的评估标准是，在不做任何实验的前提下，实验组的表现与对照组的表现是完全一致的，因为只有这样，对实验组实施营销活动后，两者的消费增长差异才能准确反映实验效果。既然已经明确，与未进行营销活动的实验组的消费增长差异越小的同质对照组越优秀，那么我们就可以按照四种方案分别选择实验组和对照组，并进行 1000 次模拟实验（未对实验组实施任何营销策略），两者在第 4 个月的消费增长差异的分布数据如表 4-4 所示。

表 4-4　同质对照组的效果评估，"±5% 内：50%"表示实验组和对照组的消费增长差异落在［ -5%，+5% ］区间的概率有 50%

样本数量：足够	同质对照组的选取方式：同质		
		完全随机	按行业分层抽样
	1000 个	±5% 内：50% ±3%：30% ±1%：10%	±5% 内：60% ±3%：40% ±1%：15%
	6000 个	±5% 内：85% ±3%：60% ±1%：30%	±5% 内：90% ±3%：70% ±1%：40%

从表 4-4 中数据可见，用随机抽样方法选择 1000 个客户的对照组，虽然相较实验组在前 3 个月环比增长差距小于 1%，但有 50% 以上的概率（ 1 -50%）在第 4 个月消费增长差异超过 5%。这个时候，如果有人声称"我们对 1000 个客户做营销活动，使得他们这个月的消费增长了 5%"，那么站在统计学的角度看，这句话是不可信的。因为我们不知道实验组和对照组的消费增长差异是营销策略导致的，还是因为评估方案中存在天然偏差。不过从表中四种方案的效果可见，如果可以按行业分层抽样或者提升样本数量，针对实验组和对照组开展的评估效果会更好。因此综合来看，最好的方案是，针对实验组和对照组按照行业分层进行抽样，并保证每组使用 6000 个样本，这样，天然偏差在 5% 以内的概率可达 90%。也就是说，如果用行业分层抽样方案，对 6000 个客户做营销活动，评估出参与活动的客户消费增长 6%，那么这个结果的可信度还是比较高的。在自然条件下，只有 5% 的可能（10% 的双边概率除以 2，得到单边概率 5%），实

验组的消费会超过对照组 5% 以上，所以所参与的客户的消费增长 6% 应该是由营销策略导致的。

另外，从表 4-4 中可见，当样本数量只有 1000 个时，采用分层抽样对营销效果提升有明显作用，如消费增长差异在 5% 范围内的波动概率为从 50% 到 60%。但当样本数量达到 6000 个时，分层抽样对营销效果的提升作用就不那么明显了，如消费增长差异 5% 范围内的波动概率为从 85% 到 90%，这也就是通常只在样本数量不足时采用分层抽样的原因，如果实验样本数量充足，只要保证随机性，就可以得到相当不错的评估准确性。

目前在工业界被大量应用的机器学习模型其实也不是非常准确，这与人类无法准确地认知世界是同一个原因：基于"有限观测"做出的认知和推断只能是一个概率结果，做到 100% 准确预测是不可能的。"有限观测"即指观测到的样本是有限的，就如我们没办法认识世界上的每一个人，也没办法知道一个人的每个方面。

虽然进行线上评估可以更准确地对模型应用到业务中的效果给予评估，但这并不能说明线下评估没有意义。这是因为线上评估的成本更高，所以在实际工作中往往会把"线下评估是否是正向的"结论作为开展线上评估的先决条件。

在模型评估的最后，需要澄清一个观点：评估过程不仅只是为了得到结论，更是改进模型的起点。

对评估时定位的问题样本（即没有解决的问题）进行分析，这是启发模型改进的重要手段，也是科学前进的重要模式。回顾科学史，科学的发展过程其实就是，在初始阶段，一群科学家们收集了很多现实世界的数据，然后提出一种可以解释这些数据的科学假说，如经典力学理论。但随着观测能力的逐步提高，又会慢慢发现某些新出现的数据不符合当前的假说，这时就会有一群新的科学家提出一种新的假说，如量子力学。科学就在这种循环往复中不断前进。机器学习算法中有一种提升（Boosting）思路，其实就相当于机器自动问题样本分析，扩充错误样本，以扩大其对模型参数训练的影响，实现对模型效果的提升。

问题样本分析的典型案例请大家参见 4.2 节的内容，每一步特征改进思路，均是分析当前问题样本的共性得到的。

题外话：有偏差的抽样

准确评估依赖于合理的对照组。如果故意在对照组的选择中进行有偏差的抽样，可以很方便地操纵统计结论。虽然前文陆续向大家展示过一些"统计欺骗"手段，但**"有偏差的抽样"**是终极大招。它的强大之处在于完全不留作案痕迹，即使是经验丰富的数据分析师，也很难察觉对照组是否被做了手脚。以抛硬币为例，大家都知道硬币正反面落地的概率各是 50%，但如果这样设计实验，即抛 10 枚硬币 10 000 次，在某次抛币过程中 10 枚硬币全是正面落地的概率非常大。

假如我们只记录了这次的实验结果，而忽略其他 9999 次实验，然后对外宣称：经过实验，抛 10 枚硬币，全是正面落地的概率为 100%。如果有人通过实践质疑实验结论，可以找借口说："不好意思，只做了 1 次实验，正好赶上这次实验中硬币全是正面落地，并不是有意欺骗大家！"

在生活中，通过有偏差抽样得到期望结论的例子处处可见，比如很多初创企业为了拿到融资，针对产品发布各种"放卫星"式的新闻稿或调研数据，以及不同用户对产品的溢美之词，但许多人往往根本没有听说过该产品，对该产品赞不绝口的用户大都是创业团队的亲戚朋友，因为该公司的调研人员常常会给他的亲朋好友发放下述调研问卷。

请问您感觉本公司的产品是否能够提供价值？是否好用？

（A）提供了很多价值，使用非常便利

（B）提供了较多价值，使用比较便利

（C）我不是这个产品的目标用户

第一，亲朋好友会更加有耐心听取调研人员讲述产品，并亲身做深度体验。第二，爱屋及乌或期望维护好友谊，亲朋好友即使觉得产品体验较为糟糕，也不会明说。因此，调研人员得到的结论是，100% 的用户感觉这个产品很有价值！

再比如，企业的行政部门调研员工对公司餐饮、健身设施、行政服务等方面的满意度，得到的反馈通常是正面的。相信行政部门为了得到这样一份调研报告也是蛮拼的，会精心选择采访对象，而刻意避开对食堂伙食持负向意见的样本。

采取有偏差的抽样，可以得到任何想要的结果。因此分析数据时，要充分考虑抽样过程对样本分布造成的偏差，以及该偏差对分析结论的影响。比如某企业计划推出一款新产品，访谈了几个与市场部关系良好的客户，受到一致赞赏。结果产品正式推出后，大部分客户均不感兴趣，销量很差。造成这种局面的原因就是，与市场部关系良好的客户并不能代表整体客户，只不过这些关系良好的客户对产品的依赖性很强，所以才表现得友善，而大部分客户并不是这样。又比如某互联网公司对产品的界面布局进行了改版，对应论坛上出现了一片骂声和投诉，但线上数据却表现得很不错，访问流量稳幅增长。对此，现实情况是，只有部分体验不好的用户在产品论坛上吐槽，而觉得新版界面较好的多数用户只会默默使用，并没有在论坛上发表看法。因此只有后台整体数据才能够真正代表大部分用户的真实反馈。

最后，给大家一个建议：阅读评估报告时不要只相信如图 4-15 所示的图形。

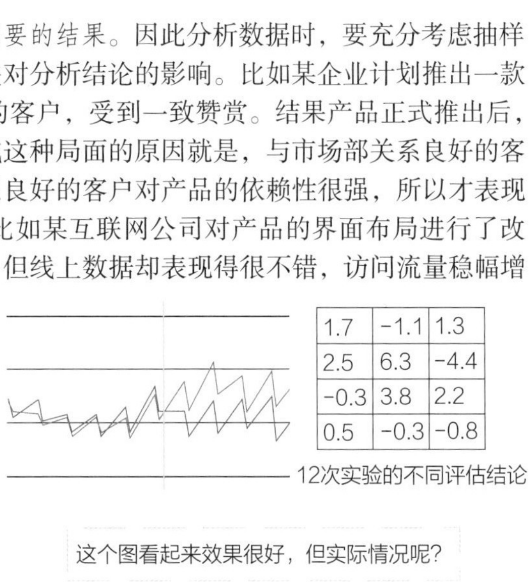

1.7	-1.1	1.3
2.5	6.3	-4.4
-0.3	3.8	2.2
0.5	-0.3	-0.8

12 次实验的不同评估结论

这个图看起来效果很好，但实际情况呢？

图 4-15　这种图只是看起来效果很好

蓝色锯齿曲线为实验组的指标变化，红色锯齿曲线为对照组的指标变化，黄色竖线为策略上线的时间点，该图说明了策略上线前实验组和对照组表现一致，策略上线后实验组出现了显著的对比增长，从而证明策略是有效的！

也许有些人特别喜欢这种评估图，感觉它非常直观地表现出了产品或策略上线后的效果，但实际上，无论真实的实验效果如何，都可以画出类似的图形来。具体制作流程如下：随机选取 12 个对照组（其在策略上线前与实验组表现完全相同），使用不同的对照组会得到不同的评估结论（由于抽样偏差），从 12 个对照组中选取评估效果最好的那个（正向增长 6.3%）作为最终结论写入评估报告，并对外宣称这个对照组是随机选取的。最后参照这样的实验组和对照组，画出策略上线前后的趋势图。

因此我们需要注意，只关注貌似直观的评估图，往往会上当受骗。请记住：对于统计结论，我们要基于概率地信任，只有当置信概率足够大的时候，才可以相信统计结论。

4.5 小结

至此，笔者已经介绍完了有关机器学习实践的四个方面：问题建模、特征工程、样本处理和模型评估。这里再梳理一下在构建完初版模型后，不断进行特征和模型优化的迭代流程。

在特征和模型优化的迭代流程中，共有 5 个步骤循环进行：

1）步骤 1- 假设来源：通过分析业务来梳理特征的设计思路，比如构建推荐资讯的点击率模型，可以思考影响资讯点击率的因素可能有哪些？最容易想到的是内容与用户的兴趣点的匹配程度、内容的质量和吸引力等。当以初版特征构建完模型后，分析模型尚未解决的问题样本也是发现新特征的有效来源。例如在模型预测不准的样本中，资讯标题和内容存在一些"题文不符"的现象，模型判断用户对内容不感兴趣，但因为标题诱人，所以点击率高。然后以此为基础，可以依据"标题党"来设计特征，从而解决此类问题。此外，与业内人士做交流（如参加学术会议），这也是有效特征的重要来源，博采众长才能将工作做得更好。

2）步骤 2- 特征验证：计算单个特征的预测能力，将该特征加入模型后再观察整体效果。需要注意，有的特征的单独预测效果可能很好，但加入模型后预测效果不明显，因为它的信息可能被其他特征覆盖了；也可能，有的特征单独预测效果一般，但加入模型后预测效果很好，这是因为多个特征组合会产生微妙的"化学反应"，共同作用到预测结果上。我们的判断标准是：一切以特征融入模型后的有效性为准。此外，还可以检查特征的覆盖面，有的特征虽然非常有效，但只能覆盖少量的样本，大量样本缺失这个特征；有些则正好相反，能作用到所有的样本上，但在提升预测效果方面却并不显著。

3）**步骤 3 - 特征优化**：对该特征进一步处理优化，如特征处理和特征选择。在实际工作中，我们可基于特征的覆盖面和样本量，来决策应该泛化该特征到什么粒度。例如用户的地域特征有省份粒度、城市粒度和街区粒度。一般而言，细致的粒度更加准确，但存在样本量不足时泛化性不够的问题。另外，还需要考虑该特征的计算复杂度和性能。例如很多时候模型都是在线下进行训练的，因此对特征的计算时间要求并不高，但对于有些有效的特征，如果无法在规定的时间内完成线上计算，就会造成线上和线下模型不一致的问题。此外，还需要考虑该特征是否可以和其他特征一起组合使用，以便挖掘组合特征等。

4）**步骤 4 - 线下实验**：在实验前，训练样本集一定要与评估集的分布一致，两者一定要是从同一时间、同样的线上日志中随机抽取拆分的。同时还要分析评估集是否足够大，以确保评估结论的有效性。实验结束后应分析实验效果，如模型 AUC 曲线的变化、优化目标（损失）的变化、模型输出分布的变化等。提升了单一评估指标后，未必要马上更新模型，因为模型嵌在业务系统中，模型的输出分布剧烈变化会造成业务体验大幅波动，所以更新需谨慎。

5）**步骤 5 - 小流量实验**：线下评估模型效果的指标往往不是业务指标，线上实验的价值是根据业务指标来评估模型效果。当业务目标与模型目标不够一致的时候，进行线上小流量实验尤其重要。例如对于推荐内容的排序模型，线下提高相关性模型的准确度，未必会提升线上用户点击率。如前文提到的，"标题党"内容的点击率较高，打压"标题党"的策略会降低用户的点击率，但这的确符合业务的长期需要。

完成上述 5 步后，才能推进使用新特征的模型的全流量上线。从模型层面来说，我们可以采用更合理的假设，例如托勒密拿圆来模拟天体运动，发现十分复杂，需要不停地大圆套小圆来进行修正，但开普勒直接用椭圆模拟天体运动，模型就变得简单很多，更重要的是效果也更好了。对于机器学习模型来说也是这样，例如 CNN 可以被看作DNN 的网络结构针对视觉应用场景做出的特殊改进，既可以防止过拟合和欠拟合，还可以进行特征和样本的优化（即本章的主要内容）。

在企业中，模型优化是一项经济活动，而不是科研追求。我们需要在足够大的价值点以合适的投入，取得更好的模型效果。如果系统涉及多个环节和多个模型，需要评估优化资源优先投入哪里可以取得最显著的整体效果。使用漏斗分析可以使这个过程更加明晰。

案例 10　OCR 的过程可分为"识别区域→拆分字符→生成文字"三个步骤，在每个步骤，模型均不是 100% 准确的，那么在开展优化工作之前，需要先分析清楚哪一个步骤才是造成模型整体准确率低的瓶颈，再结合成本确定对哪个步骤进行优化的性价比最高。

案例 11　本案例在第 6 章中进行详细说明，视觉搜索的流程可分为"触发图库→

提炼文本→结果排序"三个步骤，每个步骤的错误均会造成最终展现给用户的结果不佳。同理，可使用漏斗分析确定哪个步骤是瓶颈，并将优化资源投入到性价比最高的环节中。

最后，再总结一下本章的内容结构，如图 4-16 所示。

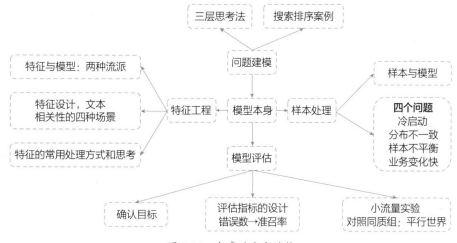

图 4-16　本章的内容结构

可见，在实际工作中建模时，除了掌握模型知识之外，还需要有业务理解、数据分析、特征设计等多方面的能力，才能建立一个贴合业务应用的模型。

数据建模的初学者容易过多关注模型算法本身，并投入大部分精力，其实，真正有经验的建模者，在开始机器学习项目前会首先明确两个事情：

1）数据在哪里？即样本和特征在哪里？

2）应用在哪里？即对模型有怎样的价值预期和怎样的优化目标？

应在项目启动前对这两件事情想清楚，因为它们决定了项目的可行性和收益空间。不过在实际项目中，大概 80% 的精力需要投入在模型之外的样本处理、特征工程和评估目标改进上。

为什么说机器学习是一个实战技术呢？因为即使掌握了建模理论，还是需要不断地经历实际项目才能真正磨练和积累实战经验。理论只是让我们掌握一些建模"套路"，实际项目会引导我们形成对模型的"体悟"，而"大师"和普通人的差别往往不在于"套路"而在于体悟上。因此，纸上得来终觉浅，读完本章后，让我们开始学习实战案例，以在实际项目中获得"体悟"。

本书配备可在线运行的实践代码和课后作业，读者可以在飞桨实训平台 AI Studio 中"机器学习的思考故事"在线课程对应的实践课章节中获取。

第二部分

应用与方法

第5章

电商平台促销策略模型

在本书第二部分，笔者会向读者们分享三个机器学习的产业实践案例，这些案例不仅体现了有关建模的具体方法，还展现了对于如何通过技术解决业务问题的一些个人心得。

本章介绍第一个案例——如何在互联网购物平台针对店铺以及进行的促销策略中实践机器学习，期望通过这个有趣的案例分享这样一个观点：在工业界，机器学习的核心从来不是模型技术本身，而是对业务及其相关知识的深刻理解和运用（本案例涉及经济学、心理学和营销学）。只有将建模技术与业务专业相结合才能进行建模创新。在很多时候，学术界专注的是如何解决定义好的问题，而工业界则需要更多地面对"定义问题"的难题。

5.1 业务背景

5.1.1 互联网的盈利模式

纵观互联网发展历史，很多高科技企业已成为新经济发展的发动机，但在这些高科技企业中，互联网公司的商业模式并不多。主流的模式有三种：第一种是直接面向用户收费，如网络游戏、书籍音乐、婚恋网站等，用户像购买传统商品一样为虚拟商品和服务付费；第二种是产品免费，但在用户使用产品的时候向其展现广告，向广告商收费，如门户网站、电商平台、资讯流产品等；第三种则结合了前两者的特点，兼具两种商业模式，如视频网站等，这种模式下不付费用户也可观看大部分视频，但必须忍受视频播放前时间不等的广告，付费用户则没有这种苦恼，他们不仅可以跳过广告，还可以观看很多付费后才能独享的影视资源。

在互联网发展的初始阶段，由于很多用户还没有养成付费的习惯，因此大部分的互联网公司采取的都是第一种商业模式。随着越来越多的互联网用户收入的增加，以及网络版权意识的逐渐增强，开始接受并习惯使用付费模式。在此背景下，越来越多的企业开始转变商业模式，通过"用户付费"的模式实现盈利，比如罗辑思维出品的"得到"，该产品主打为"知识服务"，并推出了一系列音频专栏。由于该系列专栏主要定位于文化层次较高、持续学习且收入颇丰的中高端用户群，因此更适合使用用户付费的模式。考虑到用户接受程度和市场推广等因素，目前"得到"的每个专栏都收取订阅服务费，基本可以覆盖其成本支出，实现盈亏平衡。随着时代的进步，用户付费的模式越来越被广泛接受，但不可否认的是，广告收费模式依然是大部分互联网企业的主流商业模式，并且仍处在一个快速增长的周期中。如图 5-1 所示，普华永道机构统计到 2019 年中国互联网广告的市场规模高达 600 亿美元，自 2012 年开始，广告市场每年均以超过两位数的速度增长，虽然近年来增幅稍有放缓，但是相较于其基数，绝对增长规模仍十分惊人。以一贯擅长游戏制作（向用户收费的模型）的腾讯公司为例，在其 2018 年财报中，网络广告收入为 581 亿元，占公司总收入的 18.58%，同比增长 44%，成为继网络游戏等增值服务外，新的收入增长点。

图 5-1　中国互联网广告的市场规模统计（来源：普华永道）

5.1.2　广告定价机制

广告不仅是互联网的主要收入来源，也是电视、广播、杂志等传统媒体的主要盈利手段。据权威机构统计，在 2020 年，中国的广告市场规模接近万亿。面对如此之大的市场，很多读者都会关心，媒体和广告客户是如何为广告投放定价的呢？

由于无论是传统媒体还是互联网等新媒体，它们的广告位资源（位置和时段）具有两个特点：第一，资源数量是相对有限的，用户都不喜欢过多的广告；第二，广告位是建立在媒体提供了大量有价值内容的基础上的，本身并没有生产过程，加上很多不同的店铺（尤其是流量需求类似的店铺）经常会竞争相同的广告位，如 NBA 比赛转播前后的时间段是各大体育用品厂商的必争之地，这导致成本不易衡量。以上因素叠加，就导致了大部分媒体（无论新旧）都会采用"拍卖机制"来售卖其广告资源（电视的广告时间或互联网的流量）。

简单地说，拍卖机制就是指，拍卖方通过一系列明确的规则以及由买者竞价而产生的价格来决定资源配置的市场机制。也就是，在确定的时间和地点，通过一定的组织机构，以公开竞价的形式，将特定、有限的、稀缺的物品或者财产权利转让给最高应价者的买卖方式。由于拍卖这种交易方式可以将拍卖品直接定价到"消费者所能承受的最高价格"，因此非常适合售卖那些"数量稀缺或制造成本难以衡量"的商品。拍卖的典型物品就是古董，我们都知道古董数量非常稀缺，且制造成本或实际价值难以衡量，所以如何给古董定价以真实反映交易双方的心理价位就是一个难题，而拍卖的方式正好给了所有交易方一个平等的参与买卖的机会。广告资源亦是如此，由于媒体的特殊时段或流量资源有限，且商业价值难以衡量，因此也照搬了这种模式。中央电视台的"标王"可以称为全中国最受瞩目的广告拍卖会。

目前，中国的三大互联网购物平台淘宝（含天猫）、京东和拼多多中均含有大量的店铺，平台收入除了店铺的销售抽成外，还有较大比例来自这些店铺投放的广告。在购物 App 中搜索商品或浏览某一类商品的推荐列表时，用户经常会发现排在前面的商品结果均标注有广告标签。当用户点击了这些商品或产生了购买行为时，平台会向这些商家收取一笔广告费。这些广告同样采用一定程度的竞价机制进行分配，以便获得更高的广告收入。对于部分电商平台，广告费收入往往能占总收入的一半，所以平台方不可避免地会思考以下问题：

1）如何对店铺开展更为有效的促销（多投放广告），以提升平台的营收？

2）对于长期稳定进行广告投放的店铺，如何让它们在下一个投放周期投入更多的广告预算？

对于上述问题，最显而易见的答案肯定是做促销，例如向店铺提供更优惠的价格，促进其提高广告投入。比如对于月投放 1 万广告费的店铺，提供"消费 12 万元，返还 1 万"的优惠，吸收店铺来参加优惠活动，并诱导其在次月投入 12 万的广告费。

然而，如果我们从数学的角度来看待促销问题，会发现这个蕴含着巨大利益的商业问题，其实可以用机器学习模型来高效解决。这也是本章的写作主旨。因此大家应该相信，机器学习模型不仅能够解决那些"常规"的问题，还能在其他非常广阔的应用空间中被创新性地应用。不过，这些新应用的关键并不在于技术本身，而是取决于应用场景和建模技术。

5.2　传统的促销方案

如上节所述，优惠促销的基本模式是给店铺设定一个新的消费目标（高于其目前的投入水平），并在店铺完成新的消费目标后，给予一定的优惠回馈。如果我们用机器学习的逻辑来思考这个过程，就会发现其中涉及三个问题：

- 问题 1：平台在什么时间点、针对哪些店铺发起促销？为了使促销效果最大化，可以对每个店铺每个月都进行促销吗？

- 问题 2：将店铺新的广告消费目标设置成多少合适？假设以下一个自然月为单位设定一个新的广告消费目标，则该目标应该比店铺在下一个月的正常广告消费要高，那么平台需要先准确预测店铺在下一个月正常的广告消费目标，对这个预测过程如何建模？
- 问题 3：将给店铺的优惠幅度设置成多少合适？即将优惠促销中店铺的广告消费增长部分和优惠返点数额，设置成多少比例比较合适？如果优惠返点太高，促销平台赚不到钱，如果优惠太少，店铺又不感兴趣，怎样在两者之间取得平衡呢？

以上三个问题正好与制定促销策略的三个步骤一一对应，如图 5-2 所示，那么接下来就进行逐条探讨。

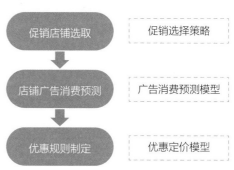

图 5-2　制定促销策略的三个步骤

5.2.1　问题 1：如何选择促销时机

在谈第一个问题"如何选择促销时机"之前，笔者先给大家讲一个故事。

补充阅读：时装店做促销的故事

某时装店开店两年来生意一直不温不火。有一天，顾客和老板小王聊天说："你家的衣服款式和质量都不错，但就是价格有点贵，要是价格能优惠一些，买的人会更多。"听了这番话，小王琢磨出了一套促销方案，内容是"限期一个月，所有商品打 7 折"。促销开始后，经常光顾这家店的老顾客切实感受到了实惠，新顾客也觉得店里服装的性价比很高，于是店铺当月的销量大涨，等月底结算时，发现当月的销量是原来单月的 4 倍，虽然利润率降低了一些，但靠着薄利多销，整体利润依然翻了一番。看到效果这么好，小王和店员们商量，干脆将促销改成常年活动，天天打 7 折。

可惜好景不长，没过几个月，店铺的销量开始逐渐下滑，顾客也对促销活动有了一些质疑。有的顾客推测："是不是这家店的衣服标价太虚了，要不怎么能一直打折呢？"有的顾客则说："每次计算 7 折的价格太麻烦，不能把折后价格直接标出来吗？"过了半年后，服装店不光销量下滑，整体利润也远不如从前。小王觉得困惑和气愤："既然促销没什么效果，那么就取消优惠活动吧，继续按老办法卖货。"结果经常光顾这家店的一些老顾客炸锅了："如果 7 折真的没利润，你能高高兴兴地卖半年，谁信啊？！"接着也不再继续光顾，导致店铺的销量还不如做促销活动之前，这让店主小王欲哭无泪。

第二年，小王终于顿悟了。促销依然要做，但必须有一个时间期限和理由，比如"新春大促"。这样，在促销时段，店铺销量会很快增长，而时限到期后取消优惠活动，顾客也不会有不良反应。按照这个思路，小王开始间断性地搞促销："三月店庆促销""五月换季服装节""夏日冰点让利""国庆中秋双节回馈""双十一光棍节""元旦大促"。当年的销售业绩也终于让小王满意了。

如果大家仔细观察就会发现，现在的电商平台每天都在以各种不同的理由做促销，因此消费者大可不必为没有赶上某次促销活动而懊恼，只要耐心等一段时间，就会有下一轮促销来袭。

促销说明了什么？为什么几乎所有的消费者都会因为优惠活动而感到愉悦呢？如图 5-3 所示，出于"瞄定心理"（人对商品的价值和品质的判断往往依赖于价格，尤其是不了解或首次接触的商品），在初始阶段，消费者通过未打折的价格对商品形成了一个心理价格。当开展促销时，因为优惠价格低于消费者的心理价格，所以消费者感觉买到了物超所值的商品，并由此产生了极大的愉悦感，这就是促使促销有效的心理动力。但是物极必反，一旦促销活动持续的时间太长，顾客的心理价位就会逐渐贴近优惠价格，这时优惠价格就很难带给他们购物时的心理愉悦感，进而无法达到促销效果。这时，如果商家再取消优惠活动，反而会对商品销量产生极大的损害，顾客会认为商品价格虚高而选择不再购买。

促销为什么会刺激消费？　　　　随着促销活动持续的时间变长
心理价格 ≈ 实际价格　　　　　　心理价格逐渐贴近优惠价格

图 5-3　优惠促销好于降价促销，促销需要合适的节奏和理由

因此，为了迎合消费者心态，开展适当的促销是可行的，但必须掌握一个合适的节奏并给出一个令人信服的理由。这样，一方面让消费者把心理价格继续维持在商品原价，保证促销的有效性；另一方面，不让顾客误以为是因为商品质量不好，所以才便宜进行促销。

基于上述分析，有效促销的第一步是把握好促销的整体节奏，使得整个销售时段均存在一定的促销间歇，并让每次促销活动都有"貌似合理"的理由。这也是电商平台要创造出一些消费节日的原因。"6·18"和"11·11"真的是促销原因吗？错了，其实是商家想促销，然后发明了这两个"节日"而已。

5.2.2　问题 2：如何为店铺制定广告消费任务

问题 1 说明了合理的促销时机和促销理由很重要，按照图 5-2 的促销框架，接下来需要为店铺制定一个广告消费任务。不难想到，该任务应具备两个特点：第一，需要比店铺的正常广告消费高，否则购物平台没有做促销的动力；第二，不能比店铺的正常广告消费高太多，否则店铺会觉得目标不现实（购物平台的促销活动没有诚意），对促销活动失去兴趣。简而言之，广告消费任务需要是"可望可及"的。如果以下一个月为促销期来为店铺制定广告消费任务，那么准确预测店铺下一个月正常的广告消费非常关键，如图 5-4 所示。

图 5-4　促销任务需要"可望可及"，准确预测店铺下一个月的正常广告消费是关键

补充阅读：人越接近目标越容易被激励

生活中，大家会发现人们距离目标越近，就越有动力去完成它，特别是当成功近在眼前的时候。假设附近的咖啡店送了你一张积分卡，每买一杯咖啡，店员就会在卡上贴一张贴纸，等积分卡被贴满的时候，就能用它免费换一杯咖啡。以下是两种不同的策略：

- 策略 A：积分卡有 10 个贴槽，给你的时候所有的贴槽都是空着的。
- 策略 B：积分卡有 12 个贴槽，给你的时候已经贴上了两张贴纸。

那么，贴满一张积分卡需要多久？在 A 和 B 两种策略下，所用的时间是否相同？其实，在这两种策略下，你都会为了得到免费咖啡而买 10 杯咖啡，但它们的效果相同吗？

答案当然是"不同"。在实际生活中，我们会发现使用 B 策略的积分卡，收集满贴纸所用的时间会更快一些。这种现象叫作"目标趋近效应"（goal-gradient effect）。目标趋近效应最早由 Clark Hull（1934 年）研究老鼠时发现。他发现在迷宫里寻找食物的老鼠在接近出口时跑得比在入口时快。

咖啡店的实验是 Ran Kivetz（2006 年）的研究，他要验证人类是不是会像上述老鼠那样行事。答案是"会的"，人们真的如此行了。此外，在其他的实验中，Kivetz 还发现，当音乐网站的用户更接近网站设置的奖励目标时，他们访问网站或给歌曲评分的频率也就越高。

—— 摘自《设计师要懂心理学》

为了给店铺制定一个"可望可及"的广告消费任务，就必须准确预测店铺下一个月的正常广告消费。那么如何建模呢？这里依然要从模型设计的几个重要方面来思考。

1）模型和优化目标：预测店铺的广告消费情况，期望输出的是一个实数值，因此这是一个典型的回归问题。对于回归问题，一般以"店铺预测广告消费与店铺实际广告消费的误差最小"为优化目标。

2）特征：现实世界中的很多信息都会对店铺下一个月的广告消费产生影响，比如店铺所在行业的周期性消费波动（例如，礼品行业往往在节日之前广告需求爆发，在节日之后回落）；又比如店铺在最近几个月的广告投入逐渐增长，那么在下一个月店铺的广告投入大概率会继续保持增长趋势，因此需要基于对广告业务和店铺行为的理解，对统计样本进行系统化的特征总结。

3）样本：基于大量店铺的历史广告消费数据（按月汇总统计）形成训练样本。

接下来，我们回想一下 4.2 节介绍过的模型使用特征的两种方式。

- 方式 1：生成预测结果，比如"$Y = ax + b$"，这类特征称为"第一类特征"。
- 方式 2：切分预测场景，比如"当 $x < 0$ 时，$Y = 1$"，这类特征称为"第二类特征"。

在本案例中，可以把相关的特征按照上述两种方式进行区分。首先，历史广告消费或未来广告消费都属于"消费数额"维度的数据，而历史广告消费因为直接生成预测结果（即下一个月的广告消费金额），因此属于第一类特征；其次，当前月份、店铺所属行业等其他特征，决定了店铺下一个月的广告消费会受哪些行业类因素影响，因此它们是第二种特征，可用于切分预测场景。

在实际项目中，为了更好地利用以上两种特征，可以采取两层的设计思路来构建整个模型。第一层是基于店铺历史广告消费的信息，从各个可行的维度来构建一个预测类的小模型，其中可行维度的设置标准来自对店铺广告消费问题的思考。第二层的核心思想是基于不同场景组合侧重不同的小模型。

（1）第一层设计思路

1）ARIMA 短期模型：ARIMA 模型 [⊖]（Autoregressive Integrated Moving Average

---

⊖ ARIMA 模型的全称为"回归积分滑动平均模型"，其中 ARIMA（p, d, q）称为"差分自回归移动平均模型"，AR 是自回归，p 为自回归项，MA 为移动平均，q 为移动平均项数，d 为将原始时间序列数据变成平稳序列时所做的差分次数。

Model）是先将历史曲线拆成趋势、周期、异常、波动四部分，然后对不同部分分别采用不同的模型进行捕捉，最后再将结果整合到一起来预测曲线上未来数据点的模型。因为店铺的未来广告投入与近期的广告投入情况高度相关，所以将店铺近期的广告消费数据以周为单位形成数据点，来预测未来四周的消费额，最后加和后输出。根据其特点，可称之为"短期模型"。

2）ARIMA 长期模型：所用模型与上述相同，但考虑很多店铺存在以年为单位的周期性波动，近期的广告消费变化可能与去年同期的情况类似，所以也根据店铺过去两年的广告消费数据（以月为单位构造数据点）做出预测，相对第一种模型，我们称之为"长期模型"。

3）行业模型：分析数据发现，随着行业需求的波动，同行业的店铺在广告投入上也会出现相应的变化。比如礼品行业在节日前的生意火爆，教育行业在高考前后的客户需求增长，那么商家在这些特殊时间段的广告投入就会相应增加。因此，以行业周期性的波动趋势为基础，通过拟合来预测该行业中店铺未来的广告消费变化的模型称为"行业模型"。

4）现状模型：当行业流量无波动，且店铺不更改营销方案时，广告消费往往是稳定的，那么店铺在未来一段时间内的广告消费可用当前的广告消费情况类比得出，因此我们需要使用的是"现状模型"。具体的应用过程如下：根据观测发现，在工作日和周末，大部分商家对广告的投入是不同的。在工作日，面向企业（to business）的广告投入更加多，而在周末，面向消费者（to customer）的广告投入更加多。有了上述观察结果，我们就可以先算出下一个月的工作日和休息日各是几天，然后再分别乘以商家目前在工作日和休息日的广告投入，相加后得出预测值。

在实际工作中，这样的小模型还有很多，不再一一列举。由此可见，对业务的深刻理解以及严谨的数据分析对设计模型是非常重要的！只有基于业务分析构建的小模型是精确的，那么最后得到的整体预测结果才能是非常准确的。

如何才能将这些基于不同思考设计出的小模型进行合理的整合，以做出更准确的预测呢？最简单的想法是，以这些模型为特征训练出一个线性加权的大模型，并将这个大模型的输出作为最终预测。但这样做存在一个比较明显的瑕疵，那就是在不同的时间点，不同背景的店铺下一个月的广告消费金额与历史广告消费金额的关系是不同的。例如，具备淡旺季特点的店铺更适合使用行业模型来做预测；预测新店铺的广告消费，则明显更适合使用 ARIMA 短期模型；预测店铺新一年的广告消费，就适合使用 ARIMA 长期模型；等等。为了弥补这个瑕疵，我们可以利用第二类特征来决策应该更多地依赖哪个小模型。综上，可以采用树形模型来整合多个小模型，根据场景特征做出分支判断，每个叶子节点则是对各个小模型的加权回归，如图 5-5 所示。

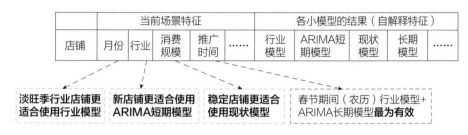

图 5-5　根据不同的场景特征，构建不同的模型

（2）第二层设计思路

图 5-6 为回归树模型的简单示例，其中每个叶子节点对应着一套拥有不同权重的预测模型。$x_1 \sim x_n$ 为不同小模型的预测输出，而 w_n 为该分支场景下，各小模型对最终预测值的贡献程度。整个模型的逻辑是，通过不同的条件分支判断，根据不同的权重融合各个小模型的预测输出。

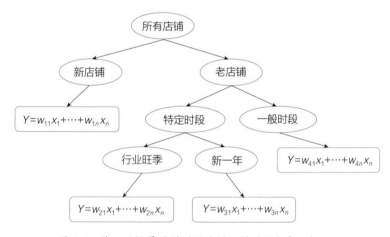

图 5-6　将不同场景的模型通过树形模型融合在一起

综上所述，采用双层思路设计的整合模型，可以按照店铺的不同特征，对其下一个月的广告消费做出相对准确的预测，然后，购物平台就可以基于此针对每个店铺制定合理的广告消费目标。

5.2.3　问题 3：如何设置优惠定价模型

在能准确预测店铺下一个月的广告消费后，如何针对每个店铺制定合理的促销任务呢？这里其实可以参考传统的促销方案，例如超市常用的"消费满 100 元返 10 元优惠券"的促销方式。假设我们预测某店铺（广告主）下一个月的广告投入是 10 万元，那么可以将促销活动设计成"向店铺承诺当其下一个月的广告投入达 12 万元时，返还 1 万元优惠券"。

　　看到这里，可能有些读者会问：为什么给店铺设定的消费目标（广告投入）是 12 万元，返回优惠券 1 万元？ 12 万和 1 万这两个数值是怎么计算出来的？以上这些疑问可以归结为两个问题：一是给店铺设定多大比例的增长金额，它更容易实现？二是返回多少比例的优惠券会让店铺感觉满意？对于第一个问题——消费目标的增长比例问题——是比较容易确定的。在现实工作中，通过大量实验可得：对于大多数店铺来讲，在原正常广告消费金额上增加 20% 后的消费目标是最佳的，在该幅度内，店铺往往有动力和能力来完成购物平台制定的消费目标。对于第二个确定优惠比例的问题，答案则相对复杂一些。以上一段的任务为例，如果店铺多投入 2 万元的广告费就可以获得 1 万元的优惠券，优惠返点和店铺广告消费增长的数额之比是 1∶2，这个比例是否可以让平台和店铺都感到满意？是应该把优惠返点设置得小一些，以便让购物平台从每笔成功的促销中均可获得足够多的利润？还是把优惠返点设置得大一些，以吸引足够多的店铺来参与促销活动，从而使购物平台获得大量收益？为了做出正确的选择，我们需要明确促销模型的优化目标。实际上，与其他的商品定价逻辑一样，促销模型的优化目标既不是追求单次促销的利润最高，也不是追求参与促销活动的店铺最多，而是追求两者的乘积最大，即总利润最高。

　　那么，什么样的优惠幅度可以令促销活动的总利润最高呢？在展开具体分析之前，我们先来了解一个关于商品定价的经济学概念：价格歧视。

补充阅读：价格歧视，商家如何定价以获取最大利润？

　　假设 100 名 A 国消费者和 100 名 B 国消费者均需要同一件商品，A 国消费者愿意承担的价格是 10 元，B 国消费者愿意承担的价格是 5 元，商品的制作成本是 2 元，那么作为商家如何定价才能获取最大的利润呢？

　　方案 1：迁就 B 国消费者，定价为 5 元。在 B 国和 A 国分别销售了 100 件该商品，销售收入共计 1000 元，扣去 400 元的成本，商家获得 600 元利润。

　　方案 2：放弃 B 国消费者，定价为 10 元。只在 A 国销售了 100 件该商品，销售收入是 1000 元，扣去 200 元的成本，商家获得 800 元利润。

　　通过比较，似乎应该放弃 B 国市场，只在 A 国市场销售。但精明的商家想出一种可以获得更多利润的方案（价格歧视），即针对不同的消费群，采用差异化定价。如在本案例中，商家在 B 国定价 5 元，在 A 国定价 10 元，在 B 国和 A 国分别销售了 100 件该商品，那么销售收入共计 1500 元，扣掉 400 元成本，商家获得 1100 元的利润。

	方案1：定价5元	方案2：定价10元	价格歧视 （采用差异化定价）
A国销售额/元	500	1000	1000
B国销售额/元	500	0	500
商家成本/元	400	200	400
商家利润/元	600	800	1100

　　这种定价方案的理念是"因人而异"，根据不同区域的消费能力，把同一种商品以不同价格售卖给不同的消费群体，这在经济学中称为"价格歧视"。

　　为什么会存在价格歧视呢？首先是因为价格歧视可以为商家带来更多的超额利润，所以任何商家均难以抵挡价格歧视的诱惑。其次是因为不同消费者对同一种商品有不同迫切程度的需求。如下图所示，对于牛奶，必需者（如婴儿）、爱好者和无所谓者的需求程度是不同的，必然会影响他们对一瓶牛奶价值的判断，他们对于一瓶牛奶的心理价位分别是15元、10元和3元。正是由于对于同一种商品，不同消费者的心理价位不同，所以可以将这些消费者按照心理价位由高至低排序从而得到一条斜向下的需求线。假设商品的成本固定，会形成一条水平的成本线。在需求线和成本线之间的三角形面积，即为商家产销该商品的市场福利，它等于消费者心理价位减去生产成本。

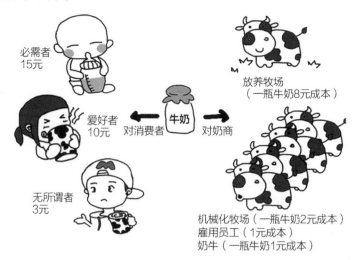

　　假如商家处于价格垄断（拥有对该商品的定价权）地位，对不同的消费者制定统一的销售价格时，商家获得的市场福利可分解成以下三个部分。

　　1）消费者福利：因部分消费者的心理价位高于商家的统一售价，商家可能获得的超额收益。

2）商家利润：统一售价和产品成本之间的差额，为商家能获取到的正常利润。

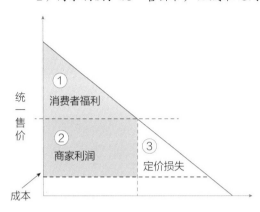

3）定价损失：部分消费者的心理价位低于商家的统一售价，导致未能购买商品，这令商家损失掉了一部分潜在的可赚利润。

下面再以 A 国和 B 国的商品定价案例为例，看看定价 5 元和定价 10 元分别发生的情况。

情况 1：定价 5 元。A 国消费者的心理价位是 10 元，但实际上他们只花费了 5 元就可以购买该商品，也就是说每个 A 国消费者都享受到 5 元的消费者剩余，这种情况下商家从 A 国消费者身上赚到的利润低了。

情况 2：定价 10 元。由于 B 国消费者的心理价位是 5 元，当面对 10 元的价格时放弃了购买。商品的生产成本其实只有 2 元，那么商家本可在 B 国消费者身上赚到的 3 元利润也因 10 元定价而损失掉了。

总之，量化价格歧视可以给企业带来的附加利润。如下图所示，统一定价过低会使商家将一部分"消费者剩余"让利给消费者，定价过高则会丢掉"无谓损失"的利润。显然，这两种情况都是商家不想看到的。但如果采用价格歧视的定价方式，即根据消费者的心理价位来个性化定价，商家就可以把"消费者剩余"和"无谓损失"的利润全部拿到。

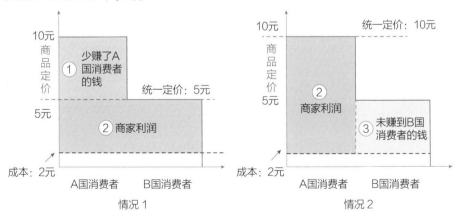

生活中价格歧视的案例

1）硬分类的案例：以地域或身份强制划分消费者，制定不同的价格。

①知名的国际性游戏：不同国家发售不同语言的版本，价格也不同。

②影院和饭店的学生卡：用学生身份来区别具有不同消费能力的群体，制定不

同价格。

2）软分类的案例：以消费行为作为区分手段，制定不同价格。

①快餐店的优惠券：小心翼翼把优惠券一张张地撕下来带在身上的顾客，通常经济上不宽裕。

②主动损坏冰箱外壳的商场：故意造成部分商品残缺，愿意购买残次品的顾客，通常经济上不宽裕。

③折扣机票：提前很久预定机票且不挑日期的通常为普通家庭用户，临时下单且对日期和班次比较挑剔的通常为商务用户。航空公司在距今较远的时期，选择某些固定的日子（如星期二）设定特价机票，吸引普通家庭用户。

④可议价的小商贩：根据购买者的身份来定价，如爷爷带着孙子来买玩具，一般给予较高的价格；中年妇女单独来购买玩具，则给予较低的价格。

除了生活场景外，互联网电商也经常使用价格歧视。A国著名的电商网站曾经尝试个性化定价策略，根据历史购买记录判断顾客的富裕程度，再差异化定价。实施不到一个月的时间，就被一对夫妇告上法庭，因为他们用各自的账号登录去查看同一款电视的价格，发现价格是不同的。虽然价格歧视被法律禁止，但很多电商依然通过"私密"的优惠券来进行价格歧视，如只针对某些账号进行个性化促销，其实也是一种变相的价格歧视。在B国，大量人为创造出来的购物节，也含有按消费行为进行价格歧视的意味。商家认为，价格敏感的人会到每年的限定时间囤货。

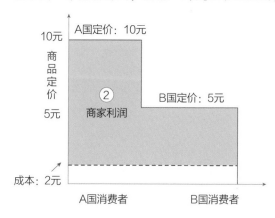

回到正题，在优惠幅度的设计上，我们仍然以"价格歧视"理论为参考，设计以下方案：

方案1：通过实验的方式，预测当总收益最大化时，优惠幅度的数值。

方案2：参考价格歧视理论，对不同心理价位的店铺，实施不同的优惠幅度。

①优惠的心理价位＝店铺可以为优惠付出的消费增长－优惠额。心理价位高的店铺，只要少量的优惠即可促使其大幅提高广告消费，而心理价位的店铺则相反；②对商家而言，一级的下游客户往往是店铺（或者代理商），店铺的下游用户是个体消费者。店铺直接影响企业的商品定价和相关优惠活动。下文阐述，均以企业和店铺的关系为例，店铺指代消费者。

图5-7形象地分析了以上两种优惠幅度设计方案的利润空间。在实际生活中，不同

的店铺对于商品优惠幅度敏感性是不同的。有些店铺对商品的心理价位比较高，因此对促销非常敏感，少许的优惠就能吸引他们提高消费额。反之，还有一些店铺则非常理性，对促销的敏感度低，同时对商品的心理价位也比较低，针对这部分店铺就需要给予较高的优惠幅度，才能激发其消费欲望。

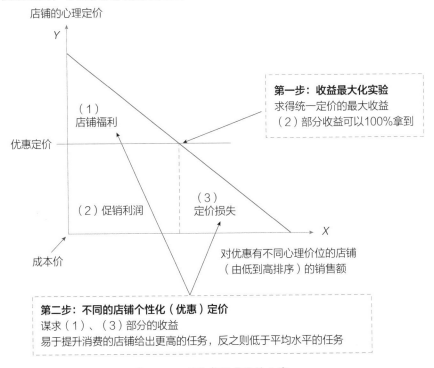

图 5-7　不同优惠幅度设计方案

在图 5-7 中，假设 X 轴表示愿意购买商品的店铺，它们的心理价位对应到 Y 轴，会形成一条由高到低的曲线，即随着价位的降低，购买商品的店铺数量会逐渐增多（对应的促销消费也会增多），为了方便说明，图 5-7 中使用暗红色直线示意，称为"心理价位线"。如果将原点设为成本价，那么商家在原点时"付出的优惠成本"与"激励店铺消费增长取得的收益"是相等的，也就是商家开展可以获利的促销底价。从图 5-7 中可见，心理价位线与坐标轴之间的三角形面积即为促销可得全部收益（市场福利）。全部收益包括商家通过促销得到的促销利润和消费者参与促销而获得的店铺福利。

- 对于方案 1：当采取统一定价（固定的分成比例）时，相当于在图 5-7 中平行 X 轴画一条直线（绿色）。在此前提下，心理价位在该价位之上的店铺都会参加促销。这时，参与促销活动的店铺获取的收益是（1）的部分（店铺福利），而平台获取的收益是（2）的部分（促销利润）。但由于统一定价高于一些店铺的心理价位，导致这部分店铺没有参与促销，而形成（3）的部分（定价损失）。实际上，由于这些定价损失的店铺心理价位其实要高于商品成本，也存在利润空间，但最终因统一定价模式造成了损失。

- 对于方案2：引入价格歧视理论，针对心理价位不同的店铺设定差异化的优惠幅度，目标是获得图中（1）（店铺福利）和（3）（定价损失）所代表的利润部分，最终实现促销收益的最大化。不过要实现这个目标，关键是能比较准确地预测出不同店铺对优惠促销的心理价格差异。幸好平台上一般都积累了大量的店铺在促销活动中的行为记录，这些数据对预测店铺在促销优惠中的心理价位非常有效。比如我们会发现那些刚刚参加过促销、已经追加了广告投入的店铺，往往对新的促销活动有疲劳感，很难继续参与。又比如，历史上多次参与过促销活动的店铺往往对优惠非常敏感，很容易再次参加。综上，在实际工作中往往将店铺在历史上参与和拒绝促销活动的记录作为训练样本，再加上基于业务分析所提取出来的店铺行为模式作为特征，以此训练预测优惠中店铺心理价位的预估模型。

因该模型仅涉及少量高层特征，且样本量不大，所以我们可以采用简单的回归模型来进行预测。不过受样本量有限、特征覆盖的信息不全面等因素的影响，再加上店铺在优惠活动中，其心理价位又会被很多不可控的因素影响（比如制定企业市场推广策略负责人的性格），因此想要非常准确地预测店铺心理价是比较难的。我们只能退而求其次，将模型目标从"回归预测"转变为"按心理价位进行粗略排序"。最后通过心理价格的排序，对不同店铺制定相应的、差异化的优惠比例，以达到让平台收益最大化的促销目标。

需要注意的是，实施价格歧视的促销方案需要一个关键的前提条件，即平台与店铺之间沟通的渠道是独立的，即该渠道的内容不能被其他店铺所知晓。这客观反映了消费者对商家采取"价格歧视"策略的反感，促销策略通常达到统一定价的收益最大化即可，需要慎用"价格歧视"策略。

上述分析解答了促销策略设计面临的三个核心问题：一是如何规划促销中的节奏和理由，二是如何对店铺的消费进行准确的预估，三是怎样通过差异化的定价开展优惠活动。通过实践我们会发现，这样经过精心设计的促销策略的效果要远远好于一时兴起开展的促销活动的效果。

补充阅读：促销中常常被忽略的关键点

假如在优惠促销中，店铺按平台预期的目标完成了销售额增长，是不是就意味着促销工作可以圆满结束了呢？笔者认为其中有一个关键点经常被人所忽略，那就是对于持续消费的店铺开展促销时，最理想的促销目标不是仅仅让其在促销期间实现销售额增长，而应该是让这类店铺在促销期结束后仍然可以保持促销期间销售额。但这个最理想的目标并不容易实现，这是因为店铺提高销售额的动力主要来自促销期间的价格优惠。随着促销的结束，支撑店铺保持高水平消费额的心理动力也就随之消失了，大部分店铺会恢复到原来的销售额。为了避免这种情况，在促销期结束后发给店铺一份评估报告就显得非常重要了。在这份报告中要避免提及价格优惠，只是客观地说明提高广告投入给店铺带来的良好效果，让店铺觉得增加投入是物有所值、事半功倍，用"物有所值"这个长期性的心理动力取代"价格优惠"这个临时性的消费理由。

这种心理动力替换原理，在其他各种传统营销领域也经常被使用，下面以房地产开发商卖楼为例来具体说明。北京某区域同时开售了几个位置相近的楼盘，让购房者小王犹豫不决。某楼盘的销售人员小张和他说："现在交 5 万订金，我有可能向公司总部给您申请到 95 折的购房优惠。如果最后没有批下来，订金可以全额退还。"小王仔细测算，95 折的价格和其他楼盘比的确更有竞争力。所以，他先交了订金，并常常去找小张咨询申请进展。每次见到小王，小张只是简单地反馈"优惠申请总部审批中"，但是也都非常热情地带领小王在已经建设好的小区内转一圈，大说特说"房屋质量"和"小区环境"等优势。过了两个月，小张"遗憾"地告知小王"优惠政策没申请下来"，可以将订金全额返还。但小王还是决定买这个楼盘，因为通过这期间小张的不断讲解，已成功将小王购买楼盘的心理动力从"优惠折扣"变成了"物超所值的房子"。

为何每次优惠活动后，要积极地宣传新广告方案的效果？

这种心理动力替换原理也适用于产品运营方案。很多运营人员为了增加产品用户数量，经常会通过一些小的优惠活动来吸引新用户。比如日常生活中常见的安装新产品赠送小礼品。但这样的拉新活动结束后，出现的最大问题就是新用户的转化率不高，很多新用户只在开始阶段使用几次产品，而后就成为"僵尸用户"。新用户转化率低的原因有很多，但其中比较重要的两条可以总结为：一是新用户的新产品学习成本问题，二是新用户的原有习惯改变问题。由于新用户使用新产品的成本较高，甚至是微信这样设计简洁的产品。所以，如果想让新用户提高使用新产品的频率，除了强调产品自身的价值之外，还要使用"发红包、赠礼品和首单折扣"等补贴来提高新产品对用户的吸引力，进而提升新用户的使用率。举例来说，用户使用一个新的共享单车 App 需要花费的最大成本就是需要下载并注册一个新的 App，各商家为了让新店铺有足够的动力去做这件事，均对新用户开展了首次骑行免费的优惠活动。

虽然一些小的促销优惠在用户拉新上非常有效，但我们需要清醒地认识到，促销只是一种短期的、暂时的行为，能否让店铺在促销期结束前，找到产品的长期使用价值，才是用户存留的关键。如果新的产品仅靠短期推销来吸引用户，而缺乏核心价值，那最后就只能是便宜了"羊毛党"。

5.3 基于竞争传播的颠覆创新

5.3.1 颠覆创新的思考

上一节介绍的模型比较适用于店铺之间存在较低关联性的情况，如果店铺可以相互影响，那么相应的促销手段还有很多。下面会向大家详细介绍。

大部分购物平台上可用于展现广告的资源都是有限的，因此很难直接用成本模式来进行定价，所以购物平台多采用拍卖方式来为广告位置定价。在这种操作模式下，投放目标类似的店铺会因为抢夺相同的广告位置而产生竞争。如图 5-8 所示，假设将某个行业的竞争关系用网络图表示（店铺为节点，竞争关系为边），经过观察可见很多不同的店铺会竞争同一广告资源，从而形成众多有竞争关系的小群体。其中，部分超大店铺（如 E 和 F）由于经营范围广泛，会与多个店铺群产生竞争。

仔细研究这一竞争群体，会发现一种有趣的竞争传播效应，即如果该群体中某店铺加大了广告投入，就会对存在竞争关系的其他店铺形成竞争压力，这是因为一旦某店铺增加了广告投入，就会使购物平台上的流量资源向其倾斜，那么其他竞争店铺获取的流量就会变少。其他店铺为了避免流量下滑就不得不追加广告投入，而且越是竞争关系比较紧密的店铺，这种传导效果越明显。这个过程就类似将一颗石子扔到水池中后形成了一层层的波纹，波纹随着距离落点的远近，而逐步产生递减。

观察传播过程，发现竞争传播具备两个特点：店铺的广告消费增长幅度越大，对周围店铺传递的竞争压力就越大；一个店铺周围的广告消费有增长的竞争店铺越多，它感受到的竞争压力就越大。

上面提到的这种有趣的竞争传播效应并不只是凭空想象，而是观察大量数据得到的。

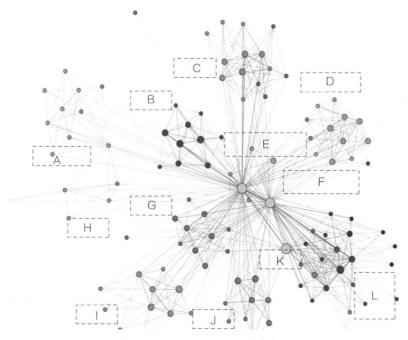

图 5-8　某行业店铺之间的竞争网络

1）**大量实例**：通过观察发现，历史上出现的店铺群体爆发式广告投入增长现象，大多数是由竞争传播导致的。如图 5-9 所示，其为连续五周店铺群体的广告投入变化趋势（节点代表店铺，线代表竞争关系），其中红色点代表广告投入大幅增长的程度以及相应店铺数量。可以看出来，在第一周，仅有少量店铺提升了广告投入，但在随后的几周，迫于竞争压力而提升广告投入的店铺越来越多。到了第五周，群体中大部分店铺的广告投入均出现较大度幅度的增长，而那些保持原有投入水平的店铺则难以继续从购物平台获得原有的流量。

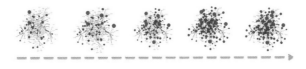

图 5-9　连续五周，某店铺群体在"广告投入增长"上的传播效应

2）**客服反馈**：从事广告业务的销售都有这样的体会，同一行业且实力相近的店铺对彼此的关注度都很高。在这样的背景下，通过竞争对手的行为来激励店铺提高广告投入是一种非常有效的促销手段。比如很多有经验的销售在向店铺进行促销时都会说："您的同行已经采纳了这套方案，并且取得了成效。"这时该店铺往往就会非常感兴趣，并会详细询问同行的广告投入情况，进而被销售说服也追加广告投入。

3）数据证明：历史上积累的促销统计数据也印证了竞争传播效应的存在。如果我们圈定一段时间作为观察周期，在观察周期内先用促销来带动某些店铺的广告消费增长，那么以这些店铺为核心，按竞争关系的远近对其他店铺进行分层，会发现，店铺的广告消费均呈现出"增长幅度层层递减"的特点，与竞争传播效应的表现形态一致，见表5-1。

表5-1 以广告消费高增长店铺为核心，按竞争关系分层，店铺的广告消费"增长幅度层层递减"

子群分类	月广告消费增幅	店铺数（万）
促销激励店铺	＋20%	0.1
强直接影响	＋15%	1
弱直接影响	＋10%	3
间接影响	＋5%	10

在学习了竞争传播效应后，我们应该怎样将其与实际工作相结合呢？众所周知，在传统的促销策略中，一般以促销结束后单个店铺的广告消费增长来衡量效果。但如果我们将竞争传播理念融入其中，就可以设计出一种颠覆传统的新的群体性促销方案。在这种新的促销方案中，首要目标是对那些具有传播影响力的店铺进行促销，购物平台通过刺激它们的广告消费增长释放竞争压力，进而促使整个竞争群体的广告消费实现增长，达到"四两拨千斤"的效果。在这种创新模式下，对于促销效果的衡量，不再只是简单地看参与了促销的单个店铺的广告消费增长，而是观测整个店铺群体在竞争传播促销后的广告消费增长总额。

那么，如何构建这种融入了竞争传播效应的促销模型呢？我们依然按照模型的目标将其拆解成两个步骤。

- 步骤1：预测店铺之间发生竞争传播的概率。
- 步骤2：在掌握了竞争传播概率（网络）的基础上，选择部分店铺作为种子集合。通过对种子店铺开展促销，引发竞争传播效应，进而令整个店铺群体的广告消费增长总额达到最大化。

下面对这两个步骤涉及的建模过程"竞争传播模型"和"种子集合筛选算法"进行说明。

5.3.2 竞争传播模型

历史上，如果店铺之间这种竞争传播行为曾大量发生，那么就可以利用竞争传播模型来预测店铺之间发生竞争传播的概率。换言之，只要两个店铺之间发生竞争传播的次数足够多，就可以通过历史数据统计出概率，得到一个简易的预测模型。因为大部分行业中投入广告的店铺都能在一个较长时间内保持稳定，所以只要是基于足够多的历史数据得来的统计结果也可以表现出很强的预测能力。

历史上的传播数据形成的假设空间如图5-10所示，由竞争关系构成的网络中，在

T_0 时刻，广告消费增长的店铺会将竞争压力向外传播，观察 T_1 时刻，如果目标店铺的广告消费也出现增长，那么就形成了一个传播成功的样本，否则就形成了一个传播失败的样本。

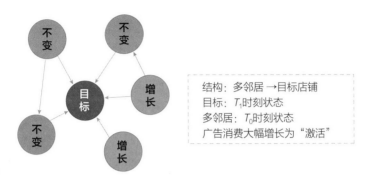

图 5-10　历史上的传播数据形成的假设空间

1. 模型 1：后验统计模型

基于上述分析，可以先构造一个后验统计模型。使用简单的逻辑回归模型即可实现后验统计模型。考虑到店铺会受群体内所有同行竞争者的影响，所以我们将模型中所有竞争者上一时刻（以周为单位）的状态（广告消费增长或未增长）作为特征，预测并输出该店铺在当前时刻的状态。

如图 5-11 所示，实线实心圈表示该店铺的广告消费有显著的增长（设置为数字 1），实线空心圈代表该店铺的广告消费未增长（设置为数字 0）。其中紫色为模型准备预测的店铺（待预测店铺），蓝色为其竞争店铺。图 5-11 展示了在存在三个竞争者的背景下，待预测店铺在连续四周内的广告消费变化数据。假设在待预测店铺的广告消费变化中存在竞争传播因素，那么就一定可以学习出一套能够拟合大部分历史数据的参数 θ。因此先对每个店铺单独建立一个逻辑回归模型（每个店铺的竞争对手列表均不同，所以其特征数量和特征含义不同，需要单独建模），再令其基于历史数据进行最大似然权重的学习，从而得到后验统计模型。在这个模型中，参数 θ 的个数由竞争者的个数来决定，图 5-11 中的预测店铺存在三个竞争者，那么模型就有三个参数。

经过训练，这个模型可利用所有竞争对手在本周的广告增长状态计算出待预测店铺在未来一周内的广告消费增长概率。最后可以将模型的输出概率以某个阈值为界进行分类，大于该阈值，则认为传播会成功。

虽然后验统计模型的思想比较直接，建模也相对简单，但如果想取得好的效果，还是需要构造合理的训练样本。这个过程不仅需要创新性的思考，以便将隐藏在各种数据中的价值利用到极致，还需要对样本进行细致周密的设计，以达到逻辑上的无懈可击。在本案例中，除了竞争传播外，其实还存在很多影响店铺广告消费的因素。比如很多店铺会根据行业的淡旺季来调整广告投入，这时产生的广告消费变化与竞争传播是没有关

系的。但如果样本中混入了会由非竞争传播造成广告消费波动的样本，模型的预测效果
将会极大下降。因此在模型训练中需要对历史消费数据进行清洗，排除所有导致广告消
费增长的非竞争传播因素，包括新店铺的自然广告消费增长、行业淡旺季波动、店铺广
告投放策略的周期性变化、购物平台的流量增长等。对数据进行初步去噪后，还需要进
一步验证店铺的广告消费增长过程是否符合竞争传播模式：首先该店铺的竞争店铺在前
一个时间周期内存在加大广告投入的情况，而后该店铺主动修改了广告投放策略并提高
了广告投入。确认无误后，方能将经过验证的数据作为训练数据。这里要再次强调，只
有使用精心处理过的样本，才能确保模型学习到真实有效的规律。

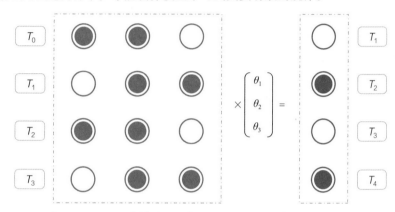

图 5-11　后验统计模型，历史上的大量传播场景成为训练数据

注：T_0 代表第一个时刻

后验统计模型对历史数据充足的店铺一般都十分有效，但对于新店铺或者变动剧烈
的行业市场，就显得有些束手无策了。因此，为了能更好地满足实际应用需求，还需要
挖掘更本质的特征来刻画竞争传播，以便研发出泛化性更强的模型，用于对缺少数据的
新店铺或快速变化的行业市场进行广告消费预测。

2. 模型 2：先验泛化模型

在设计先验泛化模型之前，我们先探讨建模的可行性。建模的前提条件是，样本中
存在能捕捉到竞争传播关系的有效特征，并且有足够的数据支持置信的捕捉。因此下面
来分析如何设计模型的特征与如何构造样本。

（1）特征的设计

在很多情况下，即使两个店铺存在竞争关系，也不代表一定会出现竞争传播现象。
一般受如下因素的影响，不同的竞争店铺之间存在的传播压力不同，如图 5-12 所示。

1）因素 1 - 业务重合度：两个店铺的业务重合度越高，它们对广告资源和用户流量
的竞争就越激烈，也更容易相互传播竞争压力。反之，如果两个店铺的主营业务不同，
仅在小部分业务上存在竞争关系，则不易相互传播竞争压力。

2）因素 2- 市场地位和品牌定位：两个店铺的市场地位和品牌定位越相近，它们之间就越容易出现竞争传播。反之，假设一个店铺是行业龙头，定位高端市场，另一个是区域性企业，定位低端市场，两者的定位重合度低，则它们之间不容易出现竞争传播现象。

3）因素 3- 市场竞争的激烈程度：通常情况下，竞争激烈的市场中的店铺更容易受同行其他竞争者的影响。不过在实际工作中也发现少量店铺没有受此干扰，经过调研发现，这些店铺的营销部门或对自己的广告投放策略非常坚定，不轻易受同行影响，或因调整广告投放策略的审批环节较多而搁置。

综上，这些特征可以统称为店铺之间的竞争特征。

图 5-12　多种特征导致店铺之间的竞争关系存在强弱差异

（2）样本的构造

回顾后验统计模型的设计过程，首先是对待预测店铺进行单独建模（逻辑回归模型），其中输入的特征是所有竞争对手在上一时刻的广告消费状态，再对每个特征设置一个对应的权重参数 θ，然后基于大量的历史数据，训练出一批置信度较高的权重参数 θ，称为竞争压力传播权重（简称为"传播权重"）。如果两个店铺 i 和 j 之间的传播权重值 θ_{ij} 较大，说明它们在历史上存在大量的相互影响行为。先验泛化模型的任务就是通过更本质的特征来拟合这些传播权重，所以对于先验泛化模型来说，这里的输出样本 Y 是后验统计模型中经过拟合的参数权重 θ，而特征是上文列举的竞争特征，实际中有许多。举例来说，基于业务重合度的模型特征可以按如下方式构造：$\sum$（业务重合度 × 竞争对手的广告消费是否增长）/ 竞争对手的数量。解决特征的构造问题后，我们可以使用线性回归来构建泛化模型，结构如图 5-13 所示。

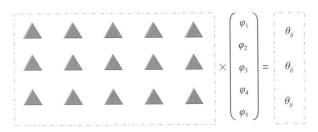

先验泛化模型： 置信的后验统计结果作为训练集，使用更本质的特征刻画竞争传播

图 5-13　先验泛化模型，用置信的后验统计结果作为训练集，使用更本质的特征刻画竞争传播

注：更本质的店铺间的竞争特征使用三角形表示，传播权重使用 θ 表示，求得先验泛化模型的权重参数 φ

图 5-13 中的每行均代表一对竞争店铺，经过计算得到的竞争特征用三角形表示（假设有 5 个关键的竞争特征），竞争店铺之间的传播权重 θ 为输出。以统计模型置信的传播权重作为训练样本，学习出先验泛化模型的权重参数 φ。由此可见，后验统计模型是先验泛化模型的基础。先验泛化模型最主要的任务是从后验统计模型中的置信权重学习到更本质的竞争传播规律，以便对没有历史消费记录的新店铺进行竞争传播的结果预测。

3. 后验统计模型和先验泛化模型结合使用

最后比较这两种模型，后验统计模型往往直接使用历史数据来统计概率，先验泛化模型则尝试用更本质的特征来刻画竞争传播。在实际工作中，这两个模型在预测效果上是互补的，所以经常结合使用 $^{\ominus}$。例如，当两个店铺的竞争状态持续稳定且已经积累了相当多的传播数据，同时店铺之间的竞争受很多个性化因素的影响，难以通过通用的竞争特征完整体现的时候，后验统计模型就会表现得更加出色。不过后验统计模型有效的基本前提是存在大量历史数据，但这个要求对于大部分应用机器学习的场景来说都很难实现。例如个人金融业务中的信用卡欺诈检测任务，需要在欺诈没发生的时候，就基于用户资质做出预判。如果采用后验统计模型的思路，等用户出现 10 次信用卡欺诈后，模型才基于历史数据给出 100% 的欺诈概率，就完全没有什么实用价值了。对于历史数据较少的新店铺，因为先验泛化模型是基于更本质的竞争特征做出判断，而不是历史概率的统计，所以在这方面也可以大显身手。因此在实际工作中，笔者推荐大家将两个模型结合使用，这才是一个比较理想的选择。除此以外，先验泛化模型还可以对后验统计模型中的训练样本进行筛选校验。假设先验泛化模型预测两个店铺发生竞争传播的概率极低，那就意味着它们之间可能不存在激烈竞争的驱动因素，两者在历史上表现出的“竞争传播模式”（广告消费先后增长），很可能只是一种巧合的噪声数据，或者其中一个店铺现在已经调整了自身业务和广告内容，导致双方的竞争关系变弱。但无论是以上哪种情况，这样的数据都应该从后验统计模型的训练样本中剔除。

基于所有店铺当前的状态和竞争传播模型，可以模拟它们未来的广告消费变化。经统计分析，一般情况下，店铺对同行竞争压力做出反应的时间大约为一周。如果促销活动持续一个月，以当前店铺的状态为起始状态，进行四轮预测迭代（令本轮新增的广告消费增长的店铺的状态加入下一轮预测的初始状态），即可模拟出四周后所有店铺的广告消费情况，从而计算出促销活动的传播收益。经过实验后发现，连续迭代四轮后的模型，对于预测店铺广告消费增长的准确率在 70% 以上。这证实了竞争传播规律确实存在，上述分析和建模都是有效的。

$^{\ominus}$ 后验统计模型和先验泛化模型的结合，在很多建模场景中都会出现。先用历史数据做出后验统计模型，再用一些有效的特征对数据中的本质规律进行抽象，学习出先验泛化模型，最后结合这两个模型的优势。

5.3.3　种子集合筛选算法

介绍了如何建模之后，怎样才能有效地筛选种子集合呢？最直接的方法是将店铺按照传播影响力排序，然后再选择排名前 10% 的店铺。但是按单个节点影响力筛选出来的店铺群体未必是最优组合。例如，假设群体中存在一个密集相连的小团体，该团体中每个店铺的影响力均十分优秀（可以排在前 10%），但如果只以这些店铺作为一个整体，那么竞争传播就会被限制在该团体内部，无法向团体外的个体传导。因此，我们需要使用全局性更高的算法来筛选种子，并充分考虑店铺的组合影响。

5.3.2 节已经向大家详细介绍了竞争传播模型的所有细节，这里可以直接模拟任意初始状态下的店铺群体的广告消费变化。具体过程如下：对于一个初始种子集合（部分店铺被激活，即广告消费增长），模型每经过一轮（以周为单位）迭代后，预测网络中哪些店铺会被激活，然后更新这些新激活店铺的状态，再进入下一轮迭代。如果促销持续一个月（四周），店铺对竞争传播的反应时间是一周，那么模型经过四轮迭代后即可预测出竞争传播的效果，即多少店铺会被竞争传播影响而增长其广告消费规模。

在以上模拟过程的基础上，加入全局影响因素，设计出的筛选算法如下。

第 1 步：随机选择第一个店铺加入种子集合，然后选择加入与第一个店铺组合后传播效果最好的第二个店铺，再选择加入与前两个店铺组合后传播效果最好的第三个店铺，依此类推。传播效果可以通过受传播影响的店铺数量和相应的广告消费增长规模来衡量。

第 2 步：由于每轮迭代均采用贪婪方式（当前最优组合）向种子集合加入店铺，因此可能导致算法收敛到局部最优，即每一步均是当前的最优选择，但整体上不是传播效果最大的选择。这时需要加入一定的随机化因素，以便搜索更大的空间来规避局部最优的干扰。比如每轮选择新加入种子集合的店铺时，在传播效果排名前三的店铺中随机选择一个，而不是固定地选择排名第一的店铺。这样做虽然可能会引入更多的探索过程，带来更长的运行时间，但考虑到促销策略不是通过线上实时计算系统完成的，所以综合评估下来，以性能换效果是比较划算的。

第 3 步：根据促销活动的预算来预测出种子集合中的店铺数量（比如总店铺数量的5%），再用上述筛选算法选择出最优的种子集合。在实际操作中，通过对种子集合中的店铺采用优惠幅度更大的促销活动，来刺激这些店铺实现广告消费增长，进而向其他用户传导竞争压力，最终提升整个行业的广告消费水平。

到这里，基于竞争传播的新型促销模型就基本设计完成了，从实践来看，这个模型的促销效果要远超传统的促销模型，主要原因包括：促销理念上的"破坏性创新"和促销效果更加持久。在传统促销活动中，店铺加大广告投入的心理动力是"为了享受价格上的优惠"，所以当促销结束时，很多店铺会因为优惠价格消失，而回退到原来的广告消费水平，促销效果也会大幅度衰减。但是新型促销模型则完全没有类似问题，因为感受到竞争压力而提高广告投入的店铺，并不会由于促销活动的结束而减少投入，这时它们提高广告投入的心理动力已经不再是价格优惠，而是同行竞争压力。

5.4 小结

在这里，笔者想跟大家谈一谈选择促销模型作为本章机器学习案例的原因。第 1 章曾提到过，现阶段对机器学习建模有两种常见的极端观点。

1）观点 1：只要掌握统计理论和模型算法就能做好应用建模。

2）观点 2：模型就是一个黑盒工具，只需要使用而不需要清楚模型的运作原理。

本章其实是对第一种极端观点的有力反驳！设想如果机器学习建模人员只掌握了模型技术本身，而不清楚促销策略中的经济学、心理学和营销学知识，怎么能设计出切实有效的促销方案？如果对拍卖机制和市场博弈没有透彻的认识，还能构建出基于竞争传播的新型促销模型吗？鉴于业务背景对建模过程的关键作用，本章并没有介绍很复杂的模型，或对模型细节展开说明，笔者是希望读者可以逐步接受"与业务深度整合并开展创新才是机器学习建模最核心的内容"这一基本理念。

第6章

计算机视觉及其应用产品的构建

6.1 计算机视觉产品的问题背景

在文字还未出现的远古时期，人类就已经非常擅长处理视觉图像的信息了。打个比方，如果说文字处理能力是一种后天通过学习而装载到大脑中的软件，那么视觉图像处理能力则更像是先天就已经写入到生物基因中的硬件。根据相关科学研究，人类大脑可以同时处理多张图像，但对于文字内容却只能逐行阅读。由此可见后天软件和先天硬件之间的工作效率差异很大。受此因素影响，以图像为主要内容的互联网产品，常常会被设计成瀑布流的展现模式，如图像社区 Pinterest、电商小红书等。所谓瀑布流模式就是将众多图像排布在同一屏幕内，阅读者边浏览边挑选感兴趣的内容详细展开。如果大家仔细观察会发现，我们浏览图像时并不是机械地逐一看每个图像，而是会同时阅读一个屏幕内的多个图像，我们的目光会自动地聚焦到感兴趣的图像上。

与纯文字相比视觉信息（图像/视频）的优势十分突出，不仅能够表达更丰富且生动的信息，还通俗易懂。随着近年来移动互联网速度的提升，更是令互联网全面进入"视觉时代"。近几年出现了大量通过视觉信息与用户交互的互联网产品，如美颜工具与拍照识物工具等。

诚然图像处理类的应用产品需要大量的技术作为支撑，不过实际工作中技术人员容易只从技术视角来思考问题，即习惯从技术反推应用。如同工匠手里拿到了一把锤子，就会觉得看什么都像钉子。这种思维确实有其积极的意义所在，但如果想设计一个优秀的产品，我们还需要另外的视角：先抛开技术实现环节，想想视觉产品究竟在帮用户（人类）解决什么？

通过对应用市场的分析，我们发现以下两个需求是多数基于计算机视觉搭建的产品所必需的：

1）如何计算两张图像的相似度？或者说，如何在海量的图像库中寻找匹配的图像？因为我们可以从互联网上获取大量含有图像的文档，如果通过一个图像能够追溯到一篇含有相似图像的文档，我们就可以获得更多关于这张图像的信息。

2）如何识别和理解图像中的实体信息？比如图像中的花卉是什么品种？图像中的商品是什么类型的产品等？理解实体有助于向用户提供更多服务。

那这两个问题如何解决呢？让我们仔细分析一下处理计算机视觉产品的问题关键：图像的特征表示。

6.2 图像的特征表示

我们知道人类对图像的认知可以被大脑转换为高级语义文本，比如猫、红烧肉等，当看到这些图像时我们的大脑自然而然地会联想到这些对应的语义文本；但是机器就不一样了，机器对图像的认知只是一堆像素值的矩阵（每个像素点使用 RGB 256 色的方式表示）。因此，让机器判断两个图像的相似度的简单方法就是将两者的像素矩阵直接相减，再取所有像素点的差值之和作为衡量标准（见图 6-1）。如果两个图像的完全一致，那么像素矩阵的像素点差值之和是 0。如果两张图像不一致，但整体近似（如不同游客对泰姬陵正面拍照的图像），那么差值之和也会较小。

测试图像			
56	32	10	18
90	23	128	133
24	26	178	200
2	0	255	220

−

训练图像			
10	20	24	17
8	10	89	100
12	16	178	170
4	32	233	112

=

像素点差值			
46	12	14	1
82	13	39	33
12	10	0	30
2	32	22	108

相加 → 456

图 6-1　通过像素计算来衡量相似度

大家也许会问，这种简单直接的方法真的可行吗？先让我们看看图 6-2 中的几个图像。

图 6-2 中含有各种猫的图像，但受到摄像机位姿、光照、变形、遮挡、背景、类内方差等因素的影响，导致机器直接使用像素矩阵相减的方法时，不能有效地判断它们是否属于同一种动物：猫。但与之形成鲜明对比的是，人类在见到这些图像后却能毫不费力地将这些图像归类到"猫"。

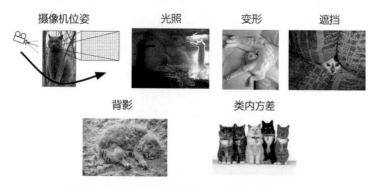

图 6-2　像素之间直接比较时无法捕捉高层次语义

　　这说明人类认知图像的模式肯定不是使用原始图像像素，而是通过从其中提取出高层语义这种方式来进行图像识别，再进行匹配判断。我们可以称这种高层的语义信息为"图像的特征"或者"图像的表示"，它才是人类能够充分理解图像内容的关键。所以只有当机器掌握了如何识别这些特征后，其识别和匹配能力才能达到人类的水平。

　　那么，如何从图像的原始像素中提取高层特征呢？更形象地说，怎样把"猫"这个语义特征从像素数值的数字矩阵中抽象出来呢？接下来，笔者将介绍两种重要的用于提取高层特征的技术，并探讨其优劣效果。

6.2.1　SIFT 特征

　　在现实工作中，机器学习模型都是通过模仿自然界的生物来设计的。同理，我们想让机器也能像人类一样，从图像中提取一个更高层次的图像特征，首先思考一下人类是怎样实现这个过程的。假设人类看到一头大象时，无论它在很远还是很近的地方，视觉大小如何，还是从不同的角度对大象进行观察，比如只看清象鼻上的褶皱和光滑的象牙，抑或是只看到庞大的身躯和小小的尾巴，人类均能识别出它是一头大象。这说明，以不同视角拍摄的多个图像中，一定存在一些不变的因素。人眼通过捕捉这些不变的"标定"，从而识别出它们是同一个物体：大象。也就是说，有很多显著的特征可以作为"标定"来识别某一物体。

　　基于上述分析，我们将通过实物（如玩具汽车）实验来探索在识别过程中，假设拍摄图像的视角不同时，如何模仿人类的视角来总结出识别过程中依赖的不变因素（标定），以及这些不变因素该如何提取。

　　通过大量实验发现，人类经常依赖一些独特的纹理来实现识别图像，并且这些纹理在三种经典场景下的变化通常不会干扰到人类的识别能力。

1.SIFT 特征的技术方案

　　通过上文的铺垫，首先让我们定义什么是纹理？纹理是指某个区域内，像素点间梯度变化所呈现出来的特有模式。例如汽车的轮胎具有鲜明的纹理：中间是银白色的轮盘，四周包裹着一圈黑色橡胶。多数情况下，纹理由物体的边缘构成，而边缘意味着视觉内容在此发生突变。如一辆红色车轮胎，在银白色轮盘和包裹它的黑色橡胶之间就形成了一个边缘；黑色橡胶周围是汽车的红色护板（轮拱罩），此处也形成了一个边缘。这时两个边缘构成套在一起的两个圆环，从而形成轮胎的纹理模式。所以，图像的高层语义可以认为是一种纹理模式，即使用一些代表纹理的特征点（分布在物体边缘或物体上的图案，在视觉上产生剧烈变化的点）来更好地表示图像。

　　不过与此同时也会产生问题，是不是只要有表征纹理信息的特征点就足够了呢？答案肯定是不够的，因为还存在场景问题。在现实世界中，我们发现同一个物体在不同的场景中，其纹理的变化并没有影响人类的识别，比如远在天边的大象和近在眼前的大象，在人类的眼里都是大象。这说明人类视觉提取的纹理特征具备在某些场景中的"不变性"，与此对应地，我们设计的特征也需要这种"不变性"。典型的场景有下述 3 种：

- 场景 1（位置变化、遮挡）：这里包含几种情况，一是物体在两个图像中的位置不同，比如一个图像中的玩具车处于右上部，另一个图像中的玩具车处于左下部；二是物体在两个图像中展示的部位不同，比如两个图像中，其中一个图像中有玩具车整车，而另一个图像却只有玩具车的车头，车身则被其他物体遮挡。
- 场景 2（近大远小）：生活经验告诉我们，物体的远近会造成视觉上大小的差异，如将玩具车拿在手上拍照，车身会占据整个图像，显得很大，但如果将玩具车放在房间的沙发上，对整个房间拍照，那么玩具车仅占据图像的一角，显得很小。人类很早就已经发现这个规律了，王阳明的诗句"山近月远觉月小，便道此山大于月。若人有眼大如天，还见山小月更阔"说的便是这个道理。判断物体大小不能只依靠视觉感受，还需要考虑到远近（即尺度）因素。
- 场景 3（旋转角度变化）：当我们以不同角度旋转物体进行观察，往往也会带来视觉差异，如侧面拍摄玩具车，与倾斜 45° 俯视拍摄玩具车，会有不同的视觉感受。

上述 3 种场景是我们在现实生活中经常遇到的情况，为了保证计算机识别效果尽可能接近人类的识别能力，需要让模型提取的纹理特征具备位置、局部、尺度、旋转几个方面的不变性。

（1）解决"场景 1"的方案：局部映射，应对位置变化和遮挡

针对图像的局部来提取特征，而不是针对全局来提取特征。那么，两个图像中即使物体处于不同位置或局部遮挡，但只要局部特征匹配成功，即可认为两个图像中存在匹配的物体，从而解决位置变化和遮挡的问题。

（2）解决"场景 2"的方案：尺度扩展，应对大小变化

通过缩放图像来生成图像的多个尺度空间。缩放的方法是从最高分辨率的原始图像开始下采样，形成更低分辨率、更小尺寸的图像。如图 6-3 的左图所示，不同缩放尺度的图像罗列在一起会形成类似金字塔的形状。通常，采用高斯核来对图像进行下采样，可起到一种相对平滑的模糊效果。高斯核的采样方案如图 6-3 的右图所示，采样点的取值是一片区域的像素点加权平均所得，权重的分布符合高斯分布，离采样点越近的像素点，其权重越大，离采样点越远的像素点，其权重越小。换句话说，每个采样点使用的不是该像素本身，而是以高斯分布的权重去叠加周围像素点的取值。这样处理比抽样部分像素点的下采样效果要更好，后者会造成不平滑的"点阵"效果。

在生成两个图像的尺度空间后，如果两个图像均含有同一个物体（比如大象），只是原始尺度不同，那么在缩放的各种尺度中，总会产生近似尺度的匹配，例如图像 A 的尺度扩展 4 倍后与图像 B 的原始图像局部匹配。

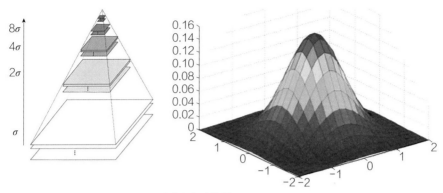

不同尺度空间与高斯核

图 6-3 高斯核与不同尺度空间

（3）解决"场景 3"的方案：考虑方向，应对旋转角度变化

假设同一个物体在不同图像中的角度不同，比如一个图像中的玩具车是平放的，而另一个图像中，玩具车是竖着摆放的。在 2D 平面的旋转角度，将局部纹理做相应的旋转后即可形成匹配。由于局部纹理的梯度变化是存在方向的，因此只要确定了梯度方向，据此将两个图像中的纹理区域对齐方向后再进行比较，即可解决旋转角度的问题。

2. 提取 SIFT 特征的过程设计

同一物体在不同场景中的匹配均可以通过位置、尺度、方向的相关变换方法来解决。所以，基于这几种不变性构造的表示特征被称为具有尺度不变性的特征（SIFT，Scale-Invariant Feature Transform，以下简称为"SIFT 特征"）。综上提取 SIFT 特征的过程可分为 4 个步骤：

- 步骤 1——生成尺度空间。采用高斯核下采样，生成不同尺度的图像。后续步骤中的特征点提取均需在各个尺度上进行，保证该特征具备尺度不变性。
- 步骤 2——特征点检测。对各尺度的图像进行极值检测，确定特征点的位置。通常情况下特征点会在物体或局部的边缘上，这主要是因为边缘附近的梯度变化相较其他位置的梯度变化更大。
- 步骤 3——计算特征点方向。通过计算特征点周围梯度获得主要方向，解决"旋转角度变化"的问题。
- 步骤 4——生成特征向量。为每个特征点生成一个 128 维的描述向量，用于代表该特征点周围区域的梯度变化。

如图 6-4[⊖] 所示，生成特征向量的具体过程为：先将特征点及其周围区域分成 16 个小区域，每个小区域又是由 2×2 的小方格组成。然后让每个小方格生成 8 个方向的向

⊖ 特征点包含两个内容：关键点和描述子。关键点表示特征在图像中的位置，描述子表示关键点的朝向和周围像素信息。——编辑注

量值，最后形成一个 16×8＝128 维的向量表示。

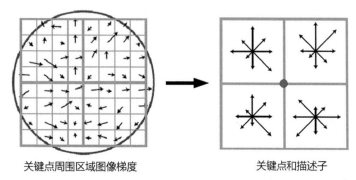

关键点周围区域图像梯度　　　　　　关键点和描述子

图 6-4　使用各个区域的梯度方向来表示图像的纹理信息

　　复杂程度不同的图像生成的特征点数量不同，复杂的图像往往需要更多的特征点才能进行准确的描述。在实际中如果能对每个图像提取 300 个特征点，就可以形成 300×128×8bit ≈ 40KB 的数据（128 维，每个维度使用 8bit 数据表示方向）。一旦有了这个数据，那么我们在判断两个图像中是否有匹配的物体时，就不用再比较像素矩阵，只要直接使用 40KB 的数据（即新特征）进行比对即可。这样就可以更容易地识别不同图像中的相同物体。

　　不过对于检索系统来说，这个特征仍然太大了，如果采取完整比较的方式会影响检索系统的性能。所在在现实环境中，检索系统往往使用 SIFT 特征压缩后的版本。

　　通过对上述设计过程的表述，大家可以再次体会到要想设计出一个好的模型算法，其实没有任何神秘之处，最关键的核心就是需要对现实问题进行仔细的观察和分析，再一步步地完成思考和设计。虽然 SIFT 特征乍看起来纷繁复杂，无从下手，但如果我们抛开表面，挖掘实质，就会发现其实它的设计思想是非常朴素的。

3.SIFT 特征的优缺点

　　说完了提取 SIFT 特征的设计过程，下面来简单分析一下它的优缺点。

　　优点：SIFT 特征最明显的优点就是对数据的依赖程度低，它不是当下常见的数据驱动的（data-driven），其核心思想体现的是人类对"视觉不变性"的总结和抽象。虽然今天是一个人人皆说"大数据"的时代，但笔者认为非数据驱动的方法仍然具备极大优势，因为在现在这个阶段解决很多现实问题所需要的数据量依然极不充足。这种不依赖于数据的图像特征，在缺少大量标记数据的建模初期是非常有效的。

　　缺点：第一，由于 SIFT 特征点基于"梯度极值"产生，因此特征仅对那些物体边角的突变点进行有效的捕捉，一旦图像的边缘是柔和渐变或平滑的，则难以进行有效的捕捉。第二，在该特征的提取过程中，并没有涉及对物体语义信息的理解，只是进行了一种纯粹的视觉近似。这就会出现当两个物体属于同一个类别，但它们的视觉外观不同时（比如猫有花猫和黑猫），不能进行有效识别。为了解决这个问题，笔者之后会介绍一种通过标注数据来学习具有语义理解能力的特征。

综上，SIFT 特征更适合识别不同图像中的刚性物体（形状和颜色不可变物体），面对识别柔性物体或掺杂语义的场景会显得有心无力。所以我们只能另辟他径来解决这个问题。

6.2.2　CNN 模型与特征

鉴于 SIFT 特征只能抽象出纯视觉上的相似，因此如果想实现机器对图像的语义理解，就需要使用数据驱动（data-driven）的方式进行特征提取，即通过标记数据来提取深层次的语义。人类不仅能轻易识别出不同形态的猫，还能把它们归到一类，这就说明各种猫的图像信息中肯定含有促使人类做出"它们属于同类"这一判断的特征。根据这一事实，我们的首要任务就是将这种含有语义的特征从原始图像的像素矩阵中提取出来。

1. CNN 模型的研究背景

该如何从图像的原始像素中提取出具有语义表示能力的特征呢？

要回答这个问题，我们首先可以想一想为什么人类擅长处理图像和声音。众所周知人类的视觉冲动是通过视网膜上的感光细胞产生的，而听觉冲动则是由耳蜗内的听觉感受器产生的。其中视觉处理二维的光亮信息，听觉处理一维的波动信息。

外界物体反射的光线，经过角膜、房水后，由瞳孔进入眼球内部，再经过晶状体和玻璃体的折射作用，在视网膜上形成清晰的物像，接着物像刺激视网膜上的感光细胞，这些感光细胞产生的视觉神经冲动，沿着视神经传递到大脑皮层中的视觉中枢，形成视觉。

外界的声波经过外耳道传到鼓膜，从而引起鼓膜的振动，振动会通过听小骨传到内耳，刺激耳蜗内的听觉感受器，产生听觉神经冲动。神经冲动通过与听觉有关的神经传递到大脑皮层的听觉中枢，形成听觉。

在历史上有很多与人类视觉研究相关的有趣实验，而这些实验背后蕴含的原理可以启发设计图像模型的灵感。

实验 1　生活中常常出现一种现象，当一个人全神贯注读书或玩游戏的时候，会暂时听不到周围的声音，这种现象被称作"无意失聪"。经科学研究，这个现象产生的原因是大脑中的视觉细胞和听觉细胞会在同一时刻争夺有限的脑力资源。伦敦大学认知神经学研究所的 Nilli Lavie 教授曾分析说："无意失聪这种现象在日常生活中很常见。比如，当你全神贯注地盯着一本书或报纸上的一篇文章时，你很有可能会因为没听见火车报站的声音而坐过站。或者你一边走路一边发短信，汽车开来了也听不见，还要横穿马路。"

实验 2   突然失明的病人经过一段时间后，大脑中部分视觉细胞会逐渐转变成听觉
细胞，具备处理听觉信息的能力。这也解释了为什么失明的人的听觉和触觉比一般
人更加发达，就是因为他们的大脑中有更多的细胞来处理听觉和触觉信号。不过有
研究表明，尽管视觉细胞可以转变成其他类细胞进而处理其他信号，但其效率会有
一定程度上的下降。

从上述两个实验中我们可以推导如下推论：

1）人脑中处理不同任务的细胞存在不同的构造和连接方式，这些细胞是针对特定
任务发生优化的。

2）当处理高层次信号时，人脑会共用一些通用的神经细胞。

3）当意外发生时，原本不同功能的脑细胞会发生转变，以适应新的任务。

基于上述推论，我们可以大胆设想将深度学习模型（模拟人脑）用于处理图像任
务，但为了取得更好的效果，我们需要根据处理视觉信息的特性对传统的深度神经网络
（DNN）进行优化。

那么，如何优化传统的 DNN 以便更好地处理图像呢？首先，需要研究人类视觉的
特点。

研究材料：生物视觉细胞具有"局部关注"和"多层抽象"的特点

1958 年，David Hubel 和 Torsten Wiesel 在约翰斯·霍普金斯大学研究瞳孔区
域与大脑皮层神经元的对应关系。实验中，他们在猫的后脑头骨上开了一个约 3
毫米的小洞，并向洞里插入电极用于测量神经元的活跃程度。然后，他们在小猫
的眼前展现各种形状、各种亮度的物体，并在展现每一件物体时，不断改变物体
位置和角度。两位科学家期望通过这些行为让小猫的瞳孔感受到不同内容和强度
的刺激，以验证一个猜测：位于后脑皮层的视觉神经元与瞳孔所受刺激之间，存
在某种对应关系。一旦瞳孔受到某种刺激，后脑皮层的某一部分神经元就会被激
活。在经历了无数次枯燥的试验之后，他们终于发现了视觉细胞的奥秘。

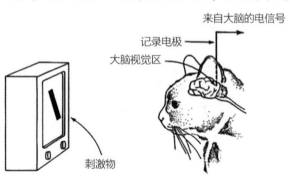

实验结果显示，当
他们在猫的瞳孔前放映
含有鱼（食物）和狗
（危险）等图像时，猫
脑对这些幻灯片毫无反
应，但在每次切换幻灯
片时，猫脑就会有强信
号输出。换句话说，当
瞳孔前闪过包含粗放的

边缘信号时，神经元细胞就会活跃。这个发现激发了人们对大脑处理视觉信号模式的思考，那就是大脑处理视觉信号或许是从局部的原始信号开始的，再不断迭代、不断抽象的一个过程。这里的关键词有三个，分别是局部、迭代和抽象。以处理人脸图像为例，从瞳孔摄入原始信号开始，脑细胞首先发现图像各个区域中存在的粗放线条和方向。然后再逐步识别更复杂的形状，如眼睛的形状、鼻子的形状等。最后，组合形成五官特征，再进行深度的语义理解，比如这个人是谁。概括地说，经过层层的迭代处理后，视觉信号变得越来越抽象：线条→五官→语义。

不要小看这项生理学研究，它促成了计算机视觉在四十年后的突破性进展。生物的视觉模式启发了科学家，需要对传统深度学习网络做出修改，以迎合视觉处理过程中"局部视野"和"层层抽象"的特点。这个修改的模式则是引入卷积完成的，即传统的神经网络被改造成卷积神经网络（Convolutional Neural Network，CNN）。

CNN 是一种特殊的、深层的神经网络模型，它的特殊性体现在两个方面，一是网络神经元间的连接是非全连接的，二是同一层中某些神经元之间连接的权重是共享的（即相同的）。CNN 具有的非全连接和权值共享的网络结构使其更类似于生物的视觉神经网络，这个特性降低了网络模型的复杂度，减少了权值的数量（对于几十层的深层网络来说，这点非常重要）。

视觉发展中的进化论谜题

考古学中存在相当多的发现都是反达尔文进化论的证据，生物视觉能力的进化就是典型之一。根据进化论学说，生物的进化应该是循序渐进的，比如远古的豪猪以牙齿做武器，但经过人类的长期驯化，曾经长而尖利的牙齿逐渐退化消失，从不同时期的化石可以清晰地追踪这个过程。这个渐进过程背后的真相是生物的基因会发生无序的突变，有些突变使得生物更适合环境，有些则相反。由于适应环境的突变个体存活概率更高，因此会将这种有利的突变方向继续遗传给后代。

从现在的研究发现来看，视觉能力的突变大约是在生物大爆发期的寒武纪出现的，但是并未在已有的考古化石上发现跟视觉渐变演化过程相关的证据。此外，考虑到眼睛是一种超级精密的生物器官，很难想象这种器官的设计是从多次无序的突破中累加而来的。所以虽然进化论能够解释进化历史，但无法解释某些具体进化的环节是如何完成的。假设我们使用进化论学说来解释生物的视觉能力演变历程，无异于妄图通过随机的汉字排序得到一部《红楼梦》这样的文学巨著。

2. 卷积的思考与设计

科学研究告诉我们生物处理视觉信号具有"局部视野"的特点，但传统的 DNN 是全连接的，它不符合处理视觉信号具有"局部视野"的特点，并且会因计算大量参数而出现性能低下的问题。所以需要对神经网络模型进行优化。具体思路也应从贴合处理视觉信号入手，使优化后的神经网络模型具有"局部视野"的特点。这种优化类似于将通用的神经元细胞改进为专门处理图像信息的视觉细胞。

"局部视野"特性之所以存在，是因为图像天然具有局部语义，即一张图像可被细分为多个区域，而每个区域中都包含着具有独立语义的物体。例如一张家居的图像，不同的区域有不同的家具，包括灯、沙发、电视、书柜、餐桌等。当大脑接收到视觉信号时，单个视觉神经元细胞只会对局部视野比较敏感，换句话说神经元的运算起到滤波的作用，是一种滤波器。每个神经元只关心图像的某一部分或某一方面，它将原始信息（复杂的波形）进行傅里叶解析，过滤出特定频率的波形，再通过众多视觉细胞组合，形成层层抽象的处理网络，最终完成人脑对图像的整体认知。

另一个根据视觉特性对模型进行优化之处是参数共享。由于提取同一图像不同局部的基础特征方法经常是一致的（即对一个图像区域有效的特征提取方法在另一个区域也可能同样适用），因此，一张图像中不同局部的相似特征使用同一套参数配置的神经元捕捉即可，这套参数即为共享参数。例如某个神经元（滤波器）的作用是提取物体中存在的棱角形状，无论是盒子的棱角、显示器的棱角还是书籍的棱角，都能适用。

那么，什么"法宝"能够帮神经元实现局部视野和参数共享呢？答案就是卷积。以下数学公式即为卷积的数学定义，下面重点分析下如何利用卷积运算来实现局部视野和参数共享。

卷积的定义：对两个函数的内积做积分，其中一个是实变函数。

$$\int_{-\infty}^{\infty} f(\tau)g(t-\tau)\mathrm{d}\tau，其中 t 代表时间变量。$$

卷积的效果可以通过图 6-5 的案例说明。两个宽度为 1 的阈值函数（在长度为 1 的区域内输出为 1，其他区域输出为 0），假设其中某一个函数随时间的变化发生了位移，会导致两个函数的乘积结果也随时间发生变化。由于卷积的输出为某一个时刻的两个函数乘积的积分（黄色区域的面积）。所以随着时间的变化，卷积输出呈现先升后降的过程。

卷积数学定义较为抽象，但我们可类比现实中的场景来加深理解，如古装剧中经常出现的打板子的剧情。在打第 t 个板子后，被打者所感受到的疼痛＝第 t 个板子造成的疼痛＋之前板子累积的残留疼痛，即 Σ（第 τ 个大板子引起的疼痛 × 衰减系数），其中衰减系数是 $t-\tau$ 的函数。"$t-\tau$"越大，说明该板子间隔时间较长，疼痛的衰减较大。

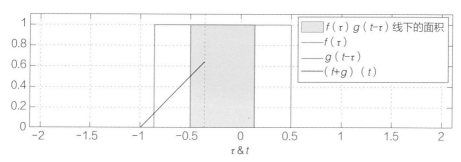

图 6-5　形象地展示时变函数的案例

在图像处理场景中，卷积涉及两个函数，其中一个函数是图像的像素输入（如处于网络中间层，该输入则为上一层的输出），另一个函数为卷积核，其尺寸通常远小于图像。两者卷积的操作效果是在输入图像上逐一截取与卷积核相同尺寸的局域（扫描），再将对应像素的数字和对应卷积核的数字相乘，最后将所有乘积的结果累加，作为输出填写到对应位置。如图 6-6 所示，绿色部分为原始图像的输入，橙色部分为卷积核截取的区域，通过对位相乘对两者进行运

图像　　　　　　卷积特征

图 6-6　卷积的计算过程

算，最后将所有乘积结果累加，得到数值 4 作为最终输出。按照上述过程，卷积结果的大小是由卷积核的尺寸决定的，即（图像尺寸－卷积核尺寸＋1）/ 步长。例如，对 5×5 尺寸的图像使用 3×3 的卷积核，且每次步长为 1，那么只能在横方向行进 3 格，在纵方向行进 3 格，形成 3×3 尺寸的输出结果。

一般情况下，不同的卷积核参数会捕捉到不同方面的图像特征。如图 6-7a 所示，5×5 的卷积核中部区域全为 1，相当于计算了一小块区域的像素平均值并作为输出，也就是说降低了图像的分辨率（分辨率从 5×5 降低到 3×3）。如图 6-7b 所示，5×5 的卷积核中，其中央数字是负向权重－4，而其周围上下左右四个数字均为 1，平均分担了正向权重，该卷积核在图像渐变区域的输出接近于 0（中央数字斜方向的数字），这是由于相近像素的输入近似，导致卷积核的权重加和为 0。但该卷积核在图像存在突变的区域，会输出绝对值较大的值，其原因是边缘周围的像素值差距很大，会透过卷积核的权重分布映射到输出上，从而实现对边缘的捕捉。与传统的滤波器不同，卷积核的参数是从数据中学习的，而不是预设的计算公式。相当于由任务和数据训练决定怎么滤波、如何滤波。

通过卷积进行图像扫描的过程符合"局部视野"的视觉假设条件。那么，"参数共享"的假设又该如何实现呢？这里的基本要求是既能减少参数的数量，又不影响模型处理图像的能力。如果我们仔细观察图 6-7 的两个案例，就会发现无论是压缩图像还是

提取边缘，由于使用的卷积核并不随着扫描图像区域的不同而发生变化，所以提取的特征效果是稳定的。因此我们可以大胆地设想，只要使用相同的卷积核扫描图像的不同区域，即可完成"参数共享"的假设条件。在实际工作中，基于应用场景加入合理假设（如"参数共享"），能有效减少模型对数据训练的依赖，给模型带来意想不到的提升效果。

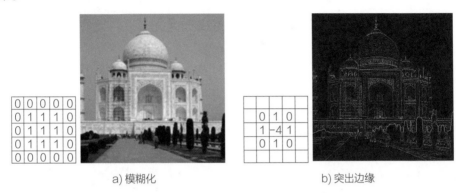

图 6-7　不同的卷积核（滤波器）对图像处理后有不同的效果

　　如果以卷积核实现"参数共享"的假设条件是成立的，那么与传统的全连接神经网络相比，它能给模型节省多少参数呢？以一个单层的神经网络为例，如果输入图像的像素为 1000×1000，隐含层节点为 1 百万个，那么全连接方式下的参数量为 10^{12}。如果使用百万个 10×10 的卷积核扫描图像进而捕捉到其中的 1 百万种特征（特征种类数量等于卷积核数量），那么参数量为 10^{8}（见图 6-8）。

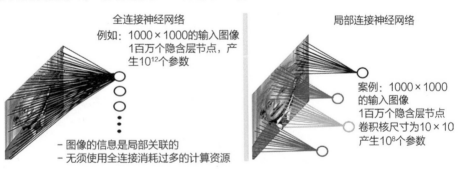

图 6-8　从全连接的设计变成只有局部视野的卷积核设计

3. 池化的思考与设计

　　在实际应用中，除了卷积以外还有另一个符合视觉假设条件的运算：池化。

　　我们发现当从不同距离和角度拍摄同一物体时，人类可以做到无障碍地识别该物体。这说明了识别图像的关键点在于图像中存在一些鲜明的特征，而不是细微的变化。我们将这个发现延伸到 CNN 中，将保留图像的主要信息并去除细节的方法称为池化。

池化本质上是通过使用压缩函数来缩小原始的输入图像，同时保留关键信息的一种手段。常见的压缩函数（即池化函数）有 Max 和 Average 两类。Max 函数的效果如图 6-9 所示，每个区域中最大的数字会作为该区域的代表输出。同理，Average 函数计算每个区域的平均值作为该区域的输出。无论是哪种函数，通过池化的方式都会大量减少参数。

图 6-9　池化的思想是提取每个区域最鲜明的特征，如最大的数字

池化使模型更关注物体的显著特征，而忽略差异细节，这是否合理呢？让我们先看看图 6-10 中的两张不同年龄的爱因斯坦图像，虽然细节不同（老年爱因斯坦有一头白发和满脸褶皱），但如果将它们的分辨率降低（进行池化），会发现两者的主要特征是极其相似的（脸型和头型、眼睛和眉毛、鼻子和嘴等）。因此池化的本质相当于降低图像的像素大小，但留存最突出的模式特征。

图 6-10　不同年龄的爱因斯坦具备相同的面部特征

目前的 CNN 设计中，很少再专门设置池化层，池化的作用（减小输入尺寸，专注关键信息）往往通过卷积层合并实现。

4. CNN 的非线性函数

卷积或池化都是为了匹配图像处理中的假设条件来设计的。除此以外，CNN 与传统 DNN 的不同还体现在非线性函数的选择上。

非线性函数 ReLU

修正线性单元（Rectified Linear Unit, ReLU）是神经网络中常用的激活函数，其数学表达式如下所示：

$$f(x) = \max(0, x)$$

ReLU 不仅仅是 CNN 常用的一种非线性函数，目前在各种深度学习的 DNN 模型中也开始被普遍使用。ReLU 与 Tanh 函数相比，有两个显著的优势：

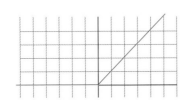

1）高效求导：ReLU 的导数结果可查表得到，无须计算。如图 6-11 所示，在小于 0 的区域导数为 0，在大于 0 的区域导数为 1。

2）解决深度网络中"梯度弥散"的问题：在神经网络模型中，通常使用"梯度下降"作为优化算法，而梯度下降主要通过使用导数的链式法则来进行求解。如图 6-12 所示，基于链式法则，网络前一层参数的导数，会被拆解为对当前层的加和函数和非线性函数求导，以及递归计算中后一层参数的导数。以非线性 Sigmoid

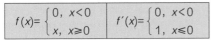

图 6-11　ReLU 可高效求导

函数为例，其导数极大值为 1/4，当输入值极大或极小时，导数值接近 0。由于每一层的导数均有非线性函数求导的因子，而这个值最大为 1/4，因此如果模型的网络层数过深，那么网络偏前部的参数的导数就都会变得极小，这将直接导致参数的优化速度十分缓慢。我们通常将越处于前部的网络参数更新越慢，并导致整个训练过程非常低效的现象称为梯度弥散。但 ReLU 不同，它的导数只能为 0 或 1，在出现错误的情况下，它能够把梯度无损地向前传递，从而解决梯度弥散的问题。不过 ReLU 也存在自己的弱点，当无错误发生时，ReLU 不能向前传递梯度。因此，如果发生初始化不合理的情况，那么可能会导致部分网络从不参与优化过程，呈现一种"瘫痪"的状态。

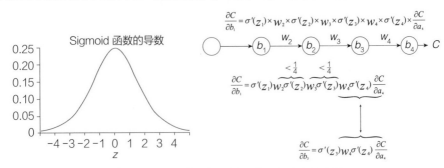

图 6-12　网络过深会带来"梯度弥散"的问题

5. CNN 的网络结构设计

如上述讨论，CNN 的基本单元有卷积层、池化层、全连接层和输出层，那么如何将这些基本单元组织成一个深度学习网络呢？或者说，CNN 的整体网络结构应该如何设计？

在回答这个问题之前，首先来介绍构建网络的一些基本原则。

CNN 网络的构成通常是将"多层的卷积＋池化"作为基本结构，再不断堆砌，最后再加上全连接层和 Softmax 函数以适应分类任务的输出需要。

在该结构中，不同的层次承担着不同的任务，前 N 层卷积和池化的交替组合用于提取图像的高级语义特征，之后的全连接层和输出层用于通过前面的高级语义特征完成具体的任务。当前的 CNN 设计方案中，更倾向于不使用全连接层，直接把卷积层的输出对接到输出层。输出层的设计与具体任务相关，比如多分类任务一般使用 Softmax 函数。

整个 CNN 的形状为从"扁平"到"宽厚"，其输出内容对应着从像素到语义。"扁平"具体指的是在前侧的网络层具备"尺寸大但厚度薄"的特点，其典型的代表是原始图像层，通常尺寸较大（如 256×256），但厚度仅为 3（RGB 的三通道）。然而，处于后侧的网络层恰恰相反，虽然其尺寸不大，但由于它的输入是通过之前的网络层抽象得到的，且可回溯到整个原始图像，因此它依然具有全局视野。所以我们说位于后侧的网络层具有"尺寸小但厚度厚"的特点，这代表了从原始图像中抽象出来的语义特征。CNN 模型中主要的存储和计算均发生在模型前侧，经过几次尺寸下降后，每层的数据量都会极大地减小。所以为了让数据量和计算量都尽快地降下来，通常会在网络前端采用大尺寸的卷积。

最近，"小尺度＋深结构"的网络结构（如 ResNet）成为行业新宠，每一层的输入均存在一条线路直连到该层的输出，以便解决网络过深而产生的梯度弥散问题。除了第一层外（为了性能考虑），其他层均用 3×3 尺寸的卷积（二维视觉的最小区域），最终依靠足够的层数来保证高级特征的视野覆盖。

以上均为笔者本人的多年经验之谈，很遗憾截止到现在 CNN 都没有形成一个完整的理论基础，否则人们完全可以根据理论设计出最优的网络结构。当下流行的网络结构均来自不同实践者的不同思考与猜想，以及依靠特定场景所实践出的有效经验。历史上，经典的网络结构有 AlexNet、GoogLeNet、VGG、ResNet 等。如果大家对这些结构感兴趣，可以参考相关论文。本书仅对这些网络的结构特点、设计思路和效果做出一些简单的点评，供读者参考。

AlexNet：深度学习技术在图像任务上的首次成功应用，凭借数据量的增长、GPU 计算能力的增强、算法本身的优化（如设计 ReLU）等诸多有利条件，终于催生了 CNN 在 2012 年 ImageNet 竞赛中的大放异彩。

GoogLeNet：诞生了 Inception 这种结构（Network in Network），从而实现了使用少量参数却有极强表达能力的效果，不过其复杂的结构也导致了该设计对不同任务的迁移有效性降低。

VGG：具有非常规整的结构（全部使用 3×3 的卷积核和 2×2 的池化核，再通过不断加深网络结构来提升性能），简单而有效的网络结构使得该网络对不同任务均能取得良好的效果。它是 ResNet 得以发明的基础。

ResNet：类似 VGG 结构，其创新点在于在残差网络的设计中加入了一个直通的连接结构，使得每阶段网络不再拟合输出，而是拟合"输出－输入"的残差。目前该网络被认为是较为好用的网络结构之一，且具备良好的迁移性。很多图像处理模型都常以 ResNet 或其变种为核心，再辅以处理不同任务需要的逻辑。如果不是竞赛刷榜的场景，通常 50 层即可达到接近极限的效果。继续增加层数的性价比不高，这会降低网络的训练和预测速度，但提升效果方面却并不明显。

一般情况下如果没有特殊的需求，直接应用 50 层的 ResNet 是比较好的选择。不过在一些对性能有特殊要求的场景，比如在手机端上实现深度学习模型，通常会选择性能更好的简单模型，例如 GoogLeNet 或者专门设计的模型（如 MobileNet 等）。当大家在实际工作中有合适的应用场景，鼓励大家根据自己的应用场景对模型做了一些修改，如果确实取得了比较好的效果，就可以自己发挥想象力命名为"XXXNet"。

6. CNN 模型的应用

CNN 模型对视觉领域的贡献不仅在于大大提升了解决任务的效果，更在于反映了一种全新建模思想的出现。

众所周知，ImageNet 竞赛是图像处理领域的标杆性比赛。它的分类任务是将 120 多万个图像（见图 6-13）分成 1000 个类别，评价标准是不同参赛队伍提交的模型在 Top 5（Top 5 预测结果覆盖正确分类即算准确）和 Top 1 分类输出上的准确率。得益于 AlexNet 在 2012 年 ImageNet 竞赛上大放异彩，让网络模型的技术路线从使用"复杂特征＋简单模型"转变成使用"简单特征＋复杂模型"（见图 6-14）。更为重要的是，该网络通过实际效果证明了"CNN 自动提取高层图像特征"是可行的，避免了图像科学家绞尽脑汁地进行人工设计工作。

图 6-13　ImageNet 数据集样例

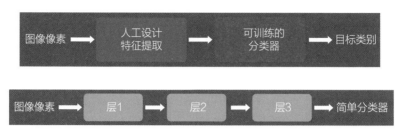

图 6-14　两种不同的建模思路

大家不要小看这个转变，其影响其实非常深远。在 AlexNet 横空出世之前，图像处理技术已经达到了一个瓶颈。由于使用"复杂特征"的思想深入人心，因此很多科学家都将大量精力投入构造图像特征上，但即使如此每年也只是将特征效果提升一点点。同时，由于当时的图像处理技术以特征构造为核心，因此技术大部分被垄断在钻研数十年的专家手中。但是在 CNN 推广后，即使一个不了解视觉技术的程序员，也可以通过搭建各种 CNN 模型，高效地解决各类图像任务。与之前形成鲜明对比的是，由于一线程序员往往对业务场景有理解更深刻且更丰富的工程实践能力，因此深度学习兴起后，那些由传统上精通算法理论的专家做出的模型，其效果往往不如来自程序员的模型。

最后我们来总结一下 CNN 的四点优势：

1）更好的学习效果：在 ImageNet 竞赛中，CNN 比传统方法在准确率方面提升 10% 以上，这与之前每年各种特征优化提升 1%~2% 的效果不可同日而语。

2）不需要图像领域的专业知识：图像处理的关键在于提取有效特征，而之前人工设计特征的方法非常依赖设计者对计算机视觉领域的深刻理解和丰富经验。但 CNN 能自动提取图像特征，且方法是相对通用的，不需要过多依赖对视觉科学本身的理解，这使得非图像专业的工程师也能快速通过 CNN 来搭建应用。

3）方法的强适应性：人工设计的图像特征往往都有特定的适用场景，比如 SIFT 特征对物体棱角和边界较为敏感，但难以提取渐变模糊的边界。但是 CNN 完全依赖数据样本来提取特征，通过完善训练样本，可以令提取的特征具有很强的适应性。

4）可解释的学习过程：曾有传统特征的设计者提出利用 CNN 提取特征存在学习过程不可解释的问题，不过一些科学家将 CNN 的每一层输出可视化后，发现 CNN 提取特征的过程是可解释的，并且该过程与生物视觉处理图像信息的过程非常近似。例如，识别人脸的 CNN，随着网络的加深，提取特征的输出会逐层抽象，从输入图像的像素到一些主要纹理，再到五官的形状，最后形成能完整刻画人脸的特征。

基于深度学习的各种图像任务

自从 CNN 在 ImageNet 竞赛上取得惊人效果后，各类针对图像任务的解决方案就逐渐转变为以 CNN 模型为基础。换句话说，虽然当下针对不同类图像任务的模型有很多，但是它们都以 CNN 网络为核心，可以说是"异曲同工"。

接下来将分别以识别、检测、排序和切割这四种处理任务为例，展示基于 CNN 设计的解决方案（即模型）。这四个模型不同之处有三个，一是任务类型不同，二是优化目标不同，三是网络结构不同。希望通过对四种模型的逐一展示，让读者体会当下CNN模型"异曲同工"的特点。

• **识别任务**：即识别出图像中的实体类别，如识别图像中的鸟。从本质上看，实体识别是一个分类任务。图像的像素矩阵作为特征输入，输出是一个分类标签（见图6-15）。分类标签以one-hot向量表示。one-hot向量的特点是只有一个位置为1，其余位置均为0。如果分类标签是1000类，则向量的长度即为1000。模型的优化目标（Loss）是衡量模型的分类输出和真实分类标记的差异，这可以通过Softmax函数（又称为Log Loss）或SVM的误差函数（又称为Hinge Loss）来实现，该模型跟其他的分类模型基本雷同。

• **检测任务**：即检测出图像中物体的位置，并使用矩形框圈住该物体。我们可以把使用矩形框标定物体的位置转化为确定矩形斜对角的两个坐标点，如左上坐标点（100, 10）和右下坐标点（158, 76）可框选出鸟主体（见图6-16）。检测任务其实是一个回归问题，其输入是一个图像，而输出是两个坐标点的4个数字。模型以预测坐标点数字与真实坐标点数字的均方误差（Mean Squared Error, MSE）作为损失函数，该模型与其他的回归模型没有差别。

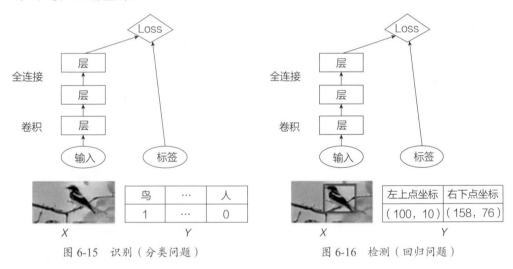

图 6-15 识别（分类问题）　　　　图 6-16 检测（回归问题）

• **排序任务**：即根据视觉效果的优劣排序多个图像，排序任务往往可以转化成分类任务从而实现解决。例如通过模型比较图像A和图像B的优劣，如果A比B好，模型则输出为1类，反之则输出为0类（见图6-17）。分类模型的具体实现方案是将图像A回归得到一个分数 S_1，将图像B回归得到一个分数 S_2。如果A比B好，那就做到让 S_1 比 S_2 大，反之则让 S_2 比 S_1 大。这个任务中被经常采用的损失函数是Hinge Loss，用于累计计算不正确样本的错误程度（如下述公式所示）。将模型训练后，可直接比较两张图像的得分来实现排序。

$$R(h) = \frac{1}{2} \sum_{i=1}^{N} \left(\max(0, h(y_i) - h(x_i)) \right)^2$$

• **切割任务**：与检测任务不同，切割不能只给出一个标记物体的矩形框或其坐标，而需要细致地将被切割物体与背景区分开（见图 6-18）。这里我们可以将其转变成一个分类问题。这时因为从图像中将物体切割出来，相当于对每个像素点是属于被切割物体的还是属于背景的进行决策，尤其需要注意的是，如何正确地标记物体边缘的像素点。所以本质上切割是一个分类任务。与其他分类模型一样，损失函数可以使用 Log Loss 或 Hinge Loss。

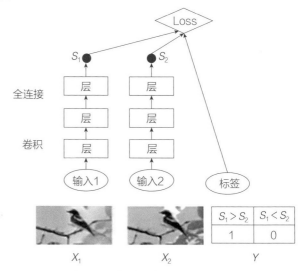

图 6-17　排序（基于分类的问题）

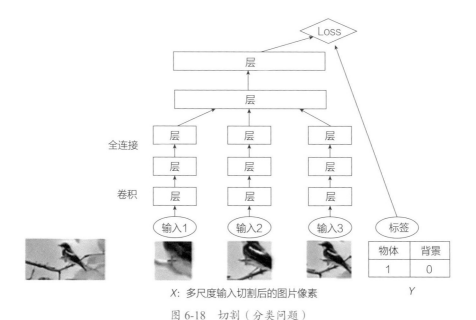

X：多尺度输入切割后的图片像素

图 6-18　切割（分类问题）

通过介绍上述四种任务的建模方案，可总结出如下结论：

1）与传统机器学习模型相比，深度学习建模（如 CNN）的思考方式并没有发生变化，只是将模型换成了 CNN 而已。虽然不同的任务在优化目标上可能不尽相同，进而影响到模型的输出层，但本质上主体的网络设计均是类似的。

2）无论什么任务均可使用 CNN 对原始图像输入实现层层萃取，以获得高层语义特征。但根据不同任务的需要，网络结构会略有调整。例如切割任务中，采用像素点周围不同范围的图像作为单独的输入，然后在网络的后段再整合为三个范围的信号。这样做的原理是为了从不同的尺度范围考察像素点的应属类别（物体或背景），这与人类区分物体边界的行为非常相似。

7. CNN 迁移学习的特性

如果我们将上述四个任务的 CNN 放在一起比较，会发现它们在特征提取部分的计算结果是近似的。这说明对于不同的图像任务，图像特征的提取过程是近似的，是有可能实现共享的。一般情况下，模型提取出的高层语义特征与图像的内容分布相关性更高，比如 1000 个人脸图像和 1000 个花卉图像所提取出来的特征存在很大不同。但针对 1000 个花卉图像进行检测任务和识别任务，两者提取的特征却非常相近。这个发现是非常有用的，不同任务的模型完全可以共享特征提取部分的网络结构和参数。在项目实践中，这会带来两个显著的好处。

好处 1：弥补单个任务的数据量不足的缺陷。具体做法是，选择那些容易获取标记样本的任务用来训练 CNN（特征提取网络），然后再将其共享给样本量不足的任务。

好处 2：提高训练和预测环节的效率。由于不同的任务间共享了部分参数，所以训练样本时收敛更快，预测输出时计算过程也更简洁。不过需要特别注意，能共享网络的前提是两个（或多个）任务面对的数据需分布近似，因此基于人脸数据集进行训练的网络，显然很难有效识别物体。

接下来通过两个案例来展示如何实现多任务共享网络的设计，其本质是一种迁移学习的理念⊖。

（1）迁移学习的应用方案 1：在手机端实现检测和分类的模型

大家可能注意到现今市面上推出每款新手机都号称是 AI 手机，虽然这种 AI 功能更多是商家营销的一种噱头，但至少也是一个不错的卖点。现下的 AI 手机基本都具备了对拍摄图像的识别和处理的功能，这个功能的核心其实就是如何在手机端上实现检测（哪里有物体）和分类（是什么物体）的模型。考虑到网络传输的时间成本，选择在手机端实现而不是在服务器端实现，在手机端实现可使用户在拍摄图像时与手机快速交互。要实现这个任务有两个难点：

- **难点 1**：数据不均衡。分类模型已经存在较多的标记数据（图像→类别），而检测模型的标记数据（图像→矩形框）相对较少。

⊖ 迁移学习是一种机器学习的方法，表示一个预训练模型被重新用在另一个任务中。

• **难点 2：手机硬件对模型的制约。** 由于手机自身的计算和存储能力都十分有限，支撑不了太复杂的计算，因此要求手机端上的模型性能更好。

分析这两个难点后，首先想到的解决方案是，先依靠充分的分类数据训练出一个分类模型，然后再让检测模型共享分类模型的网络结构和参数（特征提取的部分，不包含输出层），最后使用少量的检测数据来训练检测模型的输出层参数。通过上述三个步骤可组成如图 6-19 所示的模型结构，该模型结构中，分类模型和检测模型的特征提取部分的网络是共享的，之后再连接各自对应的输出层。这种结构中模型能同时完成检测和分类两项任务。

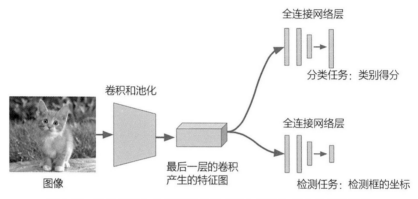

图 6-19　检测模型和分类模型共享 "特征提取" 部分的网络结构

整个训练和应用过程如下：

1）基于分类样本训练分类模型。

2）将训练后的分类模型的特征提取部分取出（已训练），接入到检测任务的输出层（未训练）。

3）利用检测样本训练检测模型的输出层，在训练过程中对来自分类模型的特征提取部分进行微调。

4）将上述分类和检测模型应用到手机端。

5）输入一个图像，同时输出识别物体的框及该物体的类别。

该应用方案具备以下两大好处。

1）好处 1：节省训练数据。通过共享分类模型中的特征提取网络，令训练数据不足的情况下，仍可较好地实现检测模型的目标训练。

2）好处 2：提升模型的预测效率。通过共享，模型只需计算一遍高级特征即可同时输出物体的位置坐标和所属类别。

（2）迁移学习的应用方案 2：商品的多种类型标签的分类建模

当前电商平台经常构建的商品标签信息通常可以归为三种：

1）类别标签：商品库有唯一的一棵品类树，每个商品均会隶属品类树的某个叶子节点。例如卫裤属于运动裤类别，运动裤隶属于运动服装类别。

2）属性标签：除了类别外，每个商品还有一些结构化的标签。这些标签与类别的区别是它们可在不同类别的商品上共用，比如运动裤有品牌、尺码、适用人群、适用季节等属性，这些属性可以适用到其他类别的服饰或者商品。

3）关键词标签：商家对商品做出的描述通常含有某些关键的商品信息，这些关键词通常更能突出商品的特性。除此以外，关键词也可以是一些类别和属性中没有，但商家认为很重要的宣传特性，比如"美白祛斑的神品"等。

对于用户拍摄的一个商品图像，在以上这三种标签中，一般认为类别标签是最重要的，一是因为可基于类别过滤召回商品中的 Bad Case，二是可以根据商品类别进行相关的推荐。只基于类别数据构建模型是否能达到最好的分类效果？答案是否定的！现实中，即使在应用场景只需要分类模型的情况下，同时使用三种标签数据可以令网络中特征提取的部分被训练得更好（如属性任务和关键词任务的标记数据被用于商品类别分类的场景），从而达到更好的分类结果。三个模型实现共享网络的设计方案如图 6-20所示。

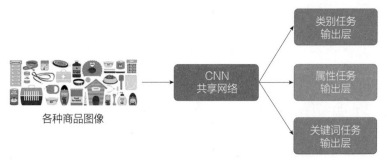

图 6-20 多任务分类问题，得到的特征用于检索效果更好

从上述两个应用方案可见，图像特征的提取环节确实具备一定的通用性。我们不禁会想，能否可以更进一步，凭借无监督的方法来提取图像特征，以弥补标记样本不足的缺陷呢？众所周知，未标记的图像在网络上比比皆是，而有准确标记的图像只是其中很小的一个子集。其实许多科学家都曾经尝试对未标记的样本进行特征提取，他们让机器自动从上千个图像中学习人脸和猫脸各自的特征，让机器认识到它们是一种频繁出现的模式（pattern），尽管其实机器并不知道它们是什么，或者可以做什么。

无监督的特征学习有一个很大的问题——没有提炼特征的方向感，比如对于七星瓢虫的花纹特征和形状特征，机器会认为它们是同样重要的模式。假设在这种前提下机器碰到一个与七星瓢虫花纹很像的地毯，它会认为瓢虫与地毯是非常匹配的图像。可见如果没有监督数据，机器自己很难知道对于一个特定的任务（识别七星瓢虫），哪些特征重要（如形状），哪些特别不重要（如花纹）。就像 SIFT 特征可以很好地识别物体边缘，但它并不清楚对于判断物体的类别，哪些形状是重要的，哪些是不重要的。

最后，让我们再次回顾 CNN 模型抽取特征的特点，并分析 CNN 特征和 SIFT 特征各自的优劣。

8. CNN 特征的特点

1）特征提取过程由数据驱动，不需要人工参与。由于特征的表示能力取决于训练模型的样本数据，因此如果期望 CNN 特征具备某些表达能力，可以通过提供包含该能力的标注数据来实现。例如如果在训练数据中，将不同种类的猫都归在一个类别，那么提取出来的图像特征会注重刻画猫与其他动物的区别，而不是猫类各个品种之间的差别。

2）网络共享。由于特征提取部分的网络对于不同类型的任务（识别、检测、排序、切割等）是类似的，因此具备多个任务的模型之间可以共享网络结构和参数。换句话说，无须为每个任务都准备充足的标注数据，尤其是对一些标注成本高的任务。

结合之前对 SIFT 特征的总结，两种特征的优劣势如表 6-1 所示。

表 6-1　比较 SIFT 特征和 CNN 特征

	SIFT 特征	CNN 特征
区别 1	非数据驱动，其能力来自科学家对视觉规律的总结抽象	数据驱动，其能力由提供的训练数据决定
区别 2	视觉相似，有限的泛化性	语义相似，可变的泛化性
适合场景	视觉上的同一物体（刚体和图案）	语义上的同一物体（柔体和超越视觉相似的物体）

6.2.3　实现高速计算的方法：特征降维

SIFT 特征和 CNN 特征虽各有长处，但是对于一些需要高速计算的场景，它们存在一个共同的问题：长度过长，计算缓慢。例如我们需要对特征进行有效压缩后，才能支撑上亿量级的图库检索。检索系统通常先根据较短的特征建立倒排索引，接着通过倒排索引拉取候选图像后，再使用长度更长的特征计算候选图像和检索输入图像之间的相似度，最后按照相似度进行排序。因为候选集合的图像数量是有限的，所以即使计算相似度所使用的特征较长，但为了可以得到更准确的结果，这是可以容忍的。此外，为了提高候选集合的效率，需要压缩倒排索引的特征，并尽可能地保留更多的原始特征信息。

特征压缩的方法很多，传统的机器学习算法中有许多与信息压缩相关的算法，比如主题模型（如 LDA）、主成分分析（PCA），以及计算机视觉领域的 Fish Vector 等。下面介绍一种与深度学习相关的特征压缩方法——AutoEncoder，它的本质思想会映射出一些有趣的关于"事物本质"的哲学内涵。

为什么这个方法会被称为 AutoEncoder 呢？这是因为它的实现方案与其名字一样，并不是一个固定的压缩特征算法，它是通过训练"怎样压缩的过程"学习得出的。模型的输入为原始特征表示，模型的输出也是原始特征表示。模型的作用是将高维特征输入逐层抽象到一个低维表示，再从这个低维表示还原成高维度的原始输入。如果还原后的高维输出与原始输入差别很小，那就说明中间被压缩的特征保留了原始输入的大部分信息（否则不可能很好地实现还原）。这种方法的巧妙之处在于，它把特征压缩的无监督问题转变成一个有监督问题（原始特征是标记样本）。

如图 6-21 所示，为了防止训练过程出现过拟合问题，压缩输入的网络与还原输出的网络是对称的，两端的参数也保持一致。这种刻意加入的限制是防止过拟合的常用手段。

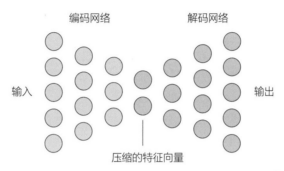

图 6-21　AutoEncoder 的训练目标是使其输入与输出尽量相同

AutoEncoder 的思想类似于 PCA，本质区别在于 AutoEncoder 通过多层网络来压缩特征，并且在每层网络中均加入了非线性变换。形象地说，PCA 把样本数据映射到一个低维度的超平面上，在这个超平面上尽量保留原始样本的信息，而 AutoEncoder 相当于把样本数据映射到一个低维度的超曲面上，在这个超曲面上尽量保留原始样本的信息。

AutoEncoder 模型先使用前一半网络完成降维计算，随之获得压缩向量。对图像降维后的效果如图 6-22 所示，图像变模糊了，但依然能隐约识别出图像的内容主体。压缩特征后，有利于近似图像的召回，就好像不同人对着同一个风景以相似角度拍摄，两个图像的细节可能有所不同，但模糊后的匹配度会变得更高。

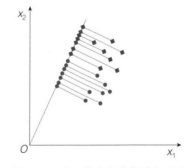

图 6-22　从二维空间映射到合理的一维空间可以使分类问题变得更加简单

AutoEncoder 的模型理念体现了一个哲理：越简单（压缩）即越本质。

除了通用的图像任务之外，一些专用问题比如 OCR 和人脸识别，它们也使用了以 CNN 为核心的技术。由于篇幅所限，对这些具体技术应用不再赘述，这些技术的主要思想是一样的，感兴趣的读者可以自己查阅更多的论文进行学习。

6.3 视觉产品的构建案例

详细介绍两种图像内涵表达效果较好的特征（SIFT 和 CNN）后，可以继续探讨如何解决开篇提到的两个基本问题：

1）如何在海量数据中寻找匹配的图像？

2）如何识别和理解图像中的实体信息？

其中，在有合适图像表示特征的情况下，可以比较简单地解决问题 1，但要解决问题 2 依然需要耗费精力。

6.3.1 如何在海量数据中寻找匹配的图像

为了在海量数据中寻找匹配的图像，需要将大量文档中的图像抽出建成图库，并在图库中标注每个图像所在的文档索引。当有一个新的图像出现时，通过找到图库中与此图像匹配的候选，再通过这些候选拉取对应的文档，可以得到与新图像相关的信息。

上述过程的实现过程中重要的一点是建库，库包括图库和对应的文档库两大类。图库以压缩后的 SIFT 特征为索引，支持以图像特征为索引来查找图库中的近似图像，文档库以图像的 ID 为索引，存储图像和文档的映射关系，以便基于图像 ID 查找包含该图像的文档。

完成建库后，在线检索的具体流程如下：

1）待查询的新图像→提取图像特征→图库检索，召回相同图（或近似图）候选。

2）相同图候选→文档库检索，召回对应的文档集合。

3）文档集合→排序策略处理后展现给用户，或者从中提取对图像注解的关键信息。

在这个过程中有两个关键点，决定了最终展现给用户的结果质量。

- 关键点 1：尽量召回更多的包含该图像的候选文档。
- 关键点 2：将召回的文档根据用户需求提取摘要，并按照内容的相关性和质量合理排序，呈现给用户查阅。

对于关键点 1，比较理想的做法是通过图像的 SIFT 特征来构建索引进行召回。考虑到整个 SIFT 特征太大，所以实际应用中需要压缩并且构建分级的索引结构。

对于关键点 2，需要考虑两点，一是必须基于图像内容和图像在文档中的位置信息来提取摘要，以免提取的摘要只是文档的主要内容，而与图像或图像内容无关；二是需要从多个维度考虑文档排序，比如文档的质量和多项文档之间的内容多样性（更多有价值的信息互补）。

6.3.2 如何识别和理解图像中的实体信息

除了从图库中查找匹配图像这一需求，还有一个需求会应用在很多场景：识别图像中的核心实体，理解图像内容后提供更多服务。例如，用户在商场中发现了一款新游戏产品，想知道它在各渠道的价格和使用评价；或用户在街边遇到了一簇不认识的花卉，想知道它是什么植物，能否盆栽等，或用户在电影院门口的海报中拍到一个帅气的男演员，想知道他是谁，参演过哪些影视剧等。这些场景中都可以通过识别图像实体，进一步提供用户需求的各种信息。

满足客户这类需求的关键是从图像中提取核心实体的语义描述，假设上面三个场景中，系统只要能从图像中识别商品是"微软 Xbox One 无线手柄"、花卉是"月季花"、人物是"休·杰克曼（Hugh Jackman）"，那么之后用户的信息需求就可以被基本满足。换句话说，系统可以基于从图像中识别的语义文本，在电商、百科以及新闻资讯等资源中检索和组织相关信息满足用户。

那么，如何从图像中提取正确的核心实体的文本描述呢？有两种解决方案，一种是纯技术方案（选择分类模型或检索模型），另一种是技术和产品有机结合的方案，下面逐一讨论两种方案的内容及其优缺点。

1. 纯技术方案：分类模型或检索模型

（1）分类模型

在计算机视觉领域，ImageNet 竞赛一直备受瞩目，这项竞赛的主要竞赛内容是将120 多万个图像分成 1000 类，再通过各个参赛团队的模型的准确率来进行成绩评判。众所周知，分类模型的作用是将一个输入图像转变成一个文本标签，因此我们很自然地想到用分类模型实现实体识别功能。

使用分类模型完成图到文的转换是一个 Top→down 的过程。假设样本空间如图 6-23 所示，先将样本空间根据类别数量划分成多个区域（区域数等于类别的数量），然后再依靠分类模型把每个样本归类到其中某一个区域中（某个类别）。由于所有样本均会被归类，所以使用分类模型计算文本语义，具有召回率较高的特点。

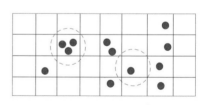

图 6-23　图像分类（识别）模型

此外，分类模型还具有良好的泛化性。比如本章开篇时提到的对猫的分类任务，只要训练样本中含有足够多不同场景、不同类型的猫的图像，分类模型就会自动寻找其中更本质的特征来表示猫，并能够基于这些特征将一些视觉效果上差异很大的猫，也归属到一类。由于用户新拍摄的柔性物体可能与图库中存在的同样物体呈现出不同的姿态和形状，因此这个优势使得分类模型对用户拍摄的柔性物体有更好的识别效果。

虽然分类模型有诸多优点，但也存在显著的缺点。分类模型必须依靠数据驱动，甚至是大数据驱动来支持。也就是说，模型中每个类别中均需有充足的样本（比如 1000个样本），而且复杂程度越高的类别，需要的样本量越多，若没有足够多的样本则无法训练出高准确率的模型。现实应用中识别物体往往是按照细粒度划分的（比如不仅要识别为植物，更要具体识别为牡丹花），这意味着分类模型的类别数量（世间万物）极其庞大，其数量甚至是万亿的数量级。设想一下，想要驱动这样的模型，那么所需的数据量将是海量级的，这几乎是一个不可能完成的任务。回想一下 ImageNet 竞赛，模型可以妥善解决将 120 多万个图像分成 1000 类的问题，说明了对于之前的模型技术水平，只要每个类别能够累积 1000 个图像数据就已经足够了。但想象一下，如果需求场景中的类别种类为 1 亿，那么所需的数据量是 1000×1 亿＝1000 亿，显然没有任何一家机构能够独自承担这种计算量。

所以，在工业实践中一定要注意科学家所说的宣言，不要掉入陷阱过分解读。比如多个计算机视觉领域的科学家均在不同场合表达过，计算机识别图像实体的问题（分类模型）已经基本解决，未来将继续解决"理解图像中语义关系"的问题。请大家一定要注意，这个结论存在一个重要的前提：在有充足训练数据的场景（如 ImageNet）下，图像实体识别问题已经被很好地解决。但是在真实的世界中，残酷的现实没有任何一家机构可以拿到 1000 亿的标注数据，来解决地球上万物的实体识别问题。著名的古希腊科学家阿基米德曾说过"给我一根足够长的杠杆，我能撬动地球"。阿基米德想表达的意思只是杠杆原理已经被人类研究清楚了，但这不代表撬动地球的事情真的被解决了，现实世界中不可能找到足够长的杠杆！

> 给我一根足够长的杠杆，我能撬动地球。——阿基米德
> 给我足够多的数据，我能识别万物。——CNN 分类模型
> 哪有足够长的杠杆，谁有能力找到这么多数据！——实践者

下面对 ImageNet 数据和分类任务效果进行详尽分析，证明这一点。

补充阅读：ImageNet 相关介绍

ImageNet 是一个计算机视觉系统识别项目，是目前世界上图像识别领域最大的数据库，它由美国斯坦福的计算机科学家，依靠模拟人类的识别系统而建立，作用是能够从图像中识别物体。

当前的数据量：120 多万样本，1000 个分类，平均每类 1200 多个图像。

目前最好成绩：Top-1 分类标签的准确率为 85%。

ImageNet 竞赛代表了图像分类领域中最先进的技术，但即使是竞赛的最好成绩，效果也并不像大家所想象的那样理想。目前对于 1000 个分类问题，每个分类下平均有 1200 多个图像的情况，Top-1 的准确率才达到 85%。这种准确率在实际产品应用中是难以接受的，主要表现在两个方面：

1）识别准确率太低。如果 Top-1 的准确率这么低，那么大多数用户会在首次使用中感到"识别不够准确"，进而丧失信心和再次使用的兴趣。

2）类别的粒度太粗，数量太少。实际应用场景中，用户对类别的要求往往是细粒度的，1000 类对用户来说是一个很粗的粒度。例如当用户拍一款"华为手机"的时候，期待模型提供的反馈是"这是什么品牌，什么型号的手机"，而绝不是简单反馈"这是手机"。很多场景中，颗粒度太粗的分类对用户来说是无用的（用户会腹诽：我不知道这是手机吗，还需要人工智能告诉我？）。更重要的是，只有系统识别到"品牌＋型号"的粒度，才能有效地检索和提供电话的价格、购买渠道、用户评价等信息。如此可见，仅仅是一款手机产品就会有成千上万的细分类别，延展到全部商品则能轻易达到万亿级。即使每个类别只需要几十个训练数据，所需要的总体数据量也是任何一家企业或机构都无法承担的。

以上两个问题叠加会进一步加剧使用分类模型得到细粒度标签的难度。假设获取标记样本的成本较低，那么将准确率提升到用户可接受的程度（如准确率为 95%），需要多大的数据量呢？

为了回答该问题，将 ImageNet 数据抽样成 10 万、20 万、40 万、80 万、120 万五个组。对每个组单独训练 CNN 模型（GoogLeNet），测试每个分组中模型对 Top-1 和 Top-5 的分类准确率（如图 6-24 所示）。Top-5 代表在概率最大的 5 个预测标签中含有正确的标签，命中 Top-5 的任务比命中 Top-1 要简单，所以其准确率也更高。注意，图 6-24 是 GoogLeNet 进行 24 万轮的迭代训练的模型效果（仅为了说明验证结论），因为没有达到 Google 论文中的 240 万轮迭代，所以准确率效果整体会表现得差一些。

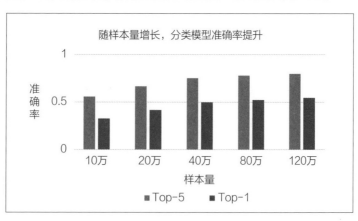

图 6-24 随样本量增长，分类模型的准确率提升，但提升效果越发有限

比较五组模型的准确率可见，随着训练样本数量的增加，模型的准确率会逐渐得到提升，但提升的幅度却是下降的（边际效益下降）。这意味着，如果想在准确率方面超过 ImageNet 的最佳效果（比如 Top-1 准确率提升到 90%），那么就需要远超 ImageNet

的标注数据才能够实现。

　　基于上述分析可知，想通过分类模型来大范围解决细粒度的实体识别问题是不现实的，不过在一些范围有限的细分领域（如植物花卉），如果可以同时满足类别有限，且针对性地收集数据这两个条件，那么分类模型无疑是非常合适的选择。

（2）检索模型

　　上文中已经讨论了分类模型的基本原理和应用背景，下面重点介绍检索模型。

　　检索模型的基本思路并不是直接建立一个从查询图像到实体文本的连接，其真正的核心环节是先寻找与查询图像视觉相似的图像，然后将这些图像所在文档上的文本描述处理作为实体文本。由于在这个过程中，从图像到实体文本的过程是一个检索过程，所以将它称为检索模型。检索模型中会利用解决问题 1（如何在海量数据中寻找到匹配的图像）的方案。检索模型可理解为一个自下而上（bottom-up）的过程，先在图库中查找与被查询图像近邻（相似）的图像，再利用与近邻图像相关的文本描述（从图像所在的网页或其他数据源挖掘所得）来匹配被查询文件（见图 6-25）。如果近邻图像的匹配度较高且实体文本准确，那么检索模型的准确率会很高。但如果查询到的近邻图像不具备很好的语义泛化性，那么就会出现召回率较低的情况。所以检索模型更适用于热门（常见）物体的实体识别，而不是随意拍摄的长尾物体。

图 6-25　基于图像关键特征的近邻匹配

　　SIFT 特征具有高维空间，在这里为了方便示意，仅以 2 个维度来展示。每个被查询的图像样本会影射到空间中的一个点。假设红点代表查询图像，如果图库中存在与查询图像相似的图像，即处于查询图像附近的蓝色圆圈内（近邻），就召回这张图像及其对应的实体文本。假设为了扩展近邻的范围而降低匹配相似度的阈值，那么会导致模型准确率迅速下降。因此检索模型只能匹配视觉上非常相似的图像，不具备较强的泛化性。

　　如图 6-26 所示，真实场景中拍摄得到的酒标往往是曲面的，如果这时图库中存在一个平铺的酒标，那么两者很可能无法匹配。因此现实世界中，用户拍摄的各种物品并不一定都能在图库中找到近邻图像，更不能保证通过近邻图像一定能挖掘一个正确的实体文本。所以我们再一次强调，检索模型比较适合于热门图像的检索，它得出的文本准确率也很高。

图 6-26　红酒的曲面酒标和
平面酒标可能无法匹配

补充阅读：技术选择的重要性

在企业的日常经营中，大家经常会提出一个问题：正确的战略决策与有效的执行哪一个更关键？对于这个问题，笔者的想法是正确的战略更加关键。同理，在实现产品的过程中，技术选择的重要性高于高效的开发。正确的技术路线往往会给产品效果带来质的飞跃。下面通过几个机器学习领域的经典选型案例，来谈一谈技术选择的重要性及其背后的逻辑。

案例1：NLP（自然语言处理）的语言模型，从语法模型到统计模型的转变

无论是在信息时代，帮人类从海量信息中找到所求的搜索引擎，还是在智能时代，可以理解人类命令的人机交互，它们都需要使用自然语言处理技术。自然语言处理技术最开始产生的思路是让机器模拟人类来学习语法、分析语句等，从而具备处理语言的能力。在1956年，诺姆·乔姆斯基（Noam Chomsky，有史以来最伟大的语言学家）提出"形式语言"以后，人们更坚定了利用语法规则进行语言处理的信念。然而几十年过去，在计算机处理语言领域，基于语法规则的自然语言处理技术几乎毫无突破。

让我们仔细想一下，自然语言处理（NLP）的基本功能是判断一句话是否通顺合理。NLP通过语法规则进行处理时，会先对语句进行切词，然后判断每个词的词性，以及各种词性的组合顺序是否符合语法规则等。如果换一个思路，将它视为一道统计概率的计算题，那么其解决方案就简单很多。如果一句话出现的概率很小，那么它大概率是不通顺的。反之，如果一句话出现的概率很大，那么它大概率是通顺的。

如何计算语句出现的概率呢？根据马尔可夫公式，一句话的出现概率可用如下方式计算：

$$P(S) = P(w_1)P(w_2|w_1)P(w_3|w_1w_2)\cdots P(w_n|w_1w_2\cdots w_{n-1})$$

其中，$P(w_1)$ 表示第一个词 w_1 出现的概率，$P(w_2|w_1)$ 表示在已知第一个词出现的前提下，第二个词出现的概率，以此类推。不难看出，词 w_n 出现的概率取决于它前面所有的词语是否出现。如此细致的计算导致"即使积累了大量的语料，也无法得到置信的概率"。但如果假设任意一个词 w_i 的出现概率只与它的前一个词 w_{i-1} 相关（马尔可夫假设），那么问题就简单多了。语句 S 出现的概率为 $P(S) = P(w_1)P(w_2|w_1)P(w_3|w_2)\cdots P(w_i|w_{i-1})\cdots$。这在多数情况下也是合理的，多数词语只和相邻的词语有关。

最后的问题是如何计算概率 $P(w_i|w_{i-1})$ 呢？基于计算机和互联网的海量文档资源，可以先计算连续两个词语（w_{i-1}, w_i）出现了多少次，之后统计词语 w_{i-1} 出现了多少次，将两者做一个除法即可解决：$P(w_i|w_{i-1}) = P(w_{i-1}, w_i)/P(w_{i-1})$。

也许很多人都不相信用这么简单的数学模型就能解决复杂的自然语言判断问题。其实不光是普通人，很多语言学家也都曾质疑过这种方法的有效性。但事实

证明，统计语言模型比任何已知的其他方法都有效。大量语料数据中蕴含的统计信息，经过合理的提取，比任何语言学家总结出的规则都要更加有效，这就是技术路线选择的重要性。

案例 2：2012 年 ImageNet 竞赛中，针对图像处理的解决方案的深度模型的效果超越了传统模型（人工特征 + 浅层模型）的效果

在 2012 年之前，图像处理任务中一般采用人工构造特征加浅层模型（如 SVM）的解决方案。但是建立人工构造特征往往需要数十年的钻研和积累，如囊括了人类能设想到的视觉不变性因素的 SIFT 特征，在 2004 年才形成了相对完善的解决方案，此后多年也只是针对一些具体问题实现了细节上的小幅优化。

到了 2012 年，虽然深度学习模型已经在语音领域取得了巨大成功，但对其能否识别图像仍存在很多质疑的声音。毕竟在 2012 年之前，深度学习能完成的任务还停留在识别手写数字这样的简单任务上，面对计算机视觉领域最著名的 ImageNet 竞赛中一系列复杂的图像任务，它是否能顺利完成呢？对于分类任务，前两届（2010 年和 2011 年）冠军采用的都是传统人工设计特征加数据训练浅层的分类器。其中第一届冠军的准确率（Top-5）是 71.8%，第二届的准确率是 74.3%。由于人工智能界的牛人 Hinton 经常被其他研究人员"嘲讽"深度学习在计算机视觉领域无用，因此在 2012 年 Hinton 和他的学生 Alex 等人参赛，把准确率提高到 84.7%，震惊了整个计算机视觉领域，乃至泛机器学习的技术圈。从而引起大量研究人员投身深度学习在视觉领域的应用，并不断取得令人瞩目的成绩，例如分类任务的（Top-5）准确率在 2013 年是 89%，在 2014 年是 93.4%，目前针对 ImageNet 数据集的准确度已经达到了 97%。

CNN 在计算机视觉领域的发家史，也是技术选择的经典案例之一。在引入深度学习之前，传统技术路线只能通过每年细致地优化特征来提升一点点效果，形成对比的是，选择深度学习之后，马上带来了跨时代的效果提升，这就是技术选择的威力。

分享完上述两个案例，再回到识别物体方案的技术选择。在通用场景下识别细粒度的实体，只能选择检索模型，虽然它的覆盖率不够理想。但如果是在类别有限的细分场景下，就可以选择分类模型，以达到更好的覆盖率和泛化性。所以笔者想在这里再次强调下，一定要在项目启动前对不同技术路线所适用的场景做出准确的分析，只有做出最合适的选择，项目开展后才能达到事半功倍的效果。反之则会给团队发展带来不利的影响。所以，有时技术发展遇到瓶颈，并不是研究得不够努力，而是因为没有真正走到一条正确的思路上。

基于上述分析，我们已经了解到使用分类模型大规模地实现细粒度的实体识别并不可行，检索模型虽然召回能力稍弱，但至少是一种更现实的方案。所以，下面探讨基于

检索模型如何实现实体识别的方案。这个方案通过两个步骤实现。

步骤1：多路径召回候选集

想知道哪些路径可以召回实体标签的候选集，首先需要思考互联网中哪些数据蕴含图文的映射关系。

1）人工编辑的文档：编辑在制作各种文档时，都有其一贯延续的逻辑脉络。这种逻辑脉络一是体现在文档标题与文档中的配图的相关性；二是配图下方的说明文本往往是对图像内容的注解。编辑会在不经意间，将他对图文关系的认知表达在文档中。

2）用户使用产品的行为：用户使用产品的行为会产生图文关联的数据。例如用户以文本查询词搜索图像后，单击的图像内容往往与该文本相关。比如用户搜索"休·杰克曼"，然后会单击一个与"休·杰克曼"相关的图像。

以上这两种数据来源均可作为实体标签的召回路径，但通常以数据质量最好的来源为主。这里需要注意一些优化的细节，比如文本描述的切词粒度可以通过知识库来进行更合理的控制，又比如当文档是电商的商品展示页时，标题和商品图像几乎100%正确对应，可以在不做任何处理的条件下直接信任。

另外，除了召回路径外，还可以添加一些否定路径，以剔除一些不适合作为实体标签的候选。例如用户拍摄一个物理作业题图像以求解答案的场景无法识别实体标签，应该通过OCR识别题目文本，这才是图像内容的有效信息。所以，基于图像的类别（比如作业题、智益题）可以作为特征筛掉一些不符合实体识别场景的训练数据。

步骤2：设计排序模型，排序候选集

已经介绍了如何召回候选集合，下面我们分析如何设计排序模型。对于这个问题，其关键点在于特征设计，特征可分为两类：

1）第一类：图文相关性的特征，表示一段文本与图像的语义相关程度。图文相关性特征可以是基于各种关联性数据计算得到的统计特征，也可以是基于关联数据训练得到的泛化特征。

2）第二类：文本特征，表示一段文本是否适合作为实体标签，是否适合作为关键词来调取其他各种资源（如商品库、资料库等），同时表示文本信息本身的复杂度等。这些文本特征不仅期望能够给用户提供标签来参考，还会根据标签文本拉取更丰富的信息和服务来满足需求。

需要强调，图文相关性的特征与传统相关性的特征是完全不同的，主要体现在传统文本相关性尝试匹配的两端（文本1和文本2）均是文本，所以可以根据两者匹配的词语的比例设计一系列相关性特征，但对于识别图像中的实体而言，图像和文本属于不同的空间，一个是像素，一个是符号。对于这种情况，通过各种召回的数据源来构建统计特征，或者基于大量样本进行泛化学习特征是更可行的选择。

在各种召回数据源中，假设一个图文关系数据反复出现，那么可将其视为一种投票信号。这种信号越强，我们越有理由相信它是真实的。比如当只有一个用户在搜索某个文本 A 后单击了图像 B，那么它们之间是否真的相关尚不确定。但如果成千上万的用户均做出同样的选择，就说明两者之间存在真实联系的可能性极大。所以，可以主要以召回源的数量来设计特征，例如图文对被不同来源召回的个数。

同时，也设计一些基于标签文本的特征，用于衡量该文本是否适合作为检索词进一步拉取有价值的内容，能够独立成为检索词或者文本长度较长时，该文本有更高的概率能够完整表达语义。通常，只有完整语义表达的、可以用于更丰富资源检索的标签，才是有价值的实体标签。

完成特征设计后，通过人工标注的样本训练排序模型是相对简单的。可以在使用排序模型进行排序前，使用一些业务规则过滤部分候选，比如上文提到的多种不适合向用户提供实体标签的场景。

提取细粒度的实体标签后，真正可以满足用户基本需求的系统就接近大功告成了。比如当用户浏览一张植物的图像，系统可以准确识别该植物的标签，反馈百科中的相关介绍以及养殖方法等。

2. 技术和产品有机结合的方案

构建解决实体识别的检索模型时，我们基于 SIFT 特征检索图库，但它存在召回能力不足的问题。当需要识别刚性物体或者热门物体的图像时，实体识别系统的效果尚可。但需要识别柔性物体或冷门物体的图像时，召回能力有限的 SIFT 特征就难以满足需求了。

使用 CNN 特征进行更宽泛的召回就是一种必然的选择，尽管以这种方式召回的候选图像往往与需要识别的图像存在一些视觉差异。但是，在我们期望识别结果足够精确的场景下，为了召回率而牺牲准确率往往得不偿失。

那怎么解决呢？当无法使用纯技术手段解决的时候，可以从技术和产品结合的角度解决问题。解决这个问题的灵感来自某天笔者看到了一则有趣的新闻"世界上最厉害的稳定系统：鸡头"。当前摄像硬件在处理抖动上技术还不够成熟，突出问题在于设备剧烈抖动时拍摄效果非常糟糕。之前很多科研工作者都在全力研究基于反馈的稳定系统，以应对摄像机所处的抖动环境，最终获得更稳定的图像内容。但令人大跌眼镜的是，世界上最稳定的系统并不是实验室研发出的黑科技，而是"鸡头"。由于鸡脑不够发达，处理不好动态的图像，所以鸡在观察物体时会试图保持头部的静止以便获得静态的图像，从而看清物体。

了解到"鸡头"的特性后，有好事者在鸡头上安装了摄像头，并带着鸡挑战各种极限运动，如开游艇、高空跳伞、摩托车竞技、自行车越野。无论鸡身所在的物体如何晃动，鸡头均保持平稳，使得鸡头上的摄像机拍下稳定清晰的视频。

从这则有趣的新闻可以认识到：即使在人类科技突飞猛进的今天，自然界的许多生物依然具备很多科技不可比拟的优势。在图像处理上亦是如此，虽然机器难以将用户拍摄的照片和库中的网络图像有效关联，但人类往往可以轻易地做到这点。一方面是因为人类会从多个角度观察物体，以便获取更多信息；另一方面是因为人类的视觉处理能力在很多领域都是优于机器的。看到这很多读者可能会对科技界的新闻出现一些困惑，例如很多科技企业宣传自己研发出了超越人类能力的技术。但实际上，这种超人的技术能力通常仅限于一些特定的任务，如 AlphaGo 打败了人类的围棋选手，虽然这意味着机器更会下棋，但它并不能说明机器可以在其他领域代替人类做其他类型的工作。同样，研究机构宣称在人脸识别等任务上，机器的能力远超过人类，也不意味着机器在其他视觉任务上表现得比人类更优秀。

考虑到人类和机器各有所长的局面，可以将设计思路转化为能否把机器和人类各自擅长的能力结合起来，做出一个更强大的模型。机器处理速度快，但不够准确，可以用于召回尽量多的相似图像作为候选；人类处理速度慢，但更准确，可以用于在候选图像中筛选出与需识别的图像最相似的图像，然后基于这个图像再次识别实体。人机结合的方式等于让用户帮我们完成当前技术无法克服的一步，再与现有技术结合使取得令人满意的使用效果。

当待识别图像是较罕见的物体或者柔性物体时，首先使用 CNN 特征从图库中召回大量的相似候选图像。CNN 特征的优点在于无论待识别的图像是否为"高难度"识别任务，它总能找出很多相似图像。但这些图像与待识别图像可能存在一定的视觉差距。这时，人类可以在这些展示的相似图像中选择一个与待识别图像最近似的图像，这个最近似的图像的实体标签即为待识别图像的标签，即刺角瓜（见图 6-27）。图库中的图像，均需要提前提取标签，比如刺角瓜的图像和标签就是从百度知道的文档中提取的。

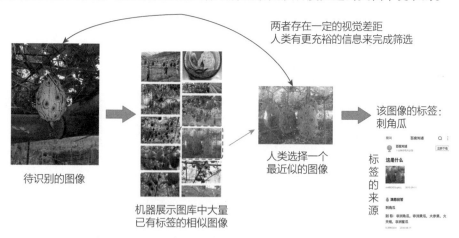

图 6-27　应用人机结合来实现对难识别物体的实体识别

我们已经知道 CNN 特征的语义召回能力很强，但准确率一般，通过使用上述模式可以降低对准确率的要求。与"直接召回准确的结果"相比，这种方案是更现实的。与此同时，多增加一次交互行为对于多数用户来说，并没有给其很大的负担或很糟的产品体验。

实现上述策略思路的关键点有两个：

- **关键点 1：**提升候选图像的召回率可以覆盖正确的待识别图像的比例，例如提供 10 个候选图像时，100% 存在与待识别图像相同的物体。
- **关键点 2：**图库中的候选图像均有正确实体标签，保证用户单击某个相似图像后可以得到正确的实体标签。

意识到这两个关键点后，实现方案就变得非常简单了。对于关键点 1，以 CNN 分类模型最后端的卷积层输出为特征，对图像建立倒排索引。然后通过索引召回候选图像，再根据视觉相似度以及与标签的语义相似度进行排序。对于关键点 2，可以在建立图库时进行筛选，只有能够根据各种数据来源准确地检索、挖掘到实体标签的图像才能入库。

依托这种策略搭建技术方案，可以大幅提升随意拍摄各种物体图像的识别效果。这说明了在计算机视觉技术尚不够不完备的情况下，我们通过转换思路找到了一条解决需求的可行之路。

6.3.3 其他计算机视觉领域常见任务

1. 主体识别模型

除了匹配图像和识别实体标签之外，还有一些常见的需求场景：检测物体的位置或者勾勒物体和背景的边界，这两个过程也可称为 detection 和 segmentation。很多手持设备或手机上的软件均包含物体检测的交互功能：当用户将摄像头对准某个物体时，在屏幕上动态显示一个框住该物体的框。这样做有两个明显的好处：

1）培养用户习惯，激励用户通过将感兴趣的物体填满整个拍摄图像来表达识别需求。

2）大多数情况下，算法处理截取图像中的物体主体部分，其效果通常要优于处理全图。这是因为物体的背景中往往含有一些噪声内容，这会形成干扰。例如识别放在床上的小商品，如果床单的花纹比较显著，商品又在整个照片中占比较小，那么模型高概率会识别出床单，而不是识别人们关心的商品。

那么如何搭建一个主体识别模型呢？

要回答这个问题，首先要明确主体识别解决的是，输入一张图像后输出图中物体主体框的任务，由于主体框可以依据对角线两个坐标点的四个数值来表示，所以主体识别模型的本质是一个回归模型。

之前我们曾经探讨过 CNN 模型的特点：对于同一个输入分布，无论完成哪一种图像任务，网络前段的大部分结构和参数都是类似的，其承担的职能就是基础图像的特征提取，模型的差别主要体现在如何使用高层特征完成具体任务的环节上，即网络后段的输出层。分析到这里，我们会出现这样一个想法：能否先用充裕的分类样本训练出一个分类模型，然后再将这个模型中的特征提取部分的网络结构和参数（特征提取的部分）

迁移出来，最后使用少量的检测样本对特征提取部分的网络参数进行微调，从而训练出一个全新的输出层。这样我们就可以解决不同任务的样本数量差异巨大的问题。典型如 ImageNet 的数据，分类标注的样本量较大，而检测的标注样本量少。

训练和应用的流程如下：

1）利用分类样本训练分类模型。

2）将分类模型的特征提取部分取出，接入到处理回归任务的全连接层。

3）利用检测样本来训练全连接层（相当于由图像特征提取到输出问题的转换），并对前面的特征提取网络进行参数调优（fine-tune）。

4）应用检测模型：输入一个图像，输出框选的对角线坐标点，根据坐标点绘制矩形框。

由此可见，在图像处理领域，迁移学习的应用十分广泛。实现迁移学习的前提是两个场景存在比较高的相似度。比如无论是检测模型还是分类模型，它们提取和使用的基础纹理特征是类似的，所以两者可以在一定程度上共享网络结构。这种共享两个优点：

- 优点 1：迁移学习使任务本身需要的数据量变少，因为特征提取部分的网络可以从多个任务的样本数据中得到训练。
- 优点 2：计算性能变快，特征提取和计算只需要进行一遍，即可同时输出多个任务结果，比如图像的框选位置和类别。

上述分类模型和检测模型均可以在手机端上实现，以便提供更快速的交互体验。设想如果每个交互功能都要通过网络传输到服务器上进行判断，就会导致产品功能的响应时间很长，使用时用户会感觉到明显的"卡顿"。不过由于手机端的计算性能确实比服务器弱不少，因此承担不了很复杂的任务，一般情况下端上的分类模型只能支持几十或几百类的粗分类。

2. 图文相关性模型

在介绍深度学习副产物表示学习的章节，我们介绍过挖掘文本语义的方法：DSSM（Deep Structured Semantic Model，深度结构化语义模型）。但 DSSM 只涉及文本语义的挖掘，而基于它的设计思路的拓展模型 DMSM（Deep Multimodal Similarity Model，深度多模态相似模型），则可以用于计算图像和文本的相关性，以及得到一种更通用的语义表示（可见论文 *Joint Learning of Distributed Representations for Images and Texts*）。下面笔者简述其思想。

（1）计算图文相关性的特殊性

计算两段文本的相关性时，存在一个朴素的思想：将两段文本均拆成词汇，如果两者的重合比例高，即说明它们有较大的相似度。但因为图像和文本不在同一个表示空间上，无法直接计算一个图像和一段文本之间的重合度。所以，计算图文相关性的首要工作是将两者表示到同一个可比较的空间上。

将图像和文本表示到同一空间上，很容易让人想起之前的实体识别模型，将从图像中识别出的实体标签与一段文本进行相关度计算，以此来代表图文之间的相关性。这种方法虽然有效，但存在覆盖率不高的问题。识别出来的标签来自各种信息源中的投票结果，缺少泛化能力，只有部分热门网络图像存在准确的实体标签。因此，我们需要构建泛化性更强的模型来捕捉图文之间的关联。

上文已经分析过了，构建实体粒度的分类模型是比较困难的，不过由于图文相关性模型的目标不是得出图像中的实体标签，而是计算图像和一段文本的相关程度，这就降低了实现技术的难度和对数据量的需求。

（2）DMSM 计算图文相关性的方案

- 构造样本：定义相关的图像和文本为正样本，将正确的图文对打散后随机构成的图文对定义为负样本（通常是不相关的）。
- 优化目标：分类问题的 Hinge Loss。
- 模型结构：
  - 图像侧：使用 50 层的 ResNet 或其他 CNN 网络结构。
  - 文本侧：使用 Word2Vector 模型和语料训练初始化的向量表示，之后接入 LSTM（RNN）网络结构（它善于处理文本数据）。
  - 一个图像与两个不同的文本候选构成两个图文对，对每个图文对的输出计算余弦相似度。如果文本 A 的相关性优于文本 B，期望 A 所在通路的余弦相似度尽量比 B 大。

图像和文本两者的原始表示空间不同

图 6-28　图像和文本在原始表示空间上是不同的

如图 6-28 所示，图像和文本两端通过各自的深度网络，将各自不同的表示空间转换到一个统一的、可进行比较的表示空间里。同时为了计算两个向量的余弦相似度，图像侧和文本侧的输出维度需要一致。

合理的初始化可以减少模型对样本数据量的依赖，更快速地收敛到最优结果。文本侧的初始化向量可以使用当前语料训练 Word2Vector 的结果，也可以使用从其他场景迁移学习的结果。如果图文关联的样本量足够大，文本侧的初始化向量并不是很重要，因为向量值基本会被微调（fine-tune）过程重写。图像侧的初始化可使用图像分类模型的高层向量输出，使得相近的图像有着类似的初始化特征。

6.4 计算机视觉应用的产业分析

自 2012 年在 ImageNet 竞赛中采用深度学习方案兴起之后，计算机视觉技术效果便取得了长足的进步，促进其在各行各业的应用不断增多。根据 IDC（International Data Corporation，国际数据中心）的统计和预测，计算机视觉技术应用的占比和落地速度均超过其他方面的技术，如图 6-29 所示。

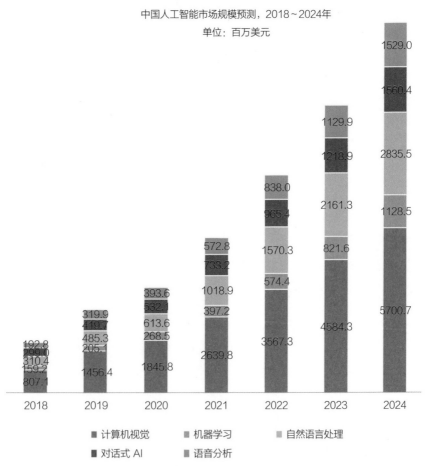

图 6-29 在所有 AI 应用市场中，计算机视觉应用的市场增长最快、体量最大

跟其他取得成功的技术应用一样，构建和优化视觉应用业务不能采取闭门造车的态度，应该保持一个开放的心态，以便可以将外部视角变为本技术发展的启发和输入。下面笔者会从互联网和传统行业，分别揭示视觉技术的应用场景和一些典型企业，并总结视觉技术应用的发展趋势。

6.4.1　计算机视觉在互联网行业的应用

计算机视觉在互联网行业的应用，可分为 C 端市场应用和 B 端市场应用。应用场景集中在 C 端市场，但部分技术能力较强的企业会以 To B 的形式为互联网和消费电子的企业提供技术服务。

1. 面向 C 端的应用场景和企业

基于 QuestMobile 数据，可将所有与视觉技术相关的 C 端产品按照市场规模（用户数）和使用时长两个维度来分析其发展现状，结果如图 6-30 所示。

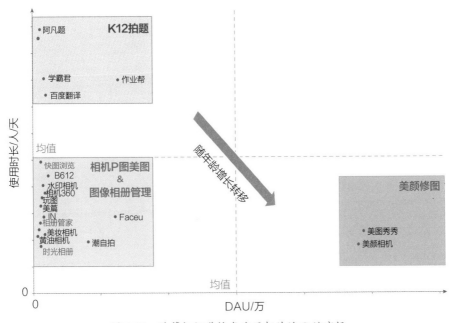

图 6-30　计算机视觉技术应用相关的 C 端市场

（本图数据来自 2017 年 6 月 1 日 QM Top500 应用中与图像相关的 App）

从图 6-30 可见，C 端市场只有两个领域是比较坚挺的：美颜修图工具和 K12 拍题工具，其余领域的市场空间尚不明朗。不过美颜修图和拍题工具这两个主流市场差距很大，美颜修图的特点是用户多但使用时长短，而拍题工具的特点是用户少但使用时长长。除上述应用外，如果从更广泛的应用视角来看，市场中还存在很多使用视觉技术但不以其为主打功能的应用。

归纳来看，目前计算机视觉应用的 C 端市场可分成 3 个典型赛道：

赛道 1：已被市场验证存在较大业务发展空间的赛道，以美颜修图和 K12 拍题为代表。

赛道 2：用户规模尚小，大量仍处在探索中的需求场景。

赛道3：主流应用中渗透的视觉技术工具，如淘宝中的拍照搜索商品，抖音中的拍摄特效。

下面就3个赛道展开更详细探讨。

赛道1中的应用以美图秀秀为典型案例。美图秀秀曾经以产品矩阵（见图6-31）的打法占据了大部分市场。具体来说就是公司以美图秀秀为主战场，通过深挖各类细分人群在不同细分场景的需求，推出一系列产品矩阵。虽然许多产品的功能有较大的重合度，但它一度期望依靠这种模式将该赛道全部垄断。但目前来看，这个发展策略并不十分有效。时至今日，美图秀秀不仅没有达成垄断，市场份额还在不断下降。其困境主要表现在两个方面。

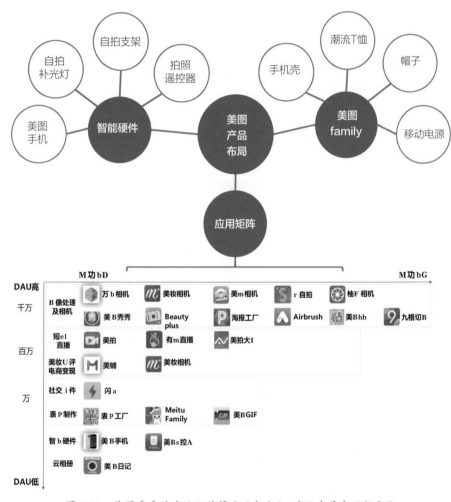

图6-31 美图秀秀的产品矩阵策略（部分），产品布局在不断变化

其一，美颜修图作为一款工具产品，其本身功能过于单薄，易受到用户使用路径中上下游其他应用的挤压。从上游看，当前各大手机厂商均在主打相机能力，通过软硬结合处理的算法极大地增强了相机的拍摄效果。这会不可避免地削弱用户对独立美颜工具的需求，如同浏览器等工具型产品逐渐被厂商抢占的案例一样。从下游看，多数用户使用美颜和修图工具的目的是社交分享，所以抖音、微信、小红书等社区平台亦在加强自带拍摄工具的美颜能力，并将其与社交玩法做更多的融合，而这也极大挤压了独立美颜工具的市场。即使美颜工具顶住上下游的压力，维持了生存，也同样面临着管道化"使用时长超短，变现困难"的问题。

其二，美颜工具其实是一个十分特殊的赛道，人们对美颜效果的期待如同对待服装款式一样多变，每隔一段时间美颜效果的款式就需要更新一批。所以，即便美图秀秀的产品矩阵曾经占据了市场的绝对垄断地位，但随着用户期望的不断变化，及新潮流的不断涌现，都会给新参与者带来更多的机会。例如 B612 咔叽在 2018 年达到了千万级的 DAU 规模，但 2018 年下半年刚刚兴起的轻颜相机却仍然获得很快的发展速度，这一点就是很好的明证。

当下美图秀秀的决策层自己也看清了这个赛道的问题，所以着手从上下游两方面来努力提高产品的厚度，摆脱工具型产品的定位和命运。在渠道上，美图秀秀针对用户喜欢软萌外观的特点，推出定制化美颜功能的手机。在社区上，美图秀秀尝试构建自己的社区平台，让用户在美图秀秀上满足分享与表现自己的欲望，而替代其他社交平台上的分享。企业的努力方向无疑是正确的，也取得了一定的效果，但发展效果却仍不够理想。造成这种局面的原因主要是上下游的竞争对手过于强大。无论是上游的华为、Vivo/Oppo、小米等手机厂商，抑或是下游的微信、抖音和微博等社区平台其用户体系和平台实力都十分强大，因此注定了美颜工具向手机硬件或社区产品进军本身就是一条艰辛的路。

赛道 2 包含了大量细分领域的小玩家，例如有道翻译、酒咔嚓、你今天真好看、形色和锦艺搜布等 App。从目前的发展情况看，这些细分领域的玩家的发展也并不太好，问题有二：

- 第一，市场空间有限：比如拍摄红酒和拍摄花卉的人群，只有那些少量的、经常四处品酒的人和少量花卉植物爱好者会使用这类应用，所以这类需求很难发展成普通大众的日常需求。同样地，翻译应用只是出国旅行用户的短期需求，这类应用存在比较明显的市场天花板。
- 第二，技术不够成熟：比如"你今天真好看"的产品主打功能是检测用户的肤质，但受到计算机视觉技术自身的短板制约，检测结果受拍照环境（如光线）的影响极大，算法的效果也不理想，导致产品的用户体验十分糟糕，影响了客户的复用率和产品口碑。

笔者认为在实际工作中只要对这些赛道保持关注即可，以便及时察觉有潜力的应用场景。

由于依靠视觉技术构建的非主要功能产品越来越多,因此慢慢形成了赛道 3。这里的视觉应用场景不是独立存在的,而是依附于产品的主功能存在的。例如抖音为了推出更多的视觉特效以丰富短视频的玩法,收购了 FaceU 并将它的技术整合到抖音的视频拍摄工具中。又例如,爱奇艺发现影视剧中存在大量的商品道具,如果能实时识别并提示给观影的用户,就可能会激发用户的购买兴趣,而要实现这个功能就需要在视频流中渗透识别商品的视觉技术。所以如果想做视觉产品,可以转换一下思路,借助 To B 的形式来谋划 To C 的产品。如果所在企业已经拥有大量的 C 端产品,优先在这些产品上寻找应用空间是可行的;如果所在企业只做技术服务,可以谋求与手机厂商、抖音和小红书等需要视觉能力的 C 端产品进行合作,实现双赢。

2. 面向 B 端的应用场景和企业

目前 B 端市场一般有两种主流生意:一是做产品,二是做服务。做产品的典型有微软的 Office 套件、IBM 的统计分析软件 SPSS、用友的 ERP 系统等,它们以相对标准化的方式满足多数客户的需求。做服务的典型有咨询公司,为企业提供定制化的管理咨询或技术咨询项目。虽然做服务的企业也会建设一些中台或通用模块,但一般情况下每个具体项目真正落地时还需要投入人力,根据企业要求进行定制化开发。因此通常情况下,做产品的利润率比做服务高得多,前者扩张市场的边际成本极低,而后者本质上是人力生意,边际成本很高。

不过现在大多数大型的 To B 企业兼做两种业务,一方面研发标准化的产品满足多数低价值客户的普遍需求,以销售创收;另一方面为高价值客户提供定制化的服务,赚取单笔的高额溢价。两种业务间存在关联,为高价值客户定制的服务许多可以作为下一代标准化产品中的功能。定制化的服务也不是全新研发,而是在构建标准产品所积累的中台能力上增量研发,降低成本。

在计算机视觉领域,提供 To B 产品的企业有两种接口模式。

第一种是提供云端服务的 API,按调用量或包时收费。该模式的好处在于产品和服务是独立的,服务部署具有弹性、灵活、高效等优势。这种模式用于人脸认证、商品识别等领域。

第二种是嵌入 App 端的 SDK,结合授权设备量及授权周期定价,To B 企业向客户提供核心算法模块,在用户端或客户的服务器端完成视觉计算。在这种模式下,双方的产品会整合在一起。手机端上运行的应用多采用这种模式,各种短视频的 App 多采用此种模式接入更多的视觉工具。将视觉处理能力预装到手机端,运行时纯本地化的处理会有更快的交互体验。

To B 服务的采购客户多分布在安防和银行等传统行业。其收费模式一般结合具体项目收费,此外每年还收取维护和升级的费用。服务提供方给客户的方案通常是将软硬件集成在一起且能完整实现业务流程的行业方案,涉及软件系统、嵌入式解决方案、前端硬件设备、专有服务器部署等。

目前这个领域的独角兽企业（如旷世科技和商汤科技）同时做 To B 产品和 To B 服务。除此以外，这个领域的创业企业一般可分为两种，一种是创始人有视觉技术方面的专长，但没有行业背景，这种企业多数选择做 To B 产品，通过销售 API&SDK 的技术模块实现盈利。另外一种是创始人有行业背景和资源，这种企业多数选择做服务，即深耕行业解决方案。

鉴于互联网业务的特点，服务于互联网行业的企业主要集中在提供美妆或识图工具、视频流工具和相机解决方案的提供商。

（1）美妆或识图的工具

玩美移动、涂图、图普等企业是这个领域的典型代表。以玩美移动为例，它将人脸特效技术与 150 多家彩妆品牌（如雅诗兰黛、屈臣氏等）的资源结合，切入化妆品销售中的试妆环节。用户可以上传自拍像，查阅各品牌化妆品的试妆效果。

这项技术受到化妆品企业和美颜应用的欢迎。火爆的美颜相机反映了用户对变美的刚性需求。如果将用户追求的美颜效果、化妆品的试妆和销售这两个场景结合，产品可以达到用户体验和营销收入的双赢。

玩美移动目前按照调用 API 次数向外部应用收费。其价值创造的逻辑是新技术带动化妆品销量的增长，由化妆品厂商向美颜应用支付广告费，进而应用再向技术提供方支付技术服务费。对于技术提供商，它的壁垒不仅在于技术本身，更重要的是通过整合化妆品品牌和互联网应用，形成了双边效应，即一方面，整合的品牌越多，变现效率越高、规模越大，互联网应用更愿意使用它的服务；另一方面，接入的互联网应用越多，该技术触达的用户数越多，化妆品品牌更愿意向它提供产品信息，以扩大自己的用户群。

（2）视频流工具

为了增加影视收入，现在大量的影视作品中都存在商品的植入广告，视频平台和电商平台都希望在视频中能够实时向用户提示对应的商品，以激发其购买欲望。识别商品是物体识别应用的一种高价值方向，在这个领域做出尝试的典型企业是 Yi＋（陌上花科技）。从公布的信息看，截至 2018 年 7 月，它拥有的客户数量已超 5000 家。该领域为程序化广告平台开辟了一个新的战场，传统的程序化广告平台更多是在 App 或网站的各种广告位动态插入个性化广告，新战场是在播放的视频内容中插入匹配商品的广告。

以"在视频中识别商品的技术"为核心的广告平台，需要链接"具有视频流量的媒体"和"期望投放广告的电商"双方。视频媒体既包括优酷土豆、爱奇艺、腾讯视频等互联网平台，也包括小米、海信、创维、长虹、TCL 和康佳等电视制造商。电商平台主要以市场份额较大的淘宝、天猫、京东和拼多多等企业为主。以 Yi＋为例，它独家拥有阿里提供的淘宝、天猫 10 亿级的 SKU，将点击了商品广告的用户导流到淘宝 / 天猫上成单。这种模式可为视频平台方增加几十倍的营销资源位，解决视频平台想赚钱又怕影响用户体验的痛点。根据 Yi＋披露的数据，这种品效合一的广告形式，比传统程序化广告的转化率提高了 20 多倍，产品销量提升了 40% 以上。与此同时，由于通过使用 AI 替代人工，完成对视频中广告位的挖掘，极大地提高了挖掘效率，同时还降低了挖掘成本。

该技术的商业模式非常有前景，是当前各项视觉技术应用中少见能形成完整商业逻辑的场景。不过如果在这个领域创业，也需要注意两点风险。

第一，由于视频中出现的商品种类繁多，当前的技术水平还无法精确识别每个细粒度的商品。在算法的识别准确率不够高时，无法做到实时的广告关联。只能在线下通过使用算法做广告候选的筛选，并由广告主或运营人员人工校验候选结果，这会对效率产生一定的影响。

第二，作为链接媒体和电商的中介型平台，如果没有媒体和电商平台（广告主）资源，很可能在业务发展中受到两端的挤压。视频平台（如爱奇艺）或者电商平台（如淘宝）会凭借自身的资源优势进军这个领域。防御这些强大对手的方式只能是先发优势，在短期内发展足够多的媒体和电商加入平台，再将规模优势转化为变现效率，以形成对新入竞争对手的制高点。但考虑到当前的互联网业态，视频平台和电商平台均呈现出寡头趋势，所以实现先发的规模壁垒会相当困难。

（3）相机解决方案的提供商

此类企业围绕相机拍摄能力提供相对底层的技术优化服务，例如为手机厂商提供人脸解锁、暗光高清拍摄、防抖动拍照技术、全景拼接技术、自拍美颜、HDR 和单双相机等全方位增强相机拍摄能力的技术。相机解方案的提供商的典型代表有涂图科技和虹软科技。

受到手机市场竞争白热化的影响，手机厂商普遍将"相机的拍摄效果"和"智能相机"作为营销卖点。现阶段从事这个领域的企业短期内不愁订单，只要掌握住效果显著的核心技术，厂商自然会"乖乖上门"。但需要看到，由于越来越多的厂商将此领域技术视为手机产品的核心能力，所以开始纷纷自建研发团队，并不断加大投入。手机厂商的行为很可能会影响这些 To B 企业的长期发展。

综合来看，To B 生意如何定位是一个关键的问题。一方面这些服务必须是企业真正需要的，才能带动销售；另一方面，提供的服务又不能过于贴近采购企业的业务核心，否则企业客户在短期内会进行采买服务，但长期看大概率会自建研发团队替代外部服务，不利于双方长期合作。

除以上三类企业之外，还存在体量较大的独角兽企业，如旷世科技和商汤科技。它们的技术储备和业务范围更加广泛，很难依靠某个细分赛道对其进行归类。为了建立自己业务生态系统，阿里集团对这两家企业均进行了投资。从公布的信息看，旷世科技会协同阿里布局新零售领域，而商汤科技则会在阿里智慧城市和阿里云这两个方面进行支持。这体现了阿里集团的一贯思路，由它来创造和掌控应用场景和商业生态，再将其中各个模块任务分配给合作伙伴。

计算机视觉技术在互联网场景的应用已经较为成熟，掌握用户流量入口的一些大、中型 App 纷纷开始由外采视觉技术逐渐转为自研视觉技术，而创业公司和小型企业采购技术能够提供的资金是相对有限的。只聚焦于为互联网企业提供视觉技术产品和服务无法满足多数 B 端企业的生存和发展需要，近些年这些企业不断开始拓展传统行业的应用落地，部分企业取得了很不错的成绩，一跃成为年收入数百亿的企业。下面我们就来看看，计算机视觉在传统行业的应用情况。

6.4.2 计算机视觉在传统行业的应用

计算机视觉在安防领域的应用较为成熟，同时有大量来自政府和交通企业的大单。此外，金融、制造、零售和医疗这几个行业的落地应用也发展迅速。图 6-32 为基于计算机视觉技术的安防系统示意图。

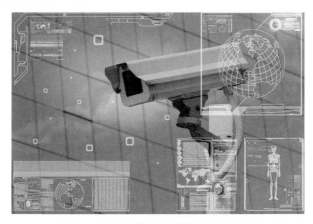

图 6-32　基于计算机视觉技术的安防系统

以制造业为例，制造业的质检环节在近几年快速被人工智能＋自动化机械设备所覆盖。国外的龙头企业（如康耐视、基恩士）和国内的众多企业（如大恒、精测等）均提供了完整的解决方案。其中，国外企业往往提供"软硬一体的成熟解决方案"，但收费较高；国内企业则较为灵活，可以根据企业的设备现状提供"组装方案"，或只提供某个环节的服务。国外的企业利润率较高，但在近期，国内企业的增长趋势更快，逐渐成为市场主流。这个场景的解决方案可分为以下 4 个步骤。AI 工业质检的产业应用如图 6-33 所示。

- 步骤 1：数据标注，获取针对厂商的特定产品的缺陷标注数据。
- 步骤 2：缺陷检测 / 分割算法，通常需要根据数据和硬件配置调优。
- 步骤 3：嵌入质检系统的软硬件，将模型部署在设备硬件上，同时软件系统可以提示坏件的情况。
- 步骤 4：模型更新，产品升级时，质检模型也要随之升级。

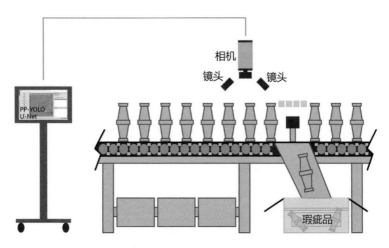

图 6-33 AI 工业质检的产业应用

技术上的难点主要在于不同厂家客户的产品不同，缺欠表现也不同，缺乏统一的数据集和模型。每个应用均需要根据厂家的数据重新训练模型，并在厂家商品升级的时候，同时升级模型，导致服务和运维成本较高。同时，有些厂家积累的数据较小，需要使用数据增强技术来缓解小样本问题。此外，对于点、线状等小缺陷采用"实例分割"模型的效果比采用"实例检测"模型的效果好，这类小缺陷需要根据不同缺陷情况选择不同的视觉模型。最后，很多中小企业由于成本原因，无法购买软硬一体的方案，更期望在一些已有设备上（比如安装了 Windows 系统的电脑）部署软件。工厂的软件系统多以 C# 语言编写，因此需要质检模型和部署工具有比较好的兼容性，能够与工厂中的已有软硬件兼容。

目前，应用计算机视觉模型的质检技术广泛分布在 3C 电子产品、药品、印刷品、汽车、纺织品等制造业领域。因为中国制造型企业对成本控制极为严格，企业经营者会详细计算采用 AI 技术对生产效率的提升或生产成本的降低，然后与采购 AI 技术的花费做比较。所以，在制造业领域计算机视觉应用的不断加速，只说明了一点：采用人工智能技术的智能制造确实能大幅提升制造业的收益。

除了质检，巡检也是很多企业运维厂区设备的关键环节。其中以固定摄像头检测设备运行为最多（见图 6-34），配合大疆无人机的检测各种线路和厂区为其次，最后是将视觉模型嵌入可自动巡航的设备上，代替工程师巡检厂区的各个设备状态和仪表读数。如图 6-34 所示，这个巡检机器人是不是有点像电影《机器人总动员》中可爱的瓦力呢？

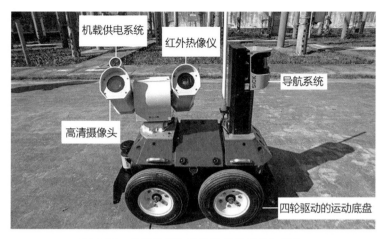

图 6-34　基于计算机视觉技术的巡检机器人

与质检领域的应用不同，巡检图像质量更为多样，具有多户外、多尺度、强噪声的特点。比如输电线路的检测，要同时检测体积巨大的在危险作业的吊车（大尺寸）、鸟类在线路上的"非法建窝"（中尺寸），以及线缆出现破损（小尺寸）等情况。同时，因为检测端通常使用无缘硬件（使用电池），且性能有限（还要运行系统软件），所以需要使用性能好的模型（如 YOLOv3），并且对模型进行压缩。

由于工业制造和运维中已经进行了大量的机械自动化，视觉能力相当于为这些自动化设备加上了"眼睛"，整个产业自动化的程度将得到进一步的提高。中国又是制造业大国，如果读者中想入行做计算机视觉应用，投身工业制造和运维领域的视觉应用正是一个机遇期。

6.5　小结

通过计算机视觉技术和围绕其构建产品的案例分享，有四点重要的收获，可结合案例再次回味。

- 技术人员自身需要对技术的本质有清晰的认知，而不是人云亦云（比如在深度学习如此有效的情况下，为何 SIFT 特征依然有用武之地）。
- 技术路线甄选的重要性，选型的错误往往会造成时间和人力的巨大浪费（比如实体粒度的识别物体，究竟选择分类模型还是检索模型）。
- 业务与技术的联合创新往往会打开新的局面（比如在计算机视觉技术不成熟时，如何应对用户拍摄的高难度的需求，如柔性物体的识别）。
- 洞察市场需求和产业格局是每一个技术人进入商业领域的必修课（比如如何分析计算机视觉应用行业，如何点评各个细分赛道的前景和问题）。

期望通过这些问题的思考，读者能够掌握做技术落地的"非技术"能力。

补充阅读：如何围绕新技术找到合适的市场

在很多科技企业中都存在着大量痴心于技术的员工，他们不仅有技术自信，还有开拓市场的野心，期望通过技术改善人们的生活并获取商业成功。但在现实中，很多怀揣技术梦想的人都在商业市场的拼杀中搞得头破血流。但这并不表示市场不欢迎新技术或对它不够友好，只是市场有它自己的内在逻辑，那就是供需关系。如果新技术在市场中没有好的应用场景（见下文案例 1），又或者新技术并不是市场需求的关键要素，又或者新技术在短时间内的传播不受控制（见下文案例 2），都会造成技术在商业应用中的失败。所以，笔者认为很多技术人士在掌握技术的同时，尽可能再仔细观察下世界，一是确认自己的技术与用户的需求是不是契合，二是审慎地思考下基于本技术而搭建的业务是否具有核心竞争力或是较高的技术壁垒，判断是否会出现"一拥而上"的竞争者。下面的案例 1 说明了为技术找到合适市场应用的重要性，案例 2 说明了市场很难认可没有壁垒的技术。

案例 1：本田的小型摩托车

二战后日本本田公司主要以生产小型、耐用型摩托车为主。由于日本是城市人口密集型的国家，而本田的"超级幼兽"（Super Cub）非常适合短程代步，因此这款产品很受市场欢迎。但是当本田决定开拓北美市场后，这款产品却一直销量不佳。经过研究，本田发现美国人主要把摩托车当作长途交通工具，因而对体积、功率、速度的要求较高，但"超级幼兽"的发动机在长时间行驶后会裂开，所以很难满足美国市场客户的需求。为了扭转这种局面，本田公司高层计划在北美市场推出大型摩托车产品。

不过峰回路转，通过一些偶然的机会，少数美国人开始对超级幼兽产生了兴趣，他们乐于骑着它在野外兜风，而不是作为交通工具。发现这一新商机后，本田的洛杉矶团队成功让公司管理层放弃了启动大型摩托车这一战略，转而投入大量公司资源去迎合这个全新的市场，并最终通过这一商业策略成功打开了北美市场。在这之后本田公司稳扎稳打逐步开始向高端市场进军，最终淘汰掉了几乎所有在美国与其竞争的知名摩托车制造商。

这个案例摘自于《创新者的窘境》一书，本案例中我们发现本田公司虽然早就已经掌握了小型摩托车技术，但由于在开始阶段并没有找准合适的市场，所以空有技术却不能为公司创造价值。再如在乔布斯创造 iPod 时，其使用的存储技术都是由日本公司提供的，但 iPod 销售后，大部分的利润都归于苹果公司。因为创造利润的并不是存储技术，而是 iPod 产品本身的设计方案和良好的客户体验。

所以，能够为技术应用开拓或创造商业价值的企业往往比只提供原始技术的公司更赚钱，因为前者的商业创新能力是稀缺的。

案例 2：各种颜色的共享单车

2017 年春，各种共享单车如"忽如一夜春风来，千树万树梨花开"一般涌现在很多城市的大街小巷中。这些小橙车、小黄车、小蓝车、小白车和小绿车的相继出现，给人们的出行带来了极大的便捷。作为新事物的共享单车应用了很多新技术，比如扫码开锁，GPS 定位等。不过令人可惜的是，这些新技术门槛不高，复制成本也较低，难以形成有效的业务或者技术壁垒。所以当这些企业处于"看什么生意好，一拥而上"的市场环境时，企业就会苦不堪言，很难保持超高甚至合理的利润。由于缺乏有效的壁垒，因此注定这些五颜六色的共享单车中最后只能有少数存活下来，而且即便是最后几个少数存活的企业也不能获得较高的利润。综上可以发现，一项新的业务如果准入门槛较低，即没有有效的技术或者业务壁垒，那么这项业务能够获取丰厚利润的窗口期是极短的，换句话说，市场对没有壁垒的技术并不友好。需要强调，这里的"技术"表示具备很高"独有性"的技术。

第7章

知识图谱和对话机器人

在传统机器学习算法之外，知识图谱在工业实践中也扮演了极其实用的角色。如果说机器学习提供的是一种学习与判断的能力，那么知识图谱提供的就是信息内容的记忆能力。在本章中，首先从知识图谱的技术和应用谈起，然后围绕人机对话的主题展示如何运用知识图谱技术更好地完成人工智能应用。

7.1 知识图谱技术

7.1.1 两类信息

通常，人们依赖两类信息进行判断和决策，处理日常事务。第一类信息是从某场景学习到的规律，比如如何下棋容易赢，什么样的商家更可能欺诈。这种在具体场景中观察数据，总结出更抽象的规则是机器学习（监督学习）的方案。第二类信息是各个领域中的事实性知识，比如珠穆朗玛峰是世界最高峰这类描述万事万物知识关系的技术就是知识图谱。

在现实中，人们会综合运用以上两种信息做出决策。比如在论坛上看到珠穆朗玛峰攀登活动，人们会判断出必须有良好的个人体质和专业的装备才能参加，推理链条有两个：珠穆朗玛峰是世界最高峰，攀登高山需要良好的个人体质和的专业装备。

人们构建的专家系统，也是知识和规则的综合应用。例如，基于病人身体状态给出诊断建议的智能系统，既需要掌握基本的医学知识，比如有哪些疾病和哪些症状，又需要基于大规模的病例数据，学习出在某些症状的组合下，最可能是哪种疾病。

7.1.2 人工智能技术的发展历程

在人工智能技术的发展历程上，科学家们曾经犯过轻视知识的错误，在发展的前期更多关注解决问题的推理和搜索算法，直到走到了死胡同，才在众多的人工智能和机器学习系统中加入知识图谱技术。

- 搜索和推理阶段：1956 年 8 月，在美国宁静的达特茅斯小镇举行了著名的达沃斯会议,这次会议第一次提出了"人工智能"这个名字。在这个阶段,人们注意力集中在解决定理证明、下棋、字符识别和机器翻译等问题上,一度取得了重大突破,但很快就陷入了瓶颈。除了在下棋等强规则领域内起作用外,对于机器翻译之类的实用问题得出了很多啼笑皆非的结果,直接导致人工智能陷入第一次低潮。

- 专家系统阶段:1968 年,爱德华·费根鲍姆提出了专家系统 DENDRAL,它可以根据质谱仪的数据推知物质的分子结构。之后,各个领域的专家系统层出不穷,而这些系统实现的背后就是知识图谱。他分析到,传统的人工智能之所以会陷入僵局,是因为之前过于强调通用求解方法的作用,而忽略了具体的知识,仔细思考我们的求解过程就会发现,知识无时无刻不在起着重要作用。因此,人工智能必须引入知识。但在搭建了一些细分领域的专家系统后,人们发现知识图谱虽然能解决问题,但获取知识的成本太高。如何低成本地提取各领域的知识,在当时没有很好的方法,导致了人工智能陷入第二次低潮。

- 机器学习阶段:从 20 世纪 90 年代中期开始,由于个人计算机和相关技术在办公和生活中的普及,以及互联网的诞生,生成了越来越多的数据。这使得人工智能在机器学习方向产生了突破。我们不需要构建各种复杂的逻辑推理,而从大数据中自动学习,可以更好地解决问题。这方面的典型案例是统计自然语言处理流派的兴起,如机器翻译。1988 年 IBM 的科学家提出了基于统计的机器翻译方案,框架思路是正确的,但翻译效果很糟糕,这是因为当时并没有支撑起模型学习训练的语料数据。直到 21 世纪初的互联网大发展,在网络上积累了足够多的语料数据,并在 2005 年引起质变,Google 基于统计模型的翻译系统超越基于规则方法的翻译系统,机器学习取得了全面的成功和广泛的认可。我们逐渐确信,不用亲自上阵去总结世界上的规律,让机器自动从大数据中学习就可以了。

- 深度学习阶段:2010 年后,基于神经网络的深度学习技术取得进一步突破。机器学习非常依赖人工的特征工程,需要人根据对领域任务的理解,将原始的数据信息转换成对预测结果更有效的特征。在特征工程时代,模型本身的表达并不复杂,相当多的实际问题可以用"特征工程+简单模型"的方案很好解决,比如电信客户流失预警模型,可以请熟悉客户的业务人员设计特征,直接套用逻辑回归一类的简单模型进行预测。但一些更复杂问题的特征设计就没有那么容易了,例如计算机视觉,从像素点到高级语义表示的转换方法往往需要技术专家"十年磨一剑"的潜心研究,如 SIFT 特征。深度学习更高效地解决"挖掘特征"的问题。深度学习的逻辑是构建一个足够强大的假设,能拟合任何复杂的 X 与 Y 之间的关系。当有足够多的数据让它完成拟合的时候,它就可以解决任何学习问题。这就是人工智能第三次浪潮兴起的突破动力。

7.1.3 什么是知识图谱

既然知识图谱在很多人工智能系统中扮演了重要角色，那么什么是知识图谱？知识图谱技术是实体和实体关系的挖掘、表达和应用。

挖掘包括"实体识别"和"关系提取"，例如"感冒"是一种疾病实体，"嗓子痛"是一种症状实体，而"嗓子痛"是"感冒"的症状，两者存在着关联关系，如图7-1所示。

表达意味着需要一个逻辑结构和物理存储以支持知识的保存和检索。这方面有开源的图数据库 Neo4j 或者 MongoDB 可供选择，很多企业也会研发一些自己的知识挖掘、存储和检索的一体化平台。

图 7-1　感冒和嗓子痛的实体和关系

下面再举两个行业的案例，说明不同领域的知识结构。

案例 1　题库领域的实体包括"题目"和"知识点"，关系包括"题目涉及的知识点"。比如求图形面积的题目中含有"面积公式"的知识点，还包括"两个题目相似"或"两个知识点相关"等关系，比如知识点"三角形的面积"是基于知识点"平行四边形的面积"推导得出的。

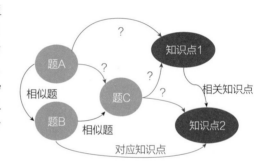

案例 2　在电商和服务领域，为了方便用户对商品和服务的挑选与决策，需要构建产品的知识库，分门别类地将产品的多维度信息进行标准化整理。这种知识库的核心是品类和属性，首先构建一棵唯一的品类树，每个商品均可以挂到某个叶子节点的类别上，比如某个课程属于英语培训、英语培训属于语言培训、语言培训又属于教育行业。另外，还需要一棵属性树，每个商品均有很多属性，比如培训课程有地域、语种、目标、时

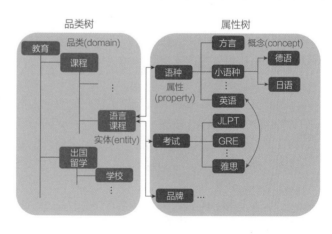

段等多种属性。属性的取值称为概念，比如地域可以有海淀区、朝阳区等取值，目标可以有托福、雅思、四六级、考研等取值。一些概念本身还可以构成分层的树结构，比如地域可以分成省、市、行政区、街道等。在对所有商品构建出品类和属性的知识库后，可以基于此提供高质量的检索和筛选功能。在购物网站搜索任何商品，上方列出的各种筛选项就是该知识库的应用产品。

大家不要小瞧这个知识库的设计，实际上，基于"品类＋属性"对商品分类的体系，是电商平台经过数年的摸爬滚打才想清楚的，这样可以很好地整理商品，提高用户购买决策的效率。

淘宝设计类目和属性的过程（摘自《淘宝产品十年事》）

当商品数量逐渐增多的时候，直接从淘宝列表中找商品效率必然不高，所以不可避免需要对商品进行分类，所以就引进了类目这个概念。而随着数量越来越多，一级类目也已经无法满足买家快速找到自己中意的商品的需求，这样每个类目下都会有各自的子类目，这些子类目下也有子类目，从而形成了一棵类目树，这样的类目树会产生一些问题：

1）类目树会有层级越来越深的趋势，这样也会对用户找到自己心仪的商品造成困扰。

2）类目树层级的深入会造成用户流失率越来越高。

3）类目越往下分会出现很多类目有交叉重复的现象，显得非常乱。

为了解决这个问题，淘宝引入了商品属性的概念：一个商品只能属于一个类目，但可以有多个属性，属性也有自己的结构，形成一棵属性树。属性树构建好后就需要和类目进行关联。最后由卖家选择对自己的商品关联怎样的子类目，再对自己的子类目关联怎样的属性值。

7.1.4　知识图谱的应用场景

从人工智能的发展历程可见，科学家们很早就意识到，知识图谱和机器学习技术是互补的，两者结合会更好地解决问题。下面以搜索引擎为例，探讨知识图谱的应用场景。

1. 实体理解：搜索"李娜"的案例

"实体理解"意味着机器对文本的认知不再是"文本"符号，而可对应到现实世界的事物上。比如在搜索引擎中搜索"李娜 大满贯"，排名第一的结果是网球运动员李娜的百度百科。但在百科中搜索"李娜"，我们发现这其实是一个多义词，有多个人物同样是这个名字。在加入"大满贯"的语境下，搜索引擎就把李娜对应到现实世界中的网球名将"李娜"身上，这就是知识图谱的实体识别技术的结果。

2. 自动问答：搜索"珠穆朗玛峰有多高"的案例

按照传统上对搜索引擎功能的理解，搜索引擎并不直接回答问题，只提供一些可能含有答案的网页，用户自行查阅后得到答案。但用户更希望搜索引擎能够直接回答，省去自己翻阅查找的精力。当前，搜索引擎已经实现了一些常识性问题的自动问答，这也是基于知识图谱技术实现的。在本案例中，搜索引擎首先识别出"珠穆朗玛峰"的实体，再检索该实体的高度属性，直接回答用户问题，如图 7-2 所示。

图 7-2　搜索引擎实现自动问答的案例

3. 推荐策略：搜索"鲁鲁修"的内容推荐

在用户搜索信息后，可以提供两种不同体验的推荐内容。类型 1 是基于大量用户的连续搜索行为进行推荐，给人的感觉是搜索该关键词的用户经常会搜索的其他关键词，这些推荐的搜索词往往是用户的潜在需求。类型 2 则是基于知识图谱技术推荐的相关人物和实体，比如搜索动漫人物"鲁鲁修"，可以从多个角度推荐与鲁鲁修相关的各种实体信息，比如他的女搭档、他的结局、他的特殊能力、风格相近的漫画人物等。这种基于知识库的推荐，往往有着与传统的推荐技术（利用 User-Item 的二分图数据进行推荐）不同的体验，并不局限于某种类型的内容，而具备更强的扩展性。

从上述应用可见，知识图谱技术可以使搜索引擎具备更多出色的功能。搜索引擎不再限于"寻找匹配搜索词的网页候选"的功能，更好地实现对这个世界的理解，更好地服务用户。

7.2　基于知识的人机交互

最简单的人机交互是理解用户的需求表达（自然语言的方式），执行特定的程序动作，将处理的结果反馈给用户（满足用户需求），并发起进一步的话题。App 提供的搜索功能就是人机交互的应用案例，它的基本实现方案如下。

首先，将用户表达的需求切词，拆解成多个关键词。其次，基于倒排索引在内容库中查询含有这些关键词的内容（信息、商品或服务），得到多个候选内容的集合（每个关键词得到一个集合）。注意，需要提前将所有的内容基于文本关键词建立倒排索引，这是一次性的建库工作。使用多路归并的方法将不同关键词的召回内容合并到一起。最后，按照用户需求和内容的相关性，以及内容本身的质量排序，将排序结果呈现给用户。同时，提供一些推荐的相关信息给用户，以便用户发起更多搜索需求。

实际中，为了更好地语义扩展，在切词之前往往还会把用户的需求表达改写成一些更常见的模式。例如，对于知乎 App 来说，"《大护法》好看吗"和"怎么评价《大护法》"的用户需求是类似的，但后者可能与更优质的内容匹配（"怎么评价×××"是知乎优质提问的标准句式）。排序策略除了考虑相关性和质量之外，还常常有其他诉求：例如新闻内容常常需要考虑相关性，商品内容常常需要考虑平台流量分配的合理性（电商平台会避免只将流量分配给少量大店铺，以免大量中小店铺得不到订单，造成生态失衡）等。

众所周知，在特定领域中人类会积累很多领域知识，那么这些领域知识是否可以用于辅助机器更好地理解人类需求的表达呢？

7.2.1　基于领域知识优化人机交互策略

通常，人们先使用"人工运营"或"技术挖掘"获取垂直领域的知识，再借助这些知识优化人机交互的策略，具体可分为需求理解（理解人类的需求表达）、满足动作（执行程序指令，满足用户需求）和交互策略（澄清问题或询问人类的更多需要）三个方面。本节讲述基于领域知识优化人机交互的策略，下一节将探讨如何挖掘领域知识。

1. 需求理解

需求理解的基本任务是对人类使用自然语言表达的需求进行切词，然后根据每个关键词的语义去执行动作，比如召回与关键词有关的内容（信息、商品或服务）。基于知识实体，可以对切词粒度（实体识别）有更好的处理效果。例如，某些领域的专业表达含有学术名词，如果没有实体知识的辅助，通用的切词方法往往会得到荒谬的结果。如案例 3 所示，如果"金属离子"和"酸根离子"这种专有名词的切词不正确，会极大影响机器对人类需求的理解，例如去资料库查找一些含有"金属"的内容，这明显是不合理的。基于垂类的实体知识，对这些文本的理解不再是文本片段，而能够实现真正意义上的实体识别。

案例3 某专业领域的表达：盐由金属离子和酸根离子组成

通用的切词：盐|由|金属|离子|和|酸|根|离子|组成

基于领域知识的切词：盐|由|金属离子[化学物质]|和|酸根离子[化学物质]|组成

2. 满足动作

在垂直场景中的用户需求，比如用户在外卖 App 中表达了期望订购的午餐，向自动问诊机器人提问，在题库中搜寻作业题目的答案等，均可以基于特定的领域知识做出执行策略方面的优化，可以有如下两方面思考。

一方面是根据用户需求寻找合适的商品服务以突破简单的文本匹配。基于实体知识，可以实现对用户需求实体的精准匹配，比如用户表达了"五道口附近好吃的日本料理"，系统可以提供精准满足这些条件（地点＝五道口，评分＝好吃，菜系＝日本料理）的餐厅列表，而不是通过文本字面匹配的结果，如图 7-3 所示。

图 7-3　基于领域知识，实现精准命中实体

另一方面，基于领域知识可以优化需求和内容之间的相关性模型，在词语的重要性、匹配度，以及句子的语义结构多个方面有所改进。

（1）语义相关性

对限定范围的领域，通过人工整理或者专项挖掘，往往能得到更精细的领域知识关系，比如疾病的同义词、疾病和症状的对应关系等。这些领域知识可以用于自动问诊模型，如案例4所示。

案例4　用户需求是"鬼剃头怎么治？"系统储备的答案是《局部注射治疗秃斑》。如果不知道"鬼剃头"与"秃斑"是同义表达，那么就无法提供这篇切题的回答。

（2）语义重要性

在一句话中，某些词语往往对表意更加重要，基于领域知识可以对这种重要性有更准确的判断。如案例5所示，题目中意图词（求解目标）比题干中的大段描述文字更加重要。

案例5　用户需求是找题目"等底等高的圆柱和圆锥，体积之差是 36 立方米"。题库中题目："等底等高的圆柱和圆锥，体积之和为 36 立方米"。

两道题目虽然绝大部分文本均一致，但运算符号不同，一个是"差"，一个是

"和"，是完全不同的两道题。

案列 6　用户需求是找一道题目，翻译"太守即遣人随其往，寻向所志，遂迷，不复得路。"

题库中的题目："太守即遣人随其往，寻向所志，遂迷，不复得路。"一句说明了什么？

两道题目的题干相同，但求解的意图完全不同，一个是文言文赏析，另一个是文言文解释。

这种题目意图词的重要性，不容易通过 TF/IDF 的方式计算出来。在第 4 章我们探讨过计算文本和文本相关性的方案，其中判断每个词语在整个文本中的重要性是非常关键的问题，间接决定了机器能够解决用户需求的效果。

3. 交互策略

当满足了用户表达的需求后，机器还可以发起更多交互主题，比如推荐更多相关内容。如果用户有兴趣继续浏览，就可以产生更久的使用时长（如果是资讯 App）或更多的订单（如果是购物 App）。传统的推荐算法多是基于关联图数据进行推荐。例如，购物 App 的推荐系统是基于两个二分图数据进行的，第一个是不同用户购买不同商品形成的"用户↔商品"二分图，第二个是同一个用户连续购买商品形成的"商品↔商品"二分图。基于知识库可以在两方面做出改进：提供更多优质的推荐结果与达成更有逻辑的交互效果。

（1）改进 1：基于领域知识关系，可以推荐更多的优质结果

如案例 7 所示，如果确定用户需求的题目对应的知识点是"导数及其应用"，那么可以根据知识点推荐课程和相关习题。该推荐是基于领域知识，而不是用户的行为数据。这个方案不仅弥补了基于用户行为数据推荐的不足，还可以提供更有逻辑的"推荐理由"，如"下述是知识点'导数及其应用'的相关题目"。

案例 7　用户需求是题目"已知 $f(x) = ax^3 + bx^2 - a^2x\ (a>0)$，证明 $f(x)$ 必有两个极值点。"

如果不知道这道题目对应的知识点是"导数及其应用"，就无法推荐用户阅读该知识点的讲解内容和授课视频，也无法向用户推荐该知识点的更多题目——"已知函数 $f(x) = ax^3 - bx^2 + 9x + 2$，若 $f(x)$ 在 $x = 1$ 处的切线方程为 $3x + y - 6 = 0$，求 $f(x)$ 的解析式及单调区间"。

（2）改进 2：实现更有逻辑的交互，达成更拟人化的效果

用户使用多数功能类 App（如淘宝、美团、携程等）的目标是选定一项商品和服务，例如心仪的商品、好吃的餐厅、报哪个培训班等。设想一下，假设有一位接待员，面对

客户提出的需求会怎样"反应"？这种"反应"是可以通过基于知识库的算法实现的。

第一类是为了让用户得到更准确内容的"澄清交互"，即向用户询问更多信息，以便得到更准确的搜索结果。比如用户询问"北京语言培训"，则进一步向用户确认学习的语种（英语、日语、德语等）和学习的区域（海淀、朝阳等），才能更准确地提供培训课程的候选。这种筛选功能，首先需要对培训课程进行多维度的标签整理，然后通过与用户的历史沟通情况，计算这些标签维度之间的重要性和关联性，比如用户之前还问过"雅思英语培训"，而没问过"英语培训夜校"，这说明"学习目标"（考研、四六级、留学、商务等）要比"上课时间"（平日、晚间、周末等）这个决策维度对用户更加重要。在与用户沟通决策时，应该先提出更重要的筛选维度。

与通用的检索和推荐系统相比，基于知识库的交互策略具备更强的逻辑感，更拟人化的推荐效果，而不仅是基于历史数据统计进行机械的推荐。例如当用户询问"北京语言培训"时，如果交互的对方是人类，他会按照用户需求的主要维度开始细化，比如根据语言维度提出"您想学习哪种语种？"，再提问"您想在北京的哪个区域学习？"，甚至补充一些必要的维度——"学习用途""培训机构的品牌倾向""学习时间计划"等。最后，基于这些信息向用户提供符合个性化需要的培训班。对于泛化推荐的场景，当用户咨询"朝阳新东方少儿英语口语培训"时，很可能完全符合用户需求的培训班尚未开设。如果交互的对方是人类，他会按照用户的次要维度开始泛化推荐，比如在这些维度中"地域"和"品牌"没那么重要，但"少儿英语口语"是家长坚持为孩子上的课程，那么可以提出"您要不看看新东方在海淀区开设的类似课程？"或者"朝阳区瑞思开设有类似课程。"这种拟人化、逻辑感的交互可以给用户完全不同的使用体验。

第二类是为了激发用户的潜在需求，提升用户体验和使用时长。更通俗地讲，不断提出用户潜在感兴趣的新话题，引导用户的持续关注。比如用户在填报高考志愿时，需大量咨询各种相关院校的信息，如果用户搜索"盐城师范学院怎么样"，在提供一些学校的介绍和评价信息后，还可以推荐一些候选的话题，如"盐城师范学院历年分数线"和"盐城师范学院和淮阴师范学院哪个好"。这些话题也是用户潜在关心的，可能会引发他的浏览行为，从而提高用户体验和使用时长。通过挖掘用户的历史对话数据得出的推荐候选，通常存在缺乏逻辑感的问题。

综上所述，基于领域知识可以优化人机交互的需求理解、满足动作和交互策略三个模块的不同环节。但由于多数领域知识挖掘的过程需要人工参与，导致这种技术无法大规模扩展，主要问题在于以下两点：

第一点，限定领域可以更好地整理知识结构和定制使用场景。如果不限定使用场景，为了使知识挖掘结果更加通用化，只能使用表达能力强的简单结构和泛泛的相关关系，比如"美国"和"拜登"语义相关，"红玫瑰"和"情人节"语义相关，使用通用的方法挖掘它们究竟是怎样的知识结构和关系类型比较难。而聚焦到某一个领域，一方面可以在知识结构的整理上更加细致，比如上文提到的商品品类和属性的树形结构；另一方面由于限制了领域，挖掘出的关系也更加细致，比如疾病和症状的对应，题目和知识点的对应，哪两个省市在地理位置上接近等。

第二点，在部分关键节点上需要人工参与，导致扩展能力有限。挖掘领域知识的过程中，一些关键节点往往需要人工参与，例如实体在某一属性上的取值，可以使用聚类算法挖掘候选，但候选之间的关系依然需要人工整理，比如语言培训的语种属性候选有英语、小语种、德语、日语等，而"德语和日语等属于小语种"这样的关系仍需要人工整理。另外，机器挖掘的实体和关系通常存在小比例的错误，对于准确率要求极高的关键知识，需要人工审核来纠正这些错误知识。

最后，总结下应用知识图谱技术对人机交互做出改进的优势和劣势。机器学习系统可以理解成"假设框架"＋"统计学习"。针对现实问题提出解决方案的构想即为假设框架，比如认为预测值和特征输入之间是多项式关系。在框架中某些子任务的实现（参数是多少），则依赖数据驱动的统计学习。基于领域知识优化的人机交互技术，相当于根据领域知识构建了更精细的假设，自然减少了对数据量的依赖，并获得更好的效果。但这样做也带来一定的劣势——损失了低成本的扩展性，挖掘领域知识的代价较高。通用方案可以以低成本做到 70~80 分的效果，但领域知识库以更高的成本实现 90 分以上的体验，两者之间的选择是成本收益的权衡。

7.2.2　领域知识的挖掘

1. 挖掘的方法

知识图谱的基本结构是由实体和关系构成的，那么知识挖掘的本质就是识别实体和关系。从不同行业构建知识图谱的经验看，不同知识图谱中的实体和关系有不同的含义。知识挖掘通常以先实体、后关系的模式进行，分为实体链指和关系挖掘。

（1）实体链指

可细分为两个任务，即实体识别和实体消歧，下面以实例进行说明。

实体识别，即将文本片段与真实世界中的实体概念对应起来，比如"黄玫瑰"是一个花卉实体，而不仅仅是一个文本序列。

实体消歧，即当一个文本片段对应多个实体的时候，需要根据不同的语境区分指代哪个实体。比如"黄玫瑰"在特定语境中，指的是花卉还是歌曲。

（2）关系挖掘

可细分为两个任务，即关系提取和关系扩展，下面以实例进行说明。

关系提取，即从各种数据源中，将知识关系提取出来。通常，涉及的数据源有三种，对应着不同的提取难度。

1）结构化信息：各种网站整理好的结构化信息，比如京东的商品参数表、豆瓣的电影信息、作业帮标记题目对应知识点等。这类信息较易挖掘，只要通过定制的模板格式解析原始网页，即可将结构化信息提取成实体关系。

2）非结构化信息：在网页中存在大段非结构化的文本，这些文本信息中往往也含有知识关系，比如百度百科中关于某人物的介绍。从大段文字中提取知识关系更具有挑战性，不仅要面对自然语言处理的问题，还要面对多个数据源冲突的问题，因为大段文字中的信息质量比结构化内容差很多。

3）产品场景的数据：用户在使用产品的过程中，其行为也反映出很多实体关系。比如搜索引擎的用户点击数据，用户在搜索"万年小学生"时，总点击"柯南"的结果网页，这说明两个实体之间存在着较强的相关关系。

关系扩展，即基于已有的知识关系，在关系结构上和文本语义上进一步扩充，得到更大量的知识关系。

下面以一个实际案例来阐述，扩充知识关系的思考过程。在众多知识挖掘技术中，之所以详细展开此项，是因为它结合了网络结构挖掘和语义匹配挖掘两条不同的技术路线，并再次运用深度学习重要的副产物——表示学习。

2. 知识挖掘的案例

在一个题库中，通常存在三种实体关系：题目和题目的关系，如两道题目使用了类似的知识点；题目和知识点的关系；知识点和知识点的关系，如一个知识点依赖另外一个知识点。基于这三种知识关系，一方面可以优化检索的效果，例如当用户检索知识点时，展示该知识点对应的题目；另一方面可以优化推荐的效果，例如当用户做错一道题目并完成学习改正后，推荐含有相同知识点的类似题目。

在开始挖掘之前，题库中存在一些人工整理的题目和知识点的关系，以及知识点和知识点的关系。通过挖掘算法，这些关系通常可以扩展到150%~300%的数量（针对不同类型的题库测试）。

挖掘出这么多新的关系，究竟是怎么做到的呢？

观察题目与知识点的实例，发现很多题目中含有对知识点的描述。比如题目"已知$f(x)=ax^3+bx^2-ax(a>0)$，证明$f(x)$必有两个极值点"中已经提到了知识点"极值"。那么，自然可以将该题目与该知识点进行关联。但这种方法存在缺陷，如果题目文本和知识点文本不存在语义相关，就无法进行关联了，而这种情况又相当普遍，比如这道困扰了很多人童年的题目"妈妈有一些糖要分给小明和小红，分给小红8颗糖，剩下的分给小明，小红分得的正好是小明的一半，妈妈一共分了多少颗糖？"就完全没有任何与知识点相关的文本。

跳出对具体题目的观察，以更全局的思考，可以将题目和知识点的关系想象成一张巨大的网络。基于现存的网络结构，也可以发现很多新的关系。简单来说，如果题目A和10道题目存在相关关系，题目B同时和其中的9道相关，那么说明题目A和题目B也是相关的。基于网络结构挖掘的新关系也会超越"文本关联"，正好弥补基于文本语义相关挖掘方法的不足。但这种挖掘方法非常依赖现有的关系数据，对关系稠密的区域，有很好的补充结果，但对关系稀疏的区域则束手无策。这种"马太效应"是该方法的缺点，反而可以通过上一个思路去弥补。

因为这两个思路是从完全不同的数据视角出发，所以两者有很好的互补性。我们应该设计一个迭代式的学习框架，把从一种方法中学习到的关系，作为另一种方法的训练数据。反复多次迭代，使得关系挖掘的效果上升一个台阶。做个比喻，两个非常优秀的科学家，互相通信共同研究一个问题，每人研究一段时间就将成果写信发给对方。他们都会受到对方新发现的启发，从而产生更多的研究成果，比一个人闷头研究进展快得多。这两位科学家的互补性越强，共同研究的效果就越好。神经网络模型的研究经常引入脑生物学家就是这个原因。在设计这种 co-train 框架之前，我们先来看看这两套不同出发点的思路如何实现。

（1）方案 1：基于结构信息的扩展

基于网络结构挖掘关系，容易设想的思路是"如果两个节点之间存在大量共同连接的节点，那么它们很有可能是互相关联的"。在现实生活中亦是如此，如果两个人存在大量相同的朋友，那么即使他们不相识，也可能听说过彼此。腾讯的 QQ 软件基于这种思路向共同好友数量较少的用户推荐联系人。但如果仔细思考，只以两个节点相连节点集合的重合率来衡量相关性过于简单，因为在集合中，重合与否是过于硬性的衡量。即使均不重合，但有的节点之间可能关系紧密，有的节点之间关系疏远。最好使用节点关系衡量来代替重合与否的硬性指标，将上述思考完整实现的算法是 SimRank。

1）SimRank 算法

SimRank 是一种基于图的拓扑结构信息来衡量任意两个对象间相似程度的模型，该模型由 MIT 实验室的 Glen Jeh 和 Jennifer Widom 教授在 2002 年首先提出。SimRank 相似度的核心思想为：如果两个对象被其相似的对象所引用（即它们有相似的入邻边结构），那么这两个对象也相似。近年来，该算法已在信息检索领域引起广泛关注，成功应用于网页排名、协同过滤、孤立点检测、网络图聚类、近似查询处理等。

SimRank 算法模型定义两个页面的相似度是基于下面的递归思想：如果指向节点 a 和指向节点 b 的节点相似，那么 a 和 b 也是相似的。这个递归定义的初始条件是：每个节点与它自身最相似。如果用 $I(a)$ 表示所有指向节点 a 的节点集合（即入邻点集合），用 $s(a, b)$ 表示两个对象间的 SimRank 相似度，则 SimRank 的数学定义式可以表示如下：

① $s(a, b)=0$，当 $I(a)$ 是空集或 $I(b)$ 是空集；

② 在其他情况下，

$$s(a,b)=\begin{cases}1, & a=b\\ \dfrac{C}{|I(a)||I(b)|}\sum_{j\in I(b)}\sum_{i\in I(a)}s(i,j), & a\neq b\end{cases}$$

式中，C 是阻尼系数，通常取 0.6~0.8。

从上面的表达式可见，SimRank 考察了两个相连集合（$I(a)$ 与 $I(b)$）中每两个节点构成的关系对的强弱，这避免了只看重合节点的比例，而忽略不重合节点也可能紧密相关的情况。该算法的思路与 PageRank 的思想有异曲同工之妙，PageRank 相当于考虑了全局信息的节点度的衡量，而不仅仅是单一节点度的大小。当然，PageRank 在初始计算时，节点的重要性等同于节点的度。但经过多轮迭代的计算，会从只考虑局部信息的节点度逐渐收敛到更体现节点全局连通度的数值。同样，SimRank 也是如此运作的，开始计算时的结果等于两个节点共同连接的节点数量。但随着不断的迭代，每两个节点的关系会更综合地考虑所有结构的信息。

尝试对题目 - 题目之间的关系使用 SimRank 算法，扩展出更多的关系。根据网络结构和稀疏度的不同，扩展的比例也会不同，在题目 - 题目的场景扩展出＋13% 的关系。例如：

> 题目 1：已知函数 $f(x)=ax^3-bx^2+9x+2$，若 $f(x)$ 在 $x=1$ 处的切线方程为 $3x+y-6=0$，求 $f(x)$ 的解析式及单调区间。
>
> 题目 2：已知 $f(x)=ax^3+bx^2-a^2x\ (a>0)$。证明：$f(x)$ 必有两个极值点。

可见，从题目文本的字面，两者并没有显著的重合，但两者均与大量"导数计算及应用"类的题目存在关系边，导致它们的 SimRank 计算结果较大，最后被连接到一起。

SimRank 算法十分有效，但它更适用于"单一相关关系"的网络结构。如果将题目和知识点均放到同一张网络中，会同时存在两种关系，一种是题目和题目的相关关系，一种是题目和知识点的关联关系。在这种"异构"的网络中，如何基于现有的关系进行扩展呢？这就需要下面介绍的标签传播算法，它将一种关系作为传播网络，另外一种关系作为标签，在传播网络中以传播标签的方式来挖掘新关系。

2）标签传播算法

标签传播算法（Label Propagation Algorithm，LPA）是一种基于图的半监督学习方法，其基本思路是使用已标记节点的标签信息去预测未标记节点的标签信息。节点包括已标注和未标注数据，边表示两个节点的相似度。标签传播是指将节点的标签传递给与其相似度高的节点。原始标签是传播的源头，通过相似关系的网络将标签尽可能远地传播。在传播过程中，节点之间的相似度越大，标签越容易传播。由于该算法简单易行，复杂度低且分类效果好，广泛应用于多媒体信息分类、虚拟社区挖掘等领域中。

从上述思路可见，标签传播算法存在两个核心点。第一，需要有一种衡量节点之间相似性的方法，即表示相似关系的边。第二，在相似关系的网络中，设定两个相连节点发生传播的条件。下面结合题库的应用场景，探讨一下这两个核心点的实现方案。

在题库场景中，如果将题目和题目的相似关系作为网络，题目对应的知识点作为标签，那么，可以通过题目的相似关系来传播知识点标签，挖掘出更多的题目和知识点的对应关系。题目之间的相似关系可以复用初始标注和 SimRank 算法的挖掘结果，轻松解决了第一个核心点。

第二个核心点的计算方案如下。"知识点标签"通过"题目相似的边"传播到其他节点的概率传递矩阵 $\boldsymbol{T}$ 为

$$T_{ij} = P(j \to i) = \frac{w_{ij}}{\sum_{k=0}^{l+n} w_{kj}}$$

式中，T_{ij} 是节点 j 到 i 的传播概率，它以传播节点对外连接边的数量作分母。在有相似度分值差别时，使用加权的比例。该比例体现当某个节点与太多的节点相连时，它向外传播的概率会下降。可以设想，与 SimRank 算法类似，标签传播算法也是一种迭代优化的算法。在次迭代中，一个节点是否会接受一个标签，取决于它从相连节点接收到该标签的传播概率的累加。如果累加之和超过一个阈值，则该节点新增加这个标签。每经过一轮会有很多新的题目被打上知识点的标签，反复迭代直到知识点标签的传播停止。

扩展的关系如下所示："题目 1：已知 $f(x) = ax^3 + bx^2 - a^2x(a>0)$。证明：$f(x)$ 必有两个极值点。"存在关联的知识点"导数及其应用"。该知识点会传播到高相似度的题目上，如"题目 2：已知函数 $f(x)=ax^3-bx^2+9x+2$，若 $f(x)$ 在 $x=1$ 处的切线方程为 $3x+y-6=0$，求 $f(x)$ 的解析式及单调区间。"

由此可见，通过结构信息挖掘出的知识关系是较难在文本语义上建立关联的，证明两种不同的挖掘思路有极强的互补性。

3）TransE 算法

无论是 SimRank 算法还是标签传播算法，均是针对现有的关系边，进行"显式"的挖掘。近几年，随着深度学习和表示学习的革命性发展，研究者开始探索对知识图谱进行表示学习方案，其基本思想是将知识图谱中的实体和关系的语义信息用低维向量表示，一个实体或关系的低维向量相当于一种数据分布，在这种分布中蕴含语义信息，所以也称为分布式表示（Distributed Representation）。其中，最基础但相当有效的模型是在 2013 年提出的 TransE 算法。基于实体和关系的向量表示，将知识三元组 <head，relation，tail> 中的关系（relation）看成从实体 head 到实体 tail 的转换向量，通过不断调整 head、relation 和 tail 的表示向量（用 $\boldsymbol{h}$、$\boldsymbol{r}$、$\boldsymbol{t}$ 来表示），使向量 head 和向量 relation 的加和尽可能与向量 tail 相等，即 $\boldsymbol{h}+\boldsymbol{r}=\boldsymbol{t}$，如图 7-4 所示。

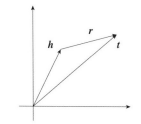

图 7-4　head 向量与 relation 向量的加和等于 tail 向量

以现有的实体和关系为训练数据，训练学习出最能拟合现有关系的向量表示，包括实体和关系。基于这种表示，如果两个实体向量的差距与关系向量近似，那么一条新的关系边就被挖掘出来了。例如，当给定两个实体 $\boldsymbol{h}$ 和 $\boldsymbol{t}$，可以通过寻找与 $\boldsymbol{t}-\boldsymbol{h}$ 最相似的 $\boldsymbol{r}$ 来确定两个实体间的关系。这种方法仅需要知识图谱作为训练数据，不需要外部的文本数据，因此又称为知识图谱补全（Knowledge Graph Completion）。

通过 TransE 算法学习得到的向量，能够大幅缓解网络中"局部稀疏"导致的挖掘困难。除了关系抽取外，知识表示向量还有相当广泛的应用。首先，基于实体和关系的向量表示，可以通过欧氏距离或余弦距离等方式，轻松计算出实体间、关系间的语义相关度。在开放信息中抽取的各种实体和关系，可以基于语义相关度进行更好的融合，类似于同义词和近义词的合并。这对整理出相对完善的知识图谱非常重要。

其次，知识表示向量还可以用于发现关系间的推理规则。例如，对于大量 X、Y、Z 间出现的（X，父亲，Y）、（Y，父亲，Z）、（X，祖父，Z）等实例，TransE 算法会以拟合这些实例为训练目标。在完成目标的同时，算法还会学习到"父亲+父亲 ⇒ 祖父"这样隐藏的推理规则。这种规则具备更广泛的通用性，即使在关系数据相对稀疏的局部，依然可以基于它们挖掘出新的关系。

下面看看如何在题目和知识点的关系挖掘中运用 TransE 算法。首先，需要确定向量表示的维度，越长的向量可以表示越丰富的语义信息，但需要的训练样本也越多。可以通过实验的方式确定最优的维度数，通常采用 100 维或 128 维。

在训练前，对向量进行随机初始化。模型的优化目标是尽可能使"向量表示"拟合现有的实体关系，即 $\min[(\boldsymbol{h}-\boldsymbol{t})-\boldsymbol{r}]^2$。优化方法还是经典的梯度下降，通过观测训练轮数与测试误差下降的曲线图，决策进行多少轮的训练（所有的训练样本扫描过一次算一轮）。通常在进行过 X 轮的训练后，误差下降到一个较低的水平且进一步下降的趋势变缓。此时，一个可用的向量表示模型就生成了。

基于该向量表示，可以计算任意两个实体间的向量差距，如果该差距正好与某种关系的向量表示近似，那么就挖掘出一条新的关系边。在题目和题目的关系、题目和知识点的关系混杂的知识网络中，TransE 算法可以进一步挖掘出新的关系，如下例所示。

> 题目 1：已知函数 $f(x) = (x^2 + ax - 2a^2 + 3a)e^x$，其中 $a \in \mathbf{R}$。
> 1）是否存在实数 a，使得函数 $f(x)$ 在 $\mathbf{R}$ 上单调递增？
> 2）若 $a<0$ 且 $f(x)$ 的极小值为 $-$ e，求 $f(x)$ 的极大值。

通过 TransE 算法可以关联到如下的题目和知识点"导数及其应用"。

> 题目 2：设 $f(x) = e^x/(1 + ax^2)$，$a>0$。
> 1）求 $f(x)$ 在 $x = 0$ 处的切线方程。
> 2）若 $f(x)$ 为 $\mathbf{R}$ 上的单调函数，求 a 的取值范围。
> 3）判断函数极值点。

两道题在文本上并没有太多的相似性，在现有的关系网络中也没有显著的间接关联。为何 TransE 算法可以挖掘出这种隐性关联？因为在构建的向量空间中，几道题目距离很近。

在题库知识挖掘的场景中，可以针对两种不同的关系（题目 - 题目，题目 - 知识点）构建不同的知识向量表达，挖掘潜在关系，但完全割裂的挖掘会损失有效信息。在<题目－题目>的网络中挖掘潜在的相似题目，感觉也可以借鉴到<题目－知识点>网络中的信息，但如果将两个不同关系合并在一起进行 TransE 算法挖掘，会有一些与实际不符的情况。假如 head 实体是"美国"，关系是"国家元首"，而 tail 实体可以是任意历史上的美国总统。以历史任意两个美国总统来说，比如奥巴马和特朗普，两者在国家元首这种关系的限制下，要求他们的实体向量在空间上距离相近。但在其他的衡量角度，这并不符合常理，他们在肤色、性格、执政理念等方面存在千差万别。将不同关系的网络合并训练知识表达，由于不同关系对某个实体的期望不同，导致无法为实体知识寻求到一种兼容的表达，而使得最终表示效果不佳。为了解决 TransE 在处理多种类型关系时的不足，人们提出了很多扩展模型，如 TransR，其基本思想是将实体按照关系进行映射，然后基于映射后的向量来构建关系。

TransR 的思想如图 7-5 所示，对于每个元组（h，r，t），首先将实体空间中的实体通过 M_r 向关系 r 投影得到 h_r 和 t_r，然后训练向量表示，使得 $h_r+r \approx t_r$。这样的设计，一方面使得原始的向量 h 和 t 更多地去学习不同关系中相同的部分，而用 M_r 来表示不同的部分。原始表示相近的实体，如果在某个特殊关系下有较大不同，则可以通过 M_r 表达这种不同。

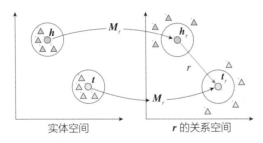

图 7-5　TransR 的算法思想，不同关系需要投射到不同空间中计算

同样，在存在<题目－题目>和<题目－知识点>两种关系的题库场景中，使用 TransR 也会得到比 TransE 更好的表示向量，挖掘出更多的知识关系。TransE 和 TransR 均是一种对应用场景的假设框架，再基于观测数据确定假设中的参数细节（向量中每一位的数值）。TransR 效果更好说明该假设更符合现实情况。

（2）方案 2：基于文本特征的关系挖掘

基于网络结构信息进行挖掘，虽然卓有成效，但挖掘效果存在马太效应，在关系稠密的局部挖掘效果更好，在关系稀疏处则束手无策。通过仔细观察，一方面很多题目本身会提到知识点信息，比如"求曲线方程的极值点"中提到了"极值"；另一方面，很多题目之间的题干均存在大量的匹配文本。这使人想到，能否根据题目和知识点之间的文本语义匹配挖掘潜在关系呢？

所以，针对<题目－知识点>的关系，可以构建基于语义匹配特征的分类模型。输入为题目，输出为知识点，已有关系可以作为这个预测模型的训练样本。如果模型预测某道题目高概率属于某个知识点的分类，就相当于挖掘出了新关系。

整个处理的流程如图 7-6 所示，使用的模型是 Multi-Label SVM。由于知识点标签的数量过多，因此分类模型可以分层构造，先针对一级知识点分类，再针对二级知识点分类。样本如上文所说，是 100 万现有的题目和知识点关联数据。特征既存在纯粹的文本匹配的特征，也存在对文本进行语义泛化的特征，例如使用 Word2Vector 或 LDA 来计算的语义相关性。与构建检索系统的方法一样，除了计算匹配文本的相关性外，还需要判断匹配文本在整体文本中的重要性，如使用 TF/IDF 特征。

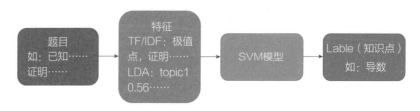

图 7-6　基于题目和知识点文本来建立关系

由于这个模型较为标准，因此不再详述每个细节。以分类模型的效果评估，AUC 为 0.72。更直观的效果是观察准确率和召回率的曲线，选择一个合理的阈值可以得到高准确条件下的最大召回，即挖掘出最多的正确关系。

新挖掘的关系效果如图 7-7 所示。即使现有的关系比较稀疏，基于文本的语义匹配也可以挖掘出更多的连接。

题目 1：函数 $f(x)=ax^3+bx^2+cx+d$（$a\neq0, x\in\mathbf{R}$）有极值点，则……

题目 2：已知函数 $f(x)=x^3-ax^2-bx+a$ 在 $x=1$ 处有极值 10，求……

图 7-7　基于文本语义匹配挖掘出的案例

两种不同的知识挖掘方法存在很好的互补性。一个主要利用语义匹配特征，另一个主要利用网络结构信息。前者对于结构稀疏的区域有良好的挖掘效果，后者则对超越文本匹配的深层次关系有良好的挖掘效果。这使得两者结合后，会有更加出色的挖掘效果。那么，如何结合呢？最简单直接的思路是使用 co-train 的架构，交替使用两种挖掘方法，并把每一轮挖掘出来的新关系，加入下一轮的训练数据中。

具体执行的过程如下：

1）初始化：根据运营整理，得到题目和知识，以及之间的关联关系。

2）基于网络结构计算挖掘：依次执行 SimRank 算法挖掘题目和题目的关系、知识点和知识点的关系，执行标签传播算法挖掘题目和知识点的关系，执行 TransR 算法隐式地挖掘关系。最后，将各种基于结构信息的挖掘结果（新关系），加入基于文本匹配的挖掘模型的训练数据中。

3）基于文本匹配特征挖掘：根据现有关系构建训练样本（存在关联关系为正样本），并基于文本和语义匹配的特征构建分类模型，将模型预测出的新关系加入网络结构中，作为下一轮结构挖掘的初始数据。

4）反复迭代步骤 2~ 步骤 3，迭代 n 轮后停止。

其中，第 2 步到第 3 步，迭代几轮合适？这可以根据实验的效果确定。在每一轮迭代过后，统计出新增的关系数量，并且抽样进行人工评估准确率，效果如图 7-8 所示。左侧纵轴为准确率，对应图中的多条彩色曲线（不同的算法），右侧纵轴为整体扩充率（黑色曲线）。可见，随着迭代轮次的增多，扩充边的数量逐渐增加，但所有算法扩充新边的准确率均是先升后降的。因为扩充到后期，前几轮扩充所引入的错误样本逐渐累积，基于错误样本扩充的新边往往也是错误的。所以，算法在迭代 5 轮之后，新扩展边的准确率会严重下降。因此，5 轮迭代是这个问题的较好选择。

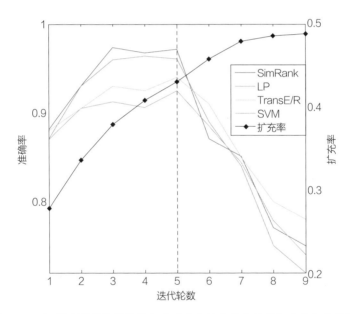

图 7-8　co-train 算法随着迭代轮数在准确率和扩充率上的变化（虚构示意图）

通过这样的方式，co-train 比非 co-train 挖掘结果增加了 70%。之所以效果显著是因为这个场景满足两个前提假设：

1）每种挖掘方法单独使用均是有效的。

2）两种挖掘方法基于的原理或数据是不同的，挖掘效果是互补的。

回想一下，这两个条件是不是与模型组合的要求一致？所以，co-train 框架也可以认为是模型组合的一种方法。各种思想会灵活地在机器学习的不同领域应用，所以掌握思想尤其重要。

7.3 对话机器人的产业分析与技术方案

在工业革命之后，大量的机械设备应用到人类的劳动实践中，代替人类工作，极大地提高了生产效率，但有个困难在阻碍机器替代人类，即机器不能使用人类的语言进行沟通交流。对话沟通是人类互相交流的基本方式，无论是下至几岁的孩童，还是上至八十岁的老人均可以无障碍地用语言表达自己的需求。但目前机器只接受通过命令行（如 DOS），或者通过图形操作界面（如 Windows）进行人机交互。这些交互模型不仅有较高的学习成本，而且交流内容会受到系统预设的限制。如果对话机器人的技术取得突破，那么人类和机器的沟通将会前所未有的便捷，更多人力密集型的行业可以实现机器替代人。

实际上，虽然对话机器人技术尚不成熟，但已经在一些领域展现应用效果。在北美，苹果凭借着语音助手 Siri 一跃成为第二大搜索引擎，让微软的 Bing 黯然失色。在相同的赛道上竞争，如果市场领先者不犯错误，落后者难以取得成功。但如果另辟蹊径，选择新的赛道，落后者往往会后发先至，颠覆已有的市场。在北美的受访者中，72% 的人表示会使用 Siri 补充一些日常的搜索需求，这么高的比例意味着手机语音助手很有可能成为下一代的搜索引擎，作为各种内容和服务的新入口。这使得传统的搜索霸主 Google 倍感危机，急忙发布了一款在苹果手机系统 iOS 上可用的语音助手 App，期望用户能够选择它的语音助手 App，而不是用系统默认的 Siri。

7.3.1 技术流派与实现方案

首先，整体梳理下对话机器人的技术流派。不同的技术流派存在不同的认知和解决思路，自然也形成了不同的效果和适用场景。对话机器人可以按照"开放领域"或"封闭领域"以及"分模块"或"端到端"两个维度分成四个象限，如图7-9所示。"开放领域"或"封闭领域"的维度较易理解，是指用户表达的内容是否限定在某个细分领域，如订餐、聊聊 NBA 体育等，还是天南海北的话题，如畅谈人生和理想等。"分模块"或"端到端"的维度是指实现模型的方式是基于深度学习模型对输入到输出直接建模，还是根据逻辑分析，将处理对话的过程拆分成理解人类话语、进行逻辑处

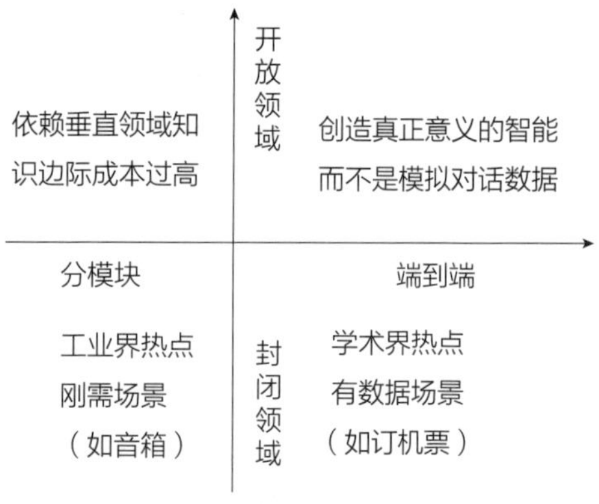

	开放领域	
依赖垂直领域知识边际成本过高		创造真正意义的智能而不是模拟对话数据
分模块		端到端
工业界热点刚需场景（如音箱）	封闭领域	学术界热点有数据场景（如订机票）

图 7-9 从两个维度可以将实现方案分为四个象限

理、生成输出话语等分解步骤，再实现每一步单独的方案。

1）封闭领域 + 分模块。该象限是当前工业界实用产品的主流实现方案。对于某个封闭领域的常见问题，系统效果基本可以与人类的能力相当。当然，对意外问题的处理，系统还是很难与人类相比。所以，聪明的企业往往从用户的刚需场景切入，以更强烈的用户需求弥补使用体验的缺欠，比如音箱一类的无屏场景，或者车载这样不便动手操作的场景。在这些场景，用户通常对产品的不良体验有更高的容忍度。

2）封闭领域 + 端到端。该象限是学术界的宠儿，因为分模块的实现虽然简单有效，但不够深度。采用端到端的学习，相当于把对话问题当成一个翻译模型，输入是用户的提问，输出是反馈给用户的回答。整个系统是一个非常复杂的模型，当然在某些场景下也有不错的效果，其中使用的模型主要是在深度学习的 RNN 模型上做一些改进。由于学术研究受限于开源数据集，因此常用于用户购买机票与客服对话的场景。

3）开放领域 + 分模块。该象限较难实现，主要由于分模块的实现方案依赖垂直领域的知识，而领域知识挖掘的过程通常需要人工介入，挖掘的成本较高，凭借一己之力来实现开放领域的知识挖掘并不现实。所以，很多企业致力于研发开源平台，平台只负责实现基本的对话技术框架，以吸纳更多业内人士贡献各个封闭领域的实现。每加入一个封闭领域的实现，平台就增加了一种处理能力。当累积的封闭领域实现足够多时，相当于实现了开放领域的对话系统。

4）开放领域 + 端到端。该象限是过于理想化的模型，在真正能够思考、有自我意识的人工智能出现前，这个象限是不可能实现的。人类沟通能力的背后是能独立思考和有自主意识的大脑，这不可能仅从历史的大量对话中学习得到。打个比方，一些伟大的艺术作品背后是艺术家思想的结晶，而一个具备良好学习能力的人，即使看遍了世界上所有伟大的作品，如果不具备自主思考和创作的能力，也不能创作出新的作品。对于一个没有智慧的机器，仅仅靠人类对话数据，学习出具备智能的头脑是不现实的。即使学习出"智慧"在理论上可行，但所需要的数据量，也不是对话数据所能够覆盖的。

在对话机器人发展的早期，"闲聊"场景是多数实践者的主攻领域。但该场景的商业价值有限，即使绝大多数人出于好奇使用了产品，但没有持续的动力与一个机器人闲聊，尤其在几轮对话后，机器人表现"古怪"的情况下。于是，各企业迅速从"闲聊"场景转换到更有实用价值的场景，实现帮助用户完成特定任务的"个人助理"。苹果的 Siri 和微软的小冰均是这样的定位，但由于对话技术不成熟，在较高预期下的初期探索并不成功。目前，经过市场的大浪淘沙，真正形成一定规模的应用方向有两个：智能硬件 + 虚拟助理和智能客服。

1）智能硬件 + 虚拟助理。典型如亚马逊推出的 Echo 音箱，不仅提供了语音控制的有声资源播放（音乐、广播、有声书等），还可以通过 Echo 控制家电、了解资讯、查询天气等。又比如以苹果 / 谷歌为首的手机语音助手，以售卖的手机系统为分发渠道，用户使用的主要功能是手机控制和问题查询。

2）智能客服。典型如电商平台的自动客服，在晚间或者咨询高峰期为用户提供售前咨询、购买决策、售后服务等重复性问题的回答。

7.3.2 技术应用两大方向

当前，对话机器人技术应用的两大方向：智能设备上的交互系统（包括手机虚拟助理）和智能客服。前者尚待技术成熟，后者的发展更为迅速。

1. 智能设备上的交互系统

2014 年 11 月 6 日，亚马逊官网低调上线了一款搭载智能助手 Alexa 的智能音箱——Amazon Echo，没有高调宣传，甚至没有发布会。然而在 2015 年，这款产品一举占据了整个音箱市场销量的 25%，取得巨大的成功。很多对"对话技术"失望的企业从 Echo 的成功上看到了希望：与智能硬件结合，将需求场景限定在特定垂直领域。

（1）为何亚马逊 Echo 会成功

以事后诸葛亮的方式总结一下亚马逊 Echo 成功的原因，具体有三点：

1）由于与智能硬件功能相结合，等于限定了需求场景，这降低了技术难度并提升了使用体验。例如对于冰箱上的对话系统，多数用户只会与其交流一些冰箱设置和冷藏食品相关的话题，没人会与冰箱一起探讨人生理想。这大大降低了对话机器人技术的实现难度，使得在细分场景的对话体验是可用的。

2）在技术不成熟的时候，以刚需场景为切入点，用户更容易忍受不佳的产品体验。音箱代表着无屏场景，用户使用语音交互的需求更加强烈，或者说是别无选择。

3）对于 Echo 音箱，消费者是为"有特色的音箱产品"买单，而不是为"对话机器人"买单。因为在 Echo 出现之前，音箱市场已经高度同质化。"对话机器人"作为一个极具特色的智能特性，一下抓住了消费者的眼球。在音箱上实现"半吊子的对话机器人"是没有市场的，但带有"对话机器人"功能的智能音箱却很容易卖出去。

苹果跟进亚马逊 Echo 推出了 HomePod，其宣传理念"HomePod 的定位首先是音箱，其次才是智能助理"，对这个问题认识得极其清楚。HomePod 的宣传图中使用了一个非常有科技感的内部透视图来给用户形成"高品质音箱"的视觉冲击。

补充阅读：在新技术未成熟时如何实现产品落地

破坏性的创新技术往往会颠覆现有的产品和市场，但这种技术在刚出现时往往不成熟，不能直接应用到当前主流的市场中，需要开辟新的市场来保证这项新技术的生存和发展。下面以硬盘行业和钢铁行业的两个案例来展示开辟新市场的过程。

尺寸更小的硬盘技术

希捷公司早在 1985 年初就研发出 3.5 寸硬盘技术，但向客户（台式电脑制造商）推广时，没人感兴趣。台式电脑制造商更需要 5.25 寸、容量更大的硬盘（如 60MB）。对于这些客户，3.5 寸硬盘技术减少了体积和功耗，但容量较小和更贵的价格是他们难以接受的。希捷决定暂缓小尺寸硬盘的研发计划，这给了一家新兴企业 Prairietek 机会。Prairietek 在 1989 年推出了 2.5 寸的硬盘，并在当年取得了 3000 万美元的销售额。其他竞争对手也迅速跟进，希捷公司后悔不已。为何小尺寸的硬盘在 4 年后就吃香了？这是因为市场上出现了一种新型电脑——便携式笔记本电脑。笔记本电脑对硬盘的尺寸和功耗提出了更高的要求，但可以接受小容量的硬盘。

从这个案例可见，新技术在提升某些方面的同时也往往存在缺欠，这使其很难在一开始就全面占据传统市场。我们需要为新技术找到新市场：在该市场中，用户更加需要新技术带来的好处，但可以忍受新技术具备的缺点。

小型钢厂

小型钢厂的炼钢技术在 20 世纪 60 年代中期开始具备商业可行性。但它与传统综合性钢厂相比，技术实力较弱，只能以废钢为生产原料而不是铁矿石，生产出来的钢材也较粗糙。但小型钢厂在生产成本上更具优势，比一般的综合性钢铁厂的成本大约低 15%。所以，小型钢厂的发展之路是从对钢质量要求低的低端市场入手。随着炼钢技术的不断提高，小型钢厂逐渐侵入高端市场。从 20 世纪 70 年代到 90 年代的 20 年间，小型钢厂依次占据了螺纹钢、其他钢条和棒材、结构钢、板材这四种不同质量的钢材市场，最终打败了综合性钢厂，以更低的成本提供相同质量的钢制品。

由此可见，对于破坏性创新技术，存活和发展的关键是寻找到新的刚需市场。小尺寸硬盘和小型钢厂的发展模式，是不是为对话机器人技术提供了参考呢？

对于对话机器人来说，目前的最优选择是家居和车载的场景。这些场景用户难以用手操作屏幕，会对对话交互的能力有更高的容忍度。下面将对话机器人的命令行用户交互（Command User Interface，CUI）模式，与图形用户接口（Graphic User Interface，GUI）交互模式进行系统化的比较，探讨哪些场景是 CUI 的刚需场景。

（2）对话交互和图形交互的需求场景

比较两者相当于回答这个问题："什么时候我们会想关掉 GUI 界面的 App，找一个服务员当面说话？"

从宏观的角度，在以下两个场景对话系统有显著优势：

1）受限于设备条件、人的能力与使用场景，只能用自然语言对话交互的场景。

2）在 CUI 和 GUI 均可用的情况下，因为交互的灵活性或低成本而选择 CUI。

其中，大场景 1 又比大场景 2 的优势更加明显，具有不可替代性。

大场景 1：受限于设备条件、人的能力与使用场景，只能用自然语言对话交互的场景。

1）限于设备条件：比如手表由于屏幕较小，并不适合用 GUI 交互。

2）限于人的能力：比如儿童或老人并不识字或者不习惯使用电子设备，只能用自然语言交互。

3）限于使用场景：比如用户在开车时，由于眼睛要看路，手要握方向盘，不方便使用 GUI 的屏幕交互，使用话语控制是更好的选择。

自然语言交互的优势在于它理解的成本低——自然语言的交互方式是人类在各个领域都通用的（而每个 App 的 GUI 均不同）、习惯的交互方式。比如老年人用 App 订票很费劲，而打客服电话订票是容易的。很多人第一次用某个 App，因为 GUI 不同，会有一定的学习成本。这种优势不仅仅对孩童和老人有用，当年轻人面对全新问题时，也可以节省大量的学习时间。国际旅行时会遇到大量使用 GUI 不方便的情况，比如在纽约的地铁购票，自动售票机的软件应该如何操作，又比如住酒店的付费洗衣界面应该如何操作。在这些场景中，用户非常期望能找业务人员来聊聊，而不是自己面对不熟悉的 GUI 界面各种尝试。再比如，很多软件的使用需要了解相当多的领域知识，如专业的医疗自诊软件，用户更期望有人可以讲解性地互动，而不是自己去摸索。

大场景 2：在 CUI 和 GUI 均可用的情况下，因为交互的灵活性或低成本而选择 CUI。

GUI 设计的产品交互流程往往均是预设过程，而 CUI 的表达灵活性很强，可以用这种灵活指令完成用 GUI 按部就班的较烦琐的操作流程。比如在某体育 App，用户想看某球员的新闻，需要先点球队再点球员，进入球员的主题页，再下拉到新闻板块。当用户想看詹姆斯的三分球统计时，需要点击统计页面，找到对应的球员，进入统计数据页面，再寻找自己需要的数据。又比如，公司下午茶聚餐经常点某外卖，用户期望直接下指令"来个全家桶"，而不用寻找店铺、寻找菜品、下单支付等烦琐的流程。再比如，用 Siri 对手机 App 发送一些快捷操作指令，也是为了避免 GUI 使用麻烦。

此外，在面对开放性问题，即无标准交互的场景，GUI 完全无法满足需求。GUI 通常是为了标准的流程设计的，由产品经理梳理大多数用户需求，设计一套标准交付工程师研发。优点是对标准流程的满足很好，通常可以覆盖绝大部分的用户需求；缺点是用户只能按照标准流程进行交互，无法发起计划外的交互或者快捷完成操作。但在一些场景下，这个缺点会被放大，导致用户更喜欢 CUI。比如客服，正确的流程只有一个，但错误的问题有千万种。当碰到服务使用问题的时候，用户绝对不想和 GUI 交互，因为碰到的问题往往是千奇百怪的（往往不是 GUI 罗列的几种），只能用自然语言表述。又比如在餐厅点餐的场景，如果用户没来过该餐厅，除了点菜之外，用户会对菜品有很多计划外的疑问，比如餐厅的特色菜是什么？这个菜有多辣多油？香干炒肉的肉是什么肉？等等。这种开放性的问题，是菜单或点菜 App 完全无法满足的。再比如观看 NBA 直播的场景，用户愿意听解说员评论的重要原因之一是解说员会介绍很多球队和球员的背景信息。用户在观看视频时，屏幕被视频节目占用，询问球员和球队的知识和信息需求也只能用 CUI 来满足（什么问题都可以问）。

Echo 音箱在市场上所向披靡，亚马逊也为其构建了一个开放的应用生态 Alexa。第三方可以自由地在 Alexa 上研发自己的应用，并通过 Echo 音箱向用户提供服务。虽然随着 Echo 的大卖，Alexa 生态变得火热，很多第三方服务商均想分羹。但实际上，这个生态并没有真正被用户认可。一方面 Alexa 上的应用数量增长迅速，其中新闻、游戏、教育应用的数量超过整体的一半，但用户使用寥寥，有评价的仅占 31%；另一方面，音乐、有声书、智能家电等应用虽数量较少，却是大多数用户使用智能音响的原因。

国内的家电行业也发生了类似的情况，各种智能家电厂商激情万丈，一转眼电视、冰箱、排油烟机纷纷变成了可对话的小伙伴。虽然用户在购买决策时受这个新卖点的吸引，但购买后的实际使用情况并不乐观，新卖点未给用户带来多少附加价值。这种情况在家电消费领域较常见。许多消费者在购买新电视时，认为自己需要很多高级功能，但购买后仅使用电视看几个固定节目。

对话技术在其他智能硬件上的应用普遍如此，例如用户主要使用智能手表的基本控制功能，如语音拨号、设置闹钟、听音乐和搜索路线等，而不是高级的智能化应用。

虽然当前多数用户使用智能音箱仍以听音乐等基本功能为主，但随着技术的不断成熟和用户认知的演变，其他更复杂的智能音箱指令和应用会有越来越多的用户开始尝试，说明我们对智能助理的美好期望并不是一件空想的需求。

（3）对话技术在智能硬件市场的竞争关键：渠道和技术

各家的对话系统均采用领域模型的实现方案，每个领域模型依赖领域知识库和垂直内容进行建设，这无法由平台独立完成。所以，构建开放的 Bots 生态系统，吸引各个领域 Bots 的研发者成为业界共识。

在生态系统中，研发者最关心的是自己的 Bots 能否触达足够多的用户，即拥有用户渠道和流量的平台有强大的吸引力。亚马逊和苹果在渠道上最为强势，一个掌握着全球出货量最大的智能音箱 Echo（嵌入 Alexa），一个掌握着苹果手机（嵌入 Siri）。谷歌凭借 Android 系统和搜索也占据了一席之地，同时不断把它的虚拟助理铺设到旗下各种 App，并尝试构建自己的智能硬件（手机、音箱等智能设备）。微软则落后一筹，因为它的渠道（Windows 和 Office）大多是 PC 时代的，人们对着电脑说话没有手机或者智能硬件那么自然。所以，微软在合作条款上做出了更多让步，提出通过搜索引擎向 Bots 研发者们提供带"品牌露出"的分发服务。

除了铺设渠道以提升平台对垂直 Bots 应用研发者的吸引力之外，对话机器人的实现效果还依赖一个重要条件——搜索技术。

人们在变得更愿意使用手机语音助手，北美用户中 72% 的人正在使用语音助手

"补充"传统的搜索引擎，其中以 iOS 用户最为突出。这不难理解，对于简单又热门的问题（如查天气），用不到搜索引擎那么高深的技术，使用语音助手可以更便捷地满足需求。手机语音助手解决最多的问题是功能控制等简单任务，如添加日历、打开相机、查看天气、听一首歌曲、导航等。除功能控制，在剩下的用户需求中超过一半均是问答和寻找内容的需求，高质量满足这些需求非常依赖搜索引擎技术。

研究机构 Stone Temple 通过 5000 个用户实际查询的问题，测试了 Google Assistant、Cortana、Siri 和 Alexa 4 个虚拟助理的回答效果，发现谷歌和微软的回答效果要显著好于 Siri 和 Alexa，其中谷歌的满足程度最高。谷歌和微软能做到这点，并不是它们在对话技术本身比另外两家强很多，而是因为它们运用了搜索引擎的技术，包括对自然语言的理解和对互联网内容的检索能力。

所以，上述分析明确了未来智能硬件对话系统的两个关键竞争要素——硬件渠道和搜索引擎技术。

对于对话式系统平台来说，最关键的模式在于构建双边市场。谷歌已经通过 Android 给大家上了一堂"教科书式"的课。与其说 Android 成就了谷歌在移动时代的辉煌，不如说谷歌在正确的时间点，不遗余力地做了一件正确的事情。如果 Android 不被谷歌收购，没有在那个时间点大幅地进行双边市场推广，那么今天业界可能会另有他人。对于平台型的生态系统来说，虽然自身的体验和技术很重要，但更重要的是构建系统的时机，以及催熟双边市场壁垒的速度。

以 Android 系统为例，系统是开源的。在 2005 年智能手机的操作系统刚起步时，一些功能是有独创性与核心竞争力的。但 2007 年，Google 与 84 家硬件制造商、软件开发商及电信运营商组建开放联盟共同研发和改良 Android 系统，随后以 Apache 开源许可证的授权方式发布了系统源代码。截至目前已经有十几年的时间，任何曾经的"黑科技"都不再是黑科技。但为何谷歌还能够凭借 GMS 条款（授权手机和其他智能硬件使用 Android 系统和品牌的协议）在 Android 系统中推广谷歌研发的 App 呢？多数手机厂商和竞品应用对谷歌这种凭借系统渠道占据有利地位的方法并不高兴，但为何除了苹果的 iOS，其他智能机大都是 Android 系统，为何没有人尝试研发一款新的手机操作系统呢？原因在于手机操作系统是一个双边市场的生意，一方面有诸多手机厂商的各种机型，另一方面有数量庞大的应用开发者，两者均是针对 Android 系统的接口标准和研发平台来工作的。研发一款媲美 Android 的新系统并不难，难的是如何将已经熟悉了 Android 接口标准和研发模式的研发人员转移到新系统上，这个迁移成本是多数企业难以承担的。

纵观美国的企业文化，一方面很重视科技，在科技上投入巨大的研发成本，并尝试基于各种新兴科技来改善产品和服务；另一方面，美国企业也同样重视为新兴科技产品打造良好的商业模式，以便凭借科技创新持续赚取高额利润。很多追求过科技创新的中国企业，往往感慨做科技创新太辛苦，新技术被竞争对手迅速学去，做科技赚不到钱。其实并不是赚不到钱，而是在围绕科技创新打造商业模式上不够成熟。

假设有两家企业 A 和 B，企业 A 以搜索引擎技术见长，智能对话技术也做得很好。企业 B 以硬件渠道见长，全方位布局以手机为核心的智能硬件。两者均预测智能对话技术未来会成为用户获取信息和服务的新入口。究竟谁会胜出？两者均会发展开放生态，吸引更多第三方的研发者和硬件厂商加盟。企业 A 是否要亲自切入智能硬件市场，需要观察该市场的集中度。如果企业 B 在智能硬件市场有垄断的趋势，那么企业 A 必须要亲自下场打造一款强势的智能硬件，因为依靠第三方硬件的散兵游勇难以对抗企业 B。但这注定是一场相对艰难的战斗，即使在单点硬件上取得突破，也难以在短期形成完整的产业链布局。同时，智能硬件的厂商以低价格换市场，在软件上谋求盈利是近些年的大趋势。近些年，苹果硬件创新停滞后，发布会已经成为苹果软件全家桶的宣传会。雷军公开宣传小米的硬件利润永远小于 5%，俨然押宝在未来软件入口的抢夺上。凡是布局通用性智能对话系统的企业，几乎已经没有只做软件的。

当然，全面的智能硬件布局未必对抢占下一代交互对话的入口有太大帮助。下一代入口有可能仅存在少量核心硬件上，比如智能手机或智能音箱。对话机器人以中控的形式存在，其他硬件只提供连接的接口。所以，企业 A 只在核心智能硬件上布局投入，也是低成本"上桌"的有效手段。

此外，对于存在 C 端大平台的互联网企业，以智能客服切入，谋求下一代交互入口是另一条可选的战略路径。

2. 智能客服

客服作为产品营销和服务质保的重要环节，关乎企业的品牌形象。所以，重视服务质量的企业也关注智能客服的建设。在节省人力成本的同时，也提升了企业形象的科技感。

智能客服机器人代替人工服务有三个典型场景：

1）夜间值班或促销期人力不足的场景：顾客在非营业时间也会产生关于产品或服务的疑问，但人工客服已经下班休息。另外，在每年双十一的促销期，人工客服的承载量完全无法满足需求。

2）处理重复性问题场景：很多简单又高频的问题处理过程相对机械，智能客服可以完美处理，而不用浪费人工客服，如查询账户余额、查询订单物流状态等。

3）消费推荐和决策辅助场景：因为智能客服可以嵌入推荐系统的能力，比人工客服的推荐更加精准。在顾客消费决策的环节，智能客服也可以基于产品知识库辅助决策。

正是因为这些实在的应用场景，导致智能客服的市场发展很快，已经存在上百家提供智能客服技术的企业。其中，规模较大的企业将智能客服嵌入传统客服系统，并与企业内部的业务系统整合，提供一套完整的解决方案。相比智能硬件领域的举步维艰，智能客服领域的企业多在"闷声发大财"，普及速度超过人们的预期。企业对智能客服的使用情况和选择智能客服的原因如图 7-10 所示。

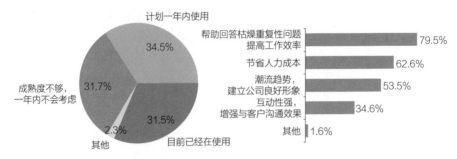

a）企业对智能客服的使用情况   b）企业选择智能客服的原因

图 7-10　企业对智能客服的使用情况和选择智能客服的原因

这方面的典型案例不得不提到阿里，作为中国最大的电商平台，平台上的数十万活跃商家每日与用户产生大量的沟通。阿里向商家免费提供的"店小蜜"，定位是服务于 B 端商家的 bot 框架，包括 4 个模块：

1）QA。基于搜索模型实现，应对"店家不发货怎么办？"类的常见问答。

2）Task。基于目标驱动模型实现，应对"帮我充 100 元话费"类的任务需求。

3）Shopping。基于目标驱动模型实现，应对"口红买什么样的好？"类的决策需求。

4）Chit-chat。基于端到端模型实现，应对"我心情不好，说点什么吧"类的闲聊需求。

从技术流派上，Task 模块和 Shopping 模块共用一套，但业务上最重视 Shopping 模块，毕竟这个模块与促成销量最为相关。

根据 2017 年双 11 阿里公布的数据，店小蜜双 11 当天总对话量为 1 亿次，店小蜜接待人次占全网接待用户的 12%，店小蜜咨询成交 GMV[⊖] 占比超过 15%。

为何智能客服发展如此迅速？有以下四个原因。

- 原因 1：需求明确，市场接受度高。自动客服（根据问题匹配预先答案）的应用已有十几年之久，市场的认知和培育远在此轮智能客服技术兴起之前。在 21 世纪初，人们拨打电信服务商或银行客服的电话，就可以体验到自动客服的自动应答，但自动客服的交互特别死板，需要根据用户的按键来选择菜单或转接人工客服。智能客服技术的发展，使得该模式变得更加灵活，顾客可以直接说出想问的问题，交互效率大幅提升。

- 原因 2：技术解决方案成熟。智能客服交互内容与企业产品强相关，问题候选相对有限，基于封闭的知识库即可构建。与之前登录网站搜索问题的方式相比，智能客服技术迅速提升了交互体验（与搜索问题答案的方式相比）。

- 原因 3：应用方式灵活，人机结合的方式自然分流了高难度问题，人类和机器都

⊖ Gross Merchandise Volume，商品交易总额。——编辑注

可以更高效地工作。多数智能客服系统定位是提升客服效率而不是替代人工客服。即使企业上线了智能客服系统，也不会将原有的人工客服撤销，而是让两者配合。当顾客的问题比较简单时，基于智能客服自动化满足；当顾客的问题较为复杂，机器无从应对时，主动切换到人工客服。

- 原因 4：各种成熟技术不断植入，如智能客服向用户导购时常用到知识库检索，主动推荐商品时会使用推荐算法等。

对于企业领导者，智能客服的意义不仅仅在提升效率，还可以积累企业的核心资产，不随关键员工的离职而流失。下面以一家提供线上美妆建议的企业为例，转述其CEO 的观点。

> 因素 1：当前人工服务的模式遇到瓶颈，规模难以扩大。美妆咨询市场供需极不匹配，大量的用户（女性为主）均期望得到美妆建议。即使有一定美妆经验的女性用户，也会由于场合的需要，追求变化风格而持续购买服务。但美妆师则数量很少，而且同一时间只能服务一个用户，限制了业务的扩张能力。
>
> 因素 2：美妆师的知识经验没有得到沉淀，未成为公司资产。美妆师经常被竞争对手的高薪诱惑，跳槽使得公司遭受损失。建设知识库可以把美妆师的优质经验沉淀成公司资产，企业面对外部竞争更加安全。

与美妆服务类似的市场还有医疗健康、投资理财、法律顾问、教育等。这些市场中咨询服务本身即提供价值，但高质量的回答还需要专业知识库的辅助。

如果读者有构建自己所在领域的专业对话机器人的意向，那么可以使用百度 AI 开放平台中的 UNIT 工具。百度 UNIT 搭载业界领先的对话理解和对话管理技术，并引入语音和知识建设能力，为企业和个人开发者轻松定制专业、可控、稳定的对话系统，并提供全方位技术与服务。获取信息和服务的网址为 https://ai.baidu.com/tech/unit。

最后，反思一下为何智能硬件的应用如此困难，但智能客服方向则应用相对容易？人们对虚拟助理的能力期望是通用跨领域的对话式交互，但由于通用领域并没有技术方案能够实现理想的效果，因此只能追求垂直领域的解决方案。但做垂直领域的方案也十分辛苦，同时效果也不能说特别理想。那么，借鉴智能客服领域的解决方案？建议客服团队使用人工＋机器辅助的方式提供高质量的回答。但实际上，建设这样的人工团队也非常困难。对于通用跨领域的问题，机器回答不好，一般的人工客服一样回答不好。Google 在 2018 年 Google IO 大会发布了惊艳的个人助理，实现机器自动与餐馆服务人员对话定餐。但到 2019 年，不仅没有实现落地应用，还被爆部分宣称的机器自动电话是人工拨打的。

反之，智能客服以人工客服为主，对话机器人技术只定位在提升效率，而不是完全取代人工。它落地效果较好的原因在于企业原来就存在一套成熟的客服系统和客服团队。现阶段的技术能力只能做到部分简单场景的替代，而不能单独凭借对话机器人实现体验优良的独立产品。

　　由此可见，一项技术应用场景的结合方式，往往决定了应用效果。怎样基于新技术切入市场，需要透彻的思考和不断探索的精神。往往切入的姿势决定了最终的效果，而不仅仅是拼搏努力就能取得成果。

7.3.3　技术实现

　　下面以更加实用的"垂直领域＋分模块"技术方案实例说明对话机器人的技术实现，如图 7-11 所示。

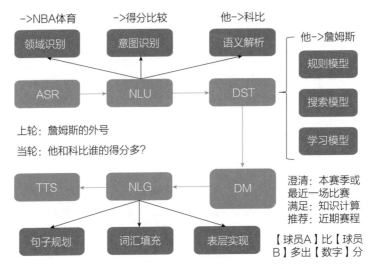

图 7-11　"垂直领域＋分模块"的技术方案实例

　　分模块构建对话系统的流行方案为 POMDP 架构，由 6 个模块组成。这个架构最早见于论文 "Partially observable Markov decision processes for spoken dialog systems"，但目前的主流架构均大同小异，也有人将多轮解析放到对话管理中。

　　1）ASR（Automatic Speech Recognition，自动语音识别）：将用户对话的语音转变为文本，便于后续处理。

　　2）NLU（Natural Language Understanding，自然语言理解）：理解用户的单轮对话，包括它属于哪一个垂直领域，它的意图是什么，以及涉及的属性槽位。例如对于用户的提问"北京五道口哪家有披萨外卖？"，问题属于外卖领域，用户的意图是查询满足条件的外卖商家，提到的查询条件（即槽位）有"地域：五道口"和"菜品：披萨"这两个。

　　3）DST（Dialogue State Tracking，对话状态跟踪）：NLU 是单轮的对话理解，而DST 则是整合多轮 NLU 的结果，完整理解用户需求。例如下述对话场景：

> 用户:"五道口有云南菜馆么?"
>
> 机器人:"五道口附近有如下三家云南菜馆:……"
>
> 用户:"那四川菜馆呢?"

如果仅对第二句话做出理解,会忽略了用户完整的问题是"五道口附近的四川菜馆"。与人类之间对话一样,机器需要根据对话的上下文来理解单句。

4)DM(Dialog Management,对话管理):该模块是对话系统的控制大脑,控制与用户交互的逻辑。它负责判断在当前场景下,应该向用户澄清询问,比如"您想吃什么价位的餐馆?",还是向用户提供可能的候选餐馆列表和用户下一步交互的候选推荐,比如"请按照配送时间排序餐馆"。

5)NLG(Natural Language Generation,自然语言生成):对话系统与图形界面在交互展现上不同,需要把用户问题的回答以更加自然的自然语言表达,生成的结果例如"为您推荐下述餐馆:A、B、C。其中 A 是综合评价最好的,也是我个人最爱的哦"。

6)TTS(Text To Speech,从文本到语音):最后,将返回给用户的答案,转变成语音播放。

与之前介绍的简单人机交互不同,简单场景会假设用户很少像对话一样多轮表达,每次交互通常是一个独立的需求。在对话交互的场景,用户会习惯使用多轮会话来表达完整的需求,系统需要将多轮表达拼接在一起理解用户的需求,即 DST 模块所承担的职能。

由此可见,聊天机器人和本章之前介绍的简单人机交互模型,本质的改进是引入了多轮对话的场景,包括在语言理解和交互策略上。下面就介绍多轮交互理解和多轮交互策略的实现思路。

1. 多轮交互理解

多轮交互理解涉及两个核心的问题:判断与合并。

问题 1:如何判断多个用户表达是否属于一个场景? 即是否需要考虑合并?

问题 2:怎么进行合并操作? 即如何将同一场景中的多个用户表达形成一个完整且正确的表达?

多轮交互理解的核心思路是模式识别,可能是针对特定领域的具体模式,也可能是从海量交互数据中学习出的泛化模式。模式与处理方法是相对应的,也就是说问题 2 的解决效果依赖问题 1 的准确率。但两个问题的解决方法是互相交织的,也可以先将多轮对话按某种模式的处理方案合并,依据结果语义的通顺性和完整性来判断对话是否属于该模式。

确定多轮对话的模式和处理方法,分为开放领域和封闭领域。

针对开放领域,需要可扩展性强的多轮处理方案,共有两种思路。

思路 1——数据驱动：从海量用户历史对话数据中寻找替换模式。用户 A 使用多轮对话表达的语义，很可能被用户 B 一句话表达过。例如，用户 A 先后询问"苏州拙政园好玩吗""从苏州高铁站怎么过去"，很可能存在用户 B 曾经提问"从苏州高铁站怎么到拙政园"。只要历史的交互数据足够多，通过检索匹配，大概率可以寻找到匹配的候选。这时可以根据检索候选的匹配程度，判断多轮对话是否适合使用这种方式处理。

思路 2——序列标注：CRF[⊖] 是典型的模式识别和处理方法，常用于上下文替换、主体补全等任务。如图 7-12 所示，将所有的词语标记成四类标签：Begin（开始）、End（终止）、Inner（内部）和 Other（未识别）。在上下文替换的场景，将第一句问题开始符到终止符之间的部分（到五指山），替换成第二句问题的相应内容（到三亚的天涯海角），即生成第二句话的完整语义"到三亚的天涯海角怎么走"。在主体补全场景，将第一句话的未识别部分（有什么功能）替换成第二句话的未识别部分（卖多少钱），即生成第二句话的完整表达"运动手表卖多少钱"。

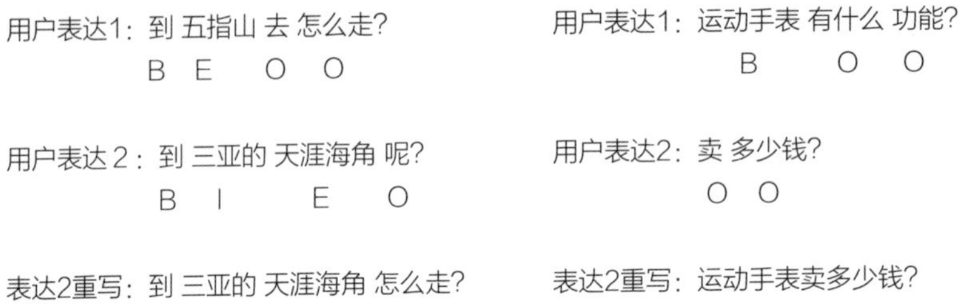

图 7-12　序列标注的实现逻辑

针对封闭领域，可将领域中所有可能的多轮表达归类，通常存在三种场景。

（1）场景 1：机器主动发起的多轮交互

例如，用户询问"五道口附近的披萨外卖"，机器人回复"您要什么品牌的？选项有必胜客、Mr. Pizza、达美乐、比格披萨……"，用户回复"达美乐"。

在该场景下，将用户的反馈默认作为多轮表达来处理，除非反馈内容未能匹配该领域的实体，才可能是用户发起了全新的话题。上述案例的处理方法是将用户反馈填充到查询表达的品牌槽位，填充到查询表达式中。

（2）场景 2：多轮交互的语言习惯

人类对话会有一些相对通用的多模表达模式，与通用领域序列标注方法解决的问题类似，分为指代消解和省略补全。

1）指代消解：当用户咨询"五道口附近的川菜馆"，机器人推荐了 5 家川菜馆。但用户尚不满足，进一步提问"还有其他的吗"。这里的"其他"是一种具体的语言模式，指代和之前查询条件类似但未展现的餐馆。类似的情况很多，例如用户先询问"湖人队的赛程"，再询问"它近期的主力阵容有谁"。

⊖　Conditional Random Field，条件随机域。——编辑注

2）省略补全：一种情况是主体补全，用户可能省略指代词，如用户先询问"湖人队的赛程"，再询问"近期主力阵容有谁"；另一种情况是上下文补全，如用户先询问"华为 P30 的价格是多少"，再询问"小米 Mix3 呢"。

这些问题在开放领域使用序列标注模型解决，但在封闭领域，由于对领域知识中的属性和意图都有较好的解析，替换和补全可以基于实体、属性和意图的槽位对应进行。

（3）场景 3：从交互数据中挖掘可泛化模式

在通用场景，利用积累的海量交互数据挖掘可泛化模式。如果用户表达同时含有两轮用户提问的内容，那么它很可能是有效的合并候选。但在封闭领域，用户表达中的信息可被解析成各种领域知识（实体、属性和意图的槽位）。将用户提问泛化到知识标签后，历史累积的数据会更加稠密，很容易学习到该领域的高频模式，例如下述咨询餐馆的场景。

1）决策：用户为了寻找一个符合条件的实体，不停地变换查询条件发起询问，如筛选餐馆时对各种槽位的替换、追加和删除。

2）浏览：关于实体的多方面信息需求，比如"宫保鸡丁怎么做""哪家店做得比较正宗"。

3）任务和指令：一些操作指令，如"提醒我今晚 5 点钟要给大家订餐""再来几家""不再看了"等。

4）评价：对消费过的餐馆做出评价，如"这家餐馆很赞""这家餐馆太糟糕"等。

对于用户订餐时可能发生的四种类型的需求，我们可以首先做一个分类器，对用户表达分类后，再对每类套用特别设计的模板或处理逻辑来解决。

2. 多轮交互策略 MDP 与增强学习 Q-learning

多数人工智能算法是对人类智能的模拟，对话交互能力也不例外。人类自出生开始，不停地与世界交互，并且从中学习以便更好地适应社会，并完成各种任务。例如人类不需要学习棋谱，只通过不断地下棋即可使自己的棋力提高。在下棋的过程中，人类通过对棋局和对手行为的判断，动态改变自己的策略以提升获胜的概率。在生活中的场景亦是如此，人类根据对环境的观察，做出某些行动，再进一步观察环境的变化，确定自己这步是否做的正确。通过边做边学的方式，不断掌握做事情的方法。

将人类交互探索世界以得到最佳行动模式的过程形式化建模，即为马尔可夫决策过程（Markov Decision Process，MDP）。

MDP 过程是这样认知人类决策的：一个人对外界环境做出判断（状态），做出某项行动，在收获一个即时反馈的同时，引发环境状态的改变。所以，这个过程存在几个描述变量：对环境做出描述 - 状态；对行动做出描述 - 动作；在一个状态下，采用某个动作导致环境变化的描述 - 状态转移矩阵；在某个状态下，采取某个动作所获得的即时收益；策略更多考虑即时收益还是未来的远期收益。

基于此，马尔可夫决策过程由一个五元组（$S, A, \{P_{sa}\}, \gamma, R$）构成。

1）S 表示状态集（states）：对环境状态的描述。比如，在自动直升机系统中，直升机当前位置坐标（经纬度和高度）可以表示其状态。又比如，在机器人与高考学生的对话中，用户的意图类型可作为对话状态，如查分数线、查找类似院校、咨询学校特色、评估适合的专业等。

2）A表示一组动作（actions）：对智能代理（agent，决策者）采取行动的描述。比如，人类使用控制杆操纵直升机飞行的方向。又比如，在机器人与高考学生的对话中，机器人给出的下一轮用户问话的提示（hint）："您可以继续问我清华大学的分数线如何。"

3）P_{sa}是状态转移概率：角标的s和a是状态和动作的含义，P_{sa}表示在当前$s \in S$状态下，经过$a \in A$作用后，会转移到其他状态的概率分布情况（当前状态执行a后可能跳转到很多状态）。比如，在机器人与高考学生的对话中，用户先询问"清华大学怎么样"，机器人在给出评价结果的同时，也给出下一轮问话的提示（hint）："您可以继续问我清华大学的分数线如何。"当用户采纳这个提示后，状态从"学校查询"转移到"分数线查询"；当用户不采纳该提示，接着询问"清华大学什么专业比较好"，状态从"学校查询"转移到"专业查询"。

4）γ是阻尼系数（discount factor）：代表了系统是重视当前轮的即时收益，还是未来的长期收益，$\gamma \in [0,1)$。这里可能会存在疑问，为何不完全以长期收益为评价标准。俗语说"十鸟在野不如一鸟在手"，未来预计的收益存在不确定性的风险。所以，不完全追求长期收益，而是设定一个系数来权衡当前确定的收益与未来不确定的收益。

5）R是回报函数（reward function）。通常是在某个状态s下采取某个动作a，会得到一个确定的即时收益，写为$s \times a \rightarrow R$。但有些时候收益仅与状态相关，比如走迷宫时，当状态是走出迷宫，获得100单位的收益，反之则收益为0。又比如，在机器人与高考学生的对话中，机器人给出的下一轮问话的提示（hint）："您可以继续问我清华大学的分数线如何。"对于单个用户，如果用户对该推荐感兴趣，产生了点击行为，收益为1，反之则为0。由于不同的用户（环境）面对相同的推荐（动作）会有不同的选择偏好（点击或不点击），因此状态 × 动作的收益应该是推荐内容的点击率。

MDP的动态过程如下：某个智能代理（agent）的初始状态为s_0，然后从A中挑选一个动作a_0执行。执行后，代理按P_{sa}的概率分布转移到了下一个s_1状态，$s_1 \in P_{s_0 a_0}$。然后再执行动作a_1，就转移到了s_2，接下来再执行动作a_2，……整个过程可以用下面的图表示。

$$s_0 \xrightarrow{a_0} s_1 \xrightarrow{a_1} s_2 \xrightarrow{a_2} s_3 \xrightarrow{a_3} \cdots$$

如果读者对隐马尔可夫模型（HMM）有所了解的话，那么理解起来会比较轻松。

经过上面定义的转移路径后，得到的收益之和为$R(s_0, a_0) + \gamma R(s_1, a_1) + \gamma^2 R(s_2, a_2) + \cdots$。如果收益仅与状态有关，那么上式也可以写为$R(s_0) + \gamma R(s_1) + \gamma^2 R(s_2) + \cdots$。

增强学习的目标是选择一组最佳的动作，使上述收益最大化，即$\max[R(s_0) + \gamma R(s_1) +$

$\gamma^2 R(s_2)+\cdots]$。解决这个问题，有两种常见的方法：MDP 和 Q-learning。

（1）适合已知大量历史交互数据的 MDP 算法

如果基于大量的历史数据可以充分地计算五元组（S, A, $\{P_{sa}\}$, γ, R）的内容，那么最优动作的计算就变成了一个确定的问题。在状态 s 下采用行动 a，获取的长期收益 Q 可以用如下公式计算（如图 7-13 所示）：Q（s, a）＝即时的收益＋衰减系数 ×（所有可能转移状态的概率 × 该状态下的长期收益）。当计算清楚 Q 后，在某状态下的最优策略就可以选择长期收益 Q 最大的动作。

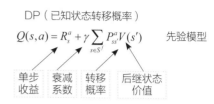

图 7-13　MDP 模型计算长期收益 Q 的方法

下面逐一说明每一项的计算方法。首先，可以基于历史数据计算状态转移矩阵的概率。$P_{s_1 s_2}^a$ 表示在状态 s_1 下，智能代理采取动作 a，状态转移到 s_2 的概率，即

$$P_{s_1 s_2}^a = \text{count}(s_1, s_2, a) / \text{count}(s_1, a)$$

价值矩阵的计算公式如下：

$$V_{k+1}(s) = \sum_{a \in A} \pi(a \mid s) \left[R_s^a + \gamma \sum_{s' \in S} P_{ss'}^a V(s') \right]$$

式中，π（$a|s$）采用贪婪计算的方法，基于当前的 Q 选择长期收益最大的动作，选择的 π（$a|s$）是 1，未选择的则是 0。公式后半段的计算与标准设计一致，递归地计算长期收益。

初始化长期收益 Q 与短期即时收益 R 是一致的，之后依据公式不断迭代长期收益的取值（逐一更新矩阵中每个格子的取值），最终收敛到一个考虑了长期收益的稳定状态。

在概率 P 已知、长期收益 Q 确定的情况下，智能代理当前的最优策略是采用长期收益最大的动作。

$$\pi_{k+1} = \text{gready}(\pi)$$

可见，"在某个状态下的最优动作"和"在该状态下多个候选动作的长期收益"之间是交互迭代优化的。这与 K-means 的聚类算法类似，存在两个优化目标，先以一个为基础，优化另一个，再反过来。在多次迭代后，两个目标均优化到最优。

MDP 算法的逻辑相对明确，但从哪里获取机器人和人类的交互数据呢？对于互联网应用，大量用户的历史行为数据可以认为是一种交互行为数据。从这些数据中可以提取出用户的需求表达、应用提供的内容和用户对内容的点击行为，用于完成 MDP 算法的初始化计算。

（2）面对未知环境的 Q-learning 算法

面对未知环境的最大问题是五元组（$S, A, \{P_{sa}\}, \gamma, R$）信息是模糊的。通常，状态集合 S 和动作集合 A 是已知的（也可能是未知的，那就是更恶劣的环境），但概率 P 和状态转移的收益 R 是未知的。

在不存在历史数据的情况下，智能代理需要与环境交互来获取即时收益，并更新长期收益 Q。如果说 MDP 相当于经过大量的习题训练后，信心满满参加考试的学生，那么 Q-learning 算法相当于直接参加考试的学生，小心翼翼地在边学边考、边考边学。其中，获取即时收益 R 是相对容易的。但与 MDP 算法基于历史数据计算的方式不同，Q-learning 只能得到每次的即时收益 R。对于未知环境，核心的问题是获取到长期收益 Q，可以根据 Q 做出下一步骤的决策，这与 MDP 算法是一致的。

与 MDP 相比，Q-learning 算法有两点不同。

1）不同点 1：因为长期收益 Q 在前期长时间内是未经过数据优化的，所以不能完全根据贪婪原则选择最优动作，而要预留一定的探索空间（探索策略：一定概率选择次优解）。随着 Q 的收敛，再逐步加大贪婪的力度。所以，选择策略基于 $\epsilon + Q$，ϵ 是一个随机化因子。亦可以采用 softmax 函数将选择变成一个概率分布，选择某动作的概率与它的长期收益 Q 成正比。

2）不同点 2：长期收益 Q 的更新策略。在智能代理每次探索后，均会采用下述公式更新长期收益 Q 的取值。

$$Q_{k+1}(s,a)=(1-\alpha)\ Q_k(s,a)+\alpha\left[R_s^a+\gamma \max_{a'}Q_k(s',a')-Q_k(s,a)\right]$$

更新的结果包括即时收益 R 与转移状态后的长期收益（使用更新前的 Q）。但不能仅凭当前一次的探索，就将新结果覆盖之前累积计算的 Q 值（有可能历史累积的多次结果更加准确，一次探索存在较大的偏差）。所以，设定一个新的学习率参数 α，它代表了算法会以多快的速度更新。

完成这两个改进点的 Q-learning 过程如下所示：

1）基于迁移的历史数据，初始化状态 - 动作的价值 $Q(s, a)$；

2）根据当前用户状态 s，根据 Q 值贪婪选择动作 A（推荐什么话题）；

3）用户对推荐的话题做出相应反馈（点击某个主题），状态转移到 s'；

4）更新价值 $Q(s, a)$。

如果在现实中存在一批数据，那么可以使用 MDP 算法初始化长期收益 Q（上述第 1 步），再采用交互式的 Q-learning 算法不断更新（上述第 2 至 4 步，随着与用户的交互反复执行）。

Q-learning 的算法结构就与人类探索现实世界的过程很接近了。人类在开始并没有对世界的预先认知，认知是在不断探索的过程中一步步形成的。人们在经历了生活给予的酸甜苦辣后，形成了自己的人生观和价值观，学会怎样做人和做事。

7.3.4　应用 MDP 和 Q-learning 算法的案例

学完基础理论，下面以一个具体的人机交互场景展示 MDP 和 Q-learning 算法的效果。在每年的高考结束后，考生和家长为了报志愿，存在大量信息咨询的需求。如果各种志愿信息的查询，以交互对话服务的方式提供，不仅可以提高用户的查询效率，还可以给用户更加"亲切"的使用体验，降低用户紧张焦虑的情绪。在满足用户当前需求后，机器人会动态生成用户可能感兴趣的话题，提示用户继续咨询，以提升用户的满意度，如图 7-14 所示。

> 用户提问：武汉大学怎么样？
>
> 智能助理的回答：武汉大学是双一流大学，入选中国最美高校 top 10，……向您提供武汉大学的百科介绍和各种大学排行榜中的排名。
>
> 智能助理的推荐：您还可以继续询问"武汉大学什么专业好""武汉大学的历年分数线""华中科技大学怎么样"等问题。

图 7-14　智能助理引导高考志愿填报的对话示例

向用户推荐的问题往往与当前对话内容相关，比如用户询问"武汉大学历年分数线"，说明用户已经有明确的意向，继续推荐"武汉大学哪些专业好"更加合适，而不是泛泛地推荐"北京大学好不好""江西省一本分数线"等。由于用户多轮探讨的话题之间是关联的，如果以"尽量多的交互，让用户得到更多感兴趣的信息"为推荐策略的目标，那么推荐策略追求的不应该是单轮体验最优，而是多轮累积计算的体验最优。单轮和多轮的目标冲突在日常生活中非常普遍，比如出租车司机同时面临两个订单，一个去路途遥远的偏远山区，另一个去行程较短的繁华商业街。只从当前的订单决策，前者的金额更多，但出租车将客人送到山区后，大概率接不到订单，需空车回市区。从长远的目标看，司机应该选择后者。能够克制自己不追求短期利益，更多追求长期收益的人会有更长远的发展，这种能力称为"延时满足"。

延迟满足是指一种甘愿为更有价值的长远结果而放弃即时满足的抉择取向，以及在等待期中展示的自我控制能力。它的发展是个体完成各种任务、协调人际关系、成功适应社会的必要条件。

既然人类可以通过"延时满足"追求更长期的收益，那么策略模型也应该具备这种能力。

根据 MDP 建模，智能代理是回答高考问题的机器人，外部环境是用户。机器人的行动可能有 3 种：澄清用户问题、提供问题答案和推荐用户感兴趣的话题。推荐感兴趣的话题是一个典型可以应用增强学习建模的问题，可设定状态、动作和收益，如图 7-15 所示。

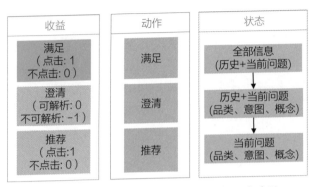

图 7-15 将增强学习的理论套入具体问题来建模

对状态、动作和收益的详细设计如下。

1）状态（state）：最理想的刻画方式是用户属性＋所有历史行为，但以此作为状态过于细致，不可能有足够的数据支持建模。所以，较现实的方法是去除一些对状态刻画不够关键的特征，比如去除用户属性、去除用户的中长期需求，甚至去除用户当前提问中的实体，只保留当前轮的"意图"作为状态。例如，一个来自吉林的用户之前询问了很多吉林大学和东北师范大学的情况，而在当前轮提问的是"哈工大的计算机专业排名"。如果只考虑"意图"作为状态描述，该用户的状态是"专业信息查询"，其他用户属性和历史行为数据均不予考虑。在高考咨询场景，用户的意图有几十个，例如学校的基本信息、不同学校之间的比较、分数线查询（一本、二本线）、专业信息查询、志愿填报信息、校园环境和住宿条件、平行志愿、高考题查询、查询分数等。

2）动作（action）：机器人的动作有 3 种类型，可以回答用户的问题（满足）；可以在查询条件不足的情况下，主动发起更多查询条件的澄清；也可以在回答问题后，向用户推荐他潜在感兴趣的话题。鉴于只对推荐话题建模，所以动作是推荐话题的意图类型，比如推荐分数线查询。

3）收益（reward）：用户点击反应了用户对推荐话题的满意程度。用户点击了推荐的话题，收益为 1，反之则收益为 0；用户得到了满足的收益也为 1，否则为 0。对于向用户澄清的话题，并不视为一种鼓励的行为，所以即使是有益的澄清，收益也为 0。

鉴于初始的数据较少，只对推荐话题的意图类型进行建模，在多个实现环节上进行简化。

1）状态刻画上做了简化，只考虑了意图，所以整个模型简化成"根据上一轮意图，推荐下一轮意图"的模型。在系统确定推荐的意图后，再填充上高相关性的实体，通过 NLG 模块生成完整的推荐句子。最后排序多个候选句，将排名较高的呈现给用户。完整的处理流程包括：推荐意图→关联实体→填充句式→排序。

2）澄清模块的控制逻辑暂时由检索模型控制，根据当前检索结果的效果决策是否发起一次条件澄清。随着业务的运营，待数据充分后，澄清部分也可以由增强学习模型控制。如果澄清环节也纳入模型，对状态的建模就不能如此简化，需要记录澄清问题相关的信息，澄清模块带来的收益也需要考虑。

由此可见，很多模块可以使用增强学习模型控制，也可以使用传统机器学习模型控制。但通常，采用 MDP 增强学习模型需要更多数据，所以优先将任务中长远影响更大的环节加入增强学习模型，一些长期影响不大的环节使用普通机器学习模型解决。

完成处理过程的案例如图 7-16 所示，用户本轮提问 "武汉大学怎么样"。首先解析出意图是 "学校信息"，然后根据增强学习算法推荐意图 "分数线查询" "选专业" 和 "条件选学校"。其次，根据用户的历史查询，排序出用户可能感兴趣的实体 "武汉大学" "湖北" "华中科技大学" 等。最后，将实体填入推荐意图的话术模板，形成完整的推荐话题 "武汉大学在北京的录取分数线" 等。上述流程会产生多个推荐话题候选，经过相关性排序后，择优呈现给用户。

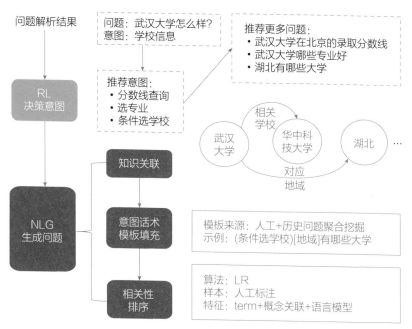

图 7-16　生成式对话推荐的算法流程

MDP 模型需要大量的训练数据驱动，而新设计的机器人是没有历史数据累计的。如理论部分的介绍，机器人向用户推荐话题的交互数据可以从用户历史使用行为中迁移过来。

根据用户个性化需求进行推荐和对话机器人的话题推荐有异曲同工的产品体验，但由于机器人的 "对话感" 更强，两者的数据分布并不相同。在初期无数据的情况下，只能迁移数据进行初始化，再通过 Q-learning 算法迭代优化。迁移数据的映射关系如图 7-17 所示。

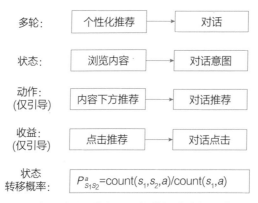

图 7-17　先验模型，将个性化推荐场景的数据进行迁移

　　状态 S、动作 A 和收益 R 的定义在两个场景间可以无缝迁移。概率 P 亦是如此，计算方法也是相同的，即 $P^a_{s_1 s_2} = P(s_2 \mid s_1, a) = \text{count}(s_1, s_2, a) / \text{count}(s_1, a)$。根据推荐场景下的用户意图演变数据可以计算出概率 P。在推荐场景下，用户浏览内容的主题为当前状态，内容下方展示的新推荐是模型的动作。假设在当前内容下方展示了 8 个推荐，那么以用户选择一个点击，开始浏览下一个内容（用户点击后跳转到新内容）为转移状态，可以生成 8 个计算概率的样本 $P(s \mid s, a)$。

　　在使用迁移数据完成 MDP 模型的初始化后，如理论部分的介绍，基于 Q-learning 模型进行上线后的迭代优化。

　　下述是一个模型表现的分析案例，可以观察到模型演变的过程：从一开始只注重当轮短期收益的基础版本模型，到通过迁移推荐数据后的注重长期收益的 MDP 模型，再到上线后能捕捉最新交互数据趋势的 Q-learning 模型。

　　如何直观地评估不同算法的推荐效果呢？可以随机选择一个问题，例如"盐城师范学院怎么样"，向聊天机器人发起一共三轮的交互。后两轮的问题选择上一轮机器人推荐的第一个问题，可形成如图 7-18 所示的交互效果。我们可以观察到不同的算法引导的多轮聊天走向完全不同。

注释

　　以下述方法可以估算不同交互结果的总收益：

　　1）统计每一个推荐结果的点击率；

　　2）人工评估每一个推荐结果的满足度；

　　3）以所有展现推荐的"用户的点击率 × 结果的满足度"加和，作为多轮交互的总收益。

　　经过计算，不难发现三者收益的关系多为：Q-learning 算法＞MDP 算法＞单轮最优算法。

a) 单轮最优模型

用户提问	推荐问题
Q1: 盐城师范学院怎么样?	盐城师范学院历年分数线
	盐城师范学院各专业分数线
	盐城师范学院和淮阴师范学院哪个好?
Q2: 盐城师范学院历年分数线	盐城师范学院哪些专业好?
	盐城师范学院各专业分数线
	盐城师范学院和淮阴师范学院哪个好?
Q3: 盐城师范学院哪些专业好?	盐城师范学院在江苏英语分数线
	数学与应用数学的就业前景
	汉语言文学哪些学校好?

b) 多轮最优模型 MDP

用户提问	推荐问题
Q1: 盐城师范学院怎么样?	盐城师范学院和淮阴师范学院哪个好?
	盐城师范学院历年分数线
	盐城师范学院各专业分数线
Q2: 盐城师范学院和淮阴师范学院哪个好?	淮阴师范学院怎么样?
	盐城师范学院历年分数线
	淮阴师范学院全国排名
Q3: 淮阴师范学院怎么样?	淮阴师范学院历年分数线
	淮阴师范学院各专业分数线
	江苏有哪些大学?

c) 多轮最优模型 Q-learning

用户提问	推荐问题
Q1: 盐城师范学院怎么样?	盐城师范学院历年分数线
	我能上什么学校?
	什么叫平行志愿?
Q2: 盐城师范学院历年分数线	我能上什么学校?
	盐城师范学院各专业分数线
	江苏有哪些二本学校?
Q3: 我能上什么学校?	徐州师范大学历年分数线
	徐州工程学院各专业分数线
	淮阴师范学院哪些专业好?

图 7-18　三个模型在类似场景下的表现词界

对于单轮最优模型和 MDP 模型，后者达到了"更重视未来潜在收益，而不是当前收益"的效果。当用户询问"盐城师范学院怎么样"时，模型推荐"盐城师范学院的历年分数线"的单轮收益是最好的。这是因为它与用户需求最相关，点击率也最高。但这个话题是相对收敛的，经过几轮询问，用户将一所学校方方面面的信息浏览完毕后会选择离开。但 MDP 模型的推荐"盐城师范学院和淮阴师范学院哪个好"则引入了一个新的关注点——"类似的学校"。这种推荐策略会不断地将话题开放，聊得越久可聊的东西也越多。

对比 Q-learning 模型和前两个模型，Q-learning 模型可以根据最新的线上数据调整决策。Q-learning 模型的推荐结果会在高考出分（7 月下旬）前后剧烈变化。这是由于用户在出分前后，感兴趣的主题是完全不同的。出分前更多是对院校和专业信息的了解，而出分后则是关心不同学校的分数线，以及自己能申请的学校范围。从案例中可见，Q-learning 模型很好地捕捉了这些新出现的需求，而 MDP 模型因为缺少最新数据的输入，并不能根据与用户的交互来改进自己的行为。

第三部分

商业与战略

第8章

认知新技术：区块链

最近几十年，随着人类科技爆发性发展，新技术和应用层出不穷。"科学技术是第一生产力"得到了非常充分的诠释和证明，科技成为推动经济发展最重要的驱动力。过去，国家间通过武力来实现征服和掠夺；到了现代社会，国家之间的竞争就变成了科学技术间的相互竞争，甚至可以说是"得技术者得天下"。所以，现代企业想要生存和发展，就必须保持对新技术的敏感性，积极捕捉新技术应用推广所产生的红利，一方面可令自身发展获益，另一方面还会给社会创造福利。基于以下要素，本章将以区块链技术为例，谈谈如何认知新技术及如何基于新技术布局业务战略。

1）阅读到本章的读者多数已经掌握了 AI 技术，需要选取一个全新的技术才能让读者更好地体会研究新技术的方法论。

2）区块链与 AI 同样是前景远大的技术，值得本书的读者储备。

3）对于区块链技术，各种观点众说纷纭，以此为案例可以体现"深入独立的思考能力"的重要性。

认知和应用新技术的方法论涉及三个主题，分别是怎么深刻地理解技术，怎么认知应用场景的本质，以及如何制定切入市场的业务战略。下面就以区块链技术为载体，探讨这三个主题的方法论。

- 主题 1：从创造者的视角理解技术。
- 主题 2：用抽象逻辑梳理应用场景。
- 主题 3：从商业本质来制定战略。

8.1 从创造者的视角理解技术

怎样才能够深刻地理解技术呢？照搬教科书式的学习方法肯定是不行的。比如我们现在的很多课本都喜欢讲"是什么"，但不习惯讲"为什么"。其实，知识背后所蕴含的思考过程（如"科学家是怎样发现或发明这些知识和技术的"）比知识本身重要得多。要真正理解一项技术，需要回到技术创造者的视角，将这个技术重新创造一次。

那么，以区块链和比特币为例，创造者中本聪的思考路径是什么？

现在,我们来一起回溯他设计比特币的思考过程。这个过程可分为六个步骤,如图 8-1 所示。

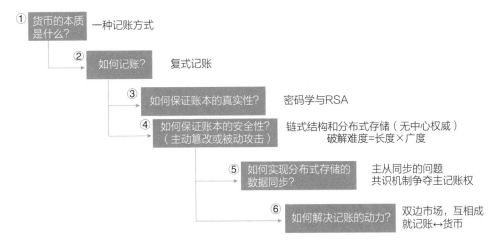

图 8-1　中本聪设计比特币的思考过程

- 步骤 1：既然要发明一种电子货币,首先要思考清楚"货币的本质是什么"。
  答案：基于货币发展史的研究,货币的本质是一种记账方式(人与人之间价值或债务的交换)。
- 步骤 2：如何记账?
  答案：采用复式记账方式,不仅可以计算账户余额,还同时记录了账目流程。
- 步骤 3：如何保证账本的真实性?
  答案：通过非对称加密(RSA)算法来保证账本记录的真实性。
- 步骤 4：如何保证账本的安全性,以避免账本存储者主动篡改或被外界攻击?
  答案：设计了两种方案来加强安全性。第一,采用链式结构存储,每一个新的记录均含有对之前所有记录的哈希校验,使得任何一个模块内容的修改,均要修改它之后所有模块的内容(校验值)。第二,使用分布式存储的方式,去除权威的中心化存储节点,使得多个节点之间互相监督,避免某个存储节点的所有者主动篡改内容。
- 步骤 5：如何实现分布式存储的数据同步?分布式存储需要进行数据同步,传统的解决方案是主从同步,即以某个服务器(主节点)为准,其他服务器(从节点)定期复制它的数据,担任主节点的机器拥有主记账权。传统的主从同步方案使分布式设计带来的安全性失效:主节点具有篡改数据而不被发现的能力,因为其他节点均向它看齐。为了保持互相监督的效果,怎么把主记账权不固定给一个节点,而在所有节点中分享呢?
  答案：设计一种共识机制,基于每个节点贡献的算力来分配主记账权。因为没有人能够拥有全网的算力，所以主记账权也不会被垄断。

- **步骤6：如何解决记账的动力？**截至前五步，比特币和区块链的基本框架形成了。但为什么会有人愿意提供机器资源帮忙记账呢？

  答案：给予经济回报是最直接的动力。中本聪设计了一套双边市场，让双方互相提供价值。当有人提供算力和存储资源参与记账的时候，根据提供算力的多寡，给予相应数量的比特币。参与比特币计算的资源越多，比特币的账本就越安全，愿意使用比特币结算的需求方也就越多。需求的增加会推高比特币的价格，进一步拉动更多人提供资源参与记账。

下面详细说明这六个步骤的思考和实现细节。从这六个步骤可见，精巧的技术并不是无迹可寻的神来一笔，而是创造者针对问题场景，一步步思考和设计所得。从这个角度看，中本聪同时也称得上是一位优秀的产品经理。

8.1.1 货币的本质是什么

纵观货币从无到有的演化过程，货币随着社会物产的丰富，从简单的物物交换进化成电子账户上的数字变化，如图 8-2 所示。

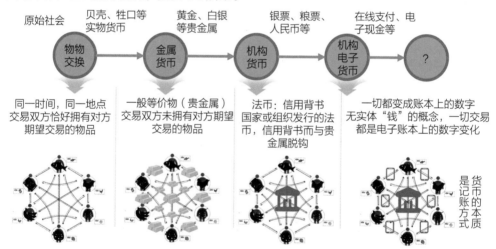

图 8-2　货币的演变过程

货币在交易过程中始终扮演着资产转移的媒介（一般等价物），这种媒介本质上是一种记账方式。诸多考古发现均印证了纸质货币的最初诞生目的是用于记录债务。无独有偶，英格兰银行以政府债务的形式（以主权和税收为抵押）发行了第一个现代法币——英镑。

为何说货币的本质是一种记账方式呢？以英镑为例，英格兰银行以政府债务的形式发行了英镑，普通人持有英镑就等于持有了政府的债务。因为政府有主权和税收的能力，所以民众相信政府不会赖账，至少可以用英镑缴税或购买政府的公共服务。债务的稳定性使其具有了流通的能力，老百姓之间的交易也以债务转移的方式进行记录。

8.1.2　如何记账

传统复式记账是基于账户的记账方式。中心化机构为每个用户开户、销户、记录余额、管理账户交易记录等。记录的内容如图 8-3 所示，每个账户只记录实时的余额，难以追踪交易发生的过程。

新型复式记账是一种基于交易的记账方式，称为 UTXO（Unspent Transaction Output，未消费的交易输出），如图 8-4 所示。这种方法记录交易的输入（上次交易余额）和输出（下次交易余额）状态，聚焦于输出端，保证每次交易余额可靠。与传统记账方式相比，新型复式记账还可以记录交易的过程。它是通过指针的方式查到每个账户的交易余额，以免发生账户余额不足以支付当前交易的情况。

起始情况：A账户有12.5元，B账户0元，C账户0元

账户	余额（元）
账户A	12.5
账户B	0
账户C	0

A向B支付了2.5元

账户	余额（元）
账户A	10
账户B	2.5
账户C	0

A向C支付了2.5元　B向C支付了2.5元

账户	余额（元）
账户A	7.5
账户B	0
账户C	5

图 8-3　传统复式记账方法

起始情况：A获得奖励12.5

交易号　#1001		
交易输入	交易输出（UTXO）	
挖矿所得	账单号　数额　收款人地址	
	（1）　12.5　A	

A向B支付了2.5

交易号　#2001		
交易输入	交易输出（UTXO）	
资金来源	账单号	数额	收款人地址
#1001（1）	（1）	2.5	B
	（2）	10	A

A向C支付了2.5，B向C支付了2.5

交易号　#3001		
交易输入	交易输出（UTXO）	
资金来源	账单号	数额	收款人地址
#2001（1）	（1）	2.5	C
#2001（2）	（2）	2.5	C
	（3）	7.5	A

输入端

输出端

每次交易的输入输出记录类似水管的水流进出，**输入水量＝输出水量，且仅为单向流动**

如果用户交易后有剩余的比特币，必须创造一笔拥有第2个目标地址的UTXO记录

图 8-4　新型复式记账方法

8.1.3 如何保证账本的真实性

通过非对称加密算法（RSA），确保每笔交易的双方和内容都是真实的。

非对称加密算法 RSA 采用互相匹配的公钥和私钥，其中公钥对外公开，私钥仅用户本人持有。非对称加密算法的常见用法有两种：

- 场景 1——信息保密：A 向 B 发送一条加密信息，A 用 B 的公钥加密，B 用自己的私钥解密。只有 B 能解密 A 发送的信息，因为只有 B 才拥有自己的私钥。
- 场景 2——验证身份：A 向 B 发送一条加密信息，A 用自己的私钥加密，B 用 A 的公钥解密。如果 B 能够正确解开信息内容（不是乱码），则说明这条信息确实是 A 发送的，因为只有 A 才拥有自己的私钥。

基于公私钥和哈希值的校验，可确保交易的确由发起方产生且内容没有被篡改，具体方案如图 8-5 所示。当 A 转账给 B，A 以其私钥签名，并生成可校验交易内容的哈希值。当该交易信息发送到外部的任何一个节点时（以广播的模式传输，所以第三方可以公开收到），该节点会使用 A 的公钥进行解密。如果能够正确解密，则说明该信息确实是 A 发送的。之后，利用重新计算消息内容的哈希值来校验信息有没有被篡改。如此就保证了账本的真实性，包括每笔交易的双方身份和交易金额。

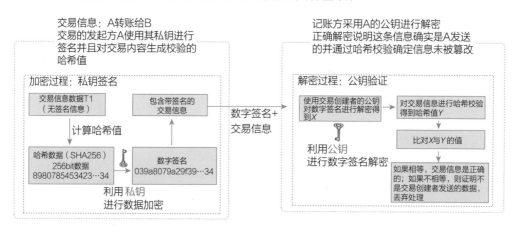

图 8-5 通过公私钥和哈希校验完成账本记录的真实性校验

8.1.4 如何保证账本的安全性

账本内容的安全性威胁来自两个方面：

- 威胁 1——主动篡改：存储账本机器的拥有者根据利益需要，篡改账本内容。
- 威胁 2——被动攻击：外部黑客对存储账本的服务器发起攻击，篡改和毁坏账本内容。

　　针对威胁 1，采用分布式存储的方案可防止存储节点主动篡改账本内容。账本同时备份在多个独立的节点，每个分布式节点均拥有完整的交易记录数据，它们之间会相互监督。若要篡改交易记录，必须同时控制分布式网络中 51% 以上的存储节点才能成功（这时，49% 的节点会根据少数服从多数的原则同步修改信息）。

　　针对威胁 2，存储账本采用链式的数据结构，能极大加强账本的校验能力。按照时间顺序，将交易信息分区块存储，后一个区块内容中含有对前一个区块内容校验的信息。因为校验信息相当于把后续区块和之前的区块内容链接起来，所以被形象地称为区块链。若要篡改某区块内的交易记录，须同时修改链上的所有后续区块，否则后续区块会校验失败，使得任何篡改均无所遁形。所以，区块链的长度越长，历史记录的安全性越高。在较短时间内，计算并修改某个区块中的交易记录，并同时更新所有后继区块的校验值几乎是不可能的。

　　分布式存储和链式数据结构的设计结合起来，区块链的安全性得到进一步的提高，如图 8-6 所示。破解区块链的难度等于分布式存储的节点个数（广度）× 链式数据结构（长度）。修改历史记录需要同时修改 51% 的节点，并且在极短时间内（下一个区块产生之前）重新计算修改记录所在区块的所有后续区块的校验值。当区块链较长且参与记录的节点较多时，基本没有任何人能够拥有完成此事的计算资源。

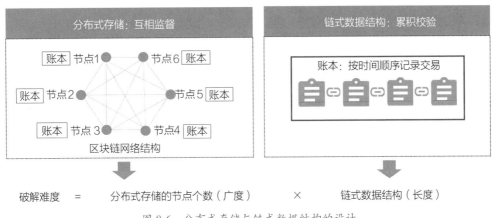

图 8-6　分布式存储与链式数据结构的设计

8.1.5　如何实现分布式存储的数据同步

　　主从同步是解决分布式存储中数据同步问题最常见的方法，如图 8-7 所示。但采用这种方案，无论是在计算还是存储环节，均有中心化的节点存在，违背了上述通过分布式存储让节点之间相互监督的设计初衷，主从同步中的主节点又有了私自篡改账本内容而不被其他从节点监督的能力。

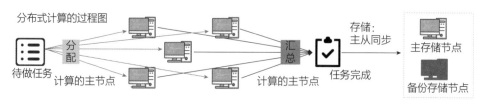

图 8-7 采用主从同步方法的分布式计算过程

那么，如何彻底地实现去中心化呢（避免安全隐患）？解决方式是创造一套共识机制，让所有节点均有机会分享主记账权（主节点的职能），且分配依据应该是通用化的，可以适配到所有的节点。不难发现，无论参与区块链网络节点的是什么设备（矿机、服务器、个人计算机、手机等），每个节点都需要具备通用的能力——计算。所以以算力作为主记账权的分配机制，可以使主记账权再度分散化。

如图 8-8 所示，当一些待记录的交易信息产生时，所有的节点会计算一个数学难题（暴力找到符合某些规律的哈希函数），每个节点破解这道数学难题的概率与它们自身的算力成正比。假设某个节点 A 率先得到了这个哈希函数，那么它会全网广播这个消息，同时获得主记账权。其他节点校验了 A 发布的消息后会达成共识：放弃这轮计算，以 A 为主节点来同步区块链的记录。在下文将会提到，获得主记账权的节点会同时获得系统的比特币奖励（类比黄金）。所以，参与区块链网络的节点称为矿工，破解数学难题、抢主记账权的过程称为挖矿。

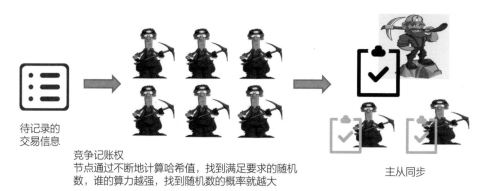

待记录的
交易信息

竞争记账权
节点通过不断地计算哈希值，找到满足要求的随机
数，谁的算力越强，找到随机数的概率就越大

主从同步

图 8-8 各节点争夺记账权的过程

由于每个节点均有获得主记账权的概率，因此这就实现了一个去中心化的主从同步过程。不选择其他能力，依据算力分配有两个好处：

- **好处 1**：依据求解数学问题的方式来衡量算力。同时，因暴力破解不可逆函数的计算是无法造假的，这就达到了通过数学理论保证安全性的目的。
- **好处 2**：算力是计算机的原始能力。理论上，无论参与方的软硬件配置如何，均有机会参与到区块链网络中。不过在现实操作中，大家都已认识到，针对共识机制采用的数据问题，经过特殊优化过的矿机硬件计算效率更高。

8.1.6 如何解决记账的动力

依靠分布式账本创造了虚拟货币，通过给记账的劳动者（矿工）发币激发其参与动力，中本聪设计了一套相互提供价值的双边市场，使得比特币这个封闭的金融系统实现正向循环。如图 8-9 所示，参与记账的人数越多，账本的安全性就越高；当账本变得更加安全可靠后，就会使更多人信赖并使用虚拟货币进行交易；当有更多人使用虚拟货币后，虚拟货币本身的价格就会上涨；而虚拟货币的价格上涨，又会令记账者通过记账得到的虚拟货币价值上升，进而吸引更多的人参与记账。整个过程就形成了一个正向循环。

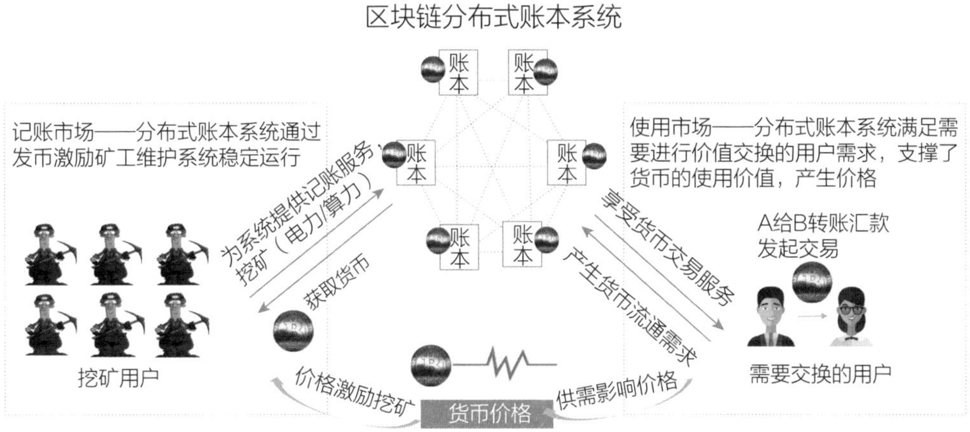

图 8-9　互相促进的双边市场，形成正向循环的生态

在完成上述六个步骤后，比特币及其底层的区块链技术就形成了一个完整的系统。当中本聪按下比特币系统的启动键之后，作为一个自运营系统，就无法人为再控制其运行方式，包括中本聪这个创造者本人。

交易从发生到被记录的全流程如图 8-10 所示。当一笔交易发生时，发起方在区块链网络中广播该交易。每个收到交易信息的节点进行解密校验，并根据该笔交易形成的区块内容进行数学计算（暴力破解不可逆函数）。首先完成数学计算的某个节点 A 会广播消息，证明自己已完成工作，并享有主记账权。当节点 A 的工作得到网络中大部分（例如超过 50%）节点承认时，实现区块记录并得到一定数额的比特币激励，其他节点则放弃这个区块的数学计算，并同步来自主记账权节点发出的区块记录。之后，所有的节点开始寻找和计算下一个区块的记录，并开始争夺下一个区块的主记账权。

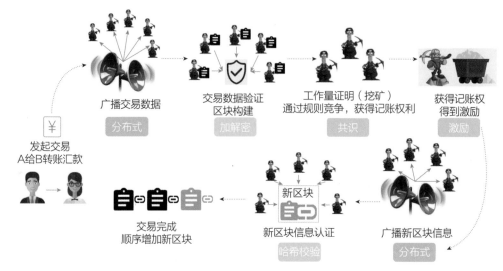

图 8-10　交易从发生到被记录的全流程

广播交易数据　分布式

交易数据验证
区块构建　加解密

工作量证明（挖矿）
通过规则竞争，获得记账权利　共识

获得记账权
得到激励　激励

发起交易
A给B转账汇款

交易完成
顺序增加新区块　哈希校验

新区块信息认证
新区块

广播新区块信息　分布式

上述就是中本聪思考和设计比特币的整体流程。读者是否对比特币和区块链技术有了更深刻的理解呢？所以，掌握技术的最佳方式是站在创造者的视角来一起经历一次发明的过程。当我们做到对技术"知其然，知其所以然"时，会带给自身两个好处：第一，理解是改进的基础，有了深度的理解才能做更好的改进，例如当下的区块链技术还有很多尚待优化的地方；第二，只有理解了技术的本质，才能更好地拓展应用，获得新技术带来的市场红利。

8.2　用抽象逻辑梳理应用场景

8.2.1　"链圈"应用的内在逻辑

近年来，笔者也通过不同渠道看到或听到了许多关于区块链应用的演讲，这些演讲大部分侧重于介绍区块链在金融、医疗、电商、法律等不同行业的应用，但很少提到为什么区块链可以适用于这些应用，以及应用过程中存在什么问题。所以，笔者将就以上问题着重为读者进行说明。

如图 8-11 所示，笔者在几种区块链应用的典型场景中，总结了其应用中的四种驱动力。

- 驱动力 1：中心化存储和处理信息的安全性较低，比如银行的中央数据库可能被黑客攻击。
- 驱动力 2：存在恶意泄露隐私信息的问题，比如部分医疗机构可能泄露病人隐私信息。

- 驱动力 3：生产或交易环节中信息 / 价值的传递效率低，比如供应链上下游关于生产和运输商品的信息传递不透明。
- 驱动力 4：具有中心优势的机构收费过高，比如号称共享经济的 Uber，在司机和乘客之间收取不菲的中介费。

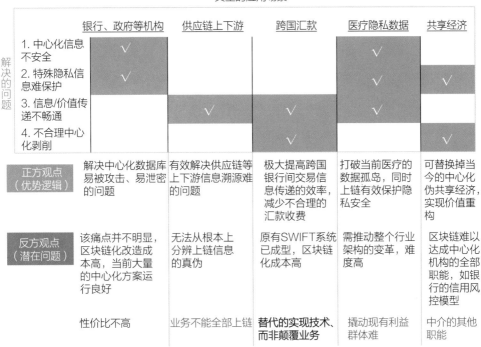

图 8-11　区块链应用的本质性总结

以上区块链应用中存在的四种驱动力，在不同程度上适用于各种不同的行业领域。抽象思维使得人们对各个行业为什么能应用区块链有更本质的认知。当然，凡事都有两面性，既然有了驱动力，也就必然会有阻力，具体阻力内容读者可参见图 8-11。

目前，区块链在各行业应用大部分都处于这种博弈状态，未来决定区块链在某个行业应用前景的除了技术本身外，更与政策、商业模式变革、人们的生活习惯等诸多外部因素紧密相关，现在来评判区块链的是非成败，还为时尚早。

8.2.2 区块链技术应用的案例

1. 案例 1：供应链领域

一件商品从收集原材料到生产出成品，再到通过各种销售渠道最终到消费者手中，整个过程涉及了供应链的诸多环节。由于供应链各环节之间的信息难以打通，就为产品的真伪和质量埋下了隐患。例如很多知名品牌一直屡禁不止的假货问题，严重威胁到婴幼儿健康的奶粉造假问题，让很多人都深恶痛绝。

如图8-12所示为笔者以饼干为例，整理出的部分生产流程图。一方面，因饼干的形态在不同的阶段会出现较大的变化（小麦→面粉→饼干），故而普通消费者难以通过外观、味道等来判断其质量。另一方面，饼干整体供应链具有复杂的权属关系（原厂、代加工厂、总代、分销等）和上下游关系（原料、生产、运输、销售等），由于现实中这些不同企业的生产销售信息相互独立，没有实现全产业链的信息共享，因此消费者无法仅通过销售方或生产商就能百分之百相信商品的质量。

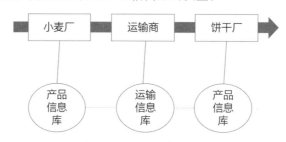

图 8-12　产业链不同环节掌握了不同的信息

区块链可以在去中心化的基础上，通过信息共享建立供应链上下游信任关系，实现商品的溯源和防伪，如图8-13所示。这不仅能给原厂的渠道管理和政府监管带来巨大的帮助，还能让消费者轻易查阅到可信的商品原材料、生产和运输的信息，从而对商品质量更加放心。

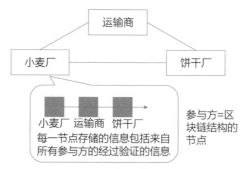

图 8-13　通过区块链技术提升信息透明度

不过，在供应链场景中应用区块链存在两个难以解决的问题：一是如何保证上链的信息本身是真实的，因为上链的信息有部分依赖参与方的主动录入；二是现实过程中不是所有的生产和流通环节都能上链，比如生产企业如实上传了产品的相关生产和检验信息，但在现实中存在线下被人偷换成质量相对较弱的一批产品。所以，通过对案例1的分析，我们可以得知根据现有的技术能力，严重依赖线下环节的一些业务在普及区块链的过程中还存在不少问题。

2. 案例 2：跨国汇款

在跨国汇款中，通过区块链来提高汇款效率并降低手续费是现在经常被提到的案例。由于各个国家之间很难建立具备中心化特征的跨国金融机构，而每个国家自身的中心化机构（如央行）都有自己的一套账本模式，这就导致开展跨国汇款的银行在对账时，要先对标国际统一结算机构 SWIFT 的相关标准，再经过多步烦琐的操作才能实现，如图 8-14 所示。这就导致跨国汇款的收付款间隔时间较长，收费较为昂贵。

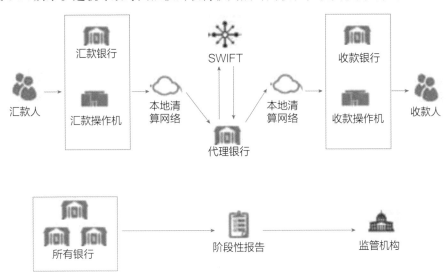

图 8-14　所有银行需要向中心监管机构同步数据以实现清算

区块链可以认为是一种安全的共享账本系统，多个银行可以利用数字货币作为转账的中介，不仅实现了高效而透明的支付方式，而且因账本不可篡改，所以安全性极高。不过，目前呼吁银行采用区块链技术提高效率并缩减中介费的更多是一些行业外人士。为什么身为行业内的银行反而并不热衷呢？首先，银行使用区块链技术只是对现有 SWIFT 系统进行后台的技术升级，用户的感知并不强烈，且对于大部分用户来说，跨国汇款还是一种低频行为，时效性和收费并不是最重要的影响因素。既然用户的需求并不强烈，银行自然也就没有多大的动力去推动了。其次，对于跨国汇款这种相对低频的交易，目前的 SWIFT 系统基本能够解决问题，系统升级所需的成本与获得的收益是否匹配，银行还需要评估和权衡。

通过对案例 2 的分析，对比案例 1，可以发现技术并不是最大的实现阻力，反而市场需求和商业利益才是区块链普及的最大障碍。

3. 案例 3：医疗信息领域

医疗信息和数据的互联互通是医疗改革的重要方面，区块链在其中拥有广阔的应用空间。目前，患者的医疗信息存储在各个医院的数据库系统中，之间并无互联互通，形成了一座座信息孤岛，这就在很多方面带来了负面影响，如政府无法全面监管全民医疗情况、各医疗机构无法获取足够多的科研数据（某些罕见病单一医院的病例较少）、病人无法跨院问诊或远程医疗时调取医疗记录等，如图 8-15 所示。除此以外，由于医院并不是专业的技术机构，因此对于数据系统的安全管理能力有限，不法分子容易窃取数据，导致患者隐私信息泄露，并被非法交易。

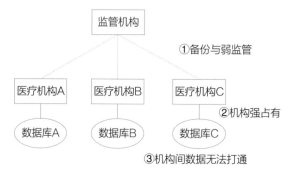

图 8-15　医疗数据的几个问题

　　基于区块链技术的电子病历系统如图 8-16 所示。在用户授权的情况下，多方机构均可获取所需的医疗记录，为病患提供更好的服务，既解决了数据安全和隐私的问题，也有效打通了患者、医疗机构、保险公司和监管机构的数据，解决了政府监管机构、医疗科研场所、保险公司、患者就医体验等多方面的问题。

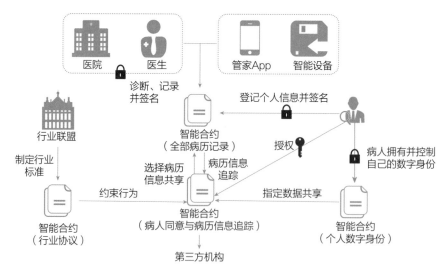

图 8-16　基于区块链技术解决医疗行业信息共享的方案

虽然方案设想很美好，但要真正实现医疗信息的共享并不容易，具体原因在本书的医疗应用部分详细论述。对于这样传统的行业，如何进行改革实现利益的再分配呢？目前看只有政府牵头，通过一定的行政力量才有可能推进基于区块链技术的电子病历的落地。

通过对案例 3 医疗行业的分析，可以得到阻碍区块链发展的另一大阻力，即掌握行业势力的传统机构，如果对区块链应用持负向态度，就很难通过纯技术途径来撬动行业格局以改变现状。

4. 案例 4：共享经济领域

近些年，共享经济在全球方兴未艾，典型如 Airbnb 和 Uber，分别实现了住宅和私家车的共享。这些企业激活共享经济市场的同时，也通过抽取佣金的方式获取了高额的收入。所以，现在已经有越来越多的人在质疑中心化平台利用市场垄断地位，攫取大量应属于交易双方的市场福利。人们期望通过区块链实现的共享经济可以去除中心化平台，降低或避免佣金支出。

以某用车平台为例，某用户打车从中关村到西二旗，不拼车车费约 30 元，拼车车费约 20 元，多数拼车服务中，每辆车最终都会安排坐 2 位以上的乘客。但通过一定规模的司机走访，统计后发现拼车的行程与不拼车相比，司机仅有小幅的收入提升，大致情况见表 8-1。

表 8-1　用车平台在拼车服务上赚取高额的中介费

	用户 / 元	平台 / 元	司机 / 元
不拼车	-30	$+5$	$+25$
拼车（3 人）	$3 \times (-20)$	$+30$	$+30$
福利分配	$3 \times (+10)$	$+25$	$+5$

平台在开展拼车业务时，其定价仅将少部分收入让利给乘客和司机，剩余大部分收入都落入自己囊中。类似地，金融、旅游、房产等行业的中介机构也都以相似的模式盈利。由于区块链技术记录交易安全性高、透明性好且不可篡改，因此存在降低中心平台对交易控制力的可能性，从而使收入分配更加合理。

但取代中介并不是一件简单的事情，因为很多时候中介充当的不仅仅是信息记录者，同时还具备了很多其他功能，如传统银行业务中，银行除了对接资金双方信息，还一定程度上提供风控、催收等职能，帮助资金出借方降低风险。所以，区块链应用面临的最后的重大难题就是提供的功能过于单一，目前仍局限于信息记录，对于一些复杂的中介业务能力仍不足。

8.2.3　区块链技术应用的三个阻碍

通过对上述案例的分析，阐述了当下区块链技术的应用中存在的问题和阻碍，进一步总结可归为三类。

· 问题 1：线下业务对区块链的困扰

很多涉及线下的实际业务中，区块链仅能保证已上链信息不被篡改，但上链前的信息如何保真，就无法监管和鉴别了。此外，基于区块链的智能合约只能提供线上约束和强制执行，但如果合同中涉及了线下的实物或资金交割，区块链也是爱莫能助，如图 8-17 所示。

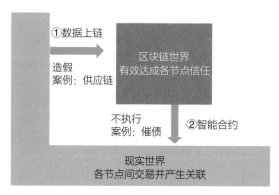

① 数据上链：部分物理信息难以上链且难以判别数据真伪
② 智能合约：部分物理对象难以通过智能合约执行

图 8-17　线下业务对区块链的困扰

· 问题 2：利益的创造和再分配

在案例 2 和案例 3 中，我们提到了基于区块链技术可以改善当前的跨国汇款和患者就医等问题。但由于这两个案例中，涉及新模式下商业利益的创造和再分配，因此现有利益方银行和医院都兴趣寥寥。

不少想基于区块链改造行业的创业者都喜欢提一些有情怀的愿景。比如区块链＋音乐版权的产品 Tune，三名创始人中有两名是著名歌手。他们站在歌手的角度提出："我们要捍卫自己的版权，用户可以直接付费给我们，而不是音乐平台拿走大部分收入。"鼓舞人心的愿景背后，核心其实依然是利益诉求，他们期望构建去中心化的音乐平台，让创作者和歌手们获取更多的收入。

但该愿景在现实中很难落地，这是因为现有的音乐发行平台不仅是版权音乐的分发，还承担了市场推广、音乐营销等其他职责。经济学中的科斯定律告诉我们："情怀是打不过利益的。"版权会流向能将音乐创造出更大市场价值的角色，这个角色毫无疑问是音乐平台。对于同样的音乐，音乐平台可以通过算法或广告等各种手段，向部分或所有用户进行营销和推广，扩大收听率和下载量，但目前区块链还做不到这点。所以，在现在的模式下，即使平台拿走了其中的绝大部分收入，创作者的获利依然是可观的。所以当区块链技术对抗某行业中的商业大玩家时，"发币"是经常被人提起的策略，其目的就在于通过经济利益调动参与者的积极性。

公平地讲，音乐平台提供的服务不仅仅是分发音乐和记录版权交易信息。如果创业者们只构建版权交易记录的区块链，是无法满足音乐听众和创作者之间的中介条件的。但如果将音乐的分发 App，音乐相关活动的运营等职能都做了，那么与传统的音乐平台又有什么区别呢？

·问题 3：区块链的功能相对单一

现实社会中，很多中介承担的都不仅仅是信息汇集和匹配的工作，还承担了很多其他的服务功能。例如在金融信贷业务中，中介机构不仅承担吸收存款和发放贷款等职责，还承担了鉴别和管理信贷风险等核心金融服务，以保证贷款的顺利收回并盈利。金融中介服务最关键和最核心的点还是在于信用风控模型，这也是金融机构投入巨大人力和物力构建的。前几年 P2P 业务风行一时，当时其最大的宣传点就是"以区块链技术构建去中心化的交易平台，防止中心化的中介在其中获利"，但是时至今日，P2P 金融平台在短暂的火热后又归于沉寂，有不少投资者甚至血本无归，国家也禁止各地继续推行 P2P 业务。P2P 失败的根本原因之一，就是在资金借贷过程中，缺少必要的风险甄别和管理过程，特别是对于很多风险意识低的个人投资人来说，如果没有机构在风险方面进行把关，自身根本就不知道如何对借款方的资质进行评估。

如图 8-18 所示，在实际业务中，中介通常提供四项服务来解决四项问题：

• 供需匹配解决"交易对手难寻"问题；
• 辅助定价解决"定价难以合理"问题；
• 第三方存档和监管解决"交易过程难保障"问题；
• 交易中全程服务来提升双方满意度解决"相关服务难跟进"问题。

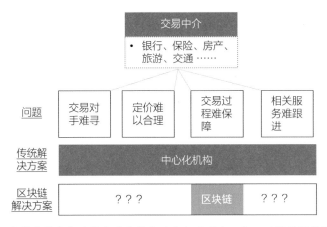

图 8-18　代替交易中介的技术需要能实现中介的所有职能，而区块链并没有做到

如果区块链只解决了中介业务中的某个环节问题，那更适合作为中介平台升级自身业务流程和 IT 系统的手段，而不是颠覆或取代中介。所以，这就解释了为什么短期内区块链无法取代金融、保险、旅游和交通等多个行业的中介服务。

8.2.4 "链圈"应用的总结

任何一个链圈的应用均可以从两方面思考归纳（见图 8-19）：一是业务中是否存在与区块链四项驱动力重合的痛点？二是应用场景中是否存在区块链落地的三种阻碍？如果业务痛点和区块链驱动力重合，又没有任何阻碍问题，那么就大胆地投身去做吧！

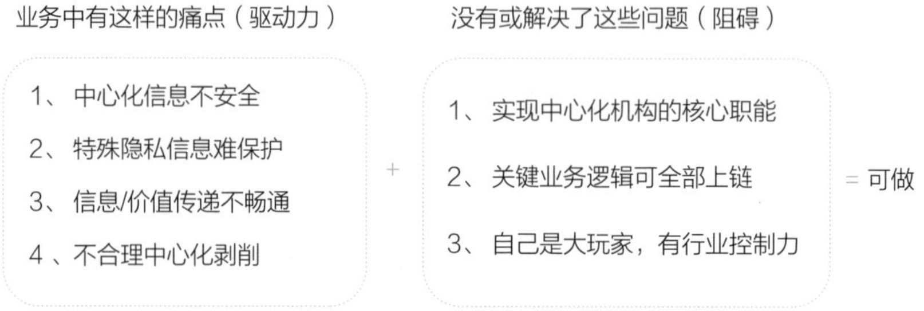

业务中有这样的痛点（驱动力）　　　　　没有或解决了这些问题（阻碍）

1、中心化信息不安全　　　　　　　　1、实现中心化机构的核心职能
2、特殊隐私信息难保护　　　+　　　2、关键业务逻辑可全部上链　　=可做
3、信息/价值传递不畅通　　　　　　3、自己是大玩家，有行业控制力
4、不合理中心化剥削

图 8-19 "链圈"应用是否可行的思考方法

泛泛地谈区块链在各个领域的应用前景有种空中楼阁的味道，必须深度抽象它背后的驱动力和阻碍才能得到有价值的方案和结论。抽象应用背后的本质逻辑，才是思考技术应用的正确方法，这样有两点好处：

1）更透彻地认知现有的应用场景，而不是停留在表层。

2）发现与开拓新的应用场景，例如可以从区块链技术的"四个驱动力"和"三个阻碍"思考任何新场景的适用性。

8.3 "币圈"应用思想的精要

受法律等原因所限，大部分国家都无法真正开展"发币"业务，所以下文笔者将对"发币"最核心的思想做简短的总结，分为"为什么要发币""为何币会值钱""如何设计发币"这三个问题，具体细节暂不展开。

8.3.1 为什么要发币

发币的目标是以货币获取经济体发展所带来的财富，并通过财富的再分配来推动组织的发展。获得财富的来源有两种，一是经济强大或生产力提高后所出现的货币流通需求，二是看好经济导致的投资需求或不合理炒作。不过两者相比，很明显前者的流通需求才是根本，后者是以前者的发展为基础的。

当然，根据法律一般企业肯定不具备发行法定货币的权利，但是在一定商业范畴内发行仅供本企业用户使用的"币"却没有问题，这就是所谓的"代币"，典型代表就是小时候人们在游戏厅换取的游戏币等。随着互联网游戏的普及，代币在日常生活中变得越来越普遍，那么为什么这些商家要发行代币呢？

众所周知，获得财富后最关键的环节就是定义财富的分配规则，以便驱动经济体持续性高速发展，这也是商家发行代币的终极目的。一般情况下，发行方有权决定货币财富的分配规则，以达成不同的目标。常见的模式有两种：

1）给自己发，用于维持和组织运营。以太坊就是典型案例。通过发放以太币，有效激励了大批参与者致力于以太坊的基础设施建设。

2）给用户发，用于开拓市场，打破既有利益者的垄断格局。迅雷玩客云就是其中的典型案例。玩客云发放玩客币补贴用户，从而以低成本迅速开拓市场。

这两个模式非常有趣，正好是初创企业最为头疼的两大难题，也是它们寻求融资的动力。以发币获取融资的模式称为 ICO，是一种比 IPO 更彻底的利益分配机制。代币的价值与区块链应用的发展深度绑定，激励所有代币持有者为平台的繁荣做贡献。

除了上述目标外，在区块链体系内流通的电子货币有助于系统的封闭性。以太坊中大量的智能合约涉及资金流转。若资金不以代币形式存在，智能合约难以有效制约各参与方的行为。例如，合约中涉及在现实银行中的资金划拨，区块链应用需要与银行系统对接，这会极大增加构建应用的难度。

8.3.2 为何币会值钱

在市场经济体制下，商品（包括货币）的价格由供需关系决定。在货币供给量一定的情况下，币值主要由需求体量决定。货币的使用需求可分为流通需求和持有需求两大类。

常见的有如下 4 种场景，其中前 3 种可归类为流通需求，第 4 种可归类为持有需求。

1）价值标准：货币作为一种标准和尺度来对市场上的其他商品或服务进行衡量。如某人每月的工资是 6000 元，那么按照现有的价值体系，他可以买大约 150kg 大米、50kg 牛肉和 125kg 食用油，当然他也可以一次性买一个手机，或者前往日本的往返机票。正是因为有了货币的价值标准，才使得原始社会的物物交换有了更加便捷的方式。除了国家印发的法定货币，代币也具有这种价值标准功能。读者可以回想一下自己打游戏的时候，是不是每种装备和升级都是明码标价的，方便衡量自己用手中的游戏币可以换取多少心仪的装备。在多数情况下，货币的发行机构需要对货币的价值信用背书。如果货币失去了公信力，货币体系就会完全崩溃。所以，一个机构发行的货币，至少要得到机构的承认，可以用于购买机构所提供的服务。

2）交易媒介：货币在有了价值标准这个功能后，非常自然地就延伸出了另一个重要功能——交易媒介。法定货币的交易媒介功能不仅可用于民众和政府之间的相互支付，还适用于各种民间的普通交易。同理，在区块链生态平台中，比特币也可用于购买其他用户提供的商品和服务，令货币的流通呈现出网状结构。

3）世界货币：货币地位被发行方以外的其他体系认可，实现在发行方体系外的流通使用，如美元的世界货币地位。目前在互联网世界中，以太坊作为最大的智能合约平台，以太币的价值是最稳定的，这就导致很多规模小一些的区块链平台发行的货币均支持与以太币兑换，或者直接使用以太币。此外，能够和外部货币互换也会增加对货币的使用需求，这对非自给自足的小经济体尤其重要。

4）价值储藏：货币具有保值和增值带来的持有需求，也就是价值储藏，而其相反面就是货币贬值，货币贬值会大大削弱甚至毁灭货币的公信力。相对地，如果货币的价值储藏功能被很好地维护，那么则有利于整个实体或者体系的稳定。除了法定货币外，代币的价值增长空间也被逐渐意识到。由于近年来比特币的疯狂升值，导致不少国外富豪纷纷兑换比特币，这里除了保值升值的原因外，还有一个很隐蔽的原因，那就是逃税，由于目前的法律监管存在空白，因此将资产换成比特币传给后代可以免除遗产税。

如图 8-20 所示，以需求场景分析了超发货币的问题。超发货币会导致通胀，而最终为其买单的就是货币的价值储藏功能，货币的贬值会让底层民众感受到生活成本的极大提高，从而引发不满。不过，最近十几年为了促进经济发展，超发货币的问题在全世界都很普遍，对此各国也有不同的应对方案来避免货币贬值或大幅通胀。比如美国采用的就是"通用货币地位"，即美国将本国超发的美元转移给世界其他国家（如大量发行美国国债，让其他国家认购；通过资本转移，投资其他国家的股市或资产等），通过这种方式将美国的通胀转移到全世界。

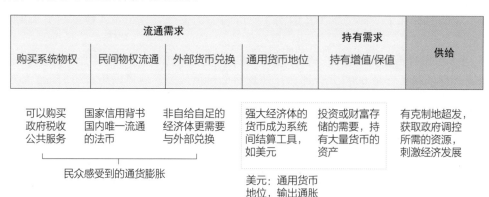

图 8-20　发币供给过量后，需要有需求场景来承担

表 8-2 从货币需求场景的视角梳理了以太币和 Q 币（腾讯 QQ 产品推出的积分）之间的区别。基于这些维度的比较，可轻易得出结论：Q 币只是一种积分，不具备大部分货币职能，而以太币具备接近法币的职能。这也是国家允许 Q 币存在，而禁止使用以太币的原因。

表 8-2 以太币和 Q 币的职能比较

	流通需求			持有需求（增值/保值）	供给
	交易媒介	外部货币兑换	通用货币地位		
以太币	可为非平台参与的交易场景结算，并购买系统内的服务和物品	可以与法币兑换	可以作为以太坊上多数智能合约应用的通用结算货币	可以升值	有总量限制
Q 币	只能在指定的游戏场景中使用，脱离特定场景则不能使用	不能	不能	不能	没有总量限制

8.3.3 如何设计发币

设计发币分为四个环节——增发、分配、交易和其他金融性。下面以 Steemit 平台的代币模型为例，概述四个环节的设计原则。

（1）增发规则：决定 token 总量的增长规则

代币 steem 的增发率从 9.5% 逐年降低至 0.95%，20 年后不再增发。根据对经济体规模增长的预期来设计增发率，货币的增发与平台规模的增长是同步的。设计增发上限的原因是阻止平台无穷尽地从经济体中抽取财富。当代币达到发行量上限时，维护系统的费用可以从交易的手续费中获得。

（2）分配规则：决定新增 token 的分配规则

代币 steem 将分配给三类角色：拥有 steem power 的用户（股东）分得 15%，维护数据节点的矿工和见证人分得 10%，剩余的 75% 放进激励池。激励池中的 token 将根据用户对平台的贡献比例（以点赞数作为衡量）分配给内容生产者和点赞的分享者，以激励社区的活跃度。这种分配规则是标准的操作，从经济体中获取的财富重新分配给投资者、运营者和普通用户（开拓市场）。

（3）交易规则：决定 token 的使用和交易规则

代币 steem 通常用于平台上各种应用的交易和消费，但多数在以太坊后跟风构建的平台均很难吸引应用方，导致发行货币没有使用场景的硬伤，被戏称为"空气币"。

（4）其他金融性规则：决定 token 相关调控规则

平台共发放 steem（货币）、steem power（股权）和 steem dollar（债券）三种货币，分别对应金融中的货币、股权和债券三种资产形态。steem power 不能立刻售出，但持有者可以获得平台分红，并加倍获得内容的奖励（抑制短期投机）。steem dollar 是与美元直接等值的数字货币，市值永远等于 1 美元的 steem。如果感觉币值会下跌，可选择将 steem 换成 steem dollar，不必售出，以增加投资者的避险选择。

在这四个环节中，第一、第二和第四个环节都是商业和金融的套路，只有第三个环节才是决定一个代币是否有价值的关键。

补充阅读：ICO 的关键认知——千万不要拿它当 IPO

ICO 和 IPO 均能达到为初创企业融资的效果，但两者完全不是一回事。ICO 有两个效果：

1）发工资：项目研发者拿到现在的钱，用于项目优化。当项目将来成功时，投资者赚到（未来的）钱。

2）做营销，撬动现有市场格局：吸引用户积极参与，通过补贴抵消用户的迁移成本。区块链技术本身撬动不了既得利益群体，可以通过 ICO 解决。没有发币的区块链，如同没有牙齿的老虎，看着凶但不能打仗。

这两点听起来和 IPO 效果一样，但将它当作 IPO 会吃大亏。

ICO 和 IPO 的相同点在于项目运营者和投资人之间有巨大的信息不对称，两者的解决方案不同：

1）ICO 的解决方案："项目发展＋币值支撑场景"导致货币的使用价值增加，投资人拿到回报。

2）IPO 的解决方案：公司上市后，依靠相关法律和金融监管制度，确保投资人拿到回报。

目前，市面上大部分"空气币"的宣传套路都是"项目非常成功，赶紧购买代币吧"。这时应该冷静地提问："请问您的币值支撑场景在哪里？"在 ICO 中，"项目成功"和"币值提升"之间的逻辑关系要更加明确。IPO 是一种传统模式，投资人和创始人通过公司上市后的股权出让获得回报，而 ICO 却只能靠币值支撑这一途径，币值支撑通常是由经济体对货币供给与需求、流通性、外部互兑、通用地位、投资储财等多个因素影响的。

8.4　从商业本质来制定战略

前文总结了链圈的本质，也总结了币圈的本质，但最终企业还是要根据自身的特点和发展规划，来开展基于区块链技术的新业务。笔者按照"做技术"或"做业务"，以及"个性化"或"通用化"这两个维度将区块链的商业模式划分成四个象限，如图 8-21 所示。如何判断哪个象限是最理想的发展方向呢？可以通过商业本质的供需关系来思考。

做技术

To B产品
通用化的区块链基础技术平台
特点：是另外三种业务的基础，由于开源技术难
以建立壁垒，市场竞争激烈使得技术本身难赚钱
对策：保持技术领先，夯实基础，决胜其他业务

To B服务
为客户业务做定制化的区块链实现
特点：第1单和第10000单是一样的，人力生
意，拼高效的管理运营效率
对策：移交给伙伴，自己只提供通用基础技术

只提供标准平台，
还是实现业务逻辑？

纯技术售卖，还是构建生态平台，
将平台上的业务进行有机整合？

只提供技术支持客户做业务，
还是做业务，将区块链作为
改造业务的手段？

通用化　　　　　　　　　　　　　　　　　　　　　　　　　　　　　　个性化

区块链的生态平台
承载各种区块链业务（DAPP）的
操作系统
特点：网络效应，有几种已知体现
（发币、应用之间调用、C端入口）
对策：终局目标，但模式尚不清晰

不同行业的方案
能否交织？能否
面向C端用户的
场景？

行业（场景）解决方案
在特定业务场景，使用区块链重构业务
逻辑和生态
特点：仅凭区块链技术还不够，需要其
他技术
对策：选择百度有优势的场景打通，与
其他业务协同

做业务

图 8-21　区块链商业的四个象限

1. 象限 2：To B 产品——通用化的区块链基础技术平台

区块链技术的基础平台是其他三种业务的基础，因此基于技术实现盈利是这类企业最天然的赚钱途径，即通过某项垄断技术让自己成为客户在这个行业中的唯一选择。但区块链技术因为安全方面的要求，必须通过开源方式来证明其模式的可信性和可靠性，这就与依靠垄断技术赚钱的逻辑相悖了，这也就决定了这个象限的企业不能仅靠底层基础技术来获得利润。

所以，这个领域的最佳商业对策是保持基础技术的领先，但因为开源的原因，技术领先只会是一个较短的时间窗口，而无法形成壁垒，须尽快在其他业务寻求突破和发展。

2. 象限 1：To B 服务——为客户业务做定制化的区块链实现

虽然均依赖区块链技术，但每个客户的业务需求不尽相同，这意味着很难形成标准化的产品，不同的项目均需要附加的人力做差异化需求。很明显，这是一门劳动密集型的生意。这种项目容易演变成没有规模化效应的规模化，因为第 1 单和第 10000 单对企业来说都需要进行开发。劳动密集型的生意比拼的是高效的管理、低廉的人力成本和运营成本，但这些通常不是一家真正的高科技公司所追求的。

所以，这个领域的最佳对策是建立外部生态伙伴圈，将具体业务的实施移交给合作伙伴，科技企业只提供通用基础技术。

3. 象限4：行业（场景）解决方案——在特定业务场景，使用区块链重构业务逻辑和生态

区块链的行业解决方案，仅凭区块链技术这一条腿是不够的，需要多条腿一起走路。目前，已有不少行业中实力雄厚的大玩家在关注基于区块链技术对业务进行改进的机会。对于掌握技术的新进入者和行业已有玩家，谁能最后胜出呢？关键就在于区块链技术和行业势力哪个的壁垒更牢固。对于绝大多数行业，行业势力的壁垒比区块链技术要大得多。所以，仅凭区块链技术本身妄图改变一个行业是相当困难的，创业者的一些创新思路，容易被行业的大玩家抄袭，反而促进了他们的业务升级。

所以，这个领域的最佳对策是选择企业的优势业务开展区块链技术的场景落地，做业务升级而不是进入全新领域。

4. 象限3：区块链的生态平台——承载各种区块链业务（DAPP）的操作系统

具有网络效应是生态平台的特征。从目前的各大区块链平台来看，常见的网络效应有两种类型：

- **类型1**：平台的参与者之间互相依赖，参与者数量构成了平台的吸引力。典型如社交应用，每个用户的加入都对其他用户有正向的价值。新用户只愿意加入规模大的社交软件，因为他的朋友都在。从这个角度考虑，区块链的生态平台也应该鼓励应用之间互相调用，随着各个应用之间的依赖性越来越强，拥有应用越多的平台（对新应用）其吸引力越大。
- **类型2**：在双边市场中，每一端参与者数量的增加都会提高平台对另外一端参与者的吸引力。典型比如用车应用，司机数量的增加会提高平台对乘客的吸引力，而乘客数量的增加也会提高平台对司机的吸引力。从这个角度考虑，区块链平台如果能构建面向用户的C端入口，比如承载各种应用的操作系统，发展也会更加稳固。

这个领域的终局模式尚不清晰。发展较快的比特币和以太坊都是通过发币的形式来实现网络效应的。当平台中的应用越多，代币的价值就越坚挺（因为多数应用会使用平台的代币进行结算）；当平台的代币价值越坚挺，新的应用就越愿意在该平台上搭建来赚取代币。

这个领域的最佳对策是以谨慎的态度和审慎的思考来进行各种探索和实践。

在人工智能的书中写了一章关于区块链技术的思考，是为了让读者更加全面地掌握对新技术的研究方法。

- 第一，从创造者的视角理解技术。掌握中本聪的思考过程，达到"知其然，知其

所以然"的状态，这样才能更好地改进技术和拓展应用。

- 第二，从抽象逻辑梳理应用场景。通过链圈的应用总结，说明研究抽象应用背后的本质逻辑的必要性和方法论。这样才能透彻认知当前场景，发现与开拓新场景，而不是人云亦云。
- 第三，根据商业本质来制定战略。以区块链业务布局的四象限为例，说明企业做哪种业务及怎样做，应站在商业本质的供需关系来思考，才能提高新业务的成功率。

有了这些对方法论的认知，在下一章中我们将运用这些方法，全面分析新科技（互联网、IT 与云计算、人工智能、区块链等）在医疗行业的应用。

第9章

医疗行业的技术布局和应用思考

9.1 谋划行业中的技术应用

在第三部分中,我们介绍了机器学习模型在促销策略、计算机视觉和人机对话方面的应用案例,但这些案例更多是从项目实现的视角进行探讨。本章将以宏观行业的视角来阐述人工智能技术的应用。为了便于读者更透彻地理解本章内容,笔者将通过人工智能、区块链、云计算和互联网在医疗行业的应用为例,演绎应用技术方法论。

本章以医疗行业作为案例有两个原因:第一是医疗行业覆盖范围广,适用于各类技术的应用场景多;第二是医疗行业的专业程度深,能更好地印证笔者的核心观点——行业不能仅依靠技术,只有在技术与行业逻辑深度结合的基础上,才能探索出有价值的商业模式。

那么,如何在行业中进行技术应用的布局呢?首先是必须深刻理解行业逻辑,包括业务开展的逻辑和各参与方的利益诉求。其次是将技术应用构建在行业逻辑之上,再结合商业分析来判断各场景的发展潜力,并设计与之配套的实现方案。

具体到医疗行业,思考技术应用的基本框架如图9-1所示,涉及4个方面的考虑。

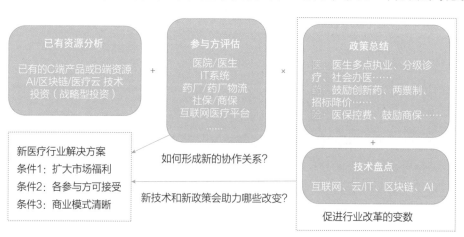

图 9-1　思考技术应用的基本框架

1）**已有资源分析**：分析梳理企业当前已积累的业务资源和技术资源。

2）**参与方评估**：评估医疗产业链中各角色的现状和利益诉求，包括医院、医生、药企、保险公司等重要参与方。

3）**政策总结**：总结国家医疗改革的新政策，更重要的是发现隐含在政策背后的政策目标。

4）**技术盘点**：盘点各种驱动行业变革的新技术，包括互联网、云 /IT、区块链、人工智能等。

这个思考框架的原则是不能只单纯思考技术应用，要以技术为突破口发展业务。以"已有资源＋新技术＋投资"为基础，以"新政策 ＋新技术"为驱动力，以"重构行业利益关系"为框架，挖掘行业中的新机会并设计出可行的商业模式。

该方案最好满足以下几个条件：

第一，尽量扩大整体市场福利，而不是与其他参与者做零和博弈。

第二，产业链的各参与方均可接受，以减少实施时遇到的各种阻力。

第三，商业模式清晰，有明确为技术应用付费意愿的外部客户及足够的内部利润空间。

综上，"技术 ＋ 行业属性或特征"才是探索行业应用的正确方式。为了印证笔者这一观点，下面先盘点医疗行业各个重要参与者的生存现状和利益诉求，再探讨几种新技术（互联网、云 /IT、区块链和人工智能）在医疗行业的应用场景。

9.2　互联网医疗平台

9.2.1　多种医药流通业态逐渐融合

整个医药流通产业呈现出多业态融合的趋势（如图 9-2 所示），原来职能不同的角色从自己擅长的领域出发，不断拓展自身的业务范围。按此态势发展，在未来很可能会形成整合产业链、线上线下一体化、就医和买药无缝衔接的综合型平台。

以"药＋医"为代表的电商平台，其业务模式的特点是强化医师及药师团队的建设，提升专业化以增加入口导流。具体做法包括：一方面通过引入互联网医院、电子处方等方式获得处方药售卖权；另一方面，依托与健康管理、慢性病管理相结合的方式来提升受众黏性。鉴于纯线上平台劣势较多，多数平台也开始发力线下药房。通过搭载智能硬件及终端，收集用户健康数据，建立电子健康档案等方法，达到打通线上和线下数据，为用户提供更完善的个性化服务的目的。

同时，连锁零售药房因规模扩张的需求，也在发力线上，途径主要是依靠 B2C、O2O、B2B 等多种业态混合经营。一方面做 C 端的优化，打造业务闭环、自建团队 / 合作的形式，开展 O2O 医药服务；另一方面做 B 端的升级，优化供应链，打造 S2B2C 模式。以 SaaS

系统赋能线下药品零售店，串联供应链、药品上架、订单处理、配送追踪等多个流程。

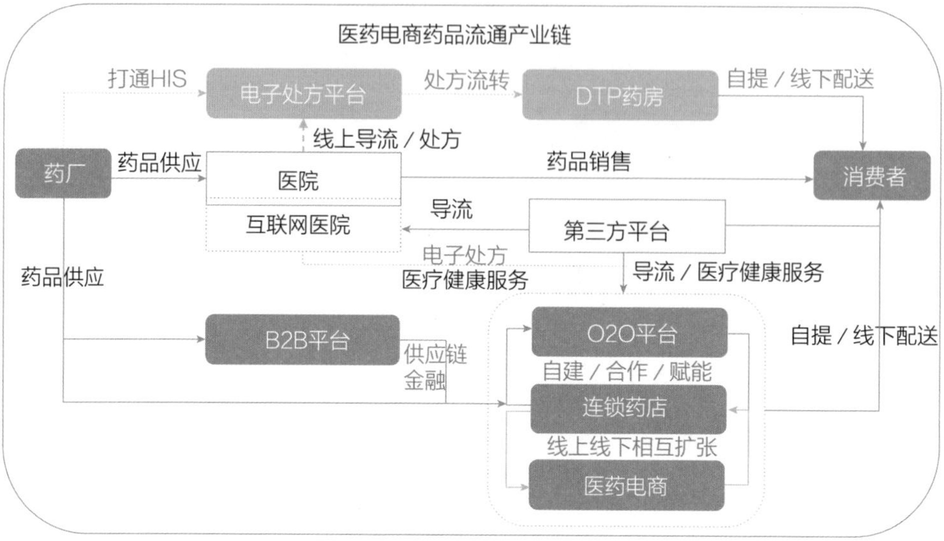

医药电商药品流通产业链
打通HIS
电子处方平台
处方流转
DTP药房
自提 / 线下配送
线上导流 / 处方
药厂
药品供应
医院
药品销售
消费者
导流
互联网医院
第三方平台
电子处方
医疗健康服务
导流 / 医疗健康服务
药品供应
B2B平台
供应链
金融
O2O平台
自建 / 合作 / 赋能
连锁药店
线上线下相互扩张
医药电商
自提 / 线下配送

图 9-2　医药流通领域多种业态逐渐融合

笔者认为，对于那些聚拢了患者流量的互联网医疗平台，“选择一家 O2O 医药电商导流”是实现其业务扩展的捷径。为什么呢？其实，独立的 O2O 医药电商并不是一个好赚钱的生意，毕竟对大部分用户来说，购药是一个低频需求，所以叮当快药的独立 App 下载数量并不多，使用频率也较低，导致其只能付出巨额的渠道费，来依托其他流量平台生存。如果企业的盈利主要用于购买流量，那么说明该业务更应该由流量平台来做，所以笔者才说，这个业务更适合那些有渠道流量的平台来开展。

9.2.2　互联网医疗平台与商业保险的合作模式

互联网医疗平台与商业保险的合作有三种模式——渠道、增值服务和基于数据的创新项目等，如图 9-3 所示。其中大部分的合作是增值服务模式，即商业保险内包含免费的在线医疗服务，如健康咨询等。

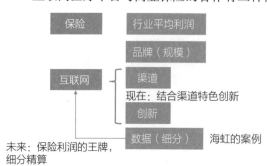

保险
行业平均利润
品牌（规模）
互联网
渠道
现在：结合渠道特色创新
创新
数据（细分）
海虹的案例
未来：保险利润的王牌，
细分精算

图 9-3　互联网医疗平台与商业保险的合作模式

1）渠道：互联网平台作为保险的销售渠道，在线销售保险和理赔，但需要保险经纪（代销）牌照。

2）增值服务：互联网医疗服务作为保险附加增值项参与售卖，增加保险方案的吸引力，保险公司承担在线服务的成本。

3）基于数据的创新项目：根据互联网用户数据 / 智能硬件数据定制化保险，或通过监控到的用户数据执行保险条款。

表 9-1 列出了一些互联网平台与商业保险合作创新的产品，可见不外乎以上三种模式。

表 9-1　互联网平台与商业保险合作创新的产品

合作方	时间	合作方式
平安好医生＋平安保险 （就医 360）	2014.11	1）平安好医生为平安保险提供增值服务 2）平安好医生问诊数据与平安保险精算能力合作开发保险
妈咪知道＋小雨伞＋中国平安 （妈咪保）	2016.03	"妈咪知道"服务平台、"小雨伞"销售平台和中国平安：承保方和理赔方 个性化定制、服务打包融合、快速理赔
咕咚＋泰康在线 （"活力计划"）	2013.12	咕咚数据和泰康保险服务 经常运动的客户可以获得更低廉的保费
腾讯糖大夫＋众安保险 （糖尿病并发症险）	2015.11	通过浮动的保额设计，激励患者通过健康生活控制血糖，用户只要按时检测结果正常，就可以获得每次 1000 元的保额奖励
腾讯微保＋中国平安 （全民保）	2018.10	保费低、准入门槛低 腾讯和保险公司一起开发，腾讯作为渠道（一个产品需要 200 万 ~300 万元的推广费）

9.3　医疗行业的技术应用分析

在掌握医疗行业每个参与方现状和利益诉求的基础上，我们才能更好地探讨如何开展技术应用。下面逐一分析新兴技术在医疗行业的应用场景、商业模式和发展策略。新兴技术在医疗行业应用的视角如图 9-4 所示。

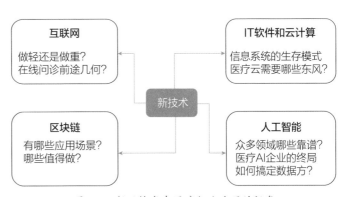

图 9-4　新兴技术在医疗行业应用的视角

9.3.1 互联网应用

互联网＋医疗同时覆盖了在线内容和服务提供，参与者呈现"一超多强"的竞争格局。在挂号问诊类 App 中，平安好医生依托集团优势以 450 万 DAU 处于垄断地位（占比78%）。春雨医生、华医通、好大夫和微医等 App 的 DAU 共占 13.5%，处于第二梯队。

互联网医疗企业可分为 4 种类型。其中 2 种是 HMO 模式，但根据是否雇用专职医生和多点执业医生两个维度可分为轻和重 2 种模式。第 3 种是"线上＋线下"的模式，不做 HMO 但建设互联网医院，并深入介入连接诊所和连接药店的服务。第 4 种是只做纯线上业务的模式，包括医疗内容和轻问诊服务，以广告变现。每种类型的典型代表、业务范围和盈利模式见表 9-2。

表 9-2 互联网医疗的 4 种类型

4 种类型		代表公司	布局	盈利模式	模式评价
HMO 模式	重模式类型 1	平安好医生	线上：自雇医生、在线问诊、售药、售险 线下：自建互联网医院，连接诊所（合作）、连接药店	问诊、药、险（商保直付）、消费医疗、流量变现	未来独角兽主流模式，横向整合，向 HMO 模式发展 优势：控费能力强，分级诊疗的模式和国家战略方向契合，盈利模式多样 缺点：是否接入医保是互联网医院盈利的重要因素，未来寻求企业支付，进行商保直付是主趋势
	轻模式类型 2	微医医联	线上：连接医生、在线问诊、售药、售险 线下：连接医院合作成立互联网医院，连接诊所（自建和合作），连接药店	会员收费、导医导药、险（商保直付，互联网医院接入医保）	
线上＋线下类型 3		春雨医生好大夫在线	线上：连接医生、售药 线下：自建互联网医院，连接诊所（自建和合作），连接药店	会员收费、导医导药	缺点：盈利主要靠在线问诊，天花板明显，导医导药不可避免会过度医疗
纯线上类型 4		快速问医生一呼医生	线上：连接医生、连接医药电商 线下：无	广告收入、会员收入	医疗广告变现，民营医院过度医疗严重，并强依赖搜索引擎等流量入口

以上几种业务类型各有利弊。纯线上的模式资产轻、变现快，但发展不够稳固。一方面要面临流量上游和同质化竞争对手的挤压；另一方面，过度依靠医疗广告来变现，导致广告质量难以保证。线上＋线下的模式，用户体验和企业的竞争力得到了保障，但前期投入成本过高，业务发展的不确定性较强。连接线下服务可选择"导医、导药和导险"，或采用"HMO 模式"。当然，因两者的收入来源截然不同，也直接导致了用户的体验不同。

下面以重模式的代表——"平安好医生"和轻模式的代表——"快速问医生"为案例，详细介绍不同企业的业务形态。

1. 重模式的代表——平安好医生

平安好医生于 2014 年 11 月成立，是中国平安集团旗下的全资子公司，依托集团强大的资源优势，获得大量平安保险的用户。截至 2021 年 6 月，注册用户数超 4 亿人。

平安好医生主营的四大业务分别是：健康商城、消费医疗、医疗服务和健康管理。其中，医疗服务的营收能力不强但成本最高，主营收入主要集中在消费医疗（体检）和健康商城（卖药）。平安好医生主要为母公司平安集团的客户提供互联网医疗服务。近些年，它的企业客户发展较快，收入也持续上涨。

由于签约医生成本较高，再加上销售及营销费用逐年增加，平安好医生虽然营收规模不断扩大，但仍然连年亏损，且亏损金额也不断提升。

从图 9-5 可见，如果扣除销售及营销费用，平安好医生其实已实现盈利。现阶段亏损主要是由于拓展市场，短期营销和流量购买投入所致。此外，平安集团的各类健康险也在不断向平安好医生导流，扶持它的发展。平安好医生为顾客提供的医疗服务，多数是由顾客购买的保险转移支付。当用户购买平安集团某款健康险后，即可免费享受平安好医生的部分服务。

2. 轻模式的代表——快速问医生

快速问医生是由有问必答网、爱爱医和 120 健康网等企业共同研发并提供医疗资源的医疗服务平台。它的主营业务是向用户提供在线的医疗内容，包括大量的疾病问答和轻问诊服务。

目前，快速问医生覆盖的医院资源范围较广，其中以二级医院为主，占比约为 45%，一级和三级医院则分别占比 27% 和 28%。平台上共有注册医护人员 395 万，执业医师 60 万，签约医师 7 万。用户提问疾病问题，平均在 5 分钟内获得医生的回复。平台还提供药品和药店信息查询，包括药品概况、详细说明书、评价、地理位置（由地图 App 提供）等，并支持网上药店快捷购买（由康爱多网上药店提供服务）。

快速问医生的商业模式如图 9-6 所示，收入主要依靠广告变现。其

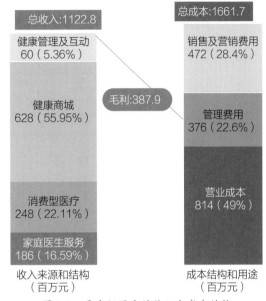

图 9-5　平安好医生的收入和成本结构

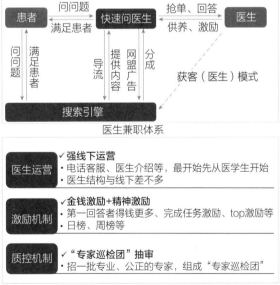

图 9-6　快速问医生的商业模式

他类似的纯线上医疗平台商业模式也都与此类似。这种业务模式的优点是，纯线上模式属于轻资本模式，平台只需编辑和维护一些医疗内容，运营一群愿意在线回答问题的医生，最终通过导医、导药等来收取广告费，为医生支付一定费用并维持盈利。其中，平台上的医生来自各级医院，与平台没有紧密的雇佣关系。平台上的导医、导药也仅限于广告，并不介入线下医院和诊所的对接或经营医药电商。这种轻资本模式使得平台可以以较低的成本快速发展，但也限制住它未来的发展空间。尽管用户会利用平台来查询医疗信息，甚至在线提问，但很难对平台上广告的医疗服务产生信赖。同时，成功的重模式平台与轻模式平台竞争是容易的，但反之则很难。在重模式的平台发展起来后，轻模式的平台会面临严峻的竞争压力。

3. 为何在线问诊没有"钱"途

患者对普通医生在线问诊的付费意愿弱，而名医在线诊疗的市场规模又相对有限，所以在线问诊可吸引用户，但无"钱"途。这背后的深层次原因是我国老百姓已经习惯医院的低问诊费（长期的非市场定价惯性）。如果不靠以药养医和过度医疗，医疗机构和医生就难以凭借问诊费生存。虽然无"钱"途，但对各大互联网医疗平台来说，在线问诊的用户需求量大，容易聚集流量和沉淀用户，同时可以实现对线下医院和药品的引流，所以不得不做。在线问诊赛道会进一步发展，但因为无法直接收取可观的问诊费，依然需要连接问诊后的购药环节来获得收入。

患者不愿意为在线问诊付费有多方面的原因。首先，多数用户在线上只是初步询问，真正治病更愿意去线下的三甲医院就诊。其次，即使用户愿意付费，在线问诊的客单价也较低，这是因为当下国内多数线下医院的挂号费（医生服务）仍徘徊在10元左右，对比之下，用户自然不会为在线问诊付出更多费用，除非是名医或者专家。

综上，由于大部分用户只是将在线问诊当作初步咨询，就导致在线问诊后的导医、导药效率较低，与线下就诊和开药为主的医疗机构相比，其创收能力较差。为了弥补这一问题，在线问诊平台通常会筛选一些风险更低的常见病或小病患者，引导他们在平台上购药，通过药品的利润补贴问诊费用。

4. 在线问诊的前途在何方

既然在线问诊盈利困难，那么这种提高患者就诊体验和效率的新技术，未来出路究竟在何方？

其实在笔者看来，在线问诊非常适用于养老、慢病、小病和农村这4个场景，而这些场景也在未来对在线问诊发展形成更牢固的支撑。其中，养老和农村场景是因为患者行动不便，慢病和小病场景则得益于患者跑线下医院的成本过高。

同时，医保支付、电子病历和利益分配也是阻碍在线问诊大规模推广的3个主要问题。第一，目前多数在线问诊是自费为主，医保尚未开通结算。但改变这一点并不容易，一方面是因为我国医保报销存在属地原则，跨地区医保结算难度大；另一方面，如何有效监管网络购药也是一个问题。第二，在线问诊中如果医生想看到病人的电子病历，就需要医院实现病例数据开放，但目前医院主动开放的意愿较低，且存在一定的用户隐私安全问题，还需要政府从政策和立法上进行推动。第三，由于"以药养医"的顽疾难以马上根治，如果不能控制患者购药和治疗的环节，仅凭较低的问诊费用，多数医院和医生兴趣寥寥。

如果上述 3 个问题能顺利解决，那么在线问诊在养老、慢病、小病和农村这 4 个场景上的发展窗口就会很快被打开。

9.3.2　区块链应用

医疗行业的参与者众多，这些参与方之间有大量信息交换的需求，典型如以下 3 个场景。

1）**电子病历**：对于患者，无法控制自己的医疗信息，隐私安全性差。对于医疗机构，各家的数据互为孤岛，无法互通。这一方面造成患者转院医治的不便，且缺乏个人隐私信息的保护，另一方面也导致从事医疗科研的各家机构在研发中缺乏足够多的样本量。

2）**处方外流**：处方药的流转需要校验医生处方的真实性，导致监管烦琐。此外，假药流通也会给行业发展和患者带来极大的危害。

3）**保险报销**：商业保险的报销环节烦琐，流程复杂。商保机构要求患者开具诊断、处方和发票等多项单据，因单据不全或时效过期等原因导致无法报销的情况时有发生。

针对医疗行业内信息交互的种种问题，基于区块链技术的解决方案如图 9-7 所示。

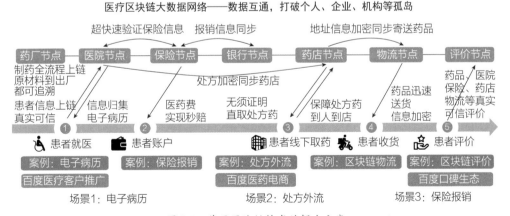

图 9-7　基于区块链技术的解决方案

这个方案可以妥善解决上述 3 个场景：在电子病历上，打通各个数据孤岛，促进医疗数据流通并保障患者隐私；在处方外流上，治理和监管处方药交易，有效避免假药进入流通环节；在保险报销上，商保机构和医院接入区块链网络，实现高效、真实报销。

下面对这 3 个场景进行讨论。

1. 场景 1：基于区块链的电子病历

基于区块链技术实现电子病历共享的方案如图 9-8 所示。医院提供病历数据，政府监管实现上链，用户完成使用授权。基于之前的分析，可以说电子病历在 3 个场景中实用价值最显著，一旦实现，可深刻改变医疗行业现状。不过，由于各方对电子病历的态度并不一致，导致该方案的实际应用难度较大。

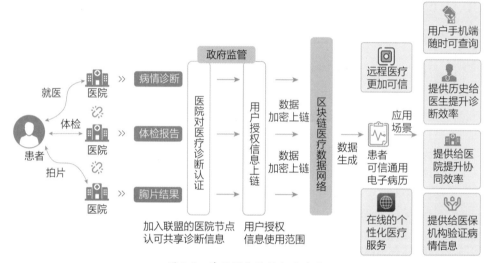

图 9-8　基于区块链的电子病历

各方对电子病历的实际态度分析如下。

（1）患者对构建电子病历的意愿强

1）信息不对称：病人无法实时获取自己的医疗信息，在跨院就医时造成困扰。基于区块链技术保存患者病历、化验和各类检查数据以及用药历史，可让患者实时掌握自己的医疗记录。

2）电子病历存证：目前，医疗记录存储以医院为中心，医院之间则形成了数据孤岛，对医院存储数据的真实性和安全性存在监管空白，这就导致了一旦发生医患纠纷，病人的诊疗记录很容易被篡改。而区块链中数据的不可更改特性恰好可以解决医疗纠纷中医疗记录的取证问题。

3）慢病监控：使用智能合约持续上传患有慢性疾病的用户医疗数据，并进行实时监控，数据超标时可提醒医生和患者双方注意。

（2）医保管理机构及保险公司对构建电子病历的意愿强

1）诈骗医保基金问题严重：2018 年 11 月，大庆市 107 家定点医药机构和 5 名违规参保人员被查处，拒付和追回医保基金 165.28 万元。区块链不可篡改的特性可以很好地解决这一问题。

2）监督过度医疗：医保控费问题是国家医疗体制改革中亟待解决的问题之一，区块链所具备的安全、不可篡改性可更好地对医院是否过度医疗进行监管。

3）个性化保险方案：根据电子病历可以对用户做更细致的分群，从而实现个性化更强的定制化保险方案，避免"劣币驱逐良币"的现象，同时令保险公司获取更高的利润。

（3）各种互联网平台的意愿强

1）完善的电子病历会提高在线问诊的效果，优化医生和患者线上问诊体验。

2）基于用户的健康信息，平台可以提供更好的个性化产品，例如向患有高血压的用户推送最新高血压保健节目。

（4）医院对构建电子病历的意愿相对矛盾

1）电子病历提高了医院数据的安全性，却分享了原本属于医院的核心医疗数据：一方面，区块链依靠公钥/密钥的访问方式设置严格的访问权限，提高了医院数据库的安全性；另一方面，却将每家医院视为核心资产的医疗数据进行了分享，动了属于自己医院的"奶酪"。

2）电子病历降低了数据打通成本，但也可能引起医患纠纷：区块链技术可利用已有的IT设备和系统将信息串联在一起，比传统信息化方式的接入成本更低、安全性更高，但哪些信息可以共享、共享给谁、如何向患者解释并得到授权，都是实操中的棘手问题，处理不当，极易引起新的医患纠纷。

综上，作为数据提供方的医院，虽然从电子病历的区块链中也能部分受益，但相较于可能产生的问题，还是显得有些"得不偿失"。

由于医疗行业中推广区块链，各方出发点和关注点都千差万别，且存在商业化和公益性相互平衡的核心问题，因此需要借助政府的力量才能有效推动业务。当下，政府已经着手在部分试点城市实现区域医疗信息共享和集中管理，一旦取得良好的效果则有可能在不远的将来大范围推广实施。

2．场景2：基于区块链的处方外流

处方外流是国家医疗改革的大趋势，目前已经在部分省市开展试点工作。由于滥用处方药对人体健康存在一定的危险性，因此一旦药物流通不在医院的封闭体系内完成，就需要有妥善的方案对开具处方、配药、取药的全流程进行监管。将处方药的流通信息上链，不仅可以保证全流程信息的可追溯性和安全性，还可以保证处方使用后失效，防止电子处方被滥用。基于区块链的电子处方如图9-9所示。

目前，这项应用已经在处方外流的部分实验地区推广，参与方对这项技术都给予了积极的反馈，目前看处方上链是实施条件最为成熟的方向。

（1）医院的意愿强

医院期望处方的使用合规，避免滥用的风险。在政府强令实施处方外流的地域，医院可以通过处方的消费记录，确保流转出去的药物处方被合规使用。

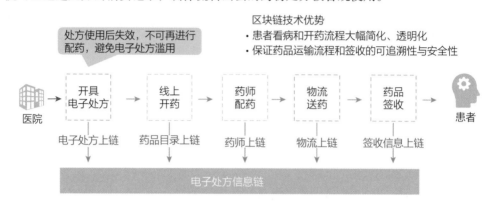

图 9-9　基于区块链的电子处方

（2）患者的意愿强

1）基于区块链供应链的可溯源特性解决假药问题。根据不完全统计，全球假药市场规模估计在 75 亿美元至 2000 亿美元之间，这种非法行为可导致全球超过 10 万人死亡。利用区块链技术可以记录药品的所有物流相关信息、渠道流通情况，并不能被篡改，堵住供应链的漏洞，解决长期以来备受困扰的假药问题。

2）可便捷地享受处方药的购买和报销。区块链技术增强了电子处方流传和使用的安全性，使得医院和政府更安心地扩大使用范围，令更多的患者在处方药的购买和报销流程中享受到更加便捷、高效的服务。

（3）商业保险机构的意愿强

保险机构可通过消费记录的溯源提供更便捷的报销服务，不用再担心骗保问题。消费者在购买药品时授权数据上传，将购买过程透明化，满足保险机构的监管需求。

因为这个应用场景各个环节十分明确，也最受各方欢迎，所以区块链的各大平台均在此领域有所尝试。2018 年 4 月，腾讯与广西柳州医院合作实现了全国首例院外处方流转服务。保护处方在卫计委、医院、药房、药厂等多个环节流转过程中不被篡改。2018年 9 月，阿里巴巴与复旦大学附属华山医院合作推出全国首个防篡改的区块链电子处方。

3. 场景 3：基于区块链的保险报销

当前，商业保险的报销流程复杂、耗时长，如下所示：

就诊结算　→　验证资格　→　复印/传递资料　→　定期结算交易　→　核保/直付

在这个过程中，保险机构需要人工对患者提交的诊疗费用报销进行核保。一方面，对保险公司来说，人工核保成本高、效率低、误差率大；另一方面，对于患者来说，自行收集费用清单、病历复印件等材料十分复杂耗时，且通过纸质资料传送，不仅成本高、效率低，当出现遗失或字迹不清等问题时，还会面临无法报销的问题。即使所有流程均顺利完成，保险公司支付了相关费用，这个过程也很漫长。

基于区块链的保险报销方案如图 9-10 所示，医院、医保、商保、银行、政府等多方同时接入区块链网络，完成对患者消费信息的实时共享。在满足多方的审核条件后，自动执行保险方代付的智能合约。患者在享受实时报销的同时，保险机构也不用担心患者利用虚假消费单据骗保。

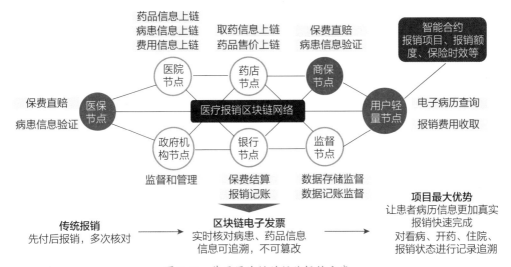

图 9-10　基于区块链的保险报销方案

与其他两类场景类似，本场景下各方的参与意愿也不尽相同。

（1）商业保险公司的意愿强

商保直付有助于提升用户体验，增加品牌公信力，促进健康险销售。

提升赔付准确率，不用担心骗保风险。

可降低公司在理赔审核、记账、支付等岗位的人工成本。

（2）医院的意愿弱

1）公立医院处于强势地位，无须依靠保险公司提供客户来源，保险公司在其他环节也无法为公立医院带来其他经济效益，因此缺乏与保险公司合作实现保险直付的动力。

2）医疗与保险公司直付结算流程复杂，单据传递、保险公司审核等增加了医院的管理和资金成本。

3）政策上国家已经通过社保系统和各医院系统实现直连及费用实时结算，因此政府对于保险公司与医院合作也无相关的引导或支持政策。

综上，因公立医院缺乏动力开展相关业务，目前开通商保直付的医疗机构主要集中在私立医院、诊所或一些公立医院的特诊部，业务规模相对有限。

总结 3 个场景的数据来源、应用方案和开展业务的判断结论如下。

- 场景 1：电子病历

  数据来源：医院（病历）、智能硬件 / 健康 App（档案）

  应用方案：病人在转院和远程医疗中使用，保险公司推出个性化定制保险产品、互联网产品的个性化策略等。

  判断结论：医院作为电子病历数据的提供方，对打造区块链电子病历兴趣寥寥。若缺乏政府的政策支持和行政干预，纯商业类公司很难独立开展业务。

- 场景 2：处方外流

  数据来源：医院、药店 / 电商

  应用方案：实施医药分离政策，患者在药房 / 电商购买处方药。

  判断结论：各方均有需求，在已实施处方外流政策的部分实验地区推进。

- 场景 3：保险报销

  数据来源：医院、药店

  应用方案：在医院 / 药店和医保 / 商保之间流转，用于核实报销。

  判断结论：公立医院兴趣不大，推进困难。

可见，在医疗行业中应用区块链技术，不仅要考虑场景和技术本身的合理性，还要仔细分析每一个参与方对新模式的态度。如果扮演核心角色的参与方不能从新模式中获取更多的利益，推进过程就会相当困难。总之，一个好的、精妙的商业模式，应该能够产生触达所有参与方的市场价值和利益的效果。

9.3.3　IT 软件和云计算应用

1. IT 软件

近年来，得益于国家的政策支持，医疗信息系统产业的发展十分迅猛。近年来，医疗信息化政策频出，政策鼓励在医疗健康领域中使用"互联网＋"等新兴信息技术，并对不同级别的医院信息系统提出明确的时间节点和信息化水平要求，见表 9-3。这些政策使得医院在采购信息系统上有制度可依，不但使得审批流程更加高效，也令医院有更充裕的采购资金。这些政策都在客观上推动了工厂软件即信息化系统市场规模的不断攀升。

表 9-3　支持医疗信息化建设的政策

	时间	政策	内容
医疗信息化规划初期	2015.04	《全国医疗卫生服务体系规划纲要（2015—2020 年）》	到 2020 年，实现全员人口信息、电子健康档案和电子病历三大数据基本覆盖全国人口
	2016.06	《关于促进和规范健康医疗大数据应用发展的指导意见》	到 2020 年，建成国家医疗卫生信息分级开放应用中心，医疗各领域数据融合取得明显成就

（续）

	时间	政策	内容
医疗信息化探索阶段	2017.02	《"十三五"全国人口健康信息化发展规划》	大力促进健康医疗大数据应用发展，探索创新"互联网＋健康医疗"服务新模式、新业态
	2017.04	《关于推进医疗联合体建设和发展的指导意见》	到 2020 年，所有二级公立医院和政府办基层医疗卫生机构全部参与医联体
	2018.01	《进一步改善医疗服务行动计划（2018—2020 年）》	以"互联网＋"为手段，建设智慧医院，加强以门诊和住院电子病历为核心的综合信息系统建设
医疗信息化加速阶段	2018.04	《关于促进"互联网＋医疗健康"发展的意见》	设立明确时间节点，要求在 2020 年前，三级医院要实现院内医疗服务信息互通共享，二级以上医院普遍提供分时段预约诊疗等线上服务
	2018.04	《全国医院信息化建设标准与规范（试行）》	对于二级以上医院的信息化系统在电子病历等方面的服务功能数量提出对应级别的明确要求，如三级甲等医院在电子病历上要有 7 项功能、8 项内容、3 种数字格式
	2019.04	《全国基层医疗卫生机构信息化建设标准与规范（试行）》	积极推进云计算、大数据、人工智能等新兴技术应用，探索创新发展，更好地服务广大老百姓
	2020.02	《关于加强信息化支撑新型冠状病毒感染的肺炎疫情防控工作的通知》	数据采集分析应用；规范互联网诊疗咨询服务；积极开展远程医疗服务
	2020.05	《关于进一步完善预约诊疗制度加强智慧医院建设的通知》	大力推动互联网诊疗与互联网医院发展，创新建设、完善智慧医院系统
	2020.11	《关于进一步加强远程医疗网络能力建设的通知》	建设医疗云计算和大数据应用服务体系，推进"互联网＋健康扶贫"试点等
	2020.12	《全国公共卫生信息化建设标准与规范（试行）》	运用大数据、人工智能、云计算等新兴信息技术与公共卫生领域的应用融合，探索创新发展模式，在疫情监测分析、病毒溯源、防控救治、资源调配等方面更好发挥支撑作用

医院的信息化建设可分为 3 个阶段。

- 阶段 1——医院管理系统（HMIS）：以收费业务和内部管理为核心，覆盖门诊挂号、住院登记、患者消费、设备管理等职能，存储医院人员、物资、财物的相关数据，建设成本较低，投入在几十万元到两百万元之间，在各类医院的普及率较高。
- 阶段 2——临床管理系统（CIS）：以提高医疗质量和工作效率为核心，各科室独立运行，覆盖电子病历系统、实验室信息系统、心电图信息系统、检验信息系统、影像存档传输系统、麻醉 / 手术信息系统、远程医疗系统等，主要存储患者的医疗数据。当前，许多医院是各个科室分别采购系统，不同系统之间在接口上难以互通，成本在 1000 万 ~2000 万元之间。
- 阶段 3——医院信息集成：以整合各科室数据、统一管理和共享数据为核心，构建临床数据集成平台，不同子系统之间能做到互联互通，整合患者医疗数据，成本一般在 500 万~1000 万元之间。

我国医院信息化建设正处于转折时期。在前台，医院业务运行数字化基本完成，以电子病历应用为核心的临床流程优化成为数字化转型的关键。所以，CIS 的市场规模比重逐渐增加，HMIS 的比重逐渐减小。

从消费意愿上讲，医院决策者更愿意为硬件付费，对纯软件付费意愿相对较低。但随着系统升级换代，软件及服务费用占比逐渐上升，这种趋势决定了 IT 服务商的盈利模式。

医疗信息市场与其他行业寡头垄断的结构不同，排名第一的东软集团只占有约 13% 的市场份额，如图 9-11 所示。这种分散的市场局势本质上体现了医疗信息系统对"销售渠道"的强依赖，而不是出众产品或精深技术的产业特质。

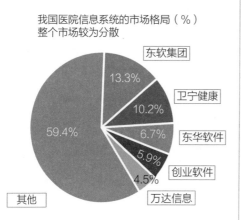

企业	市场占有情况（当前主要为HIS）
东软集团 Neusoft	市场占有率第一，覆盖中国医科大学附属盛京医院(HIMSS-7级)、北京天坛医院等5000多家客户
卫宁健康 卫宁健康	共计3000多家医院客户 阿里持股5.05%(投资金额10.58亿元人民币)
东华软件 DHC 东华软件	HIS中市场占有率高，在排名前100的三甲医院中市场占有率第一，客户包括华西、北协等特大医院 腾讯持股5%（投资12.66亿元人民币）
创业软件 B-Soft	累计用户达3000多家，客户包括目前国内约10%的三甲医院、近6%的县级及以上的卫生局（厅）
万达信息 万达信息	全国覆盖超过30%的三级医院，在上海拥有全部38家三甲医院客户，基本覆盖全市一二三级医疗卫生机构

我国医院信息系统的市场格局（%）
整个市场较为分散

东软集团 13.3%
卫宁健康 10.2%
东华软件 6.7%
创业软件 5.9%
万达信息 4.5%
其他 59.4%

数据来源：IDC、雪球、独角兽智库、为爱吃狂矣
·医院信息系统解决方案包括软件和服务，不包括硬件部分

图 9-11 我国医院信息系统的市场格局

这种依赖销售渠道的产业特征决定了各公司有各自不同的深耕地域，例如东华在北京、东软在东北、卫宁在上海、创业在杭州等。

信息系统供应商对医院的首次招投标非常重视，因为未来的系统升级服务费才是这些企业的主要收入来源。这是因为当医院选定了一家供应商的系统，都会让全院的医生、护士和行政人员来熟悉系统，这无形中增加了医院切换系统的隐形成本。所以，在首次采购后，鉴于高额的系统切换成本，供应商普遍采用"低价推销系统，高价维护系统"的策略。

阿里和腾讯为了推进医疗云业务，均在该市场选择了合作伙伴，以便借助他们深耕行业的经验和客户资源，快速扩张医疗云业务。

2. 云计算

医疗云是医院信息系统全局更优的解决方案，有两点原因：

1）医疗云的成本低：传统医院信息系统采购和维护成本较高，受经费等因素制约，三级以下医院技术信息的渗透率显著低于三级医院。标准化的医疗云系统则价格较低，更适合资金有限的中小医疗机构。传统信息系统与云端化系统的结构比较如图 9-12 所示。

2）医疗云天然互通：云端化的信息系统覆盖流程广、天然互联互通，可解决医疗数据孤岛的问题。如果一个区域内的所有医院均采用同一套云系统，则依靠云服务天然实现了区域医疗信息的打通和共享，不需要附加投入。

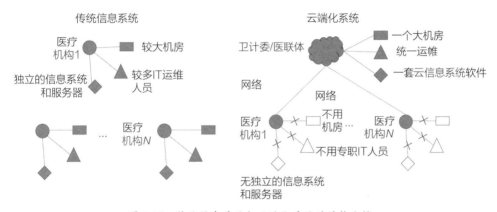

图 9-12　传统信息系统与云端化系统的结构比较

虽然好处多多，但当前采购云系统的传统综合型医院却数量较少。一是因为医院没有动力和意愿上云，他们认为医疗数据是其核心资产，缺乏共享动力；二是多数大型综合医院不缺采购资金，并与传统 IT 系统商有良好的合作关系；三是医院当前使用的系统有许多细节是根据个性化需求定制开发的，尽管从实际出发这些需求未必关键，但云系统通常不能定制化。综上，当前的医疗云市场主要以政府（卫健委）通过运营商搭建私有云，以及专科医院和医联体为了降低成本而采购医疗云为主。公有云在医疗行业的发展必须有政府的大力支持。

虽然传统医院的系统换代缓慢，但并不影响各大云计算厂商对这个市场的重视。行业中的新老厂商正在加速整合，典型如腾讯战略投资东华软件，就是差异化优势的合作。东华医为（东华软件全资子公司）联合腾讯提出"一链三云"战略：以健康链为桥梁，连接卫生云、医疗云和健康云，共建健康链应用联盟及六大解决方案，分别针对政府、医疗机构和患者 3 个市场，并尝试将各市场的解决方案进行整合。图 9-13 给出了腾讯提出的医疗云解决方案。

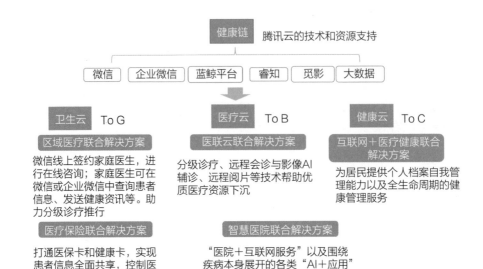

参与合作的医院有10家（1家二甲，其余均为三甲）：包括国药东风总院、大同市第三人民医院等

图 9-13　腾讯提出的医疗云解决方案

在该合作中，东华软件看重腾讯集团在互联网 C 端的巨大流量，以及在云计算、AI、大数据、区块链等领域的技术能力。一方面，它期望从腾讯获得客户渠道和支付端的支持，拓展业务范围；另一方面，腾讯在人工智能、区块链等方面的技术积累也可为东华软件节省下不菲的研发费用。

腾讯集团看重东华软件在 B 端（医疗机构）和 G 端（卫健委、医保局）的资源积累，以及在医院、公卫、医保、健康管理等方面的应用经验。它期望与东华软件合作，能更好地落实腾讯产业互联网战略，获取医疗大数据，为进军医疗大健康产业之路打下基础。

马化腾在 2018 年《给合作伙伴的一封信》中提到，腾讯要做好"连接器"，更要做好"生态共建者"，与各行各业合作伙伴一起共建"数字生态共同体"。

医疗云行业虽前景美好，但撬动传统医院与 IT 服务商当前的合作模式和利益链条，需要的不仅是云技术，还要有国家政策的推动以及云计算厂商对医院需求和利益分配机制的理解。

9.3.4　人工智能应用

基于医疗数据的应用能够贯穿整个医疗流程，是人工智能技术对医疗赋能的重要前提之一。

赋能应用主要有 3 大场景：大数据收集和分析、辅助诊疗和智能导诊。在医疗行业推广人工智能应用，获取数据、政策审批、渠道关系和软硬一体是关键点，算法技术的重要性尚未凸显。该领域的创业企业，目前普遍盈利艰难。当下业内形成的共识是，这些企业的理想结局与传统医疗信息服务厂商类似——在国家政策的支持下，构建强渠道来销售软硬一体的智能设备（嵌入人工智能算法）。

人工智能在医疗行业的应用场景如图 9-14 所示。由于导诊机器人（医院购买软硬一体的导诊机器人回答患者的常见疑问，如挂号时间、科室位置等，替代咨询台的工作人员）的应用过于单点，与医院的其他系统无紧密关联，难以形成产品矩阵。所以，制造导诊机器人赚钱是可以的，但它能够延展的战略价值低，此处不详细展开探讨。

大数据收集和分析

• To C：智能设备与健康大数据平台　　　用户付费意愿低、市场碎、数据价值不理想

• To B：药物研发引擎

辅助诊疗　　　　　　　　　　　　　To B 的结论：做硬件或系统集成

• 基于医疗知识库辅助诊断　　　　　　提高效果→政府审批/医生意愿强
　　　　　　　　　　　　　　　　　　渠道销售
　　• To C：智能问诊（对话系统）
　　　　　　　　　　　　　　　　　　To C 的结论：搜索轻问诊产品
　　• To B：智能诊断、语音电子病历

• 图像系统：智能影像辅助诊断　　　　过于单点，难以形成产品矩阵

智能导诊

• 诊前引导：导诊机器人

图 9-14　人工智能在医疗行业的应用场景

1. 场景 1：大数据收集和分析

（1）To B：个性化医疗 / 药物研发

人工智能算法与专家决策结合，在已知化合物中更精准寻找对应适应症的药物。在前期的化合物数据积累和算法成熟后，进入寻找病人阶段，实现精准治疗和个性化用药。云势软件的药物发现引擎是该领域的典型应用，如图 9-15 所示。

从笔者参加各种国际会议的医疗分论坛经历看，研发这个领域的算法不仅需要掌握机器学习模型，还需要丰富的

化合物	在已知化合物中寻找匹配的适应症	适应症

药物发现引擎

AI 算法系统	专家决策	寻找适应症标准
建立算法模型，进行数据处理分析	数据降噪、生物实验	建立算法模型，进行数据处理分析

图 9-15　药物发现引擎

专业医学知识。众所周知，医学是一个非常专业的领域，即使不同细分领域的医生都有隔行如隔山的感觉。如果说在部分行业，通用的算法人才能够通过短时间的业务学习上手研发工作的话，那么药物研发的算法则是完全不同的情况。一个具备医学背景的专家学习机器算法，可能要比一个具备机器学习背景的专家学习医学更容易实现。

所以，使用人工智能技术研发药物的壁垒高，需要强大的复合型团队，通用人工智能企业不敢轻易涉足。

（2）To C：健康管理和干预

健康管理平台利用人工智能算法实现对健康数据的实时分析，并对用户行为进行及时干预。平台从各种智能硬件、体检设备和健康服务中心收集用户的健康数据，经过算法处理后，可以向各种互联网应用（如手机厂商或保险公司）提供 SDK，嵌入后即可为使用该应用的用户提供健康管理服务（当然，提供数据的前提是得到用户的授权）。此外，平台也会发展一些企业客户，向企业员工提供健康管理服务。妙健康的健康大数据平台是这个领域的典型代表，如图 9-16 所示。

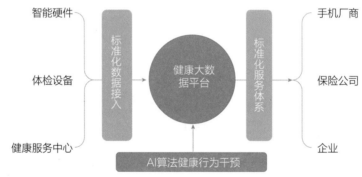

图 9-16　健康大数据平台

这个领域经过几年的炒作宣传后，实际发展并没有预期中的理想。一是因为健康数据的收集并不容易。各种健康管理的硬件和应用同质化严重，市场份额分散，整合难度高且数据的医学价值低。同时，由于各种健康硬件的制造厂商缺乏核心技术，导致市场难以统一。二是数据质量较低。由于数据的来源方众多且杂乱，整合难度很大，即使能够整合好数据，这些非专业健康设备检测数据的准确性和全面性也得不到专业医生的承认。三是因为用户为健康付出精力和付费意愿均较低，多数用户在未患病时并没有保健的意识，只有患病后才转变意识，而此时患者会选择更专业的检测设备或住院观察，使得健康大数据平台的服务空间被挤压。

2. 场景 2：辅助诊疗

按照所使用的技术，利用人工智能技术辅助医生诊疗或患者自诊的场景可分为医疗图像识别和基于医疗知识库的辅助问诊两个领域，其中前者近期的发展更迅速。

医疗图像主要应用于智能影像辅助诊断系统、细胞病理自动诊断分析仪、智能放疗

系统等领域。以沈睿医疗智能影像辅助诊断系统
为例（如图 9-17 所示），系统可以基于医疗影像
和其他诊疗信息，标注出图像上的病灶，并给出
诊断和治疗建议。该系统已经实现肺癌、乳腺
癌、脑卒中、急诊骨折等病种的辅助筛查与诊
断。在肺癌早筛方面，智能诊断可在 30 秒内给
出结果，肺结节检出的敏感性及特异性已达国际
领先水平（准确率为 98.8%），效果相当显著。

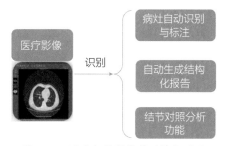

图 9-17　医疗智能影像辅助诊断系统

由于该技术已具备了极高的实用价值，在
一些主要依据医学影像进行诊断的领域（如眼底和肺癌）更为可行，因此其获得迅猛发
展也就不难理解了。

不过，该赛道的快速发展不代表企业就能顺利赚钱。在医疗行业，做人工智能 To C
服务普遍存在 3 个难点。

（1）难点 1：数据收集难

对于多数应用，决定算法效果的核心是数据而不是算法本身。医疗应用需要大量数
据作为训练集，但不同病种的数据质量参差不齐。虽然大型综合性医院储存了大量高质
量的诊疗数据，但是与该类医院合作门槛很高。同时，因为医院之间缺乏统一的 HIS 标
准，信息孤岛现象非常严重，导致将不同医院的数据整合到一起成本非常高。同时，如
何取得患者的合法授权以使用数据也是一大难点。

政府、医院、个人和运营方分别掌握着居民健康大数据的管理权、控制权、所有权
和运营权，如图 9-18 所示。笔者认为，根据目前的行业现状，与医院建立长期稳定的
合作或者干脆加入"国家队"是解决这个问题的方案。

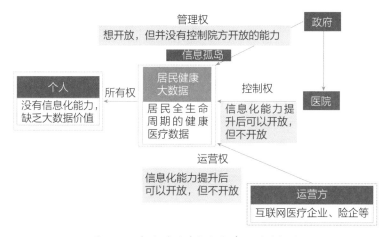

图 9-18　各方对医疗数据拥有不同的权益

国家目前也意识到了这一问题，正在分区域建设数据中心，已逐步形成健康数据的"国家队"。2018 年 4 月，济南市成为我国首个被国家卫生健康委员会授予健康医疗大数据的采集、存储、开发利用、安全保障、开放共享、管理、互联网＋服务及运营等权责的试点城市。

这里所提到的"国家队"，并不是仅指一家企业，而是一个产业联盟的概念，如图 9-19 所示。它覆盖人工智能、大数据、生物基因、医疗信息化和健康管理等多种类型的企业，以形成一个完整的产业链，便于企业间的协同合作。

图 9-19　不同类型的企业形成产业联盟

产业联盟囊括了临床医学数据、人口健康数据、医学影像数据、生物医学数据等最主要的健康医疗大数据类别，对参与联盟的企业不同程度地开放。

（2）难点 2：需要与系统软件／硬件结合

按照目前人工智能的发展现状，其应用还很难以单点模式嵌入医生现有的工作流程中。以上文提到的肺癌识别技术为例，其实在该技术出现之前，已有一套流程完善的软件系统来处理肺部影像，现在只是在原有基础上实现了由厂商提供的软硬一体解决方案。所以，笔者认为，短期内人工智能在医疗行业最可能的落地方案仍是设备厂商以更高的价格售卖硬件，但附赠嵌入人工智能算法的软件系统。这种软硬件一体的解决方案，虽然价格更高，却更符合医院的实际业务需求。

人工智能的业务发展路径其实与其他互联网产品相似，而多年的互联网发展历史已经验证了一个规律：没有核心竞争力的产品（社区类、内容和服务资源类产品除外）的市场份额会逐渐被系统方和硬件方侵蚀。应用商店和浏览器都验证了这一点。所以，如果希望通过人工智能技术在这个领域创业，目前看有两条路径是比较可行的。

- 路径 1——构建渠道壁垒：不能只做单点的人工智能技术，还需要在诸如影像科MIS 软件等领域进行布局，甚至是更专业的医疗设备。人工智能技术为企业开拓MIS 软件和硬件市场提供了差异化竞争力，而软硬件一体的完整解决方案则为人工智能技术提供了渠道壁垒。不过，究竟是人工智能企业学习软硬件的速度快，还是做软硬件的企业学习人工智能的速度快，仍需后续观察。考虑到制造行业的准入门槛要更高一些，笔者认为具备人工智能知识的专业人才加盟到后者是一条更快捷的路径。

- **路径 2——构建数据壁垒**：对于一些软件公司来说，如果构建软硬一体的渠道壁垒难度较大，则可以考虑构建数据壁垒。如果能独家获取并维护某个疾病在全国范围内最优质的数据集，并保证算法的效果显著优于其他竞品，就能在同业竞争中占据较大的优势和更强的谈判能力。此外，还可以与现有的 MIS 软件 / 医疗硬件企业保持合作关系，推出一套可供医生独立使用的诊疗工具，虽然单独的诊疗工具便捷性较差，但如果技术效果确实显著，那么也能得到市场的认可。

（3）难点 3：医生的接受度不高，医院的支付意愿低并需要政府审批

造成这个难点的本质原因是算法效果还有待提高。一方面，医学是一个复杂的学科。在多数领域，医生根据患者多方面的信息（望闻问切）进行综合诊断，医疗影像只是输入之一。现阶段算法在综合诊断方面的能力还较弱，仅在影像判断强相关的领域效果较好，因此接受度也较高，如眼底、肺癌等。另一方面，不同医院使用硬件的差异会影响算法的准确率，进而阻碍技术普及。模型所使用的数据需要"就地取材"，不同品牌的设备拍摄出的影像风格也存在较大差异。

此外，多数医生对"人工智能取代医生"持怀疑态度。具体表现在一旦模型的诊断结果出现失误，医生就可能再也不会选择使用产品。医生的态度进而也影响了医院的支付意愿，医院认为内嵌人工智能的设备 / 硬件价格昂贵，但效果只是锦上添花。在当前医生也能完成工作的情况下，医院并不愿意付费。

解决思路有 3 点：第一，持续优化技术，让更多的人，特别是医生，认可人工智能技术在医疗上的价值；第二，推动国家政策的支持，使医院有更充足的动力和资金采购人工智能系统；第三，建立强销售团队，使得医院的决策者在可买可不买的情况下依然能采购。不过在笔者看来，只有第一种解决思路才是最治标治本的途径。

基于医疗知识库的辅助问诊分为 To B 和 To C 两个方向。这个领域的技术目前还没有医疗影像成熟，所以医生和患者的接受度较低。

To B 方向，辅助医生做诊疗判断的工具中以中科汇能语音电子病历为例，算法给出的诊疗意见对中低级别的医生可以起到提示作用。但由于这种诊疗意见并不是当下国内医院的刚需，因此医院付费的意愿较低。同时，自动诊断的落地需要按照不同科室的工作流程进行定制化开发，并与软件系统绑定，所以，以技术单点切入会面临落地上的尴尬处境。

To C 的典型应用是智能问诊 App，供患者输入自身症状，提供初步的自诊服务，如图 9-20 所示。还可以在患者联系医生在线问诊时，通过算法与患者交互几次，以收集病情的细节并结构化整理后发给医生，便于节省他们反复追问患者所浪费的时间。同时，在患者等待医生答复时，可通过算法的反馈，形成对病情的初步认知。

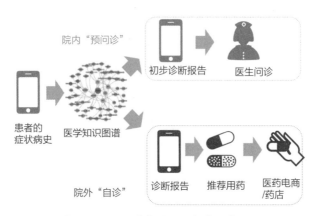

图 9-20　To C 的应用——智能问诊 App

　　无论 To B 还是 To C 的应用，均依赖医疗知识图谱的建设，需要电子病历、医生诊断报告和治疗方案效果等多维度数据的采集和分析。为保证知识的准确性，电子病历的处理需要专家严格审核，构建过程需要大量医院工作者参与。

　　当下，人工智能在医疗行业中已初具规模并正在蓬勃发展，在相当多的领域中都已取得了显著的成果。但需要认识到，实际应用中多数技术本身还需要针对医疗场景进一步打磨和优化。与此同时，在医疗行业中，如何基于人工智能技术应用来盈利的商业模式尚不清晰，这导致各个企业在业务快速发展的同时，还必须在外部融资中挣扎生存。

　　多数人认为，这个领域的商业模式会与医疗信息软件服务商类似：在人工智能技术的应用效果得到承认后，国家政策更加明确地支持，企业构建强销售团队推动各医疗机构采购软硬件设备。因为在这个模式下，技术的支付方是国家医保，所以也称为 To G 模式。

9.3.5　科技企业进入传统行业落地 AI 技术

　　从上述医疗行业的探讨，我们可以总结出科技企业进入传统行业落地 AI 技术的 4 个关键要素。

　　1）AI 技术：在算法技术应用效果上的领先会带来落地的优势。但需要注意客户的需求场景是否对算法技术有高精尖的要求。从人工智能应用的大盘来看，只有少量需求场景对算法效果是 99% 还是 99.99% 有强烈的需求，如无人车、信贷模型等。对于大部分需求场景，因为处于应用场景不是业务核心或者只是作为人工操作的辅助，所以算法的精度达到 99% 还是 98%，在客户体验上并没有太大差别。所以，千万不要以为算法技术比竞争对手效果好几个点一定能形成优势。通常，算法精度需要比竞品高 5% 以上，客户才会在应用场景有稳定的正向感知。

　　2）IT 平台：承载人工智能应用的 IT 软硬件系统。人工智能算法在应用场景中并不是独立存在的，它需要融入客户正在使用的 IT 系统。一方面，算法需要从 IT 系统中获取数据；另一方面，模型的执行也需要通过 IT 系统呈现给使用者，或者通过 IT 的软件或硬件执行相应的自动化操作。如果科技公司不能与提供 IT 服务的企业达成合作，那么终端客户无法真正使用未嵌入其生产或办公系统的 AI 算法。

3）数据和行业理解：积累海量的应用场景数据，并对数据和背后的业务有深刻理解。与算法相比，积累更多、更优质的数据和对业务场景的深刻洞察，往往对项目的落地效果有更大的影响。想达成这个壁垒，企业往往需要经历大量的项目并培养大量的跨界人才。

4）**渠道和客户关系**：做生不如做熟，开拓市场需要投入和时间。To B 生意的客户黏性天然很高，在大量企业员工已经熟悉一套办公系统后，如果没有关键问题，企业很少会主动选择换一家供应商，即便新供应商能够提供更低的价格或更优质的服务。

下面以一个案例展示 4 点要素的分析方法。安防是人工智能落地与产生经济效益最快的行业。假设有一家新进入安防领域的科技企业，其在人工智能算法上积累深厚，比当前的安防龙头企业——海康威视的技术强。这家新进入企业是否能快速打开市场？即凭借人工智能算法的领先，打败海康威视在其他方面形成的壁垒？

1）人工智能技术：应用于安防领域的人工智能技术主要是计算机视觉算法，由于工业界使用的视觉算法多是基于学术界最新的研究成果优化所得，所以各企业的算法效果较难有很大差距。同时，不少安防场景对效果精度的要求又没那么苛刻（例如如果人脸闸机失效，还有前台的工作人员可以提供服务），导致算法领先的程度未必能打动客户。

2）IT 平台：海康威视多年来向公安部门提供了警务通、基站信息采集、视图档案管理、警务云等众多 IT 系统。这些 IT 系统未必有很高的利润，但这些系统为海康威视落地人工智能算法提供了天然的支撑，海康威视容易以系统不兼容为由不支持其他竞品的算法。

3）数据和行业理解以及渠道和客户关系：海康威视在公安体系深耕多年，在安防数据、理解公安业务和人工智能技术的跨界人才和渠道关系上均有深厚积累。

从上述案例的分析可知，科技企业仅凭借人工智能算法技术上的优势，维持 To B 业务的长久发展并非易事，更合理的方式是采用"横纵式"发展模式。

横向：当 To B 业务具备上下游分散、技术壁垒高（小心算法壁垒会降低得比较快）且足够通用化的特点时，可以采用横向发展的策略，尽量以一项通用的技术或产品提供服务。如果能取得该产业链环节的垄断，企业反而会维持比较高的利润，比如个人电脑产业的利润多归于生产芯片的 Intel 和提供操作系统的微软。但更多时候，企业并不是主动收缩到某个产业链环节，而是难以向上下游扩展。原因可能是掌握的技术不够颠覆（比如谁掌握了 10 倍于现在市场水平的电池容量技术，就一定可以去做电动车。即使其他方面较差，但续航达到 5000 公里的电动车一定会在市场中大卖），或者扩展所需的能力缺失（做软件系统的厂商难以转行去做硬件），或者是上下游壁垒高（做手机很成功的企业，因为没有光刻机技术，制造不出来尖端的芯片）。在这些情况下，企业的利润和发展壁垒均难以保障。

纵向：选择合适的行业，向客户提供整体解决方案，而不仅仅是人工智能的算法环节。这往往需要团队具有行业洞察能力（找到市场机遇，打造贴合客户需求的产品形态）、产品和工程化能力（实验室中的 Demo 无法满足客户需求）、规模化交付能力（抢占市场份额的能力）、成本控制能力（不仅需要收入，还需要有利润）和有效的营销渠道。纵向发展所形成的壁垒种类更多样，业务发展也更加稳固。

所以，如果科技企业想涉足传统行业人工智能的落地市场，采用"横向＋纵向"的发展策略是更稳健的，在某些行业提供整体的解决方案，来形成足够深的壁垒，可以稳固地贡献营收。同时，在自身技术领先优势显著的领域，选择横向发展，来获取足够多的利润，并探索更多可纵向发展的领域。

9.4　思考技术在行业应用的方法论

在总结思考之前，先回顾下医疗各参与方的利益诉求。

1）患者诉求：

- 解决就医体验差、"三长一短"的问题；
- 解决医疗资源不均衡、不同区域分化严重的问题。

2）医生诉求：

- 提高实际收入水平，获得与劳动付出对等的薪酬；
- 对其发表论文能给予一定的支持，以便获得职称晋升。

3）医院诉求：

- 扩大医院规模，服务更多病人，创造更多营收；
- 给医院现有业务带来亮点，如应用人工智能改进诊疗方法或开办互联网医院等。

4）政府诉求：

- 破除以药养医和医保不足的矛盾，实施医药分离、零加成、两票制和医保改革等措施；
- 提升就医体验，实施分级诊疗、多点执业等措施。

5）医药相关方诉求：

- 药企期望缩短研发临床时间；
- 国家期望降低医药的流通成本；
- 各渠道方希望从处方药销售中分得一杯羹；
- 线下渠道和线上渠道互相融合，获得全面发展。

6）保险相关方诉求：

- 通过尝试扩展互联网销售渠道，结合渠道进行创新、数据精算、HMO 等方式，获得更高的销量和利润。

基于各方的利益诉求，4 种技术应用有下述策略。

1）互联网：轻模式和重模式各有千秋，需要根据企业定位、发展目标和资源来取舍。在线问诊需要提前布局，但盈利和发展均有待时机。

2）区块链：有电子病历、处方外流和商业保险 3 个场景。其中，电子病历价值最大，但需要与政府合作；处方外流的场景稍小，但可做性最强；商保报销由于公立医院无动力，当下可行性较低。

3）IT：医疗信息系统是在政府支持下的强渠道生意，医疗云可选择先在新兴医疗机构或控制成本严格的医疗机构实现起步，再借助政府的支持推动传统医院上云和医疗信息的互联互通。

4）AI：众多领域蓬勃发展，但需要深入思考终局业态。若人工智能技术的应用效果能够得到广泛认可，则国家的相关支持政策将指日可待。企业需要构建强销售团队来推动各医疗机构采购软硬件设备。渠道（软件系统或软硬一体设备）和数据是医疗人工智能企业长期发展的壁垒，两者至少要选择其一。

基于医疗行业的案例，研究技术在行业的应用，有两点基本规则。

1）深刻理解行业是一切应用的基础。企业需要研究"钱"在这个行业中流转的逻辑，因为它反映了真实的世界；需要研究各方的利益和情感诉求，才能确定各方对新应用的态度，以便得到关键参与者的支持，明确愿意为技术应用买单的支付方。

2）技术应用需要与行业逻辑深度契合。通常，创业者将"技术＋创意"作为企业创新应用的驱动力，但只有合理的商业模式才能维持企业的长久生存和盈利。没有任何技术是永远的黑科技，即使是独家研发的人工智能技术，也只能在一个时间窗口期内获得优势。所以，对企业来说，在该关键窗口期内将技术优势转变成完整的商业模式是至关重要的，这样才能为企业未来的发展获取更多的业务壁垒和竞争筹码。

AI 技术在医疗行业应用的方法论总结，如图 9-21 所示。

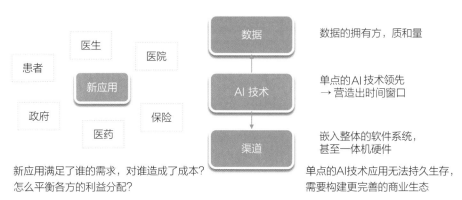

图 9-21　AI 技术在医疗行业应用的方法论总结

第10章

从技术到商业的思考

10.1 主题回顾

在本书的第四部分介绍从技术到商业的应用案例，并通过这些案例阐释了技术与商业应用之间蕴含的逻辑关系，这些逻辑关系是本书表达的核心思想。

1. 认知新技术并依托新技术对业务进行布局

以区块链为例，有三种逻辑关系。

1）从创造者的视角理解技术，才能更好地改进和拓展应用。具体案例可参见中本聪的区块链设计过程和比特币的六个思考步骤。

2）从抽象逻辑梳理应用场景，才能更深刻地认识本质，更高效地发现与开拓新场景。以区块链应用的本质抽象为例，诠释了四个驱动力因素和三个阻碍因素。

3）从商业本质来制定战略，可提高决策的成功率。企业可依靠新技术切入市场，但仍需回归商业本质来思考业务布局。

2. 在行业中实现新技术应用的落地

以医疗行业应用技术为例，存在两种逻辑。

1）对行业的深刻理解是技术应用的重要前提。如果对行业内容和发展轨迹没有深刻的认识，就容易出现设计方案与行业逻辑相悖的问题，实际推进过程中就会遇到诸多阻力。以医疗行业为例，需要审慎分析收益分配逻辑、主要参与方的生存现状和诉求、新技术和新政策带来的变数等诸多问题，只有在这些研究的基础上设计实现的技术应用才是务实可行的。

2）只有当技术应用与行业需求相契合时，才能诞生合理、利润稳定的商业模式。新技术应用在落地之前就要明确对各个参与方的价值以及谁是付费方。在前述章节中，笔者以互联网、区块链、云计算和 AI 四种技术为例，分析了各项技术在医疗行业中的应用场景及发展情况。

"认知新技术"与"思考行业应用"是当下两个比较值得思考且热门的话题，在本章，笔者将向读者分享一些自己的心得，具体包括：从技术到商业的思维模式转变、新型壁垒——平台模式的解析、技术投资与采购的方法论和人工智能的产业展望。希望带给读者一些启发，起到抛砖引玉的作用。

10.2　从技术到商业的思维模式转变

相信读者见过不少拥有高新技术或专利技术的企业最终在商业竞争中失败的案例。这就产生了一个问题：为什么这些企业的技术优势没有变成公司成功的重要支柱呢？笔者认为这就涉及了上文所提到的新技术与商业应用之间的逻辑关系，也可以理解为如何将技术思维成功地切换到商业思维上。本节将围绕这个问题，通过对部分实际案例的研究来探寻其中的真相。

10.2.1　战略壁垒的重要性

在本书的其他章节中曾多次表述过一个思想：在市场经济的环境下，技术型企业要想长期生存并盈利，需要在技术领先的窗口期内，尽快将技术壁垒转变成其他壁垒。这里提到的其他壁垒范围很广，具体内容将在下文详细展开。

壁垒决定了一个企业长期生存和盈利的可性。未系统化学习过经济学的读者容易混淆价值和价格的概念，认为价值高的物品价格也高。一个简单的案例即可打破这种惯性思维，请读者思考，空气和房子究竟哪个对人类更加重要，即价值更大。相信所有人的结论都是一致的：空气的价值更大，房子的价值更小。那么，再请读者思考下，哪个的价格更高呢？答案显而易见，房子的价格更高，空气的价格更低。这说明价值和价格之间有一个关键差距：供给。所以，以技术切入市场，研发新产品满足人们的需求后，下一步的重要问题是如何控制供给。因为满足需求只能保证企业的产品或服务不会浪费，但并不能保证企业会赚钱。企业构建壁垒是市场经济规则下的必然结果，有壁垒的企业才能在市场中获得高额利润。如果有一天人们不采用市场经济体制，企业就会放弃构建壁垒。

人们有时会认为，创新是褒义词，垄断是贬义词。但从市场角度理解，创新就是追求"垄断"，"垄断"才能获得利润。利润是市场给予创新的回报，这是企业家们将创新挂在嘴边的真正原因，实际上多数谈论的是利润。

无论是技术创新还是业务模式创新，均存在较大的不确定性。创新的产生是不确定的，一个创新是否真的有效在前期也是难以判断的。如同绝大部分基因变异是无效的甚至是糟糕的，市场上绝大部分的创新也被验证是无效的。所以，创业者和投资人投身某个技术应用领域，多少有运气的成分。与此不同，构建壁垒则是更清晰的商业运作，所以务实的企业家和投资人更加看重企业的壁垒。

新创意和新技术会引发全新的需求场景，但预测需求是没有规律的。而企业长期生存和获利是有规律的：构建壁垒，控制供给。

10.2.2　常见的战略壁垒

谋求企业的发展和盈利有个绕不开的话题——壁垒。供需关系决定了商品的价格，所以如果企业想盈利，需要战胜竞争对手，成为市场中的"垄断者"。垄断企业可以控制供给，使市场处于供小于需的状态以获取高额利润。在这个过程中，企业甩开竞争对手所依靠的、其他企业不具备的优势称为壁垒。通俗地说，壁垒是"凭什么我可以赚这个钱，别人就赚不了"。笔者结合多年来对各行业商业模式的观察，总结出了以下企业可构建的壁垒类型。

在创业之初，企业可构建的壁垒有以下 3 种。

1）**重资产**。这种壁垒在航空、制药和基建等高投入领域较为常见。制造业的企业需要生产资料（厂房、设备等），所以多数是重资产的。将重资产作为壁垒有利有弊，有利的方面是该行业不是普通人能够创业进入的，潜在的竞争对手较少。有弊的方面是企业会为重资产付出代价。假设将企业占用的资产折算成资本，大额资本的投资年利率可达 10%（甚至更高），那么即使该企业每年有 10% 的营业利润，它也是不赚钱的。因为它需要考虑资产的机会成本，即超过利率的利润才是真正的盈利。另外，重资产由于前期投入较大，一旦出现意外的竞争对手或市场情况发生变化，企业转型的难度很高。以轻资产著称的互联网企业则要好很多，这也是在政府提出"大众创业，万众创新"后，真正可实现大众创业的行业基本只有互联网。从反面的视角看，充足的资金的确是优势，但一项靠资金优势构建的业务，容易被资金更充裕的企业抢夺，也无法体现业务人员在其中的价值。设想一个创业者拿着需要靠资金优势才能成功的产品提案，投资人肯定会琢磨："既然这个思路主要是靠资金，我又是最不缺资金的，那么需要创业者干嘛呢？"

2）**牌照**。这种壁垒在国家特许经营的行业较为常见，比如烟草、外贸、医疗、金融等领域。在 20 世纪我国采用计划经济时，企业的壁垒主要是国家政策。社会上的物质匮乏，所以企业并不担心产品没有销量或面临激烈的竞争。现今，大部分行业自由竞争，只在一些需要管控的行业需要企业申请牌照。例如金融行业如果政府不管控高风险的金融行为，会引发严重的民生问题。在 2018 年频繁暴雷的 P2P 贷款行业，许多企业已经把正常的借贷模式演变成高利贷和庞氏骗局，最终受损的是普通民众，极大地危害了社会稳定。随着我国市场的进一步开放，凭借牌照壁垒生存的企业会越来越少。

3）**技术**。在创业之初以技术专家为核心班底或创始人的企业，多数是技术壁垒的企业。技术领先是一种核心优势，但这个优势依赖技术人才，而技术人才又可以通过资金获得。加上近些年技术传播的速度越来越快，使得技术壁垒的时间窗口期变短了。押宝某项技术只能维持一时的领先，需要持续的技术创新或者与业务、资源等优势形成合力才能持久。很多技术型企业注重技术氛围和技术文化的建设，将技术能力转变成组织能力会比单项技术领先稳固很多。另外，与其他经营优势相比，技术优势往往是企业走向国际舞台的"常规武器"。

随业务发展可逐渐形成的壁垒有以下 5 种。

1）规模。规模效应是现存产品达到一定的用户规模后，定位类似的新产品很难进入。规模效应有两种成因，或者制造该产品的成本与用户规模成反比，或者该产品向用户提供的价值与用户规模成正比。第一种是固定成本均摊导致平均成本的降低，比如企业生产某款汽车，花费在工业设计、厂房和机床、营销广告等方面的成本与生产规模关系不大。提高产量可以把这部分成本分摊到更多汽车上，使每辆汽车的单体成本降下来。第二种是规模带来用户体验的提升，典型如社交产品 QQ 和微信，它们的使用价值与产品用户规模强相关。时至今日，任何互联网企业再推出一款与微信功能类似的社交产品，即便它被打磨得十分好用，也难以发展。因为社交产品对用户的价值在于其中已有的朋友数量，但所有朋友同时迁移到新社交产品上几乎是不可能的事情。微信替代QQ 是由于 PC 互联网到移动互联网的换代。

同时兼具这两种规模效应的是平台模式。以电商平台为例，平台会为商家提供很多基础设施（如建店的工具），也会为顾客提供很多购物的基础服务（如支付系统）。这些基础设施和服务都是标准化的，当商家和顾客越多时，分摊的建设成本就越低，这是规模效应的第一种典型表现。另外，当平台上的顾客越多，对商家的吸引力就越大；反过来亦是如此，当平台上的商家越多，对顾客的吸引力就越大。这是规模效应的第二种典型表现。

规模优势是一种市场领先者的优势，所以对于具有规模优势的赛道，各竞争者常通过价格补贴来抢占市场份额，如当年的打车应用之间的补贴大战。通过价格补贴迅速建立规模，形成竞争优势。为了获得规模优势，花费不菲的资金是值得的。

2）品牌。差异化定位和品牌是企业普遍使用的壁垒，也是非常好用的壁垒。企业的差异化定位通常与品牌形象强关联，比如业内对百度人工智能技术品牌的信任。一项以人工智能技术为主的产品或服务，即使多家企业参与竞争，用户或客户也会先入为主地认为百度公司的效果好。品牌对业务发展的作用是潜移默化的，是企业重要的隐性资产。例如很多人看到了互联网医疗的机会，但一家创业企业想与知名医院谈合作可能会困难重重。但如果腾讯微信与知名医院谈合作，向对方提供技术支持、共建产品的方案，很多知名医院都会很感兴趣。他们认可腾讯的技术实力和微信的用户影响力，这就是品牌的优势。所以，新进入一个市场，最好的方法不是与明确的竞争者竞争相同的产品，而是选择差异化定位，或者直接寻找颠覆市场的机会。

在品牌塑造中文化积淀是笔者最为认可的品牌塑造方式。例如茅台与我国的酒文化深度绑定，"黔人善酿""贵州出好酒"的观念自古流传。又如奢侈品服装多是意大利的品牌，这与意大利是文艺复兴的发源地强相关。文艺复兴时代的女装设计正是欧洲时尚演变的雏形。品牌文化壁垒的建立，通常需要几十年甚至几百年的积淀。历经时代变迁的文化积淀是最为牢固的品牌壁垒。

3）数据。企业基于业务运营产生的各类数据，再加上相关技术和产品的支持，可形成"基于数据优化业务，持续保持领先"的优势，即构建成数据壁垒。例如电商平台凭借店铺和用户的交易数据更清晰地掌握了信贷对象的情况，在金融领域取得优势。目前许多银行在尝试自建电商，期望通过构建消费场景来收集数据。再举一个案例，为何这些年新推出的搜索引擎均难以竞争过百度？除了技术壁垒之外，历史累积的大量搜索数据也是提升搜索效果的关键。搜索引擎各方面的策略模型均可通过大量用户行为数据进行优化。即使一家企业能在技术上追平百度，但没有如此规模的历史数据，搜索效果也难以保证。

4）组织能力。组织能力是指一家企业在某方面能力上的优势，而不是指某一项具体的业务或技术。例如腾讯在构建社交产品上的优势、百度在人工智能技术上的优势、阿里在商业运营能力上的优势。因为企业在某项组织能力上的优势，可使其源源不断地抓住这方面的新机会。此外，多元化经营和强大的执行力也是企业组织能力的体现。多元化经营的多项业务间需要能够互相借力，比如电商平台和供应链金融就是典型的案例。

如果一个企业同时拥有多个互利互助的业务，就很容易形成"多副牌"的商业模式，或者用一个比较火的词形容——商业生态。因为具备辅助性质的其他业务不是竞争对手在短期内可以通过资金获取的，如亚马逊的电子书 Kindle 和内容出版业务互利互助，使得其他只做电子书或只做内容出版的竞争对手均难以与之抗衡。这里要澄清一下，很多平台型企业的团队在设计产品时，经常提到具有流量优势，实际上，流量优势是一个伪优势，因为流量可以用资金买到。另一个角度，企业的用户流量如果不传导给内部产品，拿出去变现也是可以的。所以，除非新产品能够达到企业战略的级别，或者对平台业务本身有贡献，否则很难利用平台为它"输血"。所以，多数企业的多元化经营战略并不是随机地选择一些能赚钱的市场机会，而是与企业的现有业务进行更好的整合。

阿里从最初的 C2C 电商平台淘宝，看到用户对高质量品牌商品的追求，所以孵化出 B2C 的电商平台天猫，并从淘宝平台向其导流。在推广电子商务的初期，阿里看到电商平台中用户和商家互不信任的情况下，用户不敢随意消费。同时，为了解决传统银行的网银支付烦琐的问题，孵化出支付宝业务。在电商平台形成规模后，发现商家有借贷需求，平台又充分掌握了店铺的销售数据，可有利支撑风控模型的建设。淘宝和天猫平台常年和中小企业打交道，对他们建设信息系统和线上开店的痛点一清二楚，所以成为了我国最早坚持发展云计算业务的企业，因为这符合"让天下没有难做的生意"的愿景。所以，从阿里的发展历程可见，成功的多元化业务并不是生硬设计的，而是从现有的优势业务出发，不断发现新的市场需求，自然生长出新业务。采用这种模式发展的业务，虽然属于全新的赛道，但与原有业务结合形成了极佳的合力。

5）低利润。小米的 CEO 雷军曾当众宣称小米硬件未来的净利润不会超过百分之五，如有超过将全额返还给用户，这是一种典型的低利润壁垒。通常，无其他壁垒的业务需要以低利润作为壁垒。"辛苦的劳作，但超低的利润"也是一种壁垒，因为市场上多数企业希望过得舒服，以较低的成本付出换取较高的利润回报。如果一个企业使得所在领域获利特别辛苦，也会转变成一种核心优势，使其他企业主动避让。当然，没有企业一开始就选择这种策略。通常有两种场景导致这样的结果：第一，该行业的经营模式长期无变化，从产品到技术再到运营均非常透明，使得企业没有任何核心优势，行业利润被压低到极限；第二，既存企业的战略性阻止行为，刻意用短期亏损来挤压竞争对手。可以设想一下，如果在市场中效能最高的企业，设定"不赚钱"的产品价格，那么其他效能不如它的企业就无法存活。现实中，很多企业通过表示出这种"死拼"的姿态，来阻止潜在竞争者的进入。反过来，如果一家企业长期的主营业务利润率极高，说明其有强大的壁垒。极高的利润率是一种危险的"高空飞行"行为，竞争企业的"炮口"都会对准这项业务。

当然，小米的战略并不是纯粹的低利润壁垒，雷军期望通过低利润的模式，抢占智能家居的硬件市场。随着人工智能技术的发展和用户习惯的养成，智能家居市场会迎来革命性的变局。智能家居硬件也会成为互联网内容和服务的新入口，小米在智能硬件的产业布局成为其独有的竞争优势。

最后，谈谈究竟数据是壁垒，还是数据技术是壁垒的问题。其实，谁是壁垒的本质逻辑并不是谁更复杂，而是谁的供给更加有限。在多数业务场景下，数据技术不是壁垒，数据和企业技术文化是壁垒。因为获取技术的本质是获取人才，获取人才的本质是合适的事业与足够的资金。对于市场后来者，只要有合适的平台和资金，就能吸引到优秀的技术人才，并逐渐获取技术。但数据是先行者独一无二的优势，是资金买不到的。所以，在思考构建的产品壁垒时，要将数据放在首位，数据技术放在次位。

如果想在激烈的市场竞争中取得一席之地，那么获取上述壁垒是每个企业均要思考的事。随着互联网的普及和数据时代的到来，越来越多的企业把数据技术定位成自己的核心优势。

题外话：中美企业科技竞争力的不同表现

企业以技术为核心竞争力更具难度，因为技术投入存在着较长的周期和较大的不确定性，在很多时候性价比也不高。但经历三十多年的飞速发展，我国企业急需在这方面加大投入，这也是全球化市场领先者的思路。

我国之前的飞速发展得益于廉价的人力成本和巨大的本土市场。一方面，廉价的人力成本使得生产同样一款产品，我国在世界市场上更有竞争力，所以低端制造业在前些年的发展比较迅速。另一方面，巨大的本土市场也为企业产品创新营造了环境，如这些年的互联网电商、移动社交都依托于本土市场特有的环境和用户需求，从而得以快速发展。这些产品与国外的类似产品相比，改进的重点是对本土用户需求和商业环境的深入理解。这也造成了这样的现象：中国企业在本国生存得不错，走不出去，因为走出去难以依靠对用户需求或市场环境的深入理解（中国人也难以理解外国人的需求和国外的市场环境），外国同行也难以进入中国（外国人生产手机不理解中国人的需求，不知道为何中国手机需要双卡双待）。

笔者与在美国互联网业工作的朋友交流时发现，美国有很多企业在创业之初更多依靠对市场需求的捕捉和商业模式的创新。但在他们成功后，无一不在技术上大量投入，使企业取得跨越式发展。纵观美国近代发展史，也是科技创新引领经济繁荣的历史，所以美国存在把技术作为企业的核心竞争力的文化并不奇怪。近 30 年成功的中国企业绝大多数都是消费形态和商业模式的创新者，对技术的重视程度普遍不够。

10.3 新型壁垒：平台模式的解析

纵观过去几百年的经济发展历史，多数企业所依靠的壁垒是早就存在的经济学规律。但只有到了近些年信息产业、互联网和人工智能的发展，人类组织协同的效率得到了极大提高，才出现了一些"巨无霸"企业。这些巨无霸企业多是新兴科技企业，采用平台模式发展，并将其作为竞争壁垒。所以，让我们了解下这些新兴科技企业从新技术到平台模式的发展路径，从中得到以技术创业的启发。

本节先以 Steam 游戏平台为例，解读平台型企业的基本模式。再以互联网企业为例，探讨 C 端互联网企业发展到今天，如何通过切入 B 端服务来加强自己的平台模式，形成壁垒。注意，以淘宝平台为例，C 端是在平台上消费购物的用户，B 端是在平台上供货和销售的各种店铺企业，也称为 B 端企业或生态伙伴企业。

10.3.1 平台模式的典型案例：Steam 游戏平台

Steam 游戏平台是平台模式演变的典型。依靠商业模式的创新，Steam 游戏平台已经成功从一家游戏制作公司转型成为世界第一大游戏发行平台，为游戏用户（C 端）和游戏研发者（B 端）提供各类服务以帮助多种角色共生。

如图 10-1 所示，Steam 游戏平台的业务可以划分为三大版块。

1）版块 1：提供面向游戏研发者（B 端）的服务，包括研发游戏的引擎 Source Engine 和研发游戏的全流程支持 Steam Works，这两个模块支持游戏的研发、发行和运营。

2）版块 2：提供面向游戏用户（C 端）的服务，包括销售、更新、云存储、直播、社区和道具交易等。Steam 游戏平台将来自大部分用户的大量类似游戏需求集中实现建设，不仅节省了大量研发成本，而且使用户体验更简洁、用户社区更繁荣。

3）版块 3：提供自研游戏资源，即自研游戏团队 Steam Value 负责研发的一些著名爆款游戏，如反恐精英和 Dota 2。

在这种模式下，一方面平台可以通过研发通用的模块来节省大量成本，并通过平台的统一谈判在对外采购中取得更实惠的采购价格。此外，平台还可以提升用户的聚集程度，以打破每个游戏孤立的社区。另一方面，平台的开放性使得游戏研发者可充分发挥创意，研发个性化的新款游戏。与此同时，由于游戏的主要收益也归研发者所有，这就更加充分调动了他们的积极性。

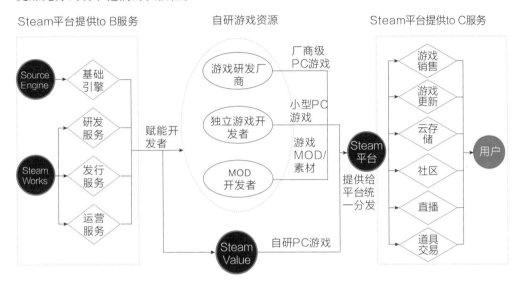

图 10-1　Steam 游戏平台的业务划分

Steam 游戏平台的发展经历了几次演进。第一次是在 2000 年左右，游戏研发团队 Steam Value 制作并推出了反恐精英等经典游戏，成为了一家成功的游戏制作公司。第二次是在 2003~2006 年期间，这个时期的 Steam Value 已在游戏行业深耕多年，深谙独立研发游戏流程的烦琐和艰辛，逐渐萌生出构建通用发行平台并提供给第三方游戏厂商共享的思路，期望通过平台让其他厂商可以更专注和更高效地研发游戏。从这个时期起，Steam 平台的收入开始由自研游戏和平台抽成两部分组成。第三次是从 2007 年开始，Steam 平台的模式日趋完善，在单机游戏市场逐渐具备统治性的影响力。

下面以 Steam 平台为例来分析从游戏研发者转变为生态平台建设者的经验：

1）开发经验的积累。如果没有亲自开发游戏的经验，Steam 就无法深刻理解游戏产业链和研发游戏过程中的艰辛，也就难以打造如此贴合研发者需求的平台。

2）游戏用户的积累。由于 Steam 自研的爆款游戏均要求游戏用户在 Steam 平台上运行，因此为 Steam 平台在开始阶段累积了大量游戏用户，这对吸引第三方游戏厂商加入平台起到了巨大作用。

在 Steam 的案例中，得益于之前的几个爆款游戏，平台能够成功转型。不过，对于其他平台而言，在初期未形成规模效应之前，往往发展艰难，需要来自外部的助力。多数生态平台，或者在前期依靠资本的力量发起补贴大战，如某打车应用；或者多年默默耕耘一个众人看不懂的市场，如拼多多；或者凭借现有的平台优势导流，如微信在成为全民的通信工具后，陆续推出公众号和小程序。

在最近的中美贸易摩擦中，关于谷歌禁止华为手机继续使用 Android 系统的新闻，令很多人第一次意识到了貌似"开放且免费"的手机系统其实并不像人们想象的那么"友好"。抛开贸易摩擦中的政治问题，从 Android 系统这个案例本身可以观察到美国企业典型的发展策略。

首先，美国企业对技术本身的发展是十分看重的。其中的主要原因是相比于产品、企业文化等其他商业元素，技术的无国界特征是最显著的，比如很多产品设计和商业运营领先的企业出国后往往会水土不服，像开在中国的家乐福、沃尔玛最终都将其中国区业务打包出售给本土零售企业。即使有些企业最终落地生根，但也都经历了一段痛苦的本地化过程。所以，很多美国企业都认为技术领先是最好的全球化发展模式。其次，美国企业对围绕技术来构建商业模式和商业生态也十分重视。在 2007 年 11 月，谷歌与 84 家硬件制造商、软件开发商及电信运营商宣布组建开放手机联盟，以共同研发并改良 Android 系统。随后谷歌以 Apache 开源许可证的授权方式，发布了 Android 的源代码。经过十几年的时间，一直处于开源状态的 Android 系统，早已不再是黑科技。所以，华为在开发手机系统鸿蒙时，即使不需要复制 Android 系统的任何代码和技术，也可以达到甚至超越 Android 系统的表现。可能读者会奇怪，既然如此那为什么在这次贸易摩擦中，华为还会处处被谷歌掣肘呢？其中的奥秘就在于 Android 系统真正的壁垒是其 App 研发的接口标准。假如谷歌禁止鸿蒙系统使用与 Android 系统兼容的 App 接口，那就意味着其他所有手机应用如果想在新系统上运行，其研发者都需要针对新系统的接口研发新版本，这个隐性的成本是巨大的。经过以上分析，读者们就能很清晰地发现 Android 系统已经成功地从技术壁垒切换到生态壁垒。

10.3.2　互联网企业以整合 C 端平台供应链的模式切入 B 端服务市场

1. 工业的互联网化

我们知道美国是工业化在先、互联网化在后，而我国则是互联网化和工业化几乎同时发生。虽然数据表明我国目前的工业化水平仍与美国的差距巨大，例如在工业、农业和服务业中达到工业化标准的部分只占美国的 12%，但两国在互联网化的进程上则可以说是不相上下，有些领域如移动支付，我国甚至更为超前。

我国处于工业化和互联网化并行发展的阶段，这为我国工业发展提供了助力。因为随着消费互联网发展的见顶，很多互联网企业都不约而同地发现：在移动互联网 C 端增长红利已不可持续的局面下，需要从互联网平台供给的内容、商品、服务的 B 端来挖掘更大的利润，而由于我国工业化程度较低且生产效率较低，导致这些 B 端的企业利润率较低。所以，很多互联网企业将目光聚焦到了产业升级方面。目前，互联网改造原有工业产业比较好的切入点，一个是云服务，另一个就是产业链的整合与升级。

下面我们来具体分析下互联网对传统产业产业链的整合和升级。众所周知，商品零售领域的供应链较长，各行各业的标准差距较大并涉及较多的线下环节，不容易整合。我国作为制造业大国，生产环节的工业化程度尚可，电商平台则改造了服务和流通环节。目前低效的环节主要体现在生产厂商对消费者需求的捕捉上，阿里平台提出的 C2B 就在奔着这个方向努力。例如，Zara 作为成功的快消服装品牌，它取胜的关键就在于能够灵活、快速、准确地捕捉到每年、每个季度服装市场客户的最新需求，并通过高效的生产和健全的销售渠道触达每一位消费者。

2. 互联网平台改造餐饮服务供应链的思路

除商品领域外，其他常见的服务领域也同样存在参与主体多、整合难度大的问题，比如与大家生活息息相关的旅游、餐饮等。一些互联网公司发现其中的问题，并尝试通过自身的商业模式来解决。比如美团，它通过对我国外卖餐饮市场的深入了解和分析，实现了兼顾线上、线下的外卖生态系统。美团外卖让每个餐饮外卖商家都能拥有自己的一套外卖系统，并通过美团自己的线下送餐服务，实现外卖商户和用户之间的配送问题，最终打通了外卖市场的上下游链条。下面我们来深入分析下这个案例。

根据行业数据显示，如果销售额作分母，我国大部分餐馆的成本构成如下：租金 8%~15%，原材料 20%~40%，人力 20%~30%。多数餐馆的毛利润只有 20%~30%，净利润率则只有个位数字。只要各项成本稍有上涨，就能令这些餐馆老板入不敷出。这就是为什么我国餐馆平均寿命只有 15~18 个月的原因。自营外卖业务虽然有助于提升餐馆的周转率，但很多餐馆考虑到自营外卖中耗费的配送成本和信息处理成本，只能望而却步。

深耕餐饮行业多年的美团，想通过搭建一个集中的外卖平台来解决这个困局，一方面帮助餐馆处理所有外卖客户的线上订单，另一方面通过自建线下外卖快递来解决配送问题。由于美团做 O2O 要投入大量的线下运营资源，这些成本最终也还是要由餐馆的利润来承担。因此，提升餐饮业的经营效率和利润水平是美团平台平稳运转的最重要前提之一。美团发现了两种模式：第一种是专门建立与外卖模式更契合的"厨房小店"，在符合相关政策的条件下，租用普通民宅专做外卖生意，不提供堂食。考虑到房租低、原材料与美团合作批量采购以及不需要服务员等原因，这种小店的毛利率可达 45%。第二种是美团亲自整合餐饮供应链，通过缩短供应链环节（产地直供）以及发挥规模效应（批量采购和运输）来提升整体效率。

第二种模式由销售终端平台来整合供应链。美国 80% 的农产品供应链由大型连锁超市主导，美国 7 大超市基本垄断农产品食材的供应，这种垄断有利于发展高度工业化的供应链。反观我国，70% 的农产品供应链由各地的批发市场主导，农批市场承担了全国 70%~80% 的农产品流通，实现了农产品集散、供需调节、撮合交易、信息传递及综合服务等重要功能。虽然地位难以取代，但放在这个信息时代来看却相对低效。中美餐饮供应链对比如图 10-2 所示。

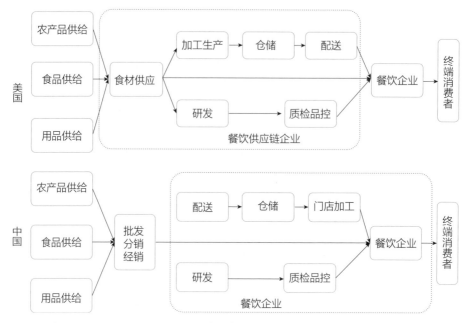

图 10-2 中美餐饮供应链对比

在我国，由于每个餐饮企业要自行对接批发市场，导致原材料采购成本居高不下。如果销售终端平台能够整合这个环节，就能帮助餐饮企业降低采购支出，带动利润上升，进而创造出更大的利润空间。例如，美团的快驴和快菜等均是在这个思路下的新业务模块。

3. 互联网平台切入 B 端服务市场的方式

随着互联网行业的发展和信息技术的普及，未来互联网平台要在供应链上下功夫，并将此作为企业立足的核心竞争力。实践经验表明，只有两种企业能够整合供应链：第一种是生产端掌握货源的龙头企业；第二种是消费端掌握客户源的龙头企业。目前，多数互联网企业均属于后者。整合供应链意味着通过标准化、简约化和规模化的途径来提升效率。

标准化是三种途径中的关键。合理的标准化不仅可以令供应链 B 端更加稳定高效，还可以降低 C 端用户的决策成本。以快车服务为例，快车服务实际整合了"黑车"市场。在整合之前，黑车市场是极不规范的，具体表现在司机和价格不透明，顾客每次打黑车价格都需要跟司机进行一对一的议价，不同的司机可能给出千差万别的价格。此外，由于司机信息不透明，很多客户即使选择了黑车，心中也不免忐忑，对服务的质量也没有稳定预期。快车的出现令原来线下的黑车在价格和司机信息上更加标准化。

除了提升供应链效率，获取更多收入外，终端平台整合供应链还可以增强自身的竞争壁垒。

为了形成稳固的生态系统，平台型企业通常会提供两层服务。一层是向 C 端用户提供全方位服务，以便牢牢把握住 C 端入口，并且通过各种手段保证用户访问的初始路径要从平台开始，而不能绕过平台直接抵达 B 端供给者。在这方面淘宝给出了范例。淘宝平台非常警惕各类导购平台的出现和发展，通过投资（微博和小红书）、打压（蘑菇街）和自建（淘直播和淘攻略）的方式控制各种导购应用，以免 C 端入口出现问题。另一层是平台向 B 端商家提供广泛的基础设施支持服务，例如淘宝平台不仅为中小商家提供云计算类的基础设施服务，还提供与电商业务相关的店铺设计、营销推广和运营工具等配套服务。在这种两层服务的双向作用下，在淘宝生态系统中运营越久的中小企业，对平台的依赖度就越高。

如图 10-3 所示，通过掌握 C 端入口和提供 B 端的基础设施，淘宝平台将广大中小店铺夹在中间，让这些店铺完成平台不擅长的业务——提供各种各样的商品。

图 10-3　淘宝平台通过 C 端入口和 B 端基础设施，与大量店铺产生了紧密的生态协作

C 端业务和 B 端业务之所以能协同是因为两者的特点正好互补。C 端业务通常变现能力比较好，但缺点是商业生态不够稳固，也不容易深入产业链。而 B 端则恰恰相反，业务需要和产业链结合比较紧密，一旦形成业务合作则关系稳定，但缺点是变现能力和速度比较差。结合以上两者正好可以取长补短，让两种业务均得到更好的发展，C 端为 B 端提供获客支持和发展资金，B 端为 C 端提供深耕行业的执行路径和更稳固的商业生态。

除此以外，平台型的互联网企业在未来人工智能技术的发展上也有比较大的空间。这主要得益于平台型互联网企业天然有转型做云计算和人工智能企业服务的基因。当然，不同的互联网平台在硬件集成、数据算法、通用人工智能等不同的特定领域，具有各自的解决方案且开放程度也是千家千样，如图 10-4 所示。

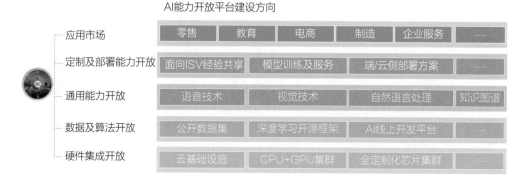

图 10-4 平台型互联网企业普遍开放的能力（来源：艾瑞报告）

通过以上分析，笔者认为对于平台型互联网公司来说，切入企业服务市场比较好的突破口是通过"服务自身平台上 B 端客户"来实现，而不是泛泛地去寻找各行各业的应用场景，以纯粹技术供应商的角色入场，这样最后很容易成为单一的"技术外包商"。事实上，阿里云的起源正是如此。阿里集团在淘宝平台与大量中小商家合作，观察到他们在运营线上化生意时的巨大成本压力，并意识到云计算市场的潜力。

由此可见，互联网平台从"消费互联网"向"产业互联网"转型，加强自己的平台模式和竞争壁垒，会有 4 种结果。

1）导流平台：没有做成 B 端赋能，或者根本没意识到需要做。那么互联网平台依旧只是大量 B 端公司的导流和营销阵地，平台生态极不稳固。

2）技术服务商：成功切入 B 端服务市场，但 C 端业务消亡或未与 C 端业务形成战略协作，企业的结局将是转型为技术服务商。

3）未来之星：在保持互联网 C 端强势地位的同时，建立 B 端服务，一方面 B 端业务为 C 端业务提供基础支撑，令商业生态更加稳固；另一方面，C 端业务帮助 B 端业务获客，两者协同创造更大的价值。

4）消亡：B 端业务开拓失败，C 端平台也逐渐被淘汰，导致企业被时代淘汰。

10.3.3 互联网企业赋能生态伙伴的方法论

上一节提到互联网企业通过对平台上的 B 端伙伴赋能的方式来加强自身的壁垒，形成更稳固的商业生态。那么，互联网平台可以怎样帮助生态中 B 端企业增效率、降成本呢？通常有如下两个方面：

1）提升企业运营效率，提供数字化和智能化的软件工具。

①各种 SaaS 系统工具，比如 Saleforce 提供的 CRM 系统，SAP 提供的云 ERP 系统等，让 B 端的中小企业同样可以实现专业化的经营。

②针对业务场景提供基于数据的智能工具，如用户行为分析平台。

2）根据产业的供应链需求提供基础设施，比如仓储、配送、客服、内容、培训、IT 系统等，涵盖供应链的全部环节。不同的企业在这些环节上的工作相似度比较高，由生态内第三方企业或平台来提供会有更高的经济效益。

此外，那些深耕某个细分行业的平台，虽然牺牲了一定的扩展性，但却可以通过集中采购的方式降低技术成本。同时，还可以通过为没有太大知名度的 B 端企业提供品牌背书，帮助他们提升产品销量。

因为本书的主题是机器学习和人工智能，所以下面就以人工智能技术为例，展示互联网平台以人工智能技术赋能生态伙伴的思考方法。

虽然互联网平台与提供内容的合作伙伴属于"你情我愿"的商业合作，但是互联网平台在向生态伙伴企业赋能（包括信息、商品和服务）时，不能只追求"售卖人工智能技术"，还需要调研清楚两对问题（如图 10-5 所示）：一是平台有什么与 B 端企业要什么，二是平台要什么与 B 端企业有什么。互联网平台向生态伙伴企业赋能，最终目标应该是通过技术赋能稳固平台的商业生态，为长远发展打下更坚实的基础。

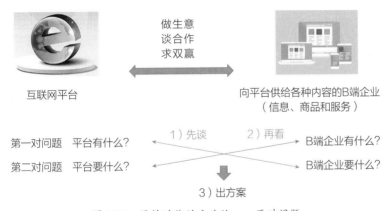

图 10-5　设计赋能的方法论——两对问题

1. 第一对问题：平台有什么与 B 端企业要什么

（1）平台有什么？

成熟的互联网平台通常有四方面的人工智能技术储备：用户交互技术、多媒体内容处理技术、数据分析技术和内容版权技术。

1）**用户交互技术**：令用户更高效地触达 B 端提供的内容，具体手段包括搜索、个性化推荐和智能对话系统等。

2）**多媒体内容处理技术**：为 B 端企业提供包括语音、图像、视频和 VR/AR 等的多媒体内容处理技术，有助于提升 B 端生产多媒体内容的质量和效率。

3）**数据分析技术**：为 B 端企业提供基于用户画像和行为数据的运营分析工具。

4）**内容版权技术**：为 B 端企业提供内容审核、版权数据管理等内容运营技术支持。

（2）B 端企业要什么？

考虑到提供内容、商品或服务的 B 端企业的利益诉求是类似的，因此可用如图 10-6 所示的公式来表达 B 端企业希望通过平台赋能来提高利润的三个方面：一是平台赋能可带来更多的用户，二是改善线上产品体验和增强变现能力，三是能够减少生产和运营内容的成本。

图 10-6　B 端企业希望通过平台赋能来提高利润的三个方面

以提升产品体验和变现能力为例，很多互联网平台的 B 端企业都期望平台可以提供搜索和推荐信息流的技术，以便提升其自身用户访问内容的效率。曾有某科技企业 CEO 与笔者探讨，非常期待从第三方获得与搜索和信息流推荐技术相关的服务，因为这些技术可以使得用户更高效地触达喜欢的商品，从短期看可以提升用户购物的转化率，从长期看则可以提高用户的留存率。

再以降低生产和运营成本为例，这里存在多种可能。

1）降低生产成本：例如在微信公众号上撰写企业财报评论文章的内容方，期望平台能够提供自动写作的软件，将标准的财报自动转变成说明文字，以便其直接加上一些点评即可发表，提高写作效率。又例如在抖音上制作娱乐内容的 B 端企业期望平台可以提供多种多样的娱乐化处理技术（比如自动剪辑和配乐），帮助他们丰富视频的效果。

2）降低运营成本：例如系统自动对不符合相关规定的内容进行审核，以降低审核的人力成本。再例如现在已经广泛应用的智能客服技术，可以极大降低企业在客服方面的人力成本。

2. 第二对问题：平台要什么与 B 端企业有什么

平台对生态伙伴企业的需求可分为四个方面，如图 10-7 所示。

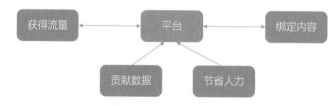

图 10-7　平台对生态伙伴企业的需求的四个方面

1）获得流量：B 端企业为互联网平台新增的用户导流，将企业自己的用户导流给平台。例如线下餐馆推荐顾客微信扫码点菜下单，线下实体店推荐顾客访问其线上的淘宝或天猫店。

2）绑定内容：如果平台上 B 端供给的内容（包括信息、商品和服务）越丰富、越优质，就越能帮平台留住 C 端用户。如果是独家供给，这个效果会更强，例如喜马拉雅音频平台前期有两款爆款节目——樊登读书和罗辑思维，这两个节目对早期平台吸引用户十分关键。但因为这两个节目过于流行，导致内容生产者产生了自建平台的想法。

3）贡献数据：通过 B 端企业获取标注数据和用户行为数据，用于优化产品策略和开拓新品。电商平台可获取到用户在各个店铺中的浏览、咨询和消费行为，这些数据会被用于优化整个平台的产品和运营策略。

4）节省人力：通过合作共建的方式，利用不同人力结构的企业进行协作，提升工作效率。

以上四个方面中，第 1 项和第 2 项的逻辑较为简单，下面详细说明第 3 项和第 4 项。

（1）贡献数据

B 端企业对平台贡献的数据可分成两种类别：标注数据和用户画像。

首先谈谈标注数据。假设存在一家为银行等金融机构提供某类风控模型的科技企业，其收费标准与银行的客户规模挂钩，银行规模越大，服务收费越低。由于被服务的银行发现其提供的模型效果较好，因此这家科技企业的产品口碑较好。

对于这个案例，首先要研究下这家企业的模型效果好是否因为其拥有更先进的建模技术。基于多年的工作经验，笔者认为这家公司的产品之所以效果好，一方面可能与其在建模技术上的持续积累有关，另一方面更可能是因为企业在为众多银行服务的过程中，获取到超过任何一家银行的训练数据。看到这里有些读者可能会质疑说，所有银行都会严格保密客户资料和数据，不可能允许外部企业将数据带走。其实，构建基于全局数据的模型没有必要真的获取各个银行的数据，只要获取基于每个银行数据训练后的模型参数即可。这种做法因为模型参数的数据量很小，无法通过模型参数推断银行客户的信息，并不违反保密条例。同时，这也解释了为什么该企业对大银行的收费比小银行要更低。通过笔者的分析，假设这家企业是以前期积累的训练模型参数为基础，通过新银行的数据实现增量训练（fine-tune），从而得到拟合度更高的数据场景模型。这种模式对于大银行来说，其模型效果提升并不显著，主要是因为大银行本身就拥有大量的数据，基于自身数据就可能训练出效果不错的模型。但对于小银行来说，由于其自身数据量有限，需要通过外部企业提供的数据模型来建立更完善的风控模型。所以，与其说这家技术企业是技术领先，不如说它数据领先更为贴切。

这种商业模式其实在许多领域都存在，这里只是通过银行业的假想案例让读者理解起来更容易一些。很多 AI 赋能技术都采取同样的商业模式。例如，现在不少互联网企业都会向 to B 的技术服务商购买计算机视觉服务，这些技术服务商也会获取到用户使用的行为数据用于算法和特征的优化，这些优化的结果往往是可场景迁移的。

其次谈谈用户画像。大多数情况下，每个互联网内容提供者都拥有自己的用户画像数据，如果将这些数据与应用相融合，则可以实现更强大的个性化策略。很多互联网 App 总感觉自己的推荐功能做得不够好，用户触达内容和转化的效率不高。在笔者看来，这种技术服务与其通过第三方技术供应商提供的推荐模型或搜索技术，不如与大型互联网平台合作，复用他们的推荐技术。很多内容提供者与大平台合作，看重的不仅是技术本身，还有将自身应用的用户数据与大平台打通后，利用大平台的用户画像优化自身的应用场景，这种优化效果远远超过只换装一个先进的算法。

（2）节省人力

为何要引入第三方协作？难道平台无法完成这些技术服务吗？

根据现在的行业特点，业务运营和优化平台业务往往需要投入大量人力，是一项技术含量稍低的人力密集型工作。由于大平台通常拥有更加复杂的技术和薪资体系，导致普遍用人成本较高，因此当大平台下属产品所涉及的细分领域较多时，如果人力成本投入少，则产品优化效果不佳，用户体验差，事倍功半；如果平台运营人力成本投入大，则收入很难覆盖成本，导致无利润甚至亏损。而小公司的人力架构多采用少量高薪搭配大量低薪的薪资模式，正好可以弥补大平台人力资源成本高的短板。因此，行业中普遍认为平台和外围中小企业分工协作是最好的选择，可以达到多赢的效果。在一个生态系统中，工作性质和人才结构更合理的匹配是两种企业协作效率更高的本质原因。

大平台和生态合作方在人力成本结构上的差异，使得平台采用项目外包的管理模式，能够更大地提升其经营效率并降低经营风险。假设整个生态的经营是以"平台企业提供 1 个单位的人力，配上 10 个单位的生态合作企业的人力"进行的，对大平台而言会有三个显著的收益。

1）保证团队的灵活性：可以控制平台企业的团队规模，当市场出现变化时，精简的团队更易于转型，负担更小。

2）工作权责及收益分配更加清晰：内外部合作中，各方通过签订协议来明确在项目中各自的工作权责及所得收益，最大限度约束了各方行为，避免了职责不明等潜在风险，还能通过收益分配更好地激励项目中的各个参与方。而在企业内部进行多业务协同时，容易出现各团队之间业务相互扯皮或权责不清等各种问题，导致合作效率低。

3）财务优化：将一些低利润工作转移到生态外围的中小企业完成，有助于降低平台整体业务成本，降低税负，优化平台的财务数据。

除了上述提及的淘宝案例外，近来比较引人注目的云计算和人工智能企业也具备类似特性，大部分项目中既有对深度技术的要求，也有很多烦琐的一般性研发工作，这两者分别适合不同人力结构的企业。

淘宝是平台与外围企业有效协作的典型案例之一。例如，如何制定众多领域的商品分类和 SKU[⊖] 属性，这不是管理淘宝平台的"行业小二"能独立承担的，大量繁重的工作需要该领域的店铺一起出人力协作。又比如双十一的运营活动，大量的活动设计和宣传也需要平台和店铺的人力一起投入。所以，"行业小二"会将店铺员工视作团队成员分配工作，将外部团队的人力纳入平台业务体系分工协作。

淘宝平台完整的协作生态如图 10-8 所示，淘宝通过淘宝开放平台提供基础的数据

⊖ Stock Keeping Unit，库存单位。——编辑注

和框架，ISV 和 TP 等服务商基于开放平台的接口研发满足淘宝卖家的个性化需求。淘宝卖家从淘宝大学学习在平台上运营店铺的知识和技巧，然后通过淘宝服务市场寻找到相应的服务商为其服务，打造自己的店铺。

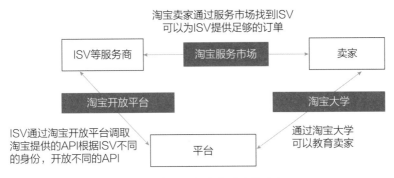

图 10-8　淘宝平台完整的协作生态

三套系统（开放平台、大学和服务市场）将三种角色（卖家、平台和 ISV 等服务商）紧密地结合在一起，形成一个高效运转的生态系统。

3. 多数互联网平台可选择的人工智能赋能方向

基于"两对问题"的方法论，多数互联网平台愿意推广且内容供给者也需要 AI 技术支持的场景，有如下的几类。

- 推荐系统：首先可以提高用户对 B 端供给内容的触达和转换效率，其次平台可以通过技术获得用户的行为数据，为提高平台的技术能力和产品体验提供助力。
- 内容的版权保护 / 商品的正品保障：对于内容版权，可以应用区块链技术，构建开放的版权存证平台，同时改变版权生态，避免竞争对手以版权模式撬动平台生态。对于电商平台，可以用区块链技术进行产销流程的追踪，提供正品保障服务。
- 用户行为分析：融合平台和 B 端的用户数据，在帮助 B 端运营用户的同时，还可以提高平台的用户画像准确性，提升个性化产品的体验，甚至很多电商店铺会根据平台的数据分析服务来指导商品设计。
- 智能客服系统：降低 B 端客户运营和服务成本，同时为平台切换下一代人机交互模式打下基础。

以上只是现阶段行业中合作模式比较成熟的几个场景，如果读者们有兴趣，也可以将其延伸到其他行业和领域。即使有些平台与 B 端企业合作，没有给平台带来直接的收益，但如果将眼光放得更远，会发现提升 B 端的生产能力也会间接提升平台的用户体验和竞争力。例如，平台为 B 端提供内容审核与辅助内容生产的工具，可提升平台的用户体验和活跃度。

10.4 技术投资与采购的方法论

科技企业要构建自己的技术壁垒，但也没必要事事亲力亲为。对于一些不涉及核心业务的技术，企业往往选择商业采购，但对于与业务结合比较紧密，又比较看好的合作企业，还有一种选择——战略投资。下面详细探讨企业开展对外技术投资的方法论。

高效推进一项工作的前提是掌握其方法论。对外技术投资不能零散地进行，可以分为三个层面系统谋划。

- 层面1：梳理业务所需的技术全景，确定投资方向。
- 层面2：梳理具体技术方向的内部逻辑，确定值得投资的模块或能力。
- 层面3：分析具备能力的候选企业，确定值得投资的企业。

下面以一家通用型的互联网企业为例，阐明这三个层面的工作应如何开展。

10.4.1 层面1：梳理业务所需的技术全景

如图10-9所示，互联网企业需要的技术大致有几类，首先是渠道设备，投资渠道会获得更多的用户数据，以及更多宣传产品的推广位。其次是线上化研发所需的各种技术，比如代开发、App开发者服务、AI开发者服务等。再次是构建企业业务系统的技术，互联网App只是企业面向终端用户的窗口，企业的内部业务系统还会涉及软件研发商和云计算服务提供商等。最后，考虑未来布局还应该关注最新的技术进展，比如区块链、量子计算、芯片等外部企业。

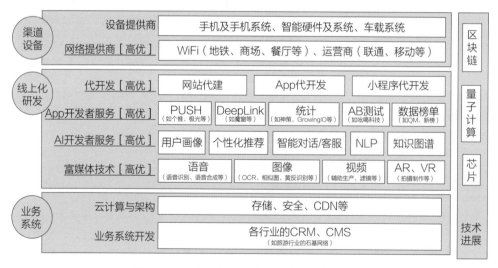

图 10-9　互联网企业通常需要关注的外部技术

这些技术与互联网业务存在关联，但并不意味着所有的方向均需要依靠投资解决，多数情况下采购技术产品或服务即可。显然，技术型公司的投资价值不仅是技术，还有数据、内容、客户和渠道，如图 10-10 所示。只有综合考虑，才能做出更合理的判断。

技术领域 对搜索的价值≥2 个的，会被评估为 [高优] 的技术领域	外部公司的具体角色	能够提供的价值（五类） 标黑表示 该技术领域有这个价值
设备提供商	手机及手机系统、智能硬件及系统、车载系统	纯技术｜用户行为数据｜内容｜客户｜渠道
网络提供商 [高优]	WiFi（地铁 / 商场 / 餐厅等）、运营商（联通 / 移动等）	纯技术｜用户行为数据｜内容｜客户｜渠道
代开发 [高优]	网站代建、App 代开发、小程序代开发	纯技术｜用户行为数据｜内容｜客户｜渠道
App 开发者服务 [高优]	PUSH、DeepLink、统计、AB 测试、数据榜单	纯技术｜用户行为数据｜内容｜客户｜渠道
AI 开发者服务 [高优]	用户画像、NLP、知识图谱、个性化推荐、搜索、智能对话 / 客服	纯技术｜用户行为数据｜内容｜客户｜渠道
富媒体技术 [高优]	语音、图像、视频、AR/VR	纯技术｜用户行为数据｜内容｜客户｜渠道
云计算与架构	存储、安全、CDN 等	纯技术｜用户行为数据｜内容｜客户｜渠道
业务系统开发	各行业的 CRM、CMS	纯技术｜用户行为数据｜内容｜客户｜渠道
基础技术	区块链、量子计算、芯片	纯技术｜用户行为数据｜内容｜客户｜渠道

图 10-10　外部企业能为互联网公司提供的价值梳理

　　根据技术全景的梳理和具体方向的价值评判，初筛出一批值得细致分析的投资方向。之后进入第二个层面，展开该技术方向的内部逻辑，并结合战略需要评判投资的必要性。

10.4.2　层面 2：梳理具体技术方向的内部逻辑

　　随着短视频这种媒体形态的火热，多数互联网产品均在将图文内容逐渐转变为短视频内容。所以，视频技术尤其受各互联网企业的关注。视频技术可以分为 7 个细分方向，关系如图 10-11 所示。

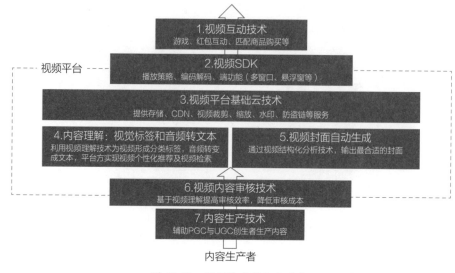

图 10-11　视频技术的细分方向

这么多技术方向，究竟哪些应自研？哪些需投资？哪些要购买技术服务？哪些可以放弃？上述疑问可以从三个维度决策，如图 10-12 所示。

1）**业务价值**：业务愿景是否需要这项技术？现在或者未来的业务蓝图中是否需要这项技术？

2）**核心技术**：该技术是否是业务的核心竞争要素？这项技术的有无或优劣是否决定业务的发展？

3）**供给数量**：市场上是否有多家供给者？如果供给者在未来被竞争对手控制，是否会威胁到业务的发展？

图 10-12　某个技术方向是否需要投资的思考维度

从以上三个维度思考，可形成某项技术的决策树如图 10-13 所示。如果该技术决定了产品核心功能的效果且产品的其他功能较为单薄的话，那么终局目标一定是自研；否则，拥有这项技术的企业容易以此为切入点，变成企业强有力的竞争对手。华硕电脑从为戴尔电脑提供技术模块起家，逐渐完善了自身的产业链，最终进化成整机提供商，占领了大量原本属于戴尔电脑的市场。如果该技术并不核心或单凭此项技术无法形成威胁，那么企业可以选择投资或购买技术服务。究竟是投资还是购买技术服务取决于市场上的供给者数量。如果供给者众多，选择其中一家采购技术服务即可。但如果出现供给者聚集成寡头的局面，最好以投资的模式形成对这些企业的控制力，以免竞争对手通过控制它们来形成威胁。

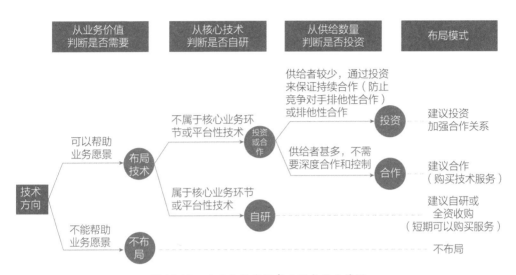

图 10-13 从三个维度思考后形成的决策树

基于图 10-13 的决策逻辑，确定需要战略投资的细分领域，并进入第三个层面。

10.4.3 层面 3：分析具备能力的候选企业

将考察企业的各方面维度分为业务价值和切入难度两个大方向，换个表述方式就是收益和成本。业务价值分别从客户 / 用户、产品、内容、技术、团队等维度判断，切入难度从关系派系和融资规模判断，最终通过各类指标的加权得出参考排序，评分模型如图 10-14 所示。根据投资领域的不同会调整加权的参数。因为企业估值不会单独考虑技术一项，所以投资的考察维度也不仅是技术，全面衡量企业各方面业务的价值，排序才是公平的。

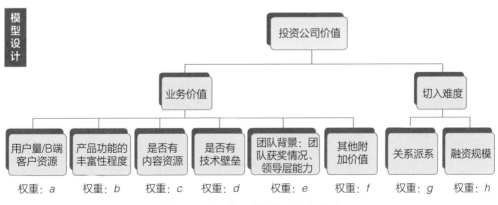

图 10-14 投资公司价值的评分模型

使用三层分析法可以高效开展企业的技术投资，使得技术投资形成体系化的战略布局，这就是方法论的力量。方法论可以使没有投资经验的普通人也能按图索骥地完成投资提案。但方法论只能保证平均的工作水平，要想成为战略投资的大师，还需要对业务、技术和组织有深刻的理解。下面以一个具体案例，讲讲方法论之外的观察和判断。

10.4.4　案例：短视频 C 端赛道的业务

移动 5G 普及后，短视频的应用迅速发展，短视频产业图谱和竞争格局分析如图 10-15 所示。互联网企业纷纷进入该赛道，推出相应的产品。生产短视频内容需要拍摄器技术，众多特效可使用户拍摄的视频更有趣，例如在自拍的头像上加入猫耳朵，又如为拍摄者提供各种美颜效果。那么，如果短视频平台自身的技术储备不足，应该如何决策这个领域的投资方案呢？决策方案取决于三个思考问题的答案。

1. 思考 1：拍摄器技术是不是视频平台的核心能力？

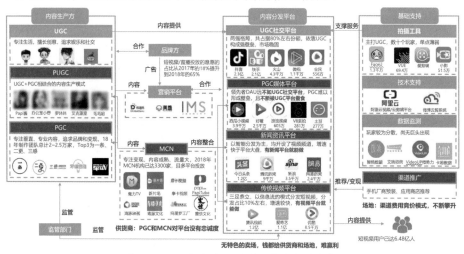

图 10-15　短视频产业图谱和竞争格局分析

首先，确定技术对业务的重要性。短视频市场可分成两种类型：PGC[○] 媒体平台和 UGC[○] 社交平台。其中，PGC 媒体平台并不是一个好生意。因为 PGC 平台没有壁垒，类似于一种无自身特色的大卖场，从 PGC 创作者那里"进货"，然后从手机厂商和应用市场购买场地渠道（手机预装和应用市场推荐），再向消费者"卖货"（展示 PGC 内容吸引用户，再插入广告赚钱）。在这种模式中，PGC 创作者对平台没有任何忠诚度，他们期望自己的作品在所有平台上发布，而手机厂商和应用市场提供渠道的策略是价高者得。所以，如果 PGC 平台没有自身特色的话，其利润几乎全部用于支付场地的租

○　PGC，Professional Generated Content，专业生产内容。——编辑注
○　UGC，User Generated Content，用户生成内容。——编辑注

金（渠道）和购买供货商的货品（内容）。与此不同，UGC 平台的壁垒要强得多。多数 UGC 内容的供给者不追求获利，或者发布到更多平台以提升传播量，更多追求的是在一个平台上玩得开心。此外，UGC 平台扩展用户的方式也不完全依赖购买渠道，用户自发地在社交网络中传播的情况十分普遍。每逢节假日，许久未见的亲朋好友互相介绍自己拍摄的有趣视频，会给快手和抖音一类的 UGC 平台带来流量增长。

所以，PGC 的赛道注定是长期混战的市场格局，这导致其难以盈利。如果在获取流量或者高效变现等方面没有差异化优势，短视频平台最好选择 UGC 的路线。但如果走 UGC 的路线，除了团队需要有强大的产品能力之外，拍摄器技术也是必不可少的。因为普通用户的拍摄设备和技巧一般没有专业用户的好，如果没有强大的拍摄器技术和丰富多样的玩法，就难以吸引普通用户创作有趣的内容。很多娱乐化的玩法都与拍摄器技术相关，如从随意拍的滑雪视频中自动剪辑出大片的感觉。

基于上述分析，拍摄器技术是构建短视频平台所需的核心能力。

2. 思考 2：拍摄器技术是否要自研？是否有窗口期的问题？

拍摄器相当多的技术点均偏娱乐化，比如让用户的自拍像更美，拍摄的风景视频更有格调，拍摄重影的特效等。以让用户更美为例，这并不是一个有明确优化目标的科学问题，这不同于识别花卉和识别商品等任务是有明确优化目标的科学问题，识别的准确率更高就是模型追求的目标。无论用户怎样美化自拍能更美，怎样剪辑和处理拍摄的视频更有大片感，以及各种娱乐化的视觉处理需求均没有明确的优化目标，这些都需要算法的研发人员本身具备对美感和娱乐感的理解，这也通常是很多以科学家为主的视觉团队相对缺乏的，只在实际产品一线的研发人员有这方面的经验。

3. 思考 3：技术团队应该如何与业务配合？

基于拍摄器的很多玩法具备与游戏一样的新鲜感和服饰潮流一样的代际，每隔一段时间，用户对当前视觉的玩法和美化的效果就会产生审美疲劳，从而给新玩法和新效果机会，这就要求技术团队紧贴业务一线才能更高效地捕捉潮流。如果技术团队与一线业务团队是分离的，每次的需求迭代周期为一个月，甚至一个季度是无法满足这项业务需求的。

基于这样的分析，对于 C 端的视频技术企业来说，全资收购外部团队并进行深度整合是一种选择，或者从有一线实战经验的团队挖高端人才组建自己的团队，其他的选择则并不会取得良好的效果。

最后，我们探讨一些在投前、投中和投后的经验。

在投前，多数业务部门提交的投资意向未必要通过投资解决，可以购买技术服务，展开短期合作。业务部门更关注当下的难题，但投资需要兼顾短、中、长期的布局。投资外部企业的谈判周期长、结果不确定性高，不适合解决业务急需，例如视频审核技术是构建短视频产品初期的痛点，但对产品的长远发展未必重要，没有人凭借强大的审核技术做出成功的爆款产品。

在投中，投资谈判过程需要引入业务 / 技术人员，他们不仅可以给出更专业的参考意见，还可以与被投企业高管交流业务和技术，降低对方心防。因为多数人在思考具体业务和技术问题时，大脑模式会发生切换，不再时刻筛选自己的言行，透露出更多真实的信息。

投资的时机会极大影响价格，竞争局势可能在 1 年内发生天翻地覆的变化，企业在"天价"和"分文不值"之间快速转换，例如 2018 年初摩拜还以 27 亿美元的价格卖给美团，但下半年 OFO 融资时却遇阻，企业极速衰退。

在投后，最重要的是让被投企业和母集团形成战略协同，否则战略投资会沦为纯粹的财务投资。怎么让双方形成战略协同呢？答案是双方要形成利益和命运的共同体。

那么，如何使两家企业成为"利益共同体"呢？有四种构建方案：共同利益、股权合作、签订协议和派驻管理层。从前到后，双方利益绑定的程度越来越深。

方式 1——共同利益：典型如从携程离职的高管季琦，创办的酒店（如家、汉庭等）仍与携程存在共同利益，携程以流量换取酒店的服务接入。这种合作方式最灵活，可随市场变化而动态调整，但双方关系脆弱，当有利益冲突时，合作随时会终止。

方式 2——股权合作：典型如腾讯对拼多多和京东的投资与合作，除了投资方享受被投企业的增长收益之外，还会推进一些深层次的业务合作，比如在微信中可以分享拼多多和京东的商品链接，但无法分享淘宝的商品链接，微信将大部分商品导流给"自己人"。反过来看，拼多多和京东也为微信平台提供了商品库，提升微信用户搜索、分享和购买商品的体验。这种模式的缺点是融资方业务独立发展，投资方的控制力较弱。

方式 3——签订协议：典型如腾讯投美团时签订的协议，美团 IPO 时，腾讯可以优先认股权。常见的标的灵活多样，包括财务业绩方面的企业利润和上市时间，非财务业绩方面的产品规模和销量，企业能否获得第三方融资等，甚至存在具体业务上的配合条件，例如提供独家资源给母集团等。协议也规定了违约的赔偿，通常有退还投资、股权出让、公司被强制收购等。这些条款使投资方的控制力强且不易吃亏，但融资方会谨慎签订。采用这种投资策略，可能会错过好的标的，因为发展势头良好的企业不会理睬这种条件苛刻的融资。

方式 4——派驻管理层：典型如某互联网企业投资 OFO 后，为了加强对被投企业的控制力，派驻了三名高管（非 CEO）。这种模式说明投资方不满足只设定协议中的目标，还要控制企业的执行过程。多数情况下，母集团派驻非实权的高管，更多是掌握被投企业的运营情况，而不是过度干预。良好的结局是派驻高管同时代表两者利益，并能调动两者资源形成紧密的配合。

10.5　人工智能的产业展望

10.5.1　人工智能未来的发展

近两年，人工智能的基础研究再次遇到瓶颈。2012 年前后，在语音识别和计算机视觉领域验证了深度学习的有效性后，爆发了一波研究和应用深度学习的浪潮。2017 年，当这波浪潮的红利消耗殆尽，深度学习也开始受到质疑：从海量数据中提取复杂模式，即便做到极致也不能实现人工智能。

　　从美国加州大学洛杉矶分校（UCLA）的朱松纯教授分享的案例来看，人工智能不仅不如人类，甚至与一只乌鸦的差距也很大。

补充阅读：朱松纯教授分享的案例

　　图 a 是一只乌鸦，被研究人员在日本发现并跟踪拍摄。乌鸦是野生的，也就是说，没人管，没人教。它靠自己的观察、感知、认知、学习、推理、执行，完全自主地生活。假如把它看成机器人的话，它就在我们现实生活中活下来。如果这是一个自主的流浪汉进城了，他要在城里活下去。

　　首先，乌鸦面临的任务就是寻找食物。它找到了坚果（至于如何发现坚果里面有果实，那是另外一个例子了），需要砸碎，可是这个任务超出了它的物理动作能力。其他动物，如大猩猩会使用工具，找几块石头，一块大的垫在底下，一块中等的拿在手上来砸。乌鸦怎么试都不行，它把坚果从天上往下抛，发现也解决不了这个任务。在这个过程中，它发现一个诀窍——把坚果放到路上让车轧过去（图 b），这就是"鸟机交互"了。后来它进一步发现，虽然坚果被轧碎了，但它到路中间去吃是一件很危险的事。因为在车水马龙的路面上，随时它就死掉了。我这里要强调一点，这个过程是没有大数据训练的，也没有所谓的监督学习，乌鸦的生命没有第二次机会。这是与当前很多机器学习，特别是深度学习完全不同的机制。

　　然后，它又开始观察了（图 c）。它发现在靠近红绿路灯的路口，车子和人有时候停下了。这时，它进一步领悟出红绿灯、斑马线、行人指示灯、车子停、人流停这之间复杂的因果链，甚至哪个灯在哪个方向管用、对什么对象管用。搞清楚之后，乌鸦就选择了一根正好在斑马线上方的一根电线，蹲了下来（图d）。这里我要强调另一点，也许它观察和学习的是别的地点，那个点没有这些蹲点的条件。它必须相信，同样的因果关系，可以搬到当前的地点来用。这一点，当前的很多机器学习方法是做不到的。比如，一些增强学习方法，让机器人抓取一些固定物体，如积木玩具，换一换位置都不行；打游戏的人工智能算法，换一换画面，又得重新开始学习。

乌鸦把坚果抛到斑马线上，等车子轧过去，然后等待行人灯亮灯（图e）。这个时候，车子都停在斑马线外面，它终于可以从容不迫地飞过去，吃到地上的果实。

——摘自朱松纯教授的演讲稿

由此可见，乌鸦能轻松胜任多项不同的智能任务，包括观察、感知、认知、学习、推理和执行。它不需要"大数据"训练，可以完全自主地生活。这说明深度学习技术没达到生物大脑的基本能力：在只有少量信息和数据输入的情况下，解决大量不同领域的任务。当前，以深度学习为核心的人工智能仍是基于单一场景的海量数据提取复杂关系而已。

既然深度学习遇到瓶颈，那么人工智能的研究和应用会不会步入寒冬呢？这不是危言耸听，人工智能在过去50年的发展史上有三次高潮和三次低谷，虽然最近一次高潮取得了显著的成果，但智能程度不如乌鸦的结果说明其距人类的理想甚远。虽然终极人工智能尚未实现，但基于深度学习的智能算法已经具有极大的应用价值。人工智能已经在互联网和金融等数字化程度高的行业率先落地，更多行业也在探索中。

人工智能落地应用的增长并不体现在各种行业峰会绚丽的PPT中，而是隐藏在NVIDIA GPU服务器的销量上。因为如果没有实际应用，企业不会花真金白银购买训练和运行深度学习模型的服务器。在当前NVIDIA GPU的销量中，互联网行业的采购占到7~8成，传统行业的采购只占1~2成，但后者的增速远高于互联网行业。在可预见的未来，当传统行业中人工智能应用的体量超过互联网后，一个更庞大的新产业就会诞生。各大互联网企业纷纷在2018年的时间点发力云计算和人工智能的企业服务，并宣传自己是科技公司，而不是互联网公司，因为它们均看中了这个市场的巨大潜力。

同时，我国移动互联网的触网人口已接近10亿，增长红利消失。在互联网行业的高速发展期，人工智能的人才供不应求，高薪资会产生虹吸效应。随着移动互联网发展减速，互联网锁定的人才会以个人或企业的方式向各行业转移，人工智能的企业服务市场会迎来稳健发展。图10-16展示了艾瑞咨询总结的人工智能改造升级传统行业的场景和进展。部分市场已经跑通商业模式，规模增速十分惊人，例如安防行业的应用在2018年增长250%，但多数行业还在探索实践中，逐渐出现一些应用价值点。虽然多数企业兴趣浓厚，但所在领域的可行模式十分模糊，既懂人工智能又懂行业的人才又相对匮乏，落地应用任重而道远。

AI对传统产业的改造升级方式

AI+零售
· **范围**：线下新零售门店；
· **应用**：AI摄像头、服务机器人等；
· **进展**：概念落地仅12个月，大部分处于试点阶段

AI+工业
· **范围**：基础工业部门中的机械工业；
· **应用**：工业质检机器人、工业云关联算法等；
· **进展**：工业整体尚处于向自动化、数字化转型阶段

AI+安防
· **范围**：视频监控、出入口控制等；
· **应用**：社会治理、警务刑侦、建筑楼宇等；
· **进展**：2018年市场规模增速接近250%

AI+建筑
· **范围**：社区、园区、写字楼等；
· **应用**：人脸考勤、访客管理、人口管控等；
· **进展**：新建项目大规模采用，对传统项目渗透加快

AI+医疗
· **范围**：诊疗、康复及医疗机构运维；
· **应用**：影像辅助诊断、语音电子病历、导诊机器人等；
· **进展**：AI辅助诊断解决方案试点工作持续推进

AI+物流
· **范围**：快递物流仓储；
· **应用**：视觉导航AGV、AI质检产品等；
· **进展**：受限于仓库基础建设，AGV出货量增速放缓

AI+金融
· **范围**：银行、保险、证券等金融机构；
· **应用**：风险控制、保险理赔、移动支付等；
· **进展**：监管加强倒逼传统金融机构增加技术投入

AI+电力
· **范围**：电力传输、线路维护及能耗控制；
· **应用**：电网动态仿真、高精度视觉巡检机器人等；
· **进展**：互联网巨头和社会资本强化与传统电力公司的合作

AI+教育
· **范围**：在线教育；
· **应用**：英语测评、智能批改、拍照搜题等；
· **进展**：集中在自适应学习，由校外教育机构提供

AI+交通
· **范围**：城市交通调度优化及车辆监控；
· **应用**：高清摄像头车辆识别、智能停车等；
· **进展**：二、三线城市大力布局智能交通基础设施

图 10-16　人工智能改造升级传统行业的场景和进展

在我国，模型研发的人力价格远高于各行业普通从业者的人力价格是人工智能企业服务市场发展受阻的主要原因。人工智能模型的价值在于替换从事机械性工作的普通工人，但如果普通工人的薪资较低，构建模型的成本又较高（研发模型人员的薪资过高），那么这种替代是创造不了经济效益的。

10.5.2　人工智能应用的方法论

本书的核心主旨是普及人工智能应用的方法论——三层思考法。具体方法和案例已经在前文中逐一介绍，此处的总结是水到渠成的。三层思考法分别为看商业、看系统和看模型。

1. 层次 1——看商业

技术应用首先通过商业模式的实现，需要从产业结构分析商业模式的可行性。本书有大量分析技术应用市场的案例，典型如第 9 章以医疗行业为例，展示了"产业链结构"和"各参与方利益"的分析方法。技术应用需要与行业逻辑相契合，探索出行业中各种角色对新应用的真实态度，以及谁会为应用付费。这个思考层次往往是技术人员不甚擅

长的, 但又是最重要的。

2. 层次2——看系统

如果生意是可行的, 就继续看系统。算法模型通常只是解决方案的一个模块, 只有对系统全局有深刻的认知, 才能准确认知算法模块的定位, 以及实现结合业务模式的创新。在第1章个性化教育的案例中展示了从完整应用的四个维度——数据、模型、业务和需求, 来思考建模的可行性和实现方案。需求是否是真的? 数据是否充足? 业务的前提条件是否完备? 这些问题往往比怎么建模更加重要。营销策略案例、计算机视觉案例和对话机器人案例均没有限于建模, 而是更全面地分析业务场景, 将业务与模型深度结合, 设计出许多创新的建模方案。

3. 层次3——看模型

聚焦建模的需求以及模型的设计和优化。本书的第二部分介绍了模型原理, 以及包括特征工程、样本处理和模型评估等方面的建模经验。如果前两个层次执行得较好, 应用的商业模式和系统方案足够清晰, 建模反而是容易的。当然, 这里的"容易"是指获取一个平均水平的模型, 追求大幅领先于市场的模型也是有挑战的。对于一家企业主营业务中的模型, 即使提升1%, 也会带来巨大的业务收益。所以, 专业技术人员会绞尽脑汁地优化模型, 花费数年的时间提升几个百分点也是常见的。

10.5.3 人工智能的企业市场分析

人工智能的企业市场还处于初期阶段, 但可以看到该市场存在四种角色——客户、咨询公司、软件工程队和基础技术平台, 关系如图10-17所示。

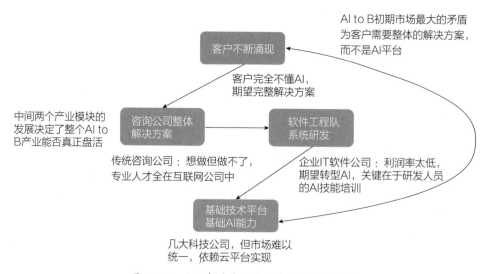

图 10-17 人工智能企业应用市场的结构解析

1）客户：人工智能在各行各业的应用潜力是毋庸置疑的，多数企业也很感兴趣，但感兴趣不代表理解掌握，客户期望服务供应商提供完整的解决方案，以便他们直接获取业务效果。

2）基础技术平台：由于人工智能的基础算法和框架平台相对通用，激烈的市场竞争导致基础技术平台难以直接盈利。同时，巨大的投入又限制了承接方只能是几大科技公司，典型如百度的飞桨深度学习平台（PaddlePaddle）。

3）咨询公司：在市场发展的初期，人工智能的应用咨询服务成为急需，也是推广技术的关键。许多企业面临的问题不是"如何实现"，而是"实现什么"，怎样以人工智能技术改造企业的业务模式和流程是模糊的。这项工作交由传统的咨询公司并不可行，因为传统咨询公司也缺乏这方面的人才储备。应用技术专家类似于建筑行业的方案设计师，设计师需要工程知识和艺术美感，应用技术专家则需要行业积累和技术能力。没有通用的人工智能方案，只有行业的解决方案，但跨界的人才十分难得。在咨询行业，公众号发文章和报告、组织讲座以及出版图书是销售行为，而且是高端的销售行为，往往在一场精彩纷呈的讲座后，服务的订单会主动找上门来。所以，转型做企业服务的互联网企业，需要尽快领悟这个领域的游戏规则。这个角色是相对重要的，它是软件工程队的上游，也对推广人工智能基础技术平台有影响。

4）软件工程队：因为多数客户期望直接带来业务效果的解决方案，而在完整方案中，除了使用人工智能模块，还有大量业务逻辑模块。即使是人工智能模块，也不仅仅是基础算法，还需要做大量的训练和适配的研发工作。所以，通用的基础技术平台无法满足客户需求，需要研发团队进行二次开发。研发企业软件的市场是劳动密集型的，目前存在大量 IT 软件企业尝试转型来抢夺这块市场。传统的 IT 软件市场已经成熟，企业利润普遍较低，导致他们迫不及待地以人工智能作为新卖点。但这些企业的研发人员对人工智能较为陌生，使用开源工具进行二次研发也存在困难。

根据各大咨询机构的预测，2020~2030 年我国人工智能相关产业的年增长率会维持在 30%~40%。政府也将人工智能的研发和行业落地作为带动经济增长的"新基建"核心。人工智能加速进入落地期的信号已经显现，诸多以 AI to B 为核心的创业企业纷纷入场。但就笔者对市场的分析，这个市场的主体很难被纯粹的 AI to B 企业承担，原因有如下三个。

1）绝大多数人工智能应用并不是单独存在的，而是需要植入 IT 软件系统或行业独有软硬件系统中，这些系统由大量的行业 IT 软件公司或者设备制造商控制。他们在现有系统上进行升级 AI 能力要相对容易得多。

2）传统 IT 软件企业或设备制造商已经在某个领域深耕很久，了解落地新技术的必备行业知识（Know-How）。

3）传统 IT 软件企业或设备制造商的人力成本较 AI 创业公司较低。AI 落地的障碍之一是很多传统行业利润率很低，人工智能化改造带来的价值如果还小于目前 AI 算法研发人员的薪资支出，这个改造就无法持续进行。

但 IT 软件公司和设备制造商中的技术人员当前不懂人工智能技术怎么办？市场上的深度学习或机器学习工具平台是很好的选择，比如飞桨（PaddlePaddle）。

人工智能的行业应用市场，大概率会由"咨询＋平台＋软件工程队"的复合型团队来承担。其中，咨询团队主要起到培育客户理念和市场教育的作用，而落地的主力则是"平台＋软件工程队"。所以，飞桨作为国产深度学习框架第一品牌，目前正着力提供除了框架之外的大量端到端（从数据处理到模型部署）的模型工具。这些模型工具预置了大量的学术领先模型，与直接使用框架从头创建模型相比，使用这种工具可以提升软件工程人员的应用效率。

10.6 企业的组织能力：《创新者的窘境》中的理论

企业转型需要组织架构的升级，这也是 2018 年多家互联网企业转战企业服务市场后，立刻大规模调整组织架构的原因——为了让组织更加适应新战场。

破坏性的技术创新往往不符合现有的价值网络。成熟企业会密切关注客户（用户）当前的需要，导致它们无法抓住新的机遇，只能谋划确定性的发展路径，如《创新者的窘境》中关于硬盘市场的案例。在 20 世纪 60 年代，硬盘主要用于运行企业管理信息系统的大型机。在该场景中，客户对硬盘的尺寸是相对宽容的，因为企业将大型机放置到专门的机房中。但由于管理信息和数据的增多，对硬盘容量的需求不断增长。所以，市场上主流的硬盘制造商均将研发精力放在如何提高硬盘容量上，而忽视硬盘尺寸，以夺取大型机市场的更大份额和利润。这些制造商也就错过了便携式个人电脑的市场，这个市场需要另外一种硬盘——小尺寸、小容量的硬盘。因为这个市场在初期规模很小，也不赚钱，主流制造商选择视而不见，给予新企业发展的机会。但随着个人电脑市场的快速兴起，小型机很快超过了大型机市场，并抢夺了大型机的部分场景。新兴企业在制造成本和设计经验上已经建立了不可逾越的优势，传统生产大型机硬盘的企业切入市场困难，悔之晚矣。

从学术研究的视角，《创新者的窘境》的理论十分精彩。但为什么在现实中能够颠覆自己，抓住新机遇的企业如此之少呢？实际上，企业管理者不愿意颠覆现有业务，不完全是决策惰性，因为很多新机遇在事后看很有道理，但在事前看是高度不确定的。在现实中，创新业务的失败率高达 90% 以上，只有少数的幸运儿能够从创新设想变成商业模式健全的产品。那些积极颠覆自己、尝试抓住各种新机遇的企业多数都失败了。很多看起来没抓住新机遇的企业，并不是没有看到新机遇，而是没能力从各个创新方向中将能成功的 100% 区分出来。在很多企业中，战略参谋对决策者经常一肚子苦水，抱怨自己事后被验证正确的提案在事先没被采纳。其实，决策者同样一肚子苦水："战略部确实提出了 3 个非常正确的方向，但实际上他们提出的方向有 30 个，我怎么能把正确的 3 个和不正确的 27 个分开呢？"

企业尝试颠覆自己，却切入了一个不成功领域的案例更多。例如运动相机企业 GoPro，在旗舰产品 Hero 4 过了热销期后，为了寻找新的增长点，推出机海战术：带 LCD 触控屏的、大小更迷你的、没有取景器但是有蓝牙和 WiFi 的等多种多样的运动相机。结果不仅没有在新市场取得成功，反而因为研发精力分散，导致现有产品质量的下降，已有市场份额也被竞争对手不断蚕食。探讨创新的书籍中往往仅列出一些固守原有市场的企业，然后痛批企业领导者没有抓住创新机遇，这是不公平的。

企业经营者并不傻，如果有一个 100% 确定的新市场可以进入，没有人不愿意创新。但多数时候，他们是在"确定的中短期利益"和"不确定的长远利益"之间做抉择。由于创新成功概率极低，是否应该放弃现在赚钱的生意，投入大量资源去赌一个不确定的未来，是极考验人的。虽然商业学者喜欢批判那些固守已有业务、不思进取、最终被新的颠覆者所推翻的企业，但也应该看到，有更多的情况是企业采取了激进的变革，投入全新的未来产品，事实上是误判了形势，反而拖累了企业的主营业务。只有主营业务非常强劲的企业，才有机会去尝试多个未来机会，即使这些机会没有判断准确，企业依然能不影响现有业务。比如谷歌这些年一直大幅投入研发无人车，但无人车技术尚存在瓶颈，仍需 5~10 年的时间才能商业化。因为谷歌搜索等主营业务收入尚可，所以允许它在无人车产业不成熟期的误判。但不是所有的企业都能够承受这种误判，家底不厚的企业可能等不到无人车商业化的时间点就倒闭了。

启动新业务需要调整组织架构，因为在一项业务上越成功的企业，它的组织结构也是越优化的，包括人才配备、组织架构、企业文化和评价机制。但是针对现行业务的最优，往往不适合新的业务模式。恐龙是侏罗纪时代最优化的结果，巨大的体型导致几乎没有天敌，统治了整个地球，但这种优越环境下的最优化意味着它们适应不了环境变化，在寒武纪的寒潮中灭绝了。在基础技术成熟、市场需求爆发的阶段，企业更多是组建中台的技术团队（压缩技术投入），以众多轻量级前台团队的模式探索市场需求。在市场和商业模式明确但技术存在提升空间的阶段，企业更多是组建专业技术团队攻坚，将业务效率优化到极致。所以，在业务的初期和颠覆期，综合性思维的创新人才更加重要，能为业务的发展谋划更多的可能。在业务的成熟期，细分领域专精人才更加重要，可以将明确的产品细节打磨到极致。

一家企业的组织能力是否强大是相对的，还要看市场机会的气运。企业构建自己的组织能力，与个人构建职业能力一样，不要追求极致，留有余地，保持灵活可变的特性。这也是许多大师鼓励年轻人多看"闲书"，不过度功利化地学习的原因。那些凭借兴趣爱好学习的知识和培养的技能，往往会在适当的时机帮助人们的事业。企业追求利润最大化并不是好事，把组织效率优化到极致也不是好事，这往往意味着它的组织、人才和思维均固化了，难以针对变化的市场升级演进。

10.7　人工智能应用领域的职业前景

由于人工智能的产业落地需要对技术和产业双重理解，未来人工智能的应用专业会长期稀缺。那么，这个职业的前景如何？

可以从两个维度判断一个职业的前景：技能的演进速度和技能的习得速度。

技能的演进速度慢且技能的习得速度慢是最好的职业。因为技能的演进速度慢，导致资深者所掌握的知识和技能不会很快过时，即使是十年前掌握的知识和理论，在今天依然可以使用。同时，技能的习得速度慢，职业壁垒高，导致后来的竞争者不容易追上资深者。中医就是这种类型职业的典型。中医的知识和经验是几千年来的积累，更新变化速度很慢，学一次不过时。另外，中医的习得速度很慢，体现在经验积累上。即使一位医生明白所有的中医理论，但只有经过足够多病例的磨练，才能掌握更细致的治疗思路。所有人都愿意找老中医看病，即使年轻中医技术不错，也难以获得患者的信任。对于这个类型的职业，要潜心研究技术，时间是它的朋友。

技能的演进速度快且技能的习得速度快是最差的职业。技能的演进速度快，导致资深者之前积累的知识和技术很快被淘汰，需要不断地学习新知识、掌握新能力才能跟上时代。因为资深者通常较为年长，学习能力下降，容易被后浪拍在沙滩上。同时，技能的习得速度快，说明职业壁垒较低，即使是刚入行的新人也能通过短时间的系统化学习上手工作。这两个特点导致该职业的从业者十分辛苦，一方面不停地学习新知识，另一方面又难以形成积累。长期来看，这种行业的薪资不会很高，而且成长潜力差。程序员是这类职业的典型，为何有那么多职业学校选择培育程序员？有两点原因：第一，由于互联网和 IT 行业近些年的高速发展，对人才的需求长期大于供给，导致行业薪酬高，而且对于低质量供给的容忍度高；第二，实现软件功能的代码，的确更容易学习和掌握，即使学生没有全面的数学基础和完整的计算机体系知识，也可以上手编程。没有哪个职业学校会选择批量培养医生，可见两个职业的差异。

人工智能应用领域的顶尖人才具备多方面的综合能力，包括对商业和用户的理解、对战略和执行的认知、对业务和数据的分析、对产品和技术的掌握等，而不仅是在深度学习技术上的储备。毫无疑问，这是一个有良好定位的职业。目前，缺乏既懂业务和商业又懂建模技术的跨界人才是人工智能产业落地的最大阻力，这已经成为业界共识。政府、教育机构和企业纷纷积极培养这种类型的跨界人才，但缺少系统化培养路径和配套教材是核心痛点。那么，怎么成为这种跨界人才呢？仔细学习本书及其系列课程的方法论是一个可行的起点。

第四部分

工具与实践

第11章

实践课

11.1　实践课 1：基于深度学习框架飞桨完成房价预测任务

机器学习是一项实践性强的技术，学习了再多的理论知识，掌握了再多的应用方法，也需要在动手实践中巩固。基于此，在本章笔者专门提供了实践课，通过国产深度学习开源框架飞桨，演示如何实践每部分所讲的内容。

在第一堂实践课中，我们将学习如何使用飞桨来实现一个经典的机器学习任务：波士顿房价预测模型。在这个模型中，读者可以初步体会到模型构成的三要素（假设、目标、优化）是怎样组合在一起的。

在 AI Studio（https://aistudio.baidu.com/aistudio/course/list/1/0）上找到"机器学习的思考故事"课程，可以查看相关视频，以及源代码的 notebook。

11.1.1　深度学习框架

近年来，深度学习在机器学习领域有着非常出色的表现，在图像识别、语音识别、自然语言处理、机器人、网络广告投放、医学自动诊断和金融等领域应用广泛。面对繁多的应用场景，深度学习框架可帮助建模者精简大量而烦琐的外围工作，使他们更聚焦业务场景和模型设计本身。

1. 深度学习框架的优势

使用深度学习框架完成模型构建有如下两个优势：

1）**避免编写大量底层代码**：屏蔽底层实现，用户只需关注模型的逻辑结构。同时，深度学习工具简化了计算，降低了深度学习入门的门槛。

2）**避免部署和适配环境的麻烦**：具备灵活的移植性，可将代码部署到 CPU/GPU/移动端上，选择具有分布式性能的深度学习工具可使模型训练更高效。

2. 深度学习框架设计思路

深度学习框架可自动实现建模过程中相对通用的模块，建模人员只需实现模型个性化的部分，这样就可以在"节省投入"和"产出强大"之间达到一个平衡。相信对神经网络模型有所了解的读者都会给出如表 11-1 所示的设计思路。在构建模型的过程中，每一步所需要完成的任务均可以拆分成个性化和通用化两个部分。

- **个性化部分**：指定模型由哪些逻辑元素组合，由建模人员完成。
- **通用部分**：聚焦这些元素的算法实现，由深度学习框架自动完成。

表 11-1 深度学习框架设计思路

思考过程	工作内容	工作职责	
		个性化部分 – 建模人员完成	通用部分 – 深度学习框架自动完成
Step1 模型设计	假设一种网络结构	设计网络结构	网络模块的实现 (Layer、Tensor)，原子函数的实现 (Numpy)
	设计评价函数 (Loss)	指定 Loss 函数	Loss 函数实现 (cross_entropy)
	寻找优化或寻解方法	指定优化算法	优化算法实现 (optimizer)
Step2 准备数据	准备训练数据	提供数据格式与位置、数据接入模型的方式	为模型批量送入数据 (io.Dataset、io.DataLoader)
Step3 训练设置	训练配置	单机和多机配置	单机到多机的转换 (transpile)，训练程序的实现 (run)
Step4 应用部署	部署应用或测试环境	确定保存模型和加载模型的环节点	保存模型的实现 (save/load、jit.save/jit.load)
Step5 模型评估	评估模型效果	指定评估指标	指标实现 (Accuracy)、图形化工具 (VisualDL)
Step6 基本过程	串接全流程	主程序	无

无论是计算机视觉任务还是自然语言处理任务，所用的深度学习模型的结构都是类似的，只是在每个环节指定的实现算法不同。因此，多数情况下，算法实现只是相对有限的一些选择，如常见的损失函数不超过 10 种、常用的网络配置也就十几种、常用的优化算法不超过 5 种等。这些特性使得基于框架的建模更像一个编写"模型配置"的过程。

11.1.2 飞桨产业级深度学习开源开放平台

飞桨（PaddlePaddle）以百度多年的深度学习技术研究和业务应用为基础，集深度学习核心训练和推理框架、基础模型库、端到端开发套件、丰富的工具组件于一体，是我国首个自主研发、功能丰富、开源开放的产业级深度学习平台。飞桨于 2016 年正式开源，是主流深度学习框架中一款完全国产化的产品。相比国内其他产品，飞桨是一个功能完整的深度学习平台，也是唯一成熟、稳定，并具备大规模推广条件的深度学习开源开放平台。根据国际权威调查机构 IDC 的报告显示，飞桨已位居中国深度学习平台市场综合份额第一。

目前，飞桨已聚集 533 万开发者，他们基于飞桨开源深度学习平台创建 67 万个模型，服务了 20 万家企事业单位。飞桨助力开发者快速实现 AI 想法和创新 AI 应用，作为基础平台支撑越来越多行业实现产业智能化升级，并已广泛应用于智慧城市、智能制造、智慧金融、泛交通、泛互联网、智慧农业等领域，图 11-1 展示了部分应用领域。

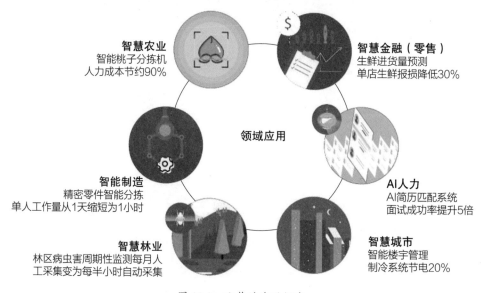

图 11-1　飞桨的应用领域

1. 飞桨的产品组成

飞桨产业级深度学习开源开放平台包含核心框架、基础模型库、端到端开发套件与工具组件几个部分，全流程工具及模型资源如图 11-2 所示。

图 11-2 的上半部分展示的是从开发、训练到部署的全流程工具，下半部分展示的是预训练模型、封装工具、开发套件和模型库等模型资源，支持深度学习模型从训练到部署的全流程。

（1）模型开发和训练组件

飞桨核心框架支持用户完成基础的模型编写和单机训练功能。除核心框架之外，飞桨还提供了分布式训练框架 FleetAPI、云上任务提交工具 PaddleCloud 和多任务学习框架 PALM。

（2）模型部署组件

飞桨针对不同的硬件环境，提供了丰富的部署组件：

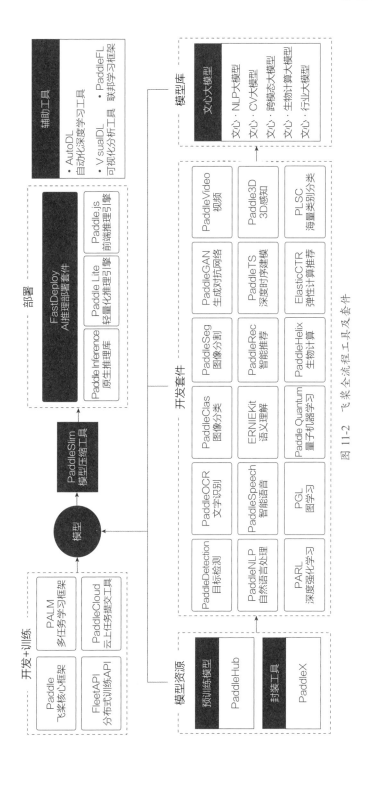

图 11-2 飞桨全流程工具及套件

- **Paddle Inference**：飞桨原生推理库，用于服务器端模型部署，支持 Python、C、C++、Go 等语言，是将模型融入业务系统的首选。
- **FastDeploy**：AI 推理部署套件，面向 AI 模型产业落地，支持 40 多个主流的 AI 模型在 8 大类常见硬件上的部署能力，帮助开发者简单几步即可完成 AI 模型在对应硬件上的部署。
- **Paddle Lite**：飞桨轻量化推理引擎，用于移动端及 IoT 等场景的部署，有着广泛的硬件支持。
- **Paddle.js**：飞桨前端推理引擎，使用 JavaScript（Web）语言部署模型，用于在浏览器、小程序等环境快速部署模型。
- **PaddleSlim**：模型压缩工具，使用它可获得更小体积的模型和更快的执行性能。

（3）辅助工具

- **AutoDL**：飞桨自动化深度学习工具，可自动搜索最优的网络结构与超参数，实现网络结构设计。这样，避免了用户在诸多网络结构中选择困难的烦恼和人工调整参数的烦琐。
- **VisualDL**：飞桨可视化分析工具，以丰富的图表呈现训练参数变化趋势、模型结构、数据样本、高维数据分布、精度召回曲线等模型关键信息。帮助用户清晰直观地理解深度学习模型训练过程及模型结构，启发优化思路。
- **PaddleFL**：飞桨联邦学习框架，可复制和比较不同的联邦学习算法，便捷地实现大规模分布式集群部署，并且提供丰富的横向和纵向联邦学习策略及其在计算机视觉、自然语言处理、推荐算法等领域的应用。

（4）预训练模型和封装工具

通过低代码形式，飞桨支持企业 POC 快速验证、快速深度学习算法开发及产业部署。

- **PaddleHub**：飞桨预训练模型应用工具，提供超过 400 个预训练模型，覆盖大模型、CV、NLP、语音、视频、工业应用主流六大品类。模型即软件，通过 Python API 或者命令行工具，一行代码完成预训练模型的预测。结合 Fine-tune API，10 行代码完成迁移学习，该工具是进行原型验证（POC）的首选。
- **PaddleX**：飞桨全流程开发工具，以低代码的形式支持开发者快速实现深度学习算法开发及产业部署，提供极简 Python API 和可视化界面 Demo 两种开发模式，可一键安装，并提供 CPU、GPU、树莓派等通用硬件高性能部署方案，支持用户流程化串联部署任务，极大降低部署成本。

（5）开发套件

针对具体的应用场景飞桨提供了全套的研发工具即开发套件，例如在图像检测场景不仅提供了预训练模型，还提供了数据增强等工具。开发套件也覆盖计算机视觉、自然语言处理、语音、推荐这些主流领域，甚至还包括图神经网络和增强学习。与 PaddleHub 不同，开发套件可以提供一个领域极致优化（State Of The Art）的实现方案，曾有国内团队使用飞桨的开发套件拿下了国际建模竞赛的大奖。一些典型的开发套件如下所示。

- PaddleClas：飞桨图像分类开发套件，提供通用图像识别系统 PP-ShiTu，可高效实现高精度车辆、商品等多种识别任务；同时，提供 39 个系列 238 个高性能图像分类预训练模型，其中包括 10 万个分类预训练模型、PP-LCNet 等模型，以及 SSLD 知识蒸馏等先进算法优化策略，可广泛应用于高阶视觉任务，辅助产业及科研领域快速解决多类别、高相似度、小样本等业界难点。
- PaddleDetection：飞桨目标检测开发套件，内置 250＋个主流目标检测、实例分割、跟踪、关键点检测算法，其中包括服务器端和移动端产业级 SOTA 模型、冠军方案和学术前沿算法，并提供行人、车辆等场景化能力、配置化的网络模块组件、10 余种数据增强策略和损失函数等高阶优化支持和部署方案，在打通数据处理、模型开发、训练、压缩、部署全流程的基础上，提供丰富的案例及教程，加速算法产业落地应用。
- PaddleOCR：飞桨文字识别开发套件，旨在打造一套丰富、领先且实用的 OCR 工具库，开源了产业级特色模型 PP-OCR 与 PP-Structure。最新发布的 PP-OCRv3 包含通用超轻量中英文模型、英文模型，以及德法日韩等 80 多种语言 OCR 模型。PP-Structurev2 覆盖版面分析与恢复、表格识别、DocVQA 任务，提供 22 种训练部署方式。此外，该套件还开源了文本风格数据合成工具 Style-Text、半自动文本图像标注工具 PPOCRLabel 和《动手学 OCR》交互式电子书，目前已经成为全球知名的 OCR 开源项目。
- PaddleGAN：飞桨生成对抗网络开发套件，提供图像生成、风格迁移、超分辨率、影像上色、人脸属性编辑、人脸融合、动作迁移等前沿算法，其模块化的设计便于开发者进行二次研发，同时提供 30 多种预训练模型，助力开发者快速开发丰富的应用。
- PaddleVideo：飞桨视频模型开发套件，具有高指标的模型算法、更快的训练速度、丰富的应用案例、保姆级教程，并在体育、安防、互联网、媒体等行业有广泛应用，如足球 / 蓝球动作检测、乒乓球动作识别、花样滑冰动作识别、知识增强的大规模视频分类打标签、智慧安防、内容分析等。
- ERNIEKit：飞桨语义理解套件，基于持续学习的知识增强语义理解框架实现，内置业界领先的系列 ERNIE 预训练模型，同时支持动态图和静态图，兼顾了开发的便利性与部署的高性能需求，同时还支持各类 NLP 算法任务 Fine-tuning，包含保证极速推理的 Fast-inference API、灵活部署的 ERNIE Service 和轻量化解决方案 ERNIE Slim，训练过程所见即所得，支持动态 debug 方便二次开发。
- ElasticCTR：飞桨个性化推荐开发套件，可以实现分布式训练 CTR 预估任务和基于 PaddleServing 的在线个性化推荐服务。PaddleServing 服务化部署框架具有良好的易用性、灵活性和高性能，可以提供端到端的 CTR 训练和部署解决方案。

ElasticCTR 具备产业实践基础、弹性调度能力、高性能和工业级部署等特点。

- PGL：飞桨图学习框架，业界首个提出通用消息并行传递机制并支持万亿级巨图的工业级图学习框架。PGL 原生支持异构图，支持分布式图存储及分布式学习算法，支持 GNNAutoScale 以实现单卡深度图卷积，覆盖 30 多种图学习模型，并内置 KDDCup 2021 PGL 冠军算法、图推荐算法套件 Graph4Rec 及高效知识表示套件 Graph4KG。通过大量真实工业应用验证，该框架能够灵活、高效地搭建前沿的大规模图学习算法。

- PARL：飞桨深度强化学习框架，夺得 NeurIPS 强化学习挑战赛三连冠，可支持数千台 CPU 和 GPU 的高性能并行，实现了数十种主流强化学习算法，开源了业界首个通用元智能体训练环境 MetaGym，提升算法在不同配置智能体和多种环境中的适应能力，目前包含四轴飞行器、电梯调度、四足机器狗、3D 迷宫等多个仿真训练环境。

- Paddle Quantum：量桨，基于飞桨的量子机器学习工具集，提供组合优化、量子化学等前沿功能和常用量子电路模型，以及丰富的量子机器学习案例，帮助开发者便捷地搭建量子神经网络，开发量子人工智能应用。

- PaddleHelix：飞桨螺旋桨生物计算平台，面向新药研发、疫苗设计、精准医疗等场景提供 AI 能力。在新药研发上，该平台提供基于大规模数据预训练的分子表征和蛋白表征模型，助力分子生成、药物筛选、化合物合成等任务，同时提供从分子生成到药物筛选的全流程 pipeline。在疫苗设计上，Linear 系列算法相比传统方法在 RNA 折叠上提升了几百上千倍的效率，在 mRNA 序列设计上，其结构紧密性、稳定性、细胞内蛋白表达水平以及动物免疫原性方面超过标准算法设计的基准序列。在精准医疗上，PaddleHelix 提供了利用组学信息精准定位药物并进行双药联用以提升治愈率的高性能模型。

比较以上飞桨提供的工具和开发套件，其中 PaddleHub 的使用最为简易，模型库的可定制性最强且覆盖领域最广泛。读者可以参考 "PaddleHub →各领域的开发套件→模型库" 的顺序寻找所需要的模型资源，在此基础上再根据业务需求进行优化，即可达到事半功倍的效果。

2. 飞桨技术优势

飞桨具有如下领先的四大技术优势，如图 11-3 所示。

开发便捷的
深度学习框架　　　超大规模的
深度学习模型训练技术　　　多端多平台部署的
高性能推理引擎　　　产业级
开源模型库

图 11-3　飞桨领先的四大技术优势

- **开发便捷的深度学习框架**：飞桨深度学习框架基于编程一致的深度学习计算抽象以及对应的前后端设计，拥有易学易用的前端编程界面和统一高效的内部核心架构，对普通开发者而言更容易上手并具备领先的训练性能。飞桨兼容命令式和声明式两种编程范式，默认采用命令式编程范式，并实现了动静统一，开发者使用飞桨可以实现动态图编程调试，一行代码转静态图训练部署。飞桨框架还提供了低代码开发的高层 API，并且高层 API 和基础 API 采用了一体化设计，两者可以互相配合使用，做到高低融合，确保用户可以同时享受开发的便捷性和灵活性。

- **超大规模的深度学习模型训练技术**：飞桨突破了超大规模深度学习模型训练技术，领先其他框架实现了千亿稀疏特征、万亿参数、数百节点并行训练的能力，解决了超大规模深度学习模型的在线学习和部署难题。此外，飞桨还覆盖支持包括模型并行、流水线并行在内的广泛并行模式和加速策略，率先推出业内首个通用异构参数服务器架构、4D 混合并行策略和自适应大规模分布式训练技术，引领大规模分布式训练技术的发展趋势。

- **多端多平台部署的高性能推理引擎**：飞桨对推理部署提供全方位支持，可以将模型便捷地部署到云端服务器、移动端及边缘端等不同平台设备，拥有全面领先的推理速度，同时兼容其他开源框架的训练模型。飞桨推理引擎支持广泛的 AI 芯片，特别是对国产硬件做到了广泛的适配。

- **产业级开源模型库**：飞桨建设了大规模的官方模型库，算法总数达到 600 多个，包含经过产业实践长期打磨的 PP 特色模型、业界主流模型及在国际竞赛中的夺冠模型，提供面向语义理解、图像分类、目标检测、图像分割、文字识别（OCR）、语音合成等场景的多个端到端开发套件，满足企业低成本开发和快速集成的需求。飞桨的模型库是围绕国内企业实际研发流程量身定制的产业级模型库，服务能源、金融、工业、农业等多个领域的企业。

下面以其中的两项为例，展开说明。

（1）多领域产业级模型达到业界领先水平

对于大量工业实践任务所用的模型并不需要从头编写，而是可在相对标准化的模型基础上进行参数调整和优化。飞桨支持的多领域产业级模型是开源和开放的，且多数模型的效果可达到业界领先水平，曾在国际竞赛中夺得 20 多项第一，如图 11-4 所示。

（2）支持多端多平台的部署，适配多种类型的硬件芯片

飞桨硬件生态持续繁荣，包括 Intel、NVIDIA、Arm 等诸多芯片厂商纷纷开展对飞桨的支持，并在开源社区为飞桨提供代码。飞桨还与飞腾、海光、鲲鹏、龙芯、申威等

CPU 厂商进行深入融合适配，并结合麒麟、统信、普华操作系统，以及昆仑芯、海光 DCU、寒武纪、比特大陆、瑞芯微、高通、英伟达等 AI 芯片深度融合，与浪潮、中科曙光等服务器厂商合作形成软硬一体的全栈 AI 基础设施。当前，飞桨已经适配和正在适配的芯片或 IP 达到 30 种，处于业界领先地位。

◎ 计算机视觉模型

- **MLA Transformer语义分割模型:** AutoNUE@CVPR 2021 Challenge Semenatic Segmentation Track竞赛获得第一
- **PyramidBox模型:** WIDER FACE比赛三项第一
- **HAMBox模型:** Wider Face and Person Challenge 2019第一
- **Attention Clusters网络模型和StNet模型:**ActivityNet Kinetics Challenge 2017 和2018 第一
- **C-TCN动作定位模型:** ActivityNet Challenge 2018 第一
- **BMN模型和CTCN模型:** ActivityNet Challenge 2019 Temporal Proposal Generation Task 和Temporal Action Localization Task 第一
- **ATP模型:** Visual Object Tracking Challenge VOT2019 第一
- **CACascade R-CNN模型:** Detection In the Wild Challenge 2019 Objects365 Full Track 第一
- **ACE2P:** CVPR LIP Challenge 2019 三项第一

💬 自然语言处理模型

- **UIE模型:** The Association for Computational Linguistics 2022 录用Paper
- **ERNIE-Layout模型:** DocVQA: A Dataset for VQA on Document Images竞赛获得第一
- **评论建议挖掘Multi-Perspective模型:** SemEval 2019 Task 9 SubTask A 第一
- **阅读理解D-NET模型:** MRQA: EMNLP2019 Machine Reading Comprehension Challenge 十项第一

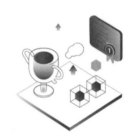

📊 飞桨强化学习套件PARL

- **NeurIPS 2020电网调度竞赛:** Learning To Run a Power Network Challenge 双赛道第一
- **ETG-RL控制算法:** 机器人领域顶刊RA-L接收（JCR一区）
- **假肢挑战赛:** NIPS AI for Prosthetics Challenge 第一

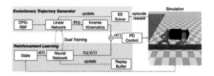

图 11-4　飞桨各领域模型在国际竞赛中荣获多个第一

3. 飞桨的行业应用案例

随着人工智能技术的不断成熟，越来越多的企业应用人工智能技术实现了产业智能化转型。根据艾瑞咨询的《中国人工智能产业研究报告Ⅳ》报告，目前人工智能已经广泛应用于金融、互联网、医疗、制造、能源、电力等行业，并渗透进经济生产活动的各主要环节，如仓储物流、营销运营、人机对话等。下面是飞桨与合作伙伴在工业制造、能源、智慧城市和金融领域的成功应用案例，AI 技术的落地是一套整体的解决方案，需要端、边、云多种芯片支持，目标检测、图像分割、文本识别、情感分析等多个领域的 PP 特色模型和飞桨套件协同，才能高效完成产业应用中面临的各种复杂需求。

（1）百度地图应用飞桨，使出行时间智能预估准确率从 81% 提升到 86%

百度的搜索、信息流、输入法、地图等移动互联网产品大量使用飞桨来做深度学习任务。百度地图在应用飞桨后提升了产品的部署和预测性能，支撑天级别的百亿次调用，完成了天级别的百亿级数据训练，用户出行时间预估的准确率从 81% 提升到 86%，如图 11-5 所示。

图 11-5　百度地图出行时间智能预估应用

（2）南方电网采用飞桨，使电力巡检迈向"无人时代"

南方电网采用飞桨，机器人代替了人工进行变电站仪表的巡检任务，如图 11-6 所示。南方电网的变电站数量众多，日常巡检常态化，而人工巡检工作内容单调且人力投入大，巡检效率低。集成了基于飞桨研发的视觉识别功能的机器人进行日常巡检，其识别数值的准确率高达 99.01%。飞桨提供了端到端的开发套件以支撑需求的快速实现，降低了企业对人工智能领域人才的依赖。

图 11-6　南方电网的电力智能巡检应用

11.1.3　使用飞桨构建波士顿房价预测模型

波士顿房价预测是典型的回归分析任务，本实践使用飞桨构建线性回归网络，对波士顿房价进行预测。使用飞桨框架构建神经网络的过程如图 11-7 所示。

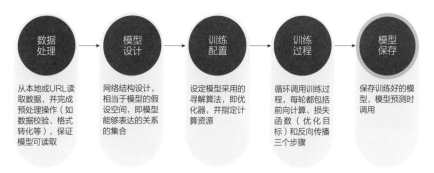

图 11-7　使用飞桨框架构建神经网络的过程

本书配备可在线运行的实践代码和课后作业，读者可以在飞桨实训平台 AI Studio 中"机器学习的思考故事"在线课程对应的实践课章节中获取。

11.2　实践课 2：手写数字识别

在第二堂实践课中，读者将学习一个有关计算机视觉的经典任务：手写数字识别。本节会循序渐进地向大家展示如何将一个简单的基础版本模型优化到 SOTA（State Of The Art，顶尖水平）的全过程，并完整覆盖建模编程的方方面面。通过这节实践课，读者可以亲身体验到第 3~4 章介绍的建模理论和经验。

在 AI Studio（aistudio.baidu.com）上搜索"机器学习的思考故事"，可以查看相关视频以及源代码。

手写数字识别模型简介

数字识别是计算机从纸质文档、照片或其他来源接收、理解并识别可读的数字的能力，目前比较受关注的是手写数字识别。手写数字识别是一个典型的图像分类问题，已经被广泛应用于汇款单号识别、手写邮政编码识别，大大缩短了业务处理时间，提升了工作效率和质量。

在处理如图 11-8 所示的手写邮政编码的简单图像分类任务时，可以使用基于 MNIST 数据集的手写数字识别模型。MNIST 是深度学习领域标准、易用的成熟数据集，包含 50000 条训练样本数据、10000 条测试样本数据和 10000 条验证样本。

        ↳ 输入数据　　　　　　　　🏯 MNIST数据集　　　　　　↳ 输出数据
        手写邮政编码图片　　　　　　　　　　　　　　　　对输入数据判断结构

图 11-8　手写数字识别任务示意图

在图 11-8 中：

- 任务输入：一系列手写数字图片，其中每张图片都是 28×28 的像素矩阵。
- 任务输出：经过了大小归一化和居中处理，输出对应的 0~9 数字标签。

补充阅读　MNIST 数据集

MNIST 数 据 集 是 从 NIST 的 SD-3（Special Database 3）和 SD-1（Special Database 1）构建而来。Yann LeCun 等人从 SD-1 和 SD-3 中各取一半作为 MNIST 训练集和测试集，其中训练集来自 250 位不同的标注员，且训练集和测试集的标注员完全不同。MNIST 数据集的发布，吸引了大量科学家训练模型。1998 年，LeCun 分别用单层线性分类器、多层感知器（Multilayer Perceptron，MLP）和多层卷积神经网络 LeNet 进行实验使得测试集的误差不断下降（从 12% 下降到 0.7%）。在研究过程中，LeCun 提出了卷积神经网络（Convolutional Neural Network，CNN），大幅度地提高了手写字符的识别能力，也因此成为深度学习领域的奠基人之一。

如今在深度学习领域，卷积神经网络至关重要，从最早 LeCun 提出的简单 LeNet，到如今 ImageNet 大赛上的优胜模型 VGGNet、GoogLeNet、ResNet 等，人们在图像分类领域，利用卷积神经网络得到了一系列惊人的结果。

手写数字识别模型是深度学习中相对简单的模型，非常适用初学者。正如学习编程时，我们输入的第一个程序是打印"Hello World！"一样。

1. 构建手写数字识别模型的过程

使用飞桨框架构建手写数字识别模型的过程如图 11-9 所示，与使用飞桨完成房价预测模型构建的流程一致，后面的章节将详细介绍每个步骤的具体实现方法。

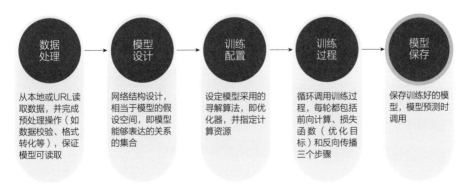

图 11-9　使用飞桨框架构建手写数字识别模型的过程

2. 飞桨各模型代码结构一致，大大降低了用户的编码难度

在探讨手写数字识别模型的实现方案之前，我们先把 11.1 节的房价预测模型的代码与手写数字识别任务代码从数据处理、定义网络和训练过程三方面进行比较，不难发现，它们有如下相似地方：

- 从代码结构上看，模型均分为数据处理、定义网络结构和训练过程三个部分。
- 从代码细节来看，两个模型也很相似。

使用飞桨框架搭建深度学习模型的优势是只要完成一个模型的学习，对其他任务即可触类旁通。在工业实践中，程序员用飞桨框架搭建模型时，无须每次都另起炉灶，多数情况下，可先在飞桨模型库中寻找与目标任务类似的模型，再在该模型的基础上修改少量代码即可。

3. 采用"横纵式"教学法，适合深度学习初学者

我们采用专门为读者设计的具有创新性的"横纵式"教学法介绍深度学习建模，如图 11-10 所示。

在"横纵式"教学法中，纵向概要介绍模型的基本代码结构和极简实现方案；横向深入探讨模型构建的每个环节中更优但相对复杂的实现方案，例如在模型设计环节，除了极简版本使用的单层神经网络（与房价预测模型一样）以外，还可以尝试更复杂的网络结构，如多层神经网络、加入非线性的激活函数，甚至专门针对视觉任务优化的卷积神经网络。

这种"横纵式"教学法尤其适合深度学习的初学者，具有如下两点优势：

- **帮助读者轻松掌握深度学习内容**：采用这种方式设计教学案例时，读者在学习过程中接收到的信息是线性增长的，在难度上不会有阶跃式的增加。
- **模拟建模的实战体验**：先使用熟悉的模型构建一个可用的基础版本，再逐渐分析每个建模环节可优化的点，一点点地提升优化效果，让读者获得到真实建模的实战体验。

相信在本章结束时，大家会对深入实践深度学习建模有一个更全面的认识，接下来，我们将逐步学习建模过程。

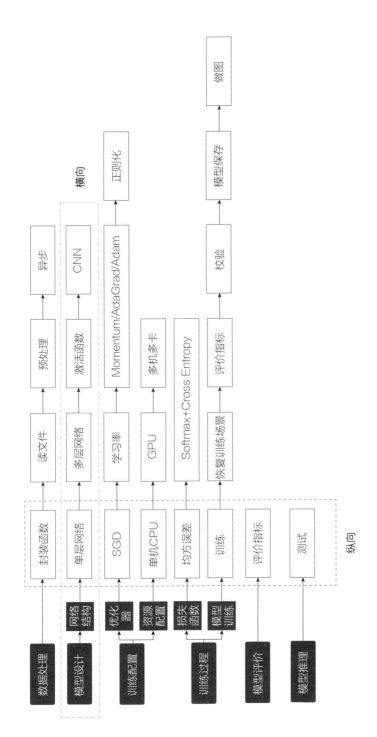

图 11-10 具有创新性的"横纵式"教学法

11.3　实践课 3：词向量和语义相似度

在第三堂实践课中，读者将学习自然语言处理的经典任务：语义表示。通过解决这个问题，对深度学习的重要副产物——向量表示有一个更深刻的理解。

在 AI Studio（aistudio.baidu.com）上搜索"机器学习的思考故事"，可以查看相关视频以及源代码。

词向量和相似度

在自然语言处理任务中，词向量（Word Embedding）是表示自然语言里单词的一种方法，也就是把每个词都表示为一个 N 维空间内的点，即一个高维空间内的向量。通过这种方法，实现把自然语言计算转换为向量计算。

如图 11-11 所示的词向量计算任务中，先把每个词（如 queen、king 等）转换成一个高维空间的向量，这些向量在一定意义上可以代表这个词的语义信息，再通过计算这些向量之间的距离，就可以计算出词语之间的关联关系，从而达到让计算机像计算数值一样去计算自然语言的目的。

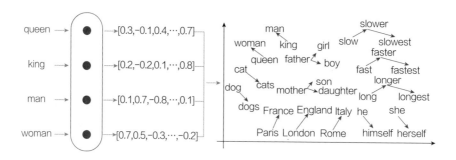

图 11-11　词向量计算任务示意图

因此，大部分词向量模型都需要回答两个问题：

1）如何把词转换为向量？

自然语言单词是离散信号，比如"香蕉""橘子""水果"等，在我们看来就是 3 个离散的词。

那么，我们应该如何把每个离散的单词转换为向量？

2）如何让向量具有语义信息？

我们知道，在很多情况下，"香蕉"和"橘子"更加相似，而"香蕉"和"句子"就没有那么相似；同时，"香蕉"和"食物"，"水果"的相似程度，可能介于"橘子"和"句子"之间。

那么，我们应该如何让词向量具备这样的语义信息？

1. 如何把词转换为向量

自然语言单词是离散信号，比如"我""爱""人工智能"。如何把每个离散的单词转换为向量？通常情况下，我们可以维护一个如图 11-12 所示的词向量查询表。表中每一行都存储了一个特定词语的向量值，每一列的第一个元素都代表着这个词本身，以便于我们进行词和向量的映射（如"我"对应的向量值为 [0.3, 0.5, 0.7, 0.9, −0.2, 0.03]）。给定任何一个或者一组单词，我们都可以通过查询这个表，实现把单词转换为向量的目的，这个查询和替换的过程称为 Embedding Lookup。

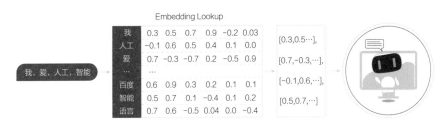

图 11-12　词向量查询表

上述过程也可以使用字典数据结构实现。事实上，如果不考虑计算效率，那么使用字典实现上述功能是个不错的选择。然而，在进行神经网络计算的过程中，需要大量的算力，常常要借助特定硬件（如 GPU）满足训练速度的需求。GPU 上所支持的计算都是以张量（Tensor）为单位展开的，因此在实际场景中，我们需要把 Embedding Lookup 的过程转换为张量计算，如图 11-13 所示。

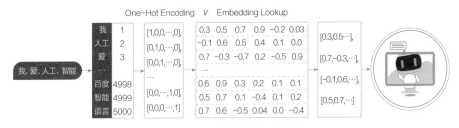

图 11-13　张量计算示意图

对于句子"我，爱，人工，智能"，把 Embedding Lookup 的过程转换为张量计算的流程如下：

1）通过查询字典，先把句子中的单词转换成一个 ID（通常是一个大于等于 0 的整数），这个单词到 ID 的映射关系可以根据需求自定义（如图 11-13 中，我⇒1，人工⇒2，爱⇒3，……）。

2）得到 ID 后，再把每个 ID 转换成一个固定长度的向量。假设字典的词表中有5000 个词，那么，对于单词"我"，就可以用一个 5000 维的向量来表示。由于"我"的

ID 是 1，因此这个向量的第一个元素是 1，其他元素都是 0，即 [1, 0, 0, …, 0]；同样，对于单词"人工"，第二个元素是 1，其他元素都是 0。用这种方式就实现了用一个张量表示一个单词。由于每个单词的向量表示都只有一个元素为 1，而其他元素为 0，因此我们称上述过程为 One-Hot Encoding。

3）经过 One-Hot Encoding 后，句子"我，爱，人工，智能"就转换成为了一个形状为 4×5000 的张量，记为 V。在这个张量里共有 4 行、5000 列，从上到下，每一行分别代表了"我""爱""人工""智能"四个单词的 One-Hot Encoding。最后，我们把这个张量 V 和另外一个稠密张量 W 相乘，其中张量 W 的形状为 5000×128（5000 表示词表大小，128 表示每个词的向量大小）。经过张量乘法，我们就得到了一个 4 × 128 的张量，从而实现了把单词表示成向量的目的。

2. 如何让向量具有语义信息

得到每个单词的向量表示后，我们需要思考下一个问题：如何让词向量具备语义信息呢？

我们先学习自然语言处理领域的一个小技巧。在自然语言处理研究中，科研人员通常有一个共识——使用一个单词的上下文来了解这个单词的语义，比如：

"苹果手机质量不错，就是价格有点贵。"
"这个苹果很好吃，非常脆。"
"菠萝质量也还行，但是不如苹果支持的 App 多。"

在上面的句子中，我们通过上下文可以推断出第一个"苹果"指的是苹果手机，第二个"苹果"指的是水果苹果，而"菠萝"指的应该也是一个手机。事实上，在自然语言处理领域，使用上下文描述一个词语或者元素的语义是一种常见且有效的做法。我们可以使用同样的方式训练词向量，让这些词向量具备表示语义信息的能力。

2013 年，Mikolov 提出的经典 word2vec 算法就是通过上下文来学习语义信息的。word2vec 包含两个经典模型，即 CBOW（Continuous Bag-of-Words，连续词袋）和 Skip-gram，如图 11-14 所示。

- CBOW：通过上下文的词向量推理中心词。
- Skip-gram：根据中心词推理上下文。

假设有一个句子 Pineapples are spiked and yellow，两个模型的推理方式如下：

- 在 CBOW 中，先在句子中选定一个中心词，并把其他词作为这个中心词的上下文。如图 11-14a 所示，把 spiked 作为中心词，把 pineapples、are、and、yellow 作为中心词的上下文。在学习过程中，使用上下文的词向量推理中心词，这样中心词的语义就被传递到上下文的词向量中，如 spiked → pineapple，从而达到学习语义信息的目的。

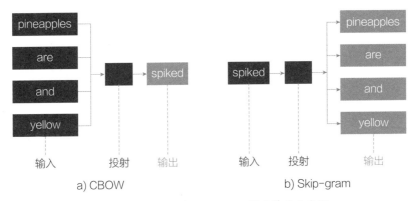

图 11-14   CBOW 和 Skip-gram 语义学习示意图

- 在 Skip-gram 中，同样先选定一个中心词，并把其他词作为这个中心词的上下文。如图 11-14b 所示，把 spiked 作为中心词，把 pineapples、are、and、yellow 作为中心词的上下文。不同的是，在学习过程中，使用中心词的词向量去推理上下文，这样上下文定义的语义被传入中心词的表示中，如 pineapple → spiked，从而达到学习语义信息的目的。

> **说明**   一般来说，CBOW 比 Skip-gram 训练速度更快，训练过程更稳定，原因是 CBOW 使用上下文 average 的方式进行训练，每个训练 step 会见到更多的样本。而在生僻字（出现频率低的字）的处理上，Skip-gram 比 CBOW 效果更好，原因是 Skip-gram 不会刻意回避生僻字（CBOW 结构中输入存在生僻字时，生僻字会被其他非生僻字的权重冲淡）。

3. CBOW 和 Skip-gram 的算法实现

我们以 Pineapples are spiked and yellow 为例，分别介绍 CBOW 和 Skip-gram 的算法实现。

如图 11-15 所示，CBOW 是一个具有 3 层结构的神经网络，分别是：

- 输入层：一个形状为 $C \times V$ 的 One-Hot 张量，其中，C 代表上下文中词的个数，通常是一个偶数，我们假设为 4；V 表示词表大小，我们假设为 5000。该张量的每一行都是一个上下文中词的 One-Hot 向量表示，比如 Pineapples、are、and、yellow。

- 隐含层：一个形状为 $V \times N$ 的参数张量 W_1，一般称为 Word Embedding，N 表示每个词的词向量长度，我们假设为 128。输入张量和 Word Embedding W_1 进行矩阵乘法，就会得到一个形状为 $C \times N$ 的张量。综合考虑上下文中所有词的信息去推理中心词，因此将上下文中 C 个词相加得到一个 $1×N$ 的向量，是整个上下文的隐含表示。

- 输出层：创建另一个形状为 $N×V$ 的参数张量，将隐含层得到的 $1×N$ 的向量乘以该 $N×V$ 的参数张量，得到一个形状为 $1×V$ 的向量。最终，$1×V$ 的向量代表了使用上下文去推理中心词的每个候选词的打分，再经过 softmax 函数进行归一化，即得到了对中心词的推理概率：

$$\text{softmax}(O_i) = \frac{\exp(O_i)}{\sum_j \exp(O_j)}$$

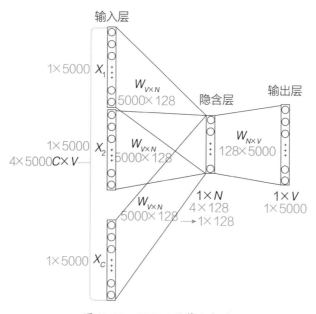

图 11-15 CBOW 的算法实现

如图 11-16 所示，Skip-gram 是一个具有 3 层结构的神经网络，分别是：

- 输入层：接收一个 One-Hot 张量 $V \in \mathbf{R}^{1×\text{vocab\_size}}$ 作为网络的输入，里面存储着当前句子中心词的 One-Hot 表示。

- 隐含层：将张量 V 乘以一个 Word Embedding 张量 $W_1 \in \mathbf{R}^{\text{vocab\_size}×\text{embed\_size}}$，并把结果作为隐含层的输出，得到一个形状为 $\mathbf{R}^{1×\text{embed\_size}}$ 的张量，里面存储着当前句子中心词的词向量。

- 输出层：将隐含层的结果乘以另一个 Word Embedding 张量 $W_2 \in \mathbf{R}^{embed\_size \times vocab\_size}$，得到一个形状为 $\mathbf{R}^{1 \times vocab\_size}$ 的张量。这个张量经过 softmax 变换后，就得到了使用当前中心词对上下文的预测结果。根据这个 softmax 的结果，我们就可以训练词向量模型。

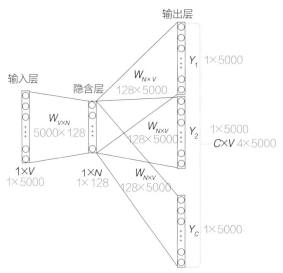

图 11-16 Skip-gram 的算法实现

在实际操作中，使用一个滑动窗口（一般情况下，长度是奇数），从左到右开始扫描当前句子。每个扫描出来的片段被当成一个小句子，每个小句子中间的词被认为是中心词，其余的词被认为是这个中心词的上下文。

4. Skip-gram 的理想实现

使用神经网络实现 Skip-gram，模型接收的输入应该有 2 个不同的 tensor：

- 代表中心词的 tensor：假设我们称之为 center_words V，一般来说，这个 tensor 是一个形状为 [batch_size, vocab_size] 的 One-Hot tensor，表示在一个 mini-batch 中，每个中心词 ID 的对应位置为 1，其余为 0。
- 代表目标词的 tensor：目标词是指需要推理出来的上下文词，假设我们称之为 target_words T，一般来说，这个 tensor 是一个形状为 [batch_size, 1] 的整型 tensor，这个 tensor 中的每个元素是一个 [0, vocab_size－1] 的值，代表目标词的 ID。

在理想情况下，我们可以使用一个简单的方式实现 Skip-gram，即把需要推理的每个目标词都当成一个标签，把 Skip-gram 当成一个大规模分类任务进行网络构建，过程如下：

1）声明一个形状为 [vocab_size, embedding_size] 的张量，作为需要学习的词向量，记为 W_0。对于给定的输入 V，使用向量乘法，将 V 乘以 W_0，这样就得到了一个形状为 [batch_size, embedding_size] 的张量，记为 $H=V \times W_0$。这个张量 H 就可以看成是经过词向量查表后的结果。

2）声明另外一个需要学习的参数 W_1，这个参数的形状为 [embedding_size, vocab_size]。将上一步得到的 H 乘以 W_1，得到一个新的 tensor，$O=H \times W_1$，此时的 O 是一个形状为 [batch_size, vocab_size] 的 tensor，表示当前这个 mini-batch 中的每个中心词预测出的目标词的概率。

3）使用 softmax 函数对 mini-batch 中每个中心词的预测结果做归一化，即可完成网络构建。

5. Skip-gram 的实际实现

然而，在实际情况中，vocab_size 通常很大（几十万甚至几百万），导致 W_0 和 W_1 也会非常大。对于 W_0 而言，所参与的矩阵运算并不是通过矩阵乘法实现的，而是通过指定 ID，对参数 W_0 进行访存的方式获取的。然而对 W_1 而言，仍要处理一个非常大的矩阵运算（计算过程非常缓慢，需要消耗大量的内存 / 显存）。为了缓解这个问题，通常采取负采样（negative sampling）的方式来近似模拟多分类任务。此时，新定义的 W_0 和 W_1 均为形状为 [vocab_size, embedding_size] 的张量。

假设有一个中心词 c 和一个上下文词正样本 t_p。在 Skip-gram 的理想实现里，需要最大化使用 c 来推理 t_p 的概率。在使用 softmax 学习时，需要最大化 t_p 的推理概率，同时最小化其他词表中词的推理概率。之所以计算缓慢，是因为需要对词表中的所有词都计算一遍。然而，我们还可以使用另一种方法，就是随机从词表中选择几个代表词，通过最小化这几个代表词的概率，近似最小化整体的预测概率。比如，先指定一个中心词（如"人工"）和一个目标词正样本（如"智能"），再随机在词表中采样几个目标词负样本（如"日本""喝茶"等）。有了这些内容，我们的 Skip-gram 模型就变成了一个二分类任务。对于目标词正样本，我们需要最大化它的预测概率；对于目标词负样本，我们需要最小化它的预测概率。通过这种方式，我们就可以完成计算加速。上述做法，我们称之为负采样。

在实现过程中，通常会让模型接收 3 个 tensor 输入。

- 代表中心词的 tensor：假设我们称之为 center_words V，一般来说，这个 tensor 是一个形状为 [batch_size, vocab_size] 的 One-Hot tensor，表示在一个 mini-batch 中每个中心词具体的 ID。
- 代表目标词的 tensor：假设我们称之为 target_words T，一般来说，这个 tensor 同样是一个形状为 [batch_size, vocab_size] 的 One-Hot tensor，表示在一个 mini-batch 中每个目标词具体的 ID。
- 代表目标词标签的 tensor：假设我们称之为 labels L，一般来说，这个 tensor 是一个

形状为 [batch_size, 1] 的 tensor，每个元素不是 0 就是 1（0 为负样本，1 为正样本）。
模型训练过程如下：

1）用 V 查询 W_0，用 T 查询 W_1，分别得到两个形状为 [batch_size, embedding_size]
的 tensor，记为 H_1 和 H_2。

2）点乘这两个 tensor，最终得到一个形状为 [batch_size] 的 tensor，即 $O = [O_i = \sum_j H_0$
$[i, j] \cdot H_1[i, j]]_{i=1}^{\text{batch\_size}}$。

3）使用 sigmoid 函数作用在 O 上，将上述点乘的结果归一化为一个 0~1 的概率值，
作为预测概率，根据标签信息 L 训练这个模型即可。

在结束模型训练之后，一般使用 W_0 作为最终要使用的词向量，可以用 W_0 提供的
向量表示。通过向量点乘的方式，计算两个不同词之间的相似度。

本书配备可在线运行的实践代码和课后作业，读者可以在飞桨实训平台 AI Studio
中"机器学习的思考故事"在线课程对应的实践课章节中获取后，在线动手操作。

11.4　实践课 4：毕业设计

机器学习是一项实践性很强的技术，全书为读者准备了四节实践课。读者可以在 AI
Stuido 课程中修改模型的函数，观察不同参数配置下的模型训练结果。对于编码能力不
强的读者，也可以直观地感受理论在现实中的应用效果，体会其中的逻辑。

在第一堂实践课中，我们从实践工具飞桨的介绍入手，用最简单的线性回归模型预
测美国房价，从而掌握模型的基本构成和学习框架。在第二堂实践课中，我们以计算机
视觉（手写数字识别）为例，尝试通过不同的思路，优化模型中的每个算法模块。在第
三堂实践课中，我们以自然语言处理（词向量和语义相似度）为例，引导读者深度理解
当前处理深度学习任务的主流方法——embedding 的设计思想。

在最后一堂实践课中，我们将共同完成毕业设计作业。

11.4.1　毕业设计作业

1）请描述一个你所在行业的 AI 应用场景，并探讨可以用怎样的模型解决问题。

2）收集该场景的数据，在 AI Studio 或本地环境，使用飞桨搭建上述模型。

3）提交应用场景和解决方案的说明文档和模型代码。

我们将择优进行评比，有诸多奖项等待大家：最具创意奖、最具人气奖、最具经济
价值奖、最具深度技术奖等。

提示：所选行业可以是你所从事的行业，也可以是亲朋好友所从事的行业。

下面展示一些往届的优秀作品，希望对读者有所启发。

11.4.2 往届学员优秀作品展示

1. 最具创意奖：海上战斗力实时分析

· 项目背景

海上战斗力实时分析十分重要，但传统方式不易实现。如何通过计算机视觉分析作战能力呢？接下来带来一个能把海上作战能力进行数值化分析的小项目。

· 项目内容

通过 Paddle Detection 对六种战舰的图片进行迁移学习，并在服务器、移动端部署应用。

· 实现方案

分别选用 yolov3_darknet_voc_diouloss、ssd_mobilenet_v1_voc、yolov3_mobilenet_v3 三种模型网络进行迁移学习训练，并导出训练模型便于后续部署。首先使用 Paddle Lite 在移动端部署检测，然后使用 Paddle Serving 在服务器端部署检测。输出效果截图。

· 实现结果

海上战斗力实时分析的实现结果如图 11-7 所示。

图 11-17　海上战斗力实时分析

· 项目点评

该项目新颖，趣味性比较强，并且运用三种模型进行训练部署，精度和准确度都较高，同时还在视频流中进行检测，对工业化深度学习的部署理解比较到位。

· 项目链接

https://aistudio.baidu.com/aistudio/projectdetail/543314。

2. 最具深度技术奖：垃圾分类模型部署到安卓手机

• 项目背景

垃圾分类已在全国范围内推广，使用深度学习神经网络对垃圾进行识别和分类，将节省大部分人力成本，因此本项目以此为切入点，探讨垃圾分类项目部署的可能性。

• 项目内容

通过 Paddle Hub 迁移学习目标检测模型，使用 Paddle Lite 将模型部署在安卓手机上，完成垃圾分类。

• 实现方案

首先，将原模型的 MobileNet_v2 替换为 resnet_v2_50_imagenet 进行迁移学习，并保存训练好的模型。其次，使用 Paddle Lite 提供的 model_optimize_tool 对模型进行优化，并转换 Paddle Lite 支持的文件格式，在安卓手机上部署。最后，对之前的模型进行裁剪，分析裁剪前后的精度和计算能力的差别。

• 实现结果

垃圾分类 App 效果图如图 11-18 所示。

图 11-18　垃圾分类 App 效果图

• 项目点评

该项目使用的操作方法多且复杂，最后仍然做出了完成度很高的作品。首先使用 Paddle Detection 进行迁移学习，然后使用 Paddle Slim 进行模型裁剪，最后使用 Paddle Lite 进行部署，完成了工业部署的全流程，而且在项目中更换不同网络比较精确，学习价值较高。

• 项目链接

https://aistudio.baidu.com/aistudio/projectdetail/529339。

3. 最具潜力奖：基于商业街入口摄像头的人流量分析

• 项目背景

商业街不同时间段的人流量相差较大，如果能估算出每天不同时间点与节假日和非节假日的客流量，将对商家的开店时间以及商业街促进消费的营销策略提供很有意义的参考。

• 项目内容

商业街的出入口人流量巨大，行人之间存在严重的遮挡现象，而商业街的监控摄像头大多为俯视角拍摄，即使行人之间存在遮挡，摄像头也能捕捉到大部分行人的头肩特征。因此，基于这种考虑，通过检测行人的头肩特征来统计人流量，能大幅提高召回率。通过 Paddle Detection 训练人体头肩检测模型，并在视频流中检测输出不同时间的视频帧中出现的行人数量。

• 实现方案

首先，使用 INRIA 的行人图片，用 lableimg 对人体头肩进行标注。然后，在 PaddleX 下对标注好的数据集进行切分。最后，使用 Paddle Detection 训练人体头肩检测模型（YOLO V3）并保存，并将保存好的模型运用到给定的商场人流视频中，得到反馈人数的输出。

• 实现结果

商业街入口人流量监控系统的实现结果如图 11-19 所示。

 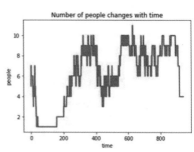

图 11-19　商业街入口人流量监控系统

• 项目点评

该项目使用 Paddle Detection 进行迁移学习，对人体头部和肩膀进行检测来判断人流，可视化效果好，并且用在视频流的检测上，可以看到视频中每一帧的人流变化，实际意义较高。同时，此模型加上 DeepSORT 算法可以对行人的出入情况进行分析，能较为准确地分析出具体出入人数，具有较大潜力。

• 项目链接

https://aistudio.baidu.com/aistudio/projectdetail/566066。

4. 最用心奖：咖啡豆筛选

• 项目背景

在烘焙业中，普遍采用色选机对咖啡生豆进行筛选，色选机通过机械结构将咖啡分成一粒一粒的，再通过 CV 技术将咖啡豆进行分类。如何实现这一操作呢？此项目通过深度学习目标检测，完成对虫洞、贝壳豆、瑕疵豆、碎片等的筛选。

• 项目内容

使用 PaddleX 完成对咖啡豆的质量分类。

• 实现方案

咖啡豆分类问题为典型的细粒度图像分类问题（FGVC）。期初采用的样本集只有 500~600 张图片，且分为 6 个类别，导致每个类别中样本数过少，在训练过程中，出现了 ResNet50 分类模型将所有样本分入同一类的情况。后来增加样本数至 1400 多张，并将分类数缩减为 3 个，在训练过程中采用随机图像增强、随机裁剪等策略，并调小 ResNet50 初始学习率至 0.001，经 30 epoches 的训练，模型收敛，并在验证集上取得 0.95 的分类精度，在测试集上取得 0.9 的分类精度。三个分类的精确率为 [1.0, 0.74, 0.94]，召回率为 [0.98, 0.89, 0.85]。

• 实现结果

咖啡豆识别和筛选的效果如图 11-20 所示。

图 11-20　咖啡豆识别和筛选的效果

• 项目点评

该项目使用 PaddleX 进行目标检测的迁移学习，在数据集的处理上不仅使用了 PaddleX 自带的一些图像增广方法，还使用了一些常用的计算机视觉中的图像处理方法，前期工作十分到位，非常用心。

• 项目链接

https://aistudio.baidu.com/aistudio/projectdetail/564541。